21 世纪高等职业教育计算机技术规划教材

21 ShiJi GaoDeng ZhiYe JiaoYu JiSuanJi JiShu GuiHua JiaoCai

计算机应用基础案例教程

JISUANJI YINGYONG JICHU ANLI JIAOCHENG

章晴 黄良英 主编

汪波 陈伟 李真臻 刘斌 副主编

人民邮电出版社

北京

图书在版编目（CIP）数据

计算机应用基础案例教程 / 章晴，黄良英主编. -- 北京 : 人民邮电出版社，2011.8(2014.7 重印)
21世纪高等职业教育计算机技术规划教材
ISBN 978-7-115-25407-8

Ⅰ. ①计… Ⅱ. ①章… ②黄… Ⅲ. ①电子计算机－高等职业教育－教材 Ⅳ. ①TP3

中国版本图书馆CIP数据核字(2011)第099308号

内 容 提 要

本教材根据高职高专计算机应用基础课程的要求，采用“任务驱动”的模式编写。全书共分 7 章，系统地介绍了计算机基础知识、Windows XP、文字处理软件 Word 2003、电子表格制作软件 Excel 2003、幻灯片制作软件 PowerPoint 2003、网络基础及 Internet 应用等方面的内容。为使学生巩固所学知识和提高实践操作技能，还为每一章配备了实训内容和习题。本教材以案例来引导知识点的介绍，体现了“教、学、做”一体的思想。

本教材可作为高职高专、成人院校各专业计算机应用基础课程的教材，也可作为计算机基础培训教材及各类人员自学计算机操作的参考书。

21 世纪高等职业教育计算机技术规划教材

计算机应用基础案例教程

◆ 主　　编　章　晴　黄良英
　副 主 编　汪　波　陈　伟　李真臻　刘　斌
　责任编辑　桑　珊

◆ 人民邮电出版社出版发行　　北京市丰台区成寿寺路 11 号
　邮编　100164　　电子邮件　315@ptpress.com.cn
　网址　http://www.ptpress.com.cn
　大厂聚鑫印刷有限责任公司印刷

◆ 开本：787×1092　1/16
　印张：18　　　　2011 年 8 月第 1 版
　字数：440 千字　　2014 年 7 月河北第 4 次印刷

ISBN 978-7-115-25407-8

定价：32.00 元

读者服务热线：(010)81055256　印装质量热线：(010)81055316
反盗版热线：(010)81055315
广告经营许可证：京崇工商广字第 0021 号

前　言

随着计算机技术的飞速发展，计算机的应用领域也不断扩大，它已深入到人们工作、学习、生活的各个方面。计算机已成为各行各业的一个重要工具。掌握计算机的基础知识，具有计算机的基本操作技能成为当今人才的必备素质。近年来，随着高职高专教学改革的不断深入，“技能型”人才成为高职高专的培养目标。为满足高职高专教与学的需要，几位长期工作在教学一线的教师，总结多年的高职高专教学经验，精心编写了本教材。

本教材有以下几个主要特点。

1．采用“任务驱动”式教学方法

为适应高职高专的教学需要，本教材采用“任务驱动”的模式来编写，将每个知识模块（章）分成若干个任务，首先通过展示案例，提出任务目标，再讲解案例涉及的知识点，最后介绍案例的实施步骤。通过这样的教学方案设计，使教学目的更直观、明确，可提高学生学习的兴趣，有助于提高学习效果。

2．采用“案例教学”的方法

本教材中的案例都是经过精心设计的，具有实用性和代表性，且用一个案例由浅入深，循序渐进，贯穿整个章节，引导学生由简到繁，逐步掌握一般的操作方法。

3．注重动手能力的培养

本教材以“理论够用”，兼顾“双证”考试为原则来组织教学内容，在知识的介绍过程中，着重操作方法和步骤的讲述，手把手地教会学生怎么做，做到“在学中做、在做中学”，以快速培养学生的动手能力。另外，本教材除提供了丰富的案例外，还为每一章安排了详细的实训内容，学生课后可以按照实训要求完成相应的任务，以巩固所学知识，进一步提高操作技能。同时，实训的安排也为教师的教学提供了便利。

本教材共分 7 章，第 1 章计算机基础知识，主要介绍计算机的发展、分类、特点、应用及计算机系统的组成等基本知识；第 2 章 Windows XP 的应用，主要介绍 Windows XP 操作系统的基本概念和基本操作、文件的管理及系统的设置等；第 3 章 Word 2003 的应用，主要介绍利用文字处理软件 Word 2003 创建文档，并对文档进行排版的基本方法；第 4 章 Excel 2003 的应用，主要介绍电子表格的创建、图表的制作及数据管理的基本方法；第 5 章 PowerPoint 2003 的应用，主要介绍幻灯片的制作方法；第 6 章计算机网络基础及应用，主要介绍计算机网络的基本概念及 Internet 的应用；第 7 章计算机应用实训，主要是为前面每一章提供了课后上机实训的内容。另外，第 1 章～第 6 章后面都附有相应的习题，作为学生的课后练习。

本教材第 1 章由刘斌编写，第 2 章由汪波编写，第 3 章由章晴编写，第 4 章由黄良英编写，第 5 章由黄良英、李真臻编写，第 6 章由陈伟编写，第 7 章由上述老师共同编写，章晴负责整个教材的统稿工作。本教材的编写还得到了邱力、吴萍、谢敏及计算机专业的教师的大力支持和帮助，在此表示衷心感谢！

本教材尝试采用“任务驱动”的模式编写，但鉴于编者水平有限、时间仓促，难免有不足和欠妥之处，恳请读者批评指正。

编　者

2011 年 3 月

目　录

第1章 计算机基础知识

计算机（Computer）是一种能够按照事先存储的程序，自动、高速地进行大量数值计算和各种信息处理的现代化智能电子设备。计算机是人类在长期的生产和科研实践中，为减轻繁重的脑力劳动和简化计算过程而发明出来的，是 20 世纪人类最伟大的发明之一。

计算机已经成为人们不可或缺的工作、学习、生活和娱乐的工具。那么，计算机是什么，它的起源，它由哪些部件组成，又是如何工作的，本章将介绍这些内容，让读者对计算机有一个初步的认识，为后续章节的学习打下基础。

1.1　任务一　计算机的发展历程

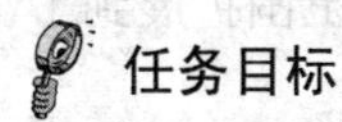

任务目标

通过本任务的学习，了解计算机的历史，把握计算机的发展方向。

任务知识点

- 计算机的诞生及发展。
- 计算机的工作特点、应用领域及分类。

1.1.1 计算机的诞生

1946 年 2 月 15 日，世界上第一台通用电子数字计算机“埃尼阿克”（ENIAC）在美国宾夕法尼亚大学莫尔电气工程学院宣告研制成功。“埃尼阿克”计算机的最初设计方案是由 36 岁的美国工程师莫奇利于 1943 年提出的，该计算机的主要任务是分析炮弹轨道。

ENIAC，如图 1-1 所示，共使用了 18 000 个电子管，1 500 个继电器以及其他器件，其总体积约 $90m^3$，重达 30t，占地 $170m^2$，需要用一间 30 多米长的大房间才能存放。这台每小时耗电量为 140kw/h 的计算机，运算速度为每秒 5000 次加法，或者 400 次乘法。当 ENIAC 公开展出时，一条炮弹的轨道用 20s 就算出来了，比炮弹本身的飞行速度还快。

图 1-1　ENIAC

1949 年，第一台存储程序计算机（也称为冯・诺依曼计算机）在剑桥大学投入运行。

1.1.2　计算机的发展

1．第一代电子管计算机（1946—1957 年）

电子管计算机采用电子管作为核心部件，存储器使用磁带、磁鼓等，体积大、功耗高、存储容量小、可靠性差、速度慢（每秒几千次），主要用于军事和科研部门的科学计算。软件方面，它使用机器语言或汇编语言编写程序。

2．第二代晶体管计算机（1958—1963 年）

晶体管计算机用晶体管作为核心部件，内存为磁芯存储器。它的运算速度提高到了每秒几万次至几十万次，体积减小，功耗降低，可靠性提高。晶体管计算机的应用范围扩展到了工业、交通、商业、金融等领域。

这一时期，程序设计语言 FORTRAN、COBOL、BASIC 问世，使计算机编程更加容易，标志着计算机软件行业的诞生和发展。

3．第三代集成电路计算机（1964—1971 年）

集成电路计算机采用中小规模集成电路作为基本器件，这个时期出现了半导体存储器。集成电路计算机的运算速度可达到每秒几千万次，它的体积更小，功耗更低，价格更低，可靠性大幅提高。

在这期间，出现了操作系统，高级语言也有了很大的发展，出现了结构化、模块化的程序设计方法。软硬件都向系统化、多样化的方向发展。

4．第四代大规模集成电路计算机（1972 年至今）

第四代计算机采用，大规模和超大规模集成电路，这促使微型计算机（Personal Computer，PC）迅速发展。1971 年，第一台微处理机 4004 由 Intel 尔公司研制成功，随后，Intel 8008、80386、80586、奔腾、赛扬、酷睿等为人们所熟悉的中央处理器相继诞生，运算速度达到了每秒几亿次。第四代计算机的内存为半导体集成电路。外存方面，1973 年，第一片软磁盘由 IBM 公司研制成功，后来又出现了光盘，1980 年希捷公司推出了首款面向台式机的硬盘。

软件方面，DOS、UNIX、Linux 等操作系统的发明使计算机操作更加便利，尤其是 1981 年的 MS-DOS 的成功，使比尔・盖茨的 Microsofot 公司成为世界上发展最迅速的公司之一。

C 等程序设计语言、应用软件的丰富也使计算机的应用更加普遍。

5．第五代网络和“智能”计算机（20 世纪 90 年代至今）

第四代计算机步入了网络时代和智能化时代。智能化是指让计算机具有模拟人的感觉和思维过程的能力，智能计算机具有解决问题和逻辑推理的功能，具有知识处理和知识库管理等功能。

当前，计算机的发展表现为 5 种趋势：巨型化、微型化、网络化、多媒体化和智能化。

计算机硬件提升计算机的性能、缩小计算机的体积；软件丰富计算机的应用；网络使人类联系越来越紧密；多媒体化使计算机的功能更加完善，应用能力得以提高；智能化让计算机能代替人类做更多的工作。

1.1.3 计算机的工作特点

计算机是一种能自动、高速进行科学计算和信息处理的电子设备，它具有以下特点。

1．运算速度快

现代计算机每秒的计算次数可以达到百万至千万亿次，是人的运算能力所无法比拟的。计算机运算的高速度，不仅使人们计算工作的效率得到很大的提高，而且使许多人工无法完成的计算工作得以实现。

2．计算精度高

电子计算机的计算精度在理论上不受限制，一般的计算机均能达到 15 位有效数字，通过一定的技术手段，可以实现任何精度要求。

3．具有“记忆”能力和逻辑判断能力

计算机中有许多存储单元，用以记忆信息。内部记忆能力是电子计算机和其他计算工具的一个重要区别。而借助于逻辑运算，可以让计算机做出逻辑判断，分析命题是否成立，并可根据命题成立与否做出相应的处理。

4．具有自动控制功能

由于计算机具有内部存储能力，可以将指令事先输入到计算机存储起来，在计算机开始工作以后，从存储单元中依次去取指令，用来控制计算机的操作，从而使人们可以不必干预计算机的工作，实现操作的自动化。

1.1.4 计算机的应用领域

1．科学计算

早期的计算机主要用于科学计算。目前，科学计算仍然是计算机应用的一个重要领域，如航天技术、高能物理、工程设计、气象预报、地震预测等。

2．数据处理

数据处理也称为信息处理，是利用计算机对各种数据进行收集、存储和加工的过程，它是目前计算机应用最广泛的领域之一，其应用领域有企业管理、物资管理、报表统计、账目计算、信息情报检索等。

3．过程控制

过程控制也叫做实时控制，是指在生产过程中，利用计算机及时采集检测数据，按最优值对控制对象进行自动调节或自动控制。计算机已广泛应用于生产过程的自动控制，如炼钢过程的计算机控制、汽车装配流水线的自动控制、导弹自动瞄准系统等。

4．计算机辅助系统

计算机辅助系统主要包括计算机辅助设计（CAD）、辅助制造（CAM）、辅助教学（CAI）、辅助测试（CAT）等，即用计算机辅助进行工程设计、产品制造、教育教学、指标参数测试等。CAD 广泛应用于机械、电子电路、建筑工程、水电工程、装饰装潢、航空航天等诸多领域的设计，提高了工作效率，设计出来的图纸精度高。

1.1.5　计算机的分类

计算机根据其性能、用途大体可分为 5 类：巨型机、大型机、小型机、工作站和微型机。

1．巨型机

巨型机是计算机中性能最高、功能最强，具有巨大的计算能力和信息处理能力的计算机。它的运算速度达每秒千万亿次，主存容量可达几十 TB，字长 64bit。巨型机主要用于军事、气象、地质勘探等尖端科技领域。我国研制的“银河”系列就属于巨型机。

2．大型机

大型机具有通用性强、功能强的特点。它的运算速度达每秒几亿次，主存容量可达几个 GB，字长 32～64bit。大型机主要用在政府部门、大银行、大公司、大型企业等。目前 IBM 公司在大型主机市场占有重要地位。

3．小型机

小型机的机器规模小、结构简单、软件开发成本低，易于操作维护。它们已广泛用于大型分析仪器和测量设备中，以及工业自动控制、企业管理、大学和科研机构的研究等领域。

4．工作站

工作站是一种新型的高性能计算机系统。工作站与高档微型计算机之间的界限并不十分明确，但工作站有它明显的特征：使用大屏幕、高分辨率的显示器，有大容量的内外存储器，有较强的网络通信功能，可用于计算机辅助设计、图像处理、动画设计、模拟仿真等领域。

5．微型计算机

微型计算机也称为“微机”，是目前应用领域最广泛、发展最快的一种计算机。微型计算机具有体积小、价格低、功能全、操作方便等特点。

1.2　任务二　数据在计算机中的表示

任务目标

通过本任务的学习，了解数据在计算机中的表示；熟悉进位计数制和常用数据单位，熟练掌握数制转换。

任务知识点

- 进位计数制及数制转换。
- 常用数据单位。
- 字符及汉字编码。

1.2.1　进位计数制

由于二进制数中的“0”和“1”与组成计算机的基本元器件的两种稳定状态（如晶体管的导通与截止，电压的高与低）存在对应关系，因此在计算机中是采用二进制来表示信息的。

进位计数制是指用一组固定的符号和统一的规则来表示数值的方法，采用逢 N（基数）进一的计数方法。进位计数制主要有以下要素。

（1）数码：一组用来表示某种数制的符号。例如，十进制的数码是 0、1、2、3、4、5、6、7、8、9；二进制的数码是 0、1。

（2）基数：某数制可使用的数码个数。例如，十进制的基数是 10；二进制的基数是 2。

（3）数位：数码在一个数中所处的位置。

（4）权：权是基数的幂，表示数码在不同位置上的数值。

在十进位计数制中，小数点左边第 1 位位权为 10^0，左边第 2 位位权为 10^1；小数点右边第 1 位位权为 10^{-1}；小数点右边第 2 位位权为 10^{-2}；……依此类推。

例如：$(703.5)_{10} = 7\times10^2+0\times10^1+3\times10^0+5\times10^{-1}$

$(101.1)_2 = 1\times2^2+0\times2^1+1\times2^0+1\times2^{-1}$

这种表示法也称为位权表示法，可用于非十进制向十进制的转换。

1.2.2　进位计数制的表示方法

1．表示方法

- 用圆括号将数值括起来，并在右下角标注该数值的基数，如$(1011)_2$，$(773)_8$，$(123)_{16}$。
- 在数值后用一个字符表示该数值所用的数制，如使用 B、O、D 和 H 分别表示二进制、八进制、十进制和十六进制。

2．二进制

二进制数据是用 0 和 1 两个数码来表示的数。它的基数为 2，进位规则是“逢二进一”，借位规则是“借一当二”。二进制数据按位权展开的形式如下。

$101.1\text{B} = 1\times2^2+0\times2^1+1\times2^0+1\times2^{-1} = 4+0+1+0.5 = 5.5\text{D}$

运算规则：

0+0=0　　1+0=0+1=1　　1+1=10

0×0=0　　0×1=1×0=0　　1×1=1

1−0=1　　1−1=0−0=0　　0−1=1（向高位借位）

0÷1=0　　1÷1=1

3．八进制

八进制采用 0、1、2、3、4、5、6 和 7 这 8 个数码，进位规则是“逢八进一”，按位权展开的形式如下。

$357O= 3\times8^2+5\times8^1+7\times8^0 = 192 + 40 + 7 = 239D$

4．十六进制

同以上几种表示法不一样，十六进制由 0～9 和 A、B、C、D、E、F 这 16 个数码组成，进位规则是“逢十六进一”，与十进制的对应关系是：0～9 对应 0～9，A～F 对应 10-15。十六进制数按位权展开的形式如下。

$21CH = 2\times16^2+1\times16^1+12\times16^0 = 512 + 16 + 12 = 540D$

5．常用进位计数制对应表

表 1-1　　4 种进位计数制对照表

十 进 制	二 进 制	八 进 制	十 六 进 制
0	0	0	0
1	1	1	1
2	10	2	2
3	11	3	3
4	100	4	4
5	101	5	5
6	110	6	6
7	111	7	7
8	1000	10	8
9	1001	11	9
10	1010	12	A
11	1011	13	B
12	1100	14	C
13	1101	15	D
14	1110	16	E
15	1111	17	F
16	10000	20	10

1.2.3　数制转换

1．非十进制数转换成十进制数

非十进制数转换成十制数采用“位权表示法”，即把各非十进制数按位权展开，然后求和。

【例 1-1】　求 11011.101B 的等值十进制数。

解：$11011.101B = 1\times2^4+1\times2^3+0\times2^2+1\times2^1+1\times2^0+1\times2^{-1}+0\times2^{-2}+1\times2^{-3}$

$= 16+8+2+1+0.5+0.125 = 27.625D$

2．十进制数转换成非十进制数

（1）整数部分：用“除基数取余”法。将十进制数的整数部分逐次用基数去除，直到商为 0 为止，然后将所得到的余数由下而上排列（逆序排列）即可。

（2）小数部分：用“乘基数取整”法。将十进制数的小数部分逐次用基数去乘，将乘积的整数部分取出，直到乘积的小数部分为 0 或小数位数满足精度要求为止，然后将所得到的整数由上而下排列（顺序排列）即可。

【例 1-2】　求 19.24D 的等值二进制数。

① 整数部分：

十进制	余数	
2 ⌊ 19	—— 1	↑ 低位
2 ⌊ 9	—— 1	
2 ⌊ 4	—— 0	
2 ⌊ 2	—— 0	
2 ⌊ 1	—— 1	高位
0		

由下往上取余数得：19D = 10011B。

② 小数部分：

十进制	整数	
0.24 × 2		
0.48	—— 0	高位
× 2		
0.96	—— 0	
× 2		
1.92	—— 1	
0.92 × 2		
1.84	—— 1	
0.84 × 2		
1.68	—— 1	↓ 低位

本例出现乘不尽的情况，则根据精度要求（假设为小数点后 5 位）确定小数位数，则 0.24D=0.00111B。

所以 19.24D = 10011.00111B。

3．二进制与八进制的相互转化

（1）八进制数转换成二进制数。

法则：每一位八进制数码转换成相应的 3 位二进制数。

请填表：

八进制数	0	1	2	3	4	5	6	7
二进制数								

【例 1-3】 将$(453.127)_8$转换成二进制数。

4　　5　　3　.　1　　2　　7

↓　　↓　　↓　.　↓　　↓　　↓

100　　101　　011　.　001　　010　　111

因此，其结果为$(453.127)_8$=$(100101011.001010111)_2$。

（2）二进制数转换成八进制数。

法则：每 3 位二进制数码转换成 1 位八进制数。

运算步骤说明：

① 从小数点位置开始，整数部分向左、小数部分向右，每 3 位二进制数码分为一组；

② 如果分到最后不够 3 位，则最左边或最右边用 0 补齐 3 位；

③ 每一组数都转换成一个相应的八进制数，即可完成转换。

【例 1-4】 将二进制数$(11010110011101.11101)_2$转换为八进制数。

011　　010　　110　　011　　101　.　111　　010

↓　　↓　　↓　　↓　　↓　.　↓　　↓

3　　2　　6　　3　　5　.　7　　2

因此，其结果为$(11010110011101.11001)_2$ = $(32635.72)_8$。

4．二进制与十六进制的相互转化

（1）十六进制数转换成二进制数。

法则：每 1 位十六进制数码转换成相应的 4 位二进制数。

请填表：

十六进制数	0	1	2	3	4	5	6	7	8	9	A	B	C	D	E	F
二进制数																

【例 1-5】 将$(5A9.B28)_{16}$转换成二进制数。

5　　A　　9　.　B　　2　　8

↓　　↓　　↓　.　↓　　↓　　↓

0101　　1010　　1001　.　1011　　0010　　1000

因此其结果为$(5A9.B28)_{16}$=$(10110101001.101100101)_2$。

注意：最左边和最右边的 0 予以省略。

（2）二进制数转换成十六进制数。

法则：每 4 位二进制数码转换成 1 位十六进制数。

运算步骤说明：与二进制转换成八进制基本相同，只是每 4 位二进制数分为一组。

【例 1-6】　将二进制数$(11010110011101.11101)_2$转换为十六进制数。

0011	0101	1001	1101	.	1110	1000
↓	↓	↓	↓	.	↓	↓
3	5	9	D	.	E	8

因此，其结果为$(11010110011101.11101)_2 = (359D.E8)_{16}$

1.2.4　常用数据单位

1．位（bit）

位是数据存储的最小单位。在计算机中的二进制数系统中，位（bit）也称为比特，每个0 或 1 就是一个位。

2．字节（Byte）

字节是计算机用于计量存储容量和传输容量的基本单位，1 个字节等于 8 位二进制数。

随着计算机技术的快速发展，计算机存储容量和数据处理的信息量也快速增加，于是人们采用了更大的存储单位，如千字节（KB）、兆字节（MB）、吉字节（GB）、太字节（TB）等，它们的换算关系如下：

$$1KB = 2^{10}B = 1024B；1MB = 2^{10}KB；1GB = 2^{10}MB；1TB = 2^{10}GB$$

3．字长（Word）

计算机一次并行处理二进制的位数叫做字长。通常称处理字长为 8 位数据的 CPU 叫做 8 位 CPU。32 位 CPU 可在同一时间内处理长度为 32 位的二进制数据。

字长由微处理器对外数据通路的数据总线条数决定，字长与计算机的功能和用途有很大的关系，是计算机的一个重要技术指标。目前，市面上的计算机的处理器大部分已达到 64 位，即 8 字节。

1.2.5　常用字符编码

1．ASCII 码

ASCII（American Standard Code for Information Interchange）码是美国标准信息交换代码，用于给西文字符编码，它是现今最通用的单字节编码系统。

ASCII 码用 1 个字节可表示 256 个字符，其中前 128 个为基本 ASCII 码（ASCII 码为 0～127），包括控制符、大小写英文字母、数字字符 0～9、标点符号、运算符号以及特殊字符。后 128 个称为扩展 ASCII 码（ASCII 码为 128～255），包括特殊符号字符、外来语字母和图形符号，如表 1-2 所示。

2．汉字编码

1981 年，我国国家标准总局颁布了“信息交换用汉字编码字符集—基本集”，即国标GB2312-80（国标码），该标准中共收集了汉字、图形、符号等 7445 个，并根据常用程度分为一级和二级汉字字符集。字符集中的每个汉字在计算机中占 2 个字节。

在计算机中，汉字的处理过程包括输入、存储、处理、输出等环节，每个环节对应的编码都不同。汉字信息处理流程如图 1-2 所示。

表 1-2　　　　　　　　　　　　　基本 ASCII 码字符集

高3位 低4位	000	001	010	011	100	101	110	111
0000	NULL（空字符）	DLE	SP（空格）	0	@	P	`	p
0001	SOH	DC1	!	1	A	Q	a	q
0010	STX	DC2	"	2	B	R	b	r
0011	ETX	DC3	#	3	C	S	c	s
0100	EOT	DC4	$	4	D	T	d	t
0101	ENQ	NAK	%	5	E	U	e	u
0110	ACK	SYN	&	6	F	V	f	v
0111	BEL（振铃）	ETB	'	7	G	W	g	w
1000	BS（退格）	CAN	(	8	H	X	h	x
1001	HT	EM	)	9	I	Y	i	y
1010	LF（换行）	SUB	*	:	J	Z	j	z
1011	VT	ESC	+	;	K	[	k	{
1100	FF（换页）	FS	,	<	L	\	l	|
1101	CR（回车）	GS	-	=	M	]	m	}
1110	SO	RS	.	>	N	↑	n	~
1111	SI	US	/	?	O	↓	o	DEL

图 1-2　汉字信息处理流程

（1）输入码（外码）。汉字输入码是为了通过键盘字符把汉字输入计算机而设计的一种编码。输入法不同，输入码也不同。

（2）机内码。汉字机内码是汉字在计算机内部存储、处理用的编码。尽管各种输入法的输入码不同，但对应的机内码却是相同的。

（3）字形码。汉字字形码是用于汉字显示和打印的编码。存储在计算机中的所有汉字的字形码的集合称为字库。机内码是用数字代码来表示汉字的，但为了输出时让人们看到汉字，就必须输出汉字的字形。输出汉字时都采用图形方式，目前，汉字字形主要有 3 种表示方式：点阵法、矢量法和轮廓法。

1.3 任务三 计算机系统的组成

任务目标

通过本任务的学习，掌握计算机系统及其软硬件组成；了解计算机的结构及工作原理。

任务知识点

- 计算机系统的组成及工作原理。
- 计算机硬件系统的组成及相关部件的作用。
- 计算机软件系统的组成。

1.3.1 计算机系统的组成及工作原理

1．计算机系统的组成

一个完整的计算机系统由硬件系统和软件系统两大部分组成，如图1-3所示。硬件系统是指组成计算机的物理装置，是看得见、摸得着的实体，这些物理装置按系统结构的要求构成一个有机整体，为计算机的软件运行提供物质基础。软件系统是程序（指令）、文档的集合，它分为系统软件和应用软件。计算机依靠软硬件协同工作来完成各项任务。

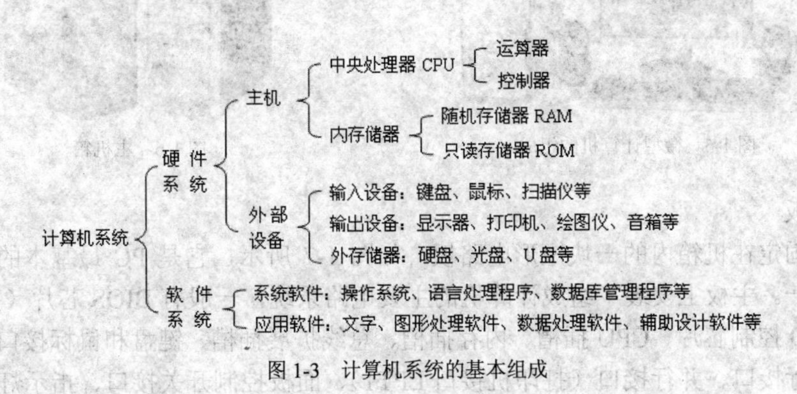

图1-3 计算机系统的基本组成

2．计算机的工作原理

1946年冯·诺依曼提出的存储程序原理，确定了计算机的基本结构和工作原理。存储程序的主要原理如下。

（1）计算机硬件由5个基本部分组成：运算器、控制器、存储器、输入设备和输出设备。

（2）将程序和数据存放在计算机内部的存储器中，计算机在程序的控制下一步一步地进行处理，直到得出结果。

计算机硬件的基本结构及工作过程如图1-4所示。

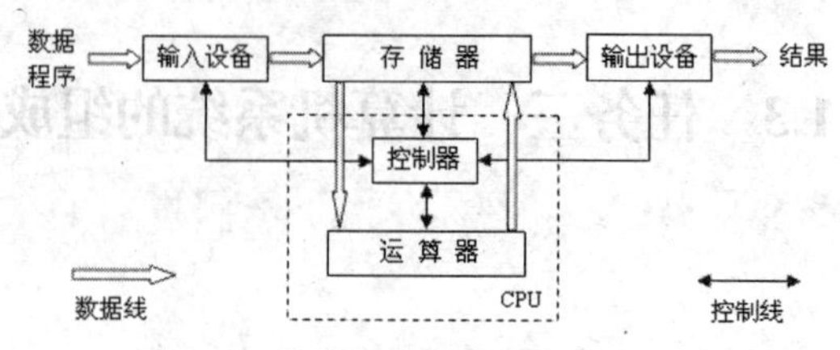

图 1-4 计算机基本结构及工作过程

1.3.2 微型计算机硬件系统的构成

微型计算机也就是通常所说的个人计算机，即 PC。它的主要特点是体积小、重量轻、价格低、结构简单、可靠性高。从基本的硬件结构上看，微型计算机和其他的计算机没有本质区别。

常用的 PC 从外观上来看，由主机箱和外部设备组成，如图 1-5 所示。主机箱内主要包括 CPU、内存、主板、硬盘驱动器、光盘驱动器、各种扩展卡、连接线、电源等；外部设备包括鼠标、键盘、显示器、音箱等，这些设备通过接口和连接线与主机相连。

1．主机箱内部设备

主机箱是计算机配件中的一部分，如图 1-6 所示，它起的主要作用是放置和固定各计算机配件，起到一个承托和保护作用，此外，主机箱具有屏蔽电磁辐射的重要作用。要了解机箱内部的硬件组成，以便正确安装计算机硬件。

图 1-5 微型计算机的组成

图 1-6 主机箱

（1）主板

主板是固定在机箱内的一块矩形电路板，如图 1-7 所示，它是 PC 最基本的，也是最重要的部件之一。主板上安装了组成计算机的主要电路系统，一般有 BIOS 芯片（基本输入/输出系统）、I/O 控制芯片、CPU 插槽、内存插槽、总线扩展插槽、键盘和鼠标接口、硬盘驱动器接口、串行接口、并行接口（打印机接口 LPT1）、面板控制开关接口、指示灯接插件、主板及插卡的直流电源供电接插件等。

工作原理：在主板背面，是错落有致的电路布线；正面为棱角分明的各个部件，如插槽、芯片、电阻、电容等。当主机加电时，电流会在瞬间通过 CPU、南北桥芯片、内存插槽、AGP 插槽、PCI 插槽、IDE 接口以及主板边缘的串口、并口、PS/2 接口等。随后，主板会根据 BIOS 来识别硬件，并进入操作系统，发挥出支撑系统平台工作的功能。

常见芯片组厂商有 Intel、AMD 和 NVIDIA 等，主板生产厂商主要有华硕（ASUS）、技嘉（GIGABYTE）、映泰（BIOSTAR）等。

（2）中央处理器（Central Processing Unit，CPU）

CPU 是计算机的核心部件。它采用大规模集成电路技术将运算器和控制器等部件集成在一块小芯片上，如图 1-8 所示，它决定着计算机的性能和档次。

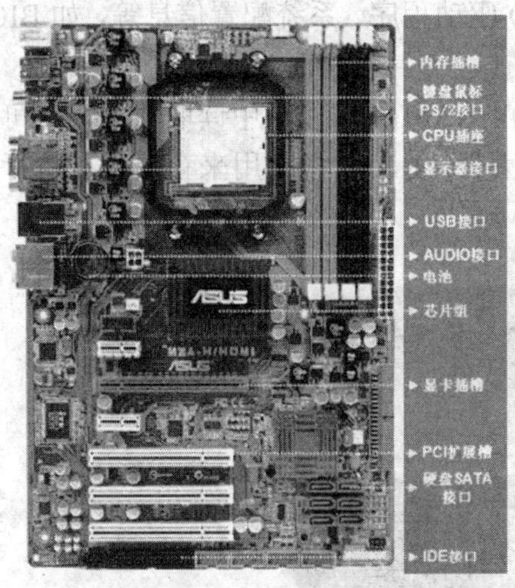

图 1-7　主板

图 1-8　CPU

CPU 具体包括运算逻辑部件（运算器）、控制部件（控制器）和寄存器部件。运算器用来进行算术运算和逻辑运算；控制器负责从存储器中取出指令，放入指令寄存器，并对指令译码，它把指令分解成一系列的微操作，然后发出各种控制命令，执行微操作序列，从而完成一条指令的执行。

CPU 主要的性能指标如下。

① 主频：也叫做时钟频率，单位是 MHz 或 GHz，用来表示运算、处理数据的速度。

② 总线频率：即前端总线频率，影响着与内存直接数据交换的速度。

③ 字长：计算机技术中对在单位时间内（同一时间）能一次处理的二进制数的位数叫做字长。例如，字长为 32 位的一次就能处理 4 个字节，而字长为 64 位的一次可以处理 8 个字节。

有一条公式可以计算，即数据带宽＝（总线频率×字长）/8，数据传输的最大带宽取决于所有同时传输的数据的宽度和传输频率。例如，现在的支持 64 位的酷睿处理器，前端总线频率是 800Hz，按照公式，它的数据传输最大带宽是 6.4MB/s。

常见的 CPU 芯片生产厂商有 Intel、AMD，以 Intel 为例，有奔腾、酷睿系列等。

（3）存储器

存储器是计算机系统中的记忆设备，是用来存储程序和数据的部件。按用途存储器可分为内存储器（主存储器）和外存储器（辅助存储器）。

① 内存储器

内存储器（简称内存），安装在主板上，用于暂存 CPU 当前正在处理的数据和程序，以及与硬盘等外部存储器交换的数据。只要计算机在运行中，CPU 就会把需要运算的数据调到内存中，当运算完成后 CPU 再将结果传送出来。由于内存直接与 CPU 相连，因此内存的特点是存取速度快。内存是由内存芯片、电路板、金手指等部分组成的。

内存一般采用半导体存储单元，其存储容量以字节为基本单位。内存根据工作特点可分为只读存储器（ROM）、随机存储器（RAM），以及高速缓存（Cache）。

• 只读存储器（Read Only Memory，ROM）。在制造ROM的时候，信息（数据或程序）就被存入并永久保存。这些信息只能读出，一般不能写入，即使机器停电，这些数据也不会丢失。ROM一般用于存放计算机系统的引导程序、I/O驱动程序、系统配置信息等，如BIOS ROM。

• 随机存储器（Random Access Memory，RAM），RAM既可以从中读取数据，也可以写入数据，当机器电源关闭时，存于其中的数据就会丢失。RAM主要用来存放正在执行的程序和数据。如图1-9所示，是常见的RAM内存条。

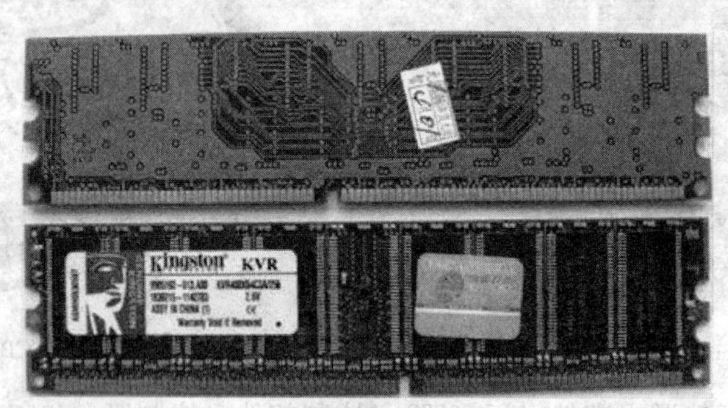

图1-9 内存条

• 高速缓冲存储器（Cache）。Cache是一种介于CPU与内存之间的，读写速度比内存更快的存储器。当CPU向内存中写入或读出数据时，这个数据也被存储进Cache中。当CPU再次需要这些数据时，CPU就从Cache读取数据，而不是访问较慢的内存，当然，如需要的数据在Cache中没有，CPU会再去读取内存中的数据。Cache是CPU与内存间的桥梁，它提高了CPU的读写速度。

内存生产商主要有金士顿、威刚、海盗船等。

② 外存储器

外储存器（简称外存），用来存放运行时暂时不用的程序和数据，外存并不直接与CPU交换信息，只能与内存交换数据。相对内存来说，外存一般单位价格低、容量大、速度慢、断电后数据不会丢失。常见的外存有硬盘、光盘、软盘，以及利用闪存技术的U盘、SD卡、SM卡等。

• 硬盘。硬盘是计算机最主要的外存，硬盘的组件被密封在一个金属盒子里，固定在主机箱里（移动硬盘除外），如图1-10所示。在硬盘中，有一组涂有磁性材料的铝合金圆形盘片安装在一个同心轴上，每张盘片的一侧都有一个读写磁头，读写硬盘时，盘片高速旋转，通过读写磁头在磁盘上移动来读写信息。现今硬盘技术飞速发展，容量已达到TB级。硬盘的种类也很多，如3.5寸台式机硬盘和2.5寸笔记本硬盘。另外，还有便于携带的移动硬盘、用于Internet存储的网络硬盘、更稳定的固态硬盘SSD等。

主要的硬盘生产厂商有希捷（SEAGATE）、日立（HITACHI）、迈拓（MAXTOR）等。

• 光盘。光盘即高密度光盘（Compact Disc），是近代发展起来的，不同于磁性载体的光学存储介质。光盘以光信息作为存储物的载体，有携带方便、容量大、价格低、易长期保存等优点，但闪存技术的崛起和网络的覆盖让光盘渐渐失去了优势。

光盘存储器由光盘和光盘驱动器组成，如图1-11所示。光盘有3种类型：只读型光盘

（CD-ROM）、一次写入型光盘和可擦写型光盘。光盘驱动器有 CD-ROM 驱动器、DVD 驱动器和 DVD-RW 刻录机等。

- U 盘。U 盘全称为“USB 闪存盘”，如图 1-12 所示，它是一种无需物理驱动的微型高容量移动存储器，可以通过 USB 接口与计算机连接，实现即插即用。U 盘具有体积小、重量轻、携带方便、容量大。使用寿命长等特点。

图 1-10　硬盘

图 1-11　光盘及光盘驱动器

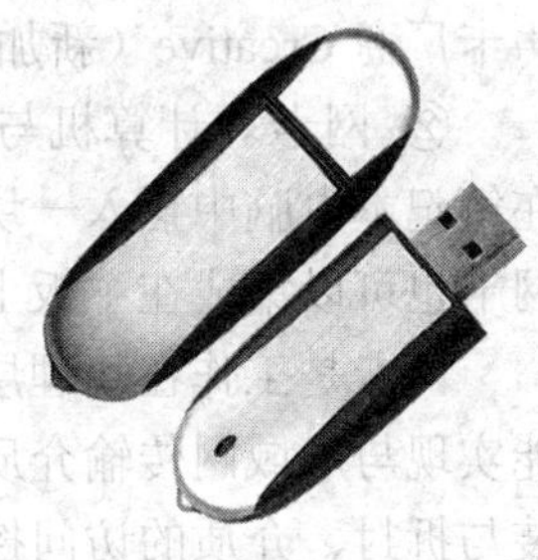

图 1-12　U 盘

（4）总线

总线（Bus）是由导线组成的传输线束，是计算机各种功能部件之间传送信息的公用通道，主机的各个部件通过总线相连接，外部设备通过相应的接口电路再与总线相连接，从而形成了计算机硬件系统。

计算机的内部系统总线可以划分为 3 种：数据总线、地址总线和控制总线。数据总线用来传送数据信息，数据总线的宽度与计算机的字长相同。地址总线用来传送地址信息，地址总线的宽度确定了计算机的内存容量。控制总线用来传送控制信号，协调各部件之间的操作。

（5）显示卡

显示卡又称视频卡、显示适配器，简称为显卡，如图 1-13 所示，它是主机与显示器之间连接的“桥梁”。显卡的作用是控制图形输出，负责将 CPU 送来的影像数据转化成显示器能识别的格式，再送到显示器形成图像。

显卡主要由 GPU、显存、显卡 BIOS 和显卡 PCB 板等组成。其中，GPU 全称是 Graphic Processing Unit，中文翻译为“图形处理器”。GPU 是显卡的“大脑”，它决定了该显卡的档次和大部分性能。

图 1-13　独立显卡

因位置不同，显卡主要有集成显卡和独立显卡之分。集成显卡是将显示芯片、显存及其相关电路都做在主板上，与主板融为一体。集成显卡的显示芯片有单独的，但大部分都集成在主板的北桥芯片中。独立显卡是指将显示芯片、显存及其相关电路单独做在一块电路板上，自成一体而作为一块独立的板卡存在，它需占用主板的扩展插槽（ISA、PCI、AGP 或 PCI-E）。

现在市场上的显卡大多采用 NVIDIA 和 ATI 两家公司的图形处理芯片。显卡主要生产厂商有影驰（GALAXY）、七彩虹、双敏（UNIKA）等。

（6）声卡、网卡

① 声卡。声卡又称音频卡，是多媒体技术中最基本的组成部分，是实现声波 / 数字信

号相互转换的一种硬件。声卡的基本功能是把来自话筒、磁带、光盘的原始声音信号（模拟信号）转换成计算机能处理的数字信号，或把计算机使用的数字信号转换为模拟信号，输出到耳机、扬声器、扩音器、录音机等设备。

声卡发展至今，主要分为板卡式、集成式和外置式 3 种接口类型。目前，集成声卡占主流，比较常见的是 AC'97 和 HD Audio，主要厂商有 Realtek（中国台湾瑞昱）和最大的集成声卡厂商 Creative（新加坡创新）等。

② 网卡。计算机与外界局域网的连接是通过主机箱内插入的一块网络接口板（或者是在笔记本电脑中插入一块 PCMCIA 卡）进行的。网络接口板又称为网络适配器，简称网卡。网卡也可以集成在主板上。

网卡是工作在物理层的网路组件，是局域网中连接计算机和传输介质的接口。网卡不仅能实现与局域网传输介质之间的物理连接和电信号匹配，还有涉及帧的发送与接收、帧的封装与拆封、介质的访问控制、数据的编码与解码、数据缓存等功能。

2．计算机外部设备

（1）输出设备

输出设备可将计算机处理的结果转换成人们能识别的形式，并显示、打印或播放出来。常用的输出设备有显示器、打印机、绘图仪等。

① 显示器。显示器是 PC 中重要的输出设备，其作用是将电信号转换成可以观察到的字符、图形、图像显示出来。根据制造材料的不同，显示器可分为阴极射线管显示器（CRT）、液晶显示器（LCD）、发光二极管显示器（LED）、等离子显示器（PDP）等多种。

- CRT 显示器。CRT 显示器是一种使用阴极射线管（Cathode Ray Tube）的显示器，类似于传统电视机，如图 1-14 所示。它是目前应用最广泛的显示器之一，CRT 纯平显示器具有可视角度大、无坏点、色彩还原度高、色度均匀、多分辨率模式可调节、响应时间极短等 LCD 显示器难以超过的优点。
- LCD 显示器。LCD 显示器即液晶显示器，如图 1-14 所示。因为液晶显示器主要是反射外来光源，所以色彩不够鲜艳，但其拥有机身薄、占地少、辐射小、携带便利等优点，科技的发展又使其价格逐渐降低，LCD 显示器已渐渐取代 CRT 显示器成为主流。

此外，LED 显示器和 PDP 显示器都是市场上比较常见的显示器。

显示器的主要性能指标有：尺寸、分辨率、点距、刷新率等。

显示器的屏幕大小以英寸（″）为单位，一般有 14″、15″、17″、19″、21″等。

分辨率是指屏幕所能显示的像素个数，画面上的光点称为像素。分辨率越高，屏幕可显示的像素越多，画面就越精细。15″的显示器分辨率为 1280 像素×1024 像素。

点距用来衡量图像的清晰度。点距越小，单位面积容纳的像素点越多，图像越清晰。15″的显示器点距为 0.26mm。

刷新频率指每秒刷新屏幕的次数，单位为 Hz。刷新频率范围越大越好。

显示器的主要生产厂商有三星（SAMSUNG）、明基（BENQ）、冠捷（AOC）等。

② 打印机。打印机是计算机常用的输出设备，如图 1-15 所示，它用于将计算机的处理结果打印在纸上。打印机主要分为针式打印机、彩色喷墨打印机、激光打印机等。

衡量一台打印机的主要技术参数有打印分辨率和打印速度等，如惠普 Designjet T1200 打印机的打印速度和打印分辨率分别为 28 秒/页和 2400 像素 × 1200 像素。

图 1-14 CRT 显示器（左）、LCD 显示器（右）

图 1-15 打印机

（2）输入设备

输入设备是向计算机送入数据和程序的设备。常用的输入设备有键盘、鼠标、扫描仪、触摸屏、条形码阅读机、光笔等。

① 键盘。键盘是微机中主要的输入设备，是按有序排列组成的并带有功能电路的一组键体开关，如图 1-16 所示。常见的键盘有机械式按键的和电容式按键的。按外形不同，键盘又分为标准一字键盘和人体工程学键盘等。常用的键盘有 101 键、102 键、104 键等。

② 鼠标。鼠标因其形似老鼠而得名，如图 1-17 所示。鼠标可以方便、准确地移动显示器上的光标，并通过单击按键，选取光标所指的内容。随着软件中窗口、菜单的广泛使用，鼠标成为 PC 系统中常用的输入设备，它使计算机的操作更加简便，从而代替键盘那繁琐的指令输入。

现在的鼠标大多为取代机械鼠标的光电鼠标，按接口不同可分为 PS/2 鼠标、USB 鼠标、无线鼠标等。

③ 扫描仪。扫描仪是利用光电技术和数字处理技术，以扫描方式将图形或图像信息转换为数字信号的装置，如图 1-18 所示。照片、文本页面、图纸、美术图画、照相底片、菲林软片，甚至纺织品、标牌面板、印制板样品等三维对象都可作为扫描对象。

图 1-16 键盘

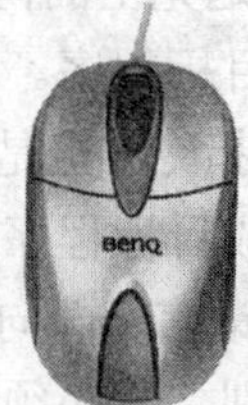

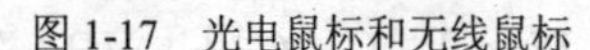

图 1-17 光电鼠标和无线鼠标

图 1-18 扫描仪

扫描仪主要分为笔式扫描仪、便携式扫描仪、滚筒式扫描仪等，主要技术参数有光学分辨率、扫描速度、色彩位数等。

1.3.3 微型计算机的软件系统

计算机软件是指计算机系统中的程序及其文档。程序是指一组指示计算机每一步动作的指令集合；文档是为了便于了解程序所需的阐明性资料。软件是用户与硬件之间的接口界面，用户主要是通过软件与计算机进行交流，只有硬件没有软件的计算机叫做“裸机”。计算机软件一般分为系统软件和应用软件两大类。

1．系统软件

系统软件是指控制和协调计算机及外部设备，支持应用软件的开发和运行的系统，是无需用户干预的各种程序的集合。系统软件的主要功能是调度、监控和维护计算机系统；负责管理计算机系统中各种独立的硬件，使得它们可以协调工作。系统软件使得计算机使用者和其他软件将计算机当作一个整体，而无需顾及底层每个硬件是如何工作的。

系统软件主要包括操作系统、语言处理程序、数据库管理系统、各种服务性程序等。

（1）操作系统

操作系统（Operating System，OS）是系统软件的核心，是一个庞大的管理控制程序，它对计算机系统的所有硬件、软件资源进行管理，合理地组织计算机各部分协调工作，方便用户使用计算机，是用户和计算机的接口。具体来讲，它负责诸如管理与配置内存、决定系统资源供需的优先次序、控制输入/输出设备、操作网络与管理文件系统等基本事务。操作系统大致有 5 个方面的管理功能：进程与处理机管理、作业管理、存储管理、设备管理和文件管理。

根据功能不同，操作系统可分为单用户操作系统、批处理操作系统、分时操作系统、实时操作系统、网络操作系统、分布式操作系统等。

目前，PC 上常见的操作系统有 Microsoft 公司的 MS-DOS 和 Windows 系列，UNIX，Linux，IBM 公司的 OS/2，苹果公司的 Mac OS，以及手机上使用的 Windows Mobile、Symbian OS 等，其中 DOS 操作系统是一种单用户单任务的操作系统；Windows 95、Windows 98 是单用户多任务操作系统；Windows 2000、Windows XP，UNIX，Linux 是多用户多任务操作系统。

（2）语言处理程序

① 程序设计语言。计算机软件都是用各种计算机语言编写的，用来编写程序的计算机语言就叫做程序设计语言，它是人与计算机交换信息的工具。程序设计语言可分为 3 种：机器语言、汇编语言和高级语言。

- 机器语言：用二进制数表示指令，是完全面向机器的，计算机能直接识别的语言，也叫低级语言。用机器语言编写的程序称为目标程序。
- 汇编语言：用助记符来代替二进制指令，也是面向机器的语言，但计算机不能直接识别用汇编语言编写的程序，必须将其翻译成目标程序才能执行。
- 高级语言：接近于自然语言、数学语言、面向问题或对象的程序设计语言。用高级语言编写的程序叫源程序，机器不能直接识别，也必须翻译成机器代码才能执行。高级语言种类繁多，如 Basic、Fortran、Pascal、C、C++、VB、VC、Java、Delphi 等都是应用广泛的计算机高级语言。

② 语言处理程序。语言处理程序的作用是将用汇编语言或高级语言编写的源程序“翻译”成机器语言的形式，以便计算机能够运行。语言处理程序主要有 3 种：汇编程序、编译程序或解释程序和连接程序。

2. 应用软件

应用软件是指为用户解决某一实际问题而编写的程序，如用某一种高级语言编写的一个用户程序。应用软件主要可分为应用软件包和用户程序。应用软件是为满足用户在不同领域，解决不同问题的需求而提供的软件，它可以拓宽计算机系统的应用领域，放大硬件的功能。应用软件多种多样，诸如以下几类。

- 办公软件：MS-Office、WPS 等。
- 互联网软件：IE、Outlook、QQ、迅雷下载等。
- 多媒体软件：暴风影音、Adobe-Photoshop、酷狗音乐等。
- 工程制图软件：AutoCAD、Pro/E、UG 等。
- 病毒防护安全软件：360 安全卫士、瑞星杀毒软件等。
- 商务管理软件：金蝶、用友等。
- 用程序设计语言编写的程序。
- 教育教学软件、游戏娱乐软件等。

习　题

一、选择题

1．世界第一台电子计算机诞生于哪一年？（　　）

A．1948 年　　B．1946 年　　C．1958 年　　D．1956 年

2．（　　）工作原理是美籍匈牙利数学家冯・诺依曼提出的。

A．存储程序　　B．虚拟现实　　C．IBM 大型机　　D．人工智能

3．按使用元器件划分，当前使用的微型计算机是（　　）。

A．电子管计算机　　B．晶体管计算机

C．中小规模集成电路计算机　　D．大规模和超大规模集成电路计算机

4．所谓“裸机”是指（　　）。

A．单片机　　B．不安装任何软件的计算机

C．单板机　　D．只装备操作系统的计算机

5．计算机中所有信息的存储都采用（　　）。

A．二进制　　B．八进制　　C．十进制　　D．十六进制

6．在微型计算机中，应用最普遍的字符编码是（　　）。

A．ASCII 码　　B．BCD 码　　C．汉字编码　　D．补码

7．下列字符中 ASCII 码值最小的是（　　）。

A．A　　B．G　　C．8　　D．a

8．微型计算机的主机包括（　　）。

A．运算器和显示器　　B．CPU 和内存储器

C．UPS 和内存储器　　D．CPU 和 UPS

9．微型计算机的性能指标主要取决于（　　）。

A．键盘　　B．CPU　　C．硬盘　　D．显示器

10．微型计算机中，运算器的基本功能是（　　）。

A．实现算术运算　　B．实现算术运算和逻辑运算

C．存储各种控制信息　　D．控制机器各个部件协调一致地工作

11．CPU 能直接访问的存储器是（　　）。

A．U 盘　　B．硬盘　　C．RAM　　D．DVD-ROM

12．计算机断电后（　　）中的数据会丢失。

A．硬盘　　B．U 盘　　C．ROM　　D．RAM

13．CPU、存储器、I/O 设备是通过什么连接起来的？（　　）

A．接口　　B．总线　　C．系统文件　　D．控制线

14．CAD 属于计算机在哪个方面的应用？（　）

A．计算机辅助设计　　B．计算机辅助制造

C．计算机集成制造　　D．计算机辅助教学

15．计算机的软件系统可分为（　　）。

A．程序和数据　　B．操作系统和语言处理系统

C．程序、数据和文档　　D．系统软件和应用软件

16．以下属于高级语言的是（　　）。

A．机器语言　　B．C 语言　　C．汇编语言　　D．以上都是

17．将源程序转换成目标程序的是（　　）。

A．编辑程序　　B．编译程序或解释程序

C．演示程序　　D．调试程序

18．下列属于应用软件的是（　）。

A．UNIX　　B．Windows　　C．Excel　　D．Linux

19．把计算机与网线等通信介质相连，并实现局域网络通信的关键设备是（　　）。

A．主板　　B．显卡

C．CPU　　D．网卡（网络适配器）

20．下列各组设备中，全部属于计算机输入设备的是（　　）。

A．键盘、磁盘和打印机　　B．硬盘、打印机和键盘

C．键盘、鼠标和显示器　　D．键盘、扫描仪和鼠标

二、填空题

1．$(19)_{10}$=(　　　)$_2$。

2．$(10110110.01)_2$=(　　　　)$_8$。

3．$(10110.01)_2$=(　　　　)$_{10}$。

4．$(713.5)_8$=(　　　　)$_2$。

5．$(EC3)_{16}$=(　　　　)$_2$。

6．300GB=(　　　　)B。

三、问答题

1．计算机的发展分为几代？简述各代计算机的特点。

2．计算机主要应用在哪些领域？

3．简述计算机的基本工作原理。

4．简述计算机系统的组成及各部分的功能。

5．只读存储器与随机存储器有什么区别？

第2章 Windows XP 的应用

2.1 任务一　了解 Windows XP 的基本概念及操作

任务目标

通过本任务的学习，掌握 Windows XP 的基本概念、基本操作。

任务知识点

- Windows XP 概述。
- Windows XP 的启动与退出。
- Windows XP 桌面简介。
- Windows XP 的窗口和对话框。
- Windows XP 的菜单和工具栏。
- Windows XP 的帮助系统。

2.1.1　Windows XP 概述

1．Windows 的发展历史

Windows 系列操作系统是 Microsoft 公司推出的基于图形用户界面的操作系统。从最早的 Windows 3.x 到 Windows 9x，再到 Windows 2000/XP，Windows 操作系统从一个不成熟的产品，已发展成为今天使用最为广泛的操作系统之一。

作为 Microsoft 公司新一代的操作系统，Windows XP 是在 Windows 2000 操作系统内核的基础之上开发出来的，它不仅继承了 Windows 2000 中的许多优良的功能，而且提供了更高层次的安全性、稳定性和更优越的系统性能，是替代 Windows 其他产品的升级产品。Windows XP 针对家庭用户和商业用户提供了不同的版本：Windows XP Home Edition 和 Windows XP Professional。Windows XP 中文版是 Microsoft 公司专门为使用汉字的用户开发的，本章主要介绍 Windows XP Professional 中文版的使用。

2．Windows 的成功之处

（1）提供了色彩丰富、图文并茂的多窗口图形用户界面。所有操作都可以通过使用鼠标来实现，使用图标、菜单、窗口和按钮等新颖的图形接口，对用户来说易学易用。

（2）大幅度扩大存储空间，实现了运行多个应用程序的多任务工作环境。

（3）提供了网络、多媒体等具有时代特点的桌面办公助手软件。

（4）应用软件丰富。目前市场上有大量的 Windows 应用软件，这些软件都有风格一致的界面。

（5）提供了很好的开发环境和开发工具，如 Visual Basic，Delphi，C++ Builder，Visual C++，PowerBuilder 等。

3．Windows 的汉字处理

由 Microsoft 公司自主开发的 Windows XP 中文版操作系统采用的是双字节内核汉化技术，从本质上解决了"乱码"现象，真正解决了 Windows 环境下的汉字处理问题。Windows XP 中文版操作系统的基本系统配备了区位、全拼、双拼、智能 ABC 和微软拼音输入法等汉字输入的方法，它还提供了"输入法管理器"，通过它可以增加各种各样的输入法。

4．Windows XP 运行环境与基本概念

（1）Windows XP 的特点。Windows XP 是 Microsoft 公司开发的非常成功、流行的操作系统，它有以下几个显著特点。

- 安装简便。在安装的过程中，Windows XP 会自动检测并安装计算机上大部分的硬件，包括网卡、声卡、显卡等。
- 多线程和抢占型多任务操作系统。从 Windows 9x 到 Windows 2000 再到 Windows XP，系统能更好地运行多个应用程序，"死机"和"蓝屏"现象急剧减少，系统稳定性大大增加。
- 支持长文件名。与 DOS 中严格规定的 8.3 格式不同，Windows XP 可以使用长达 255 个字符的文件名。
- 支持多种网络协议。Windows XP 包括内置的对等网络通信功能，支持广泛使用的 TCP/IP，可以访问如 Internet 的大型网络。
- 和目前最新的 Windows 系列操作系统 Windows Vista、Windows 7 相比更成熟，速度更快，占用空间更小，但稳定性有所欠缺。
- 市场占有率高。虽然 Windows XP 受到后续产品 Windows Vista、Windows 7 的冲击，但目前仍然是国际上应用最广的操作系统。

（2）Windows XP 的运行环境。运行 Windows XP 中文版的计算机系统应当具备如下部件及性能。

- IBM 及其兼容机系列的基于 Pentium II 350MHz 或更高档微处理器芯片的计算机，建议使用配置有 PentiumIII或 P4 的计算机。
- 至少 128MB 内存，更高时运行性能更好，建议配置 256M 以上的内存。
- 至少 1GB 以上的可用硬盘存储空间，为保证运行速度，建议配置有 2.5GB 以上可用空间的硬盘。
- 有支持 Windows XP 的标准 VGA 或更高分辨率的显卡，建议配置支持硬件 3D 的 32 位真彩显卡。
- 14 英寸彩色显示器，建议配置 15 英寸或更高分辨率的显示器。
- CD-ROM 驱动器。
- 一只鼠标或其他兼容的定位设备。

如果想使用 Windows XP 提供的功能强大的音像工具，则用户的计算机系统还应配置声

卡、音箱和麦克风。

（3）Windows XP 中的基本概念。下面介绍在 Windows XP 中常见的几个概念。

① 资源：是计算机上的所有软硬件的总称，如一个文件，一台打印机等都是资源。

② 对象：是指 Windows XP 的各种组成单元，包括程序、文件、文件夹、快捷方式等。

③ 文件夹：是一组对象，如文件、程序等的集合。对于文件系统来说，文件夹相当于目录。文件夹可以包括另一个文件夹，即子文件夹。

④ 图标：是代表程序、文件、文件夹等各种对象的小图像。

⑤ 快捷方式（Short Cut）：是指为了方便和快捷，复制一个对象的指针到另一个地方（如桌面），而不是复制对象本身。从“资源管理器”可以看到快捷方式是作为一个文件来保存的，它的左下角有一个小箭头符号。

⑥ 剪贴板：是 Windows 的一块公用的特殊内存区域，用于不同应用程序之间的数据交换。任何一个 Windows 应用程序都可以读或写数据到剪贴板。

⑦ 剪切：把选定区域的内容写到剪贴板，然后删除该位置内容。

⑧ 复制：把选定区域的内容写到剪贴板，但该部分内容仍然保留。

⑨ 粘贴：把剪贴板的内容插入到光标所在的位置。

2.1.2　Windows XP 的启动与退出

1．启动 Windows XP 的步骤

（1）打开显示器。

（2）打开计算机的电源。

（3）出现 Windows XP 启动标志并等待。

（4）显示 Windows XP 的登录对话框，输入用户名和密码，单击“确定”按钮。

（5）用户登录成功后，显示 Windows XP 的桌面。

Windows XP 启动后，其桌面如图 2-1 所示。

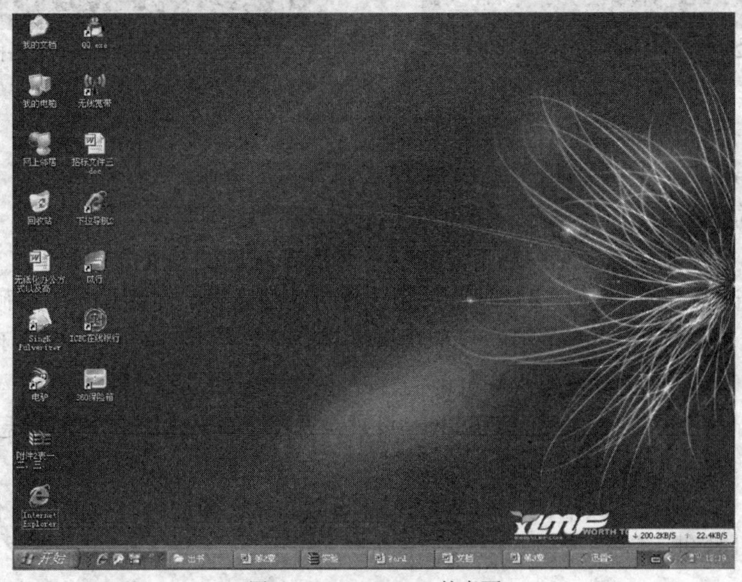

图 2-1　Windows XP 的桌面

操作提示：用户所看到的屏幕可能与图 2-1 有所不同，这是因为在安装时选择了不同的安装组件，或者在安装完成后安装了其他应用软件，或者是安装完成后对屏幕属性进行了设置。

2．注销 Windows XP

如果要以其他用户的身份访问计算机时，需要注销当前用户名，改用其他身份登录。选择菜单中的“开始”→“注销”命令，会弹出“注销 Windows”对话框，如图 2-2 所示。在对话框中，可以直接切换用户，然后选取用户名并输入密码登录。也可以注销当前用户返回登录界面。

3．关闭 Windows XP

关闭 Windows XP 是一个非常重要的操作，它会将内存中的信息自动保存到硬盘中，为下次启动做好准备。所以当用户不想使用计算机时，要先停止 Windows XP 的运行，然后才能关掉计算机电源。这样可以保证 Windows XP 能把所做的工作保存在磁盘上，而不至于丢失数据。正确关闭 Windows XP 的操作步骤如下。

（1）关闭 Windows XP 下运行的所有程序后，单击菜单中的“开始”→“关闭计算机”命令，弹出“关闭计算机”对话框，如图 2-3 所示。

图 2-2 “注销 Windows”对话框

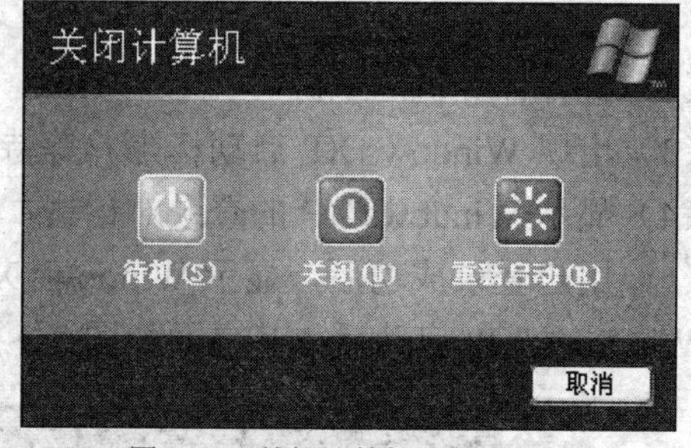

图 2-3 “关闭计算机”对话框

（2）用鼠标单击对话框中的“关闭”按钮。

（3）Windows XP 正在关闭，完成后系统会自行关闭电源。

（4）关闭显示器。

“关闭计算机”对话框（见图 2-3），有 3 个选项，它们的意义分别如下。

- 待机：计算机处于待机状态时将关闭计算机的显示器、硬盘与光驱等硬件设备，从而达到节省电能，但又保持立即可用的一种状态。此时计算机并没有真正的关闭，当移动鼠标或敲击键盘时，计算机将被唤醒，待机前的程序将继续运行。
- 关闭：保存更改后的全部 Windows 设置，并将当前内存中的所有信息写入硬盘，关闭计算机。
- 重新启动：保存更改后的全部 Windows 设置，并将当前内存中的所有信息写入硬盘，然后重新启动计算机。

2.1.3　Windows XP 桌面简介

1．鼠标的使用

Windows XP 的操作可用键盘或鼠标（Mouse）来完成。利用键盘能够完成 Windows XP 的所有操作，但是用户要想迅速高效地使用 Windows XP，最好是使用鼠标。鼠标也可以完成键盘能完成的所有操作。Windows XP 支持两键、三键及滚轮模式的多种鼠标。当握着鼠标移动时，屏幕上的鼠标指针会随着鼠标的移动而移动。在不同的环境下鼠标指针有不同的形状，分别代表不同的意义。图 2-4 所示为几种常见的鼠标指针形状。

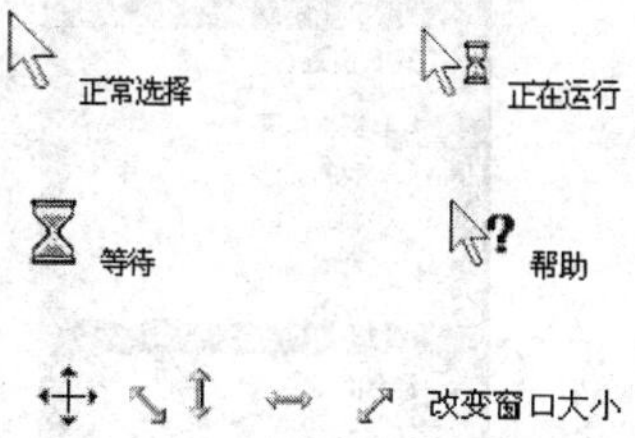

正常选择　正在运行　等待　帮助　改变窗口大小

图 2-4　鼠标指针的常见形状

鼠标左右两个键可以组合起来使用，从而完成特定的操作。鼠标的常见操作有以下几种。

（1）指向：移动鼠标直到鼠标指向某一对象。一般用于激活对象或显示提示信息。

（2）单击：快速按一下鼠标的左键或右键并马上松开。左键单击一般用于选择对象、选项或按钮等。右键单击用于弹出该对象所对应的快捷菜单，即该对象能进行的操作。除非特别说明，本书所说的单击都是指左键单击。

（3）双击：连续快速按两下鼠标的左键并马上放开。用于启动程序或者打开窗口。一般只使用左键双击，很少使用右键双击。

（4）拖动：选择一个对象，按下左键不放移动鼠标，对象将会随着鼠标的移动而移动。

操作提示：	在不同的具体应用软件中，鼠标指针的形状可有不同。

2．桌面及相关操作

启动 Windows XP 后，呈现在面前的整个屏幕区域称为桌面。桌面是在 Windows XP 上进行工作的地方，一般把最常用的东西（称为对象）以图标的形式放在桌面上，为工作提供方便。用户可以随意设置符合个人风格的桌面，还可以将常用程序、文档的快捷方式添加到桌面。

（1）我的电脑。在桌面上，双击“我的电脑”图标，打开“我的电脑”窗口，如图 2-5 所示。在该窗口可以查看和管理计算机上的所有资源，如进行磁盘、文件夹、文件的操作，还可以配置计算机的软硬件环境。窗口工作区中的每个图标代表一个系统对象，或称系统设备。“本地磁盘（C:)”则代表硬盘驱动器，其中“C:”代表硬盘驱动器的盘符，双击它则可以查看硬盘上的内容。如果有多个硬盘分区，将会有多个类似的图标，如“C:”、“D:”、“E:”、“F:”等。“DVD-RAM 驱动器（M:)”代表可刻录光驱，其中 M:代表光盘驱动器的盘符，如果有对应的光盘，双击它则可以查看光盘上的内容。

通过选择“我的电脑”窗口左区的不同图标，还可以分别进入“网上邻居”、“我的文档”、“控制面板”等系统管理程序。

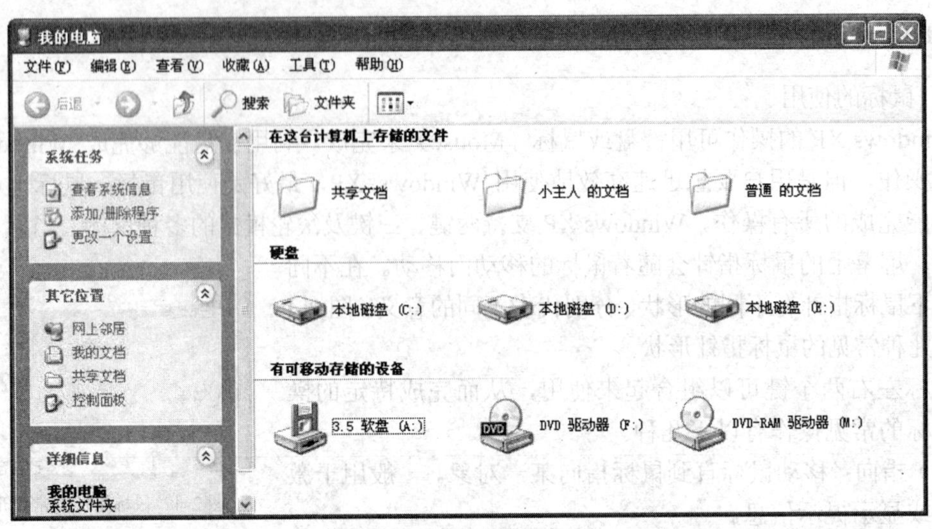

图 2-5 “我的电脑”窗口

（2）回收站。为防止用户的误操作行为，Windows XP 采用了回收站机制。回收站是硬盘上的一块特殊区域。当删除文件或文件夹时，Windows XP 会自动把它放到“回收站”里。在需要的时候，可以使用“回收站”来恢复误删除的文件或文件夹。“回收站”窗口如图 2-6 所示。

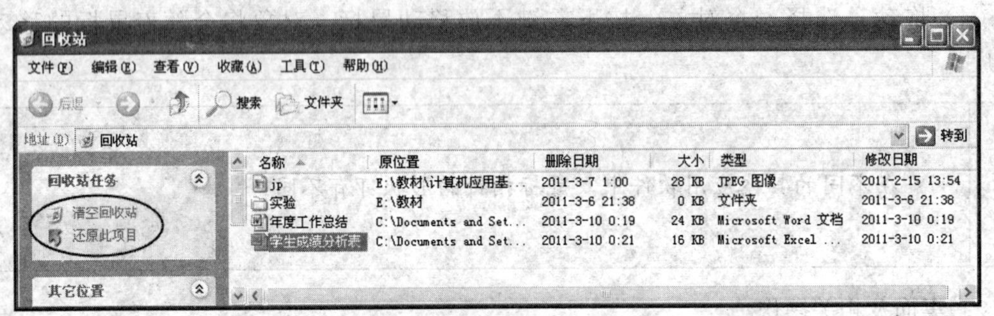

图 2-6 “回收站”窗口

如果要恢复某一被删除的文件，可先选中该文件，然后选择菜单中的“文件”→“还原”命令，或单击左区的“还原此项目”项，可将文件恢复到原来的位置；若要彻底删除该文件，可选择菜单中的“文件”→“删除”命令，或右击该文件，在弹出的快捷菜单中选择“删除”命令。单击“清空回收站”可删除所有文件；单击“还原所有项目”可恢复所有文件。

操作提示：	试试右击回收站图标，通过“属性”命令设置回收站的属性。

（3）开始菜单和任务栏。

① 开始菜单。在桌面的左下角有一个“开始”按钮，单击它可打开“开始”菜单，如图 2-7 所示。通过“开始”菜单可以运行各种应用程序，进行各种软硬件参数的设置。在“开

始”菜单中，右端有一个实心右箭头的菜单项，表示该菜单还有下一级菜单。如果把鼠标指针移动到“程序（P）”上，则会显示其下一级菜单；再把鼠标指针移动到“附件”，则会弹出“附件”的下一级菜单，如图 2-8 所示。注意：这些菜单在不同的计算机上可能有所不同。

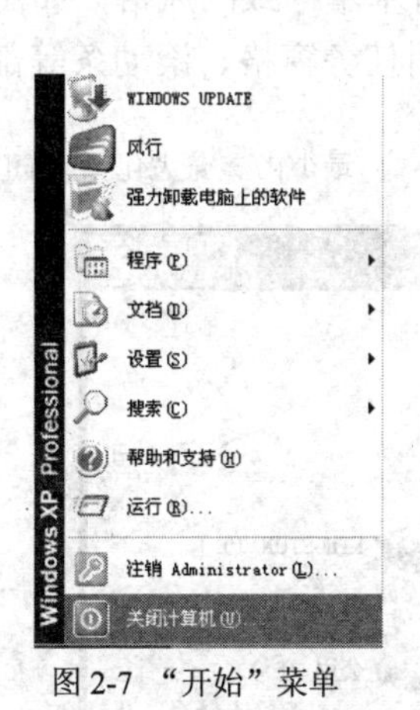

图 2-7 “开始”菜单

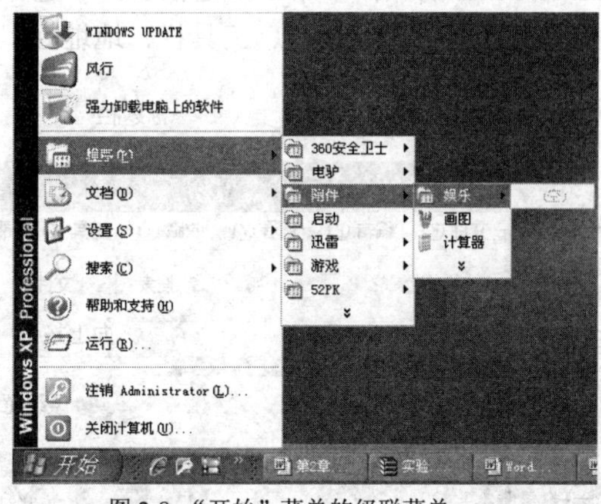

图 2-8 “开始”菜单的级联菜单

• “程序”菜单是已安装的应用软件的快捷启动集合。通过“程序”，几乎可以运行计算机上的所有应用程序。每安装一个应用程序，一般都会在“程序”的级联菜单中增加一项。

• “文档”菜单是动态的，它记录了最近打开过的文件。可通过单击操作，快速地打开最近编辑过的文档。

• “设置”菜单可设置“控制面板”、“网络连接”、“打印机和传真”与“任务栏和开始菜单”。

• “搜索”菜单用于查找文件或计算机。例如，如果想不起来某个文件存放在哪个文件夹，但记得文件名，就可以利用此菜单来查找该文件。如果该计算机已和其他计算机连成网络，也可以查找指定计算机是否在网络上。

• “帮助和支持”命令可以教用户怎样使用计算机，或遇到问题怎样解决。

• “运行”命令则用于运行命令或程序。

② 任务栏。任务栏位于桌面的底部，如图 2-9 所示。任务栏的左端是“开始”按钮，右端有音量控制、输入法指示器、时钟等。当启动一个程序或打开一个窗口后，任务栏中就出现一个带有该窗口标题的按钮。例如，依次打开“Microsoft Word”、“画图”程序后，任务栏显示如图 2-9 所示，这些应用程序的标题就会依次排列在任务栏上。

图 2-9　任务栏

操作提示：	可通过鼠标右键单击任务栏，设置任务栏的显示效果及有关内容。

2.1.4 窗口和对话框

1. 窗口

Windows XP 的操作基本上都是在窗口中进行的，窗口具有基本一致的风格，如图 2-10 所示，主要有标题栏、菜单栏、工具栏、地址栏、工作区、常用任务窗格、滚动条等部分。

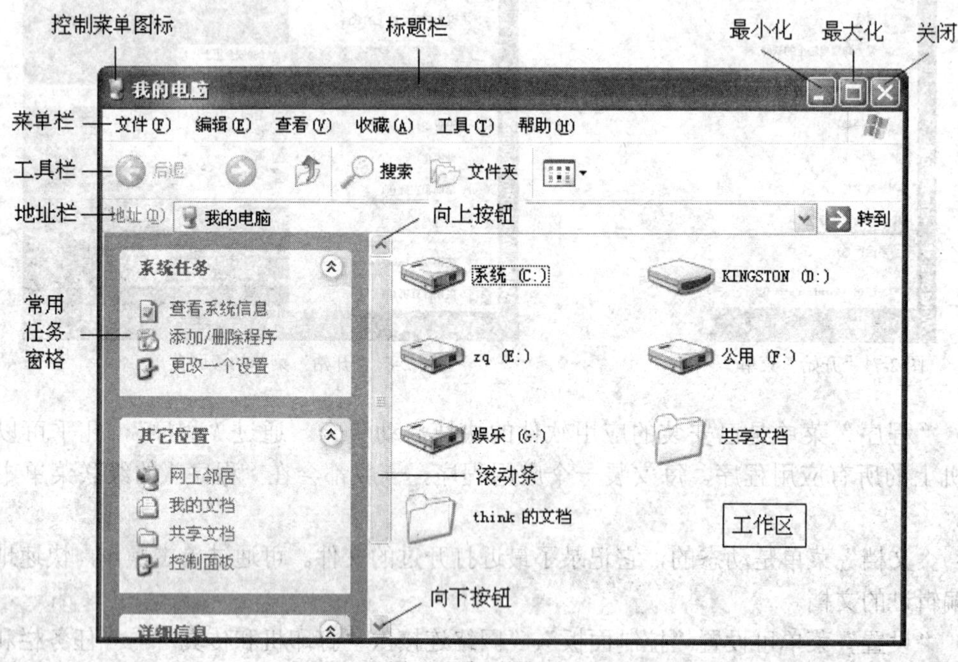

图 2-10 窗口的组成

（1）标题栏：显示当前窗口的名称。在其最左端有一个“控制菜单图标”，用于标识该窗口，单击它可打开该窗口的控制菜单，其中包括了改变窗口大小、移动窗口、关闭窗口等命令。在标题栏的右端有“最小化”按钮、“最大化”按钮（或“还原”按钮）和“关闭”按钮。

① 最小化按钮：单击最小化按钮可快速隐去指定的窗口，但在该窗口中运行的程序仍处于活动状态，在任务栏中仍可看到该窗口的描述。如果想还原该窗口，只需在任务栏上单击该窗口标题，则该窗口会恢复到进行最小化处理前的状态。

② 最大化（或还原）按钮：单击最大化按钮可快速地将指定窗口放大，使之充满整个屏幕。最大化可看到窗口内更多、更清楚的内容。窗口被最大化后，屏幕不显示边框，最大化按钮被还原按钮代替；当单击还原按钮时，窗口则恢复到进行最大化处理前的大小。另外，还可以通过双击标题栏来实现最大化窗口。当窗口被最大化后，不能改变该窗口的大小以及移动该窗口。

③ 关闭按钮：单击关闭按钮，可快速关闭当前窗口。另外，双击该窗口左上角的控制菜单图标，或单击左上角的图标后再选择控制菜单中的“关闭”命令，如图 2-11 所示；或选择菜单中的“文件”→“关闭”命令，如图 2-12 所示，以及按【Alt+F4】组合键，都可关闭该窗口。

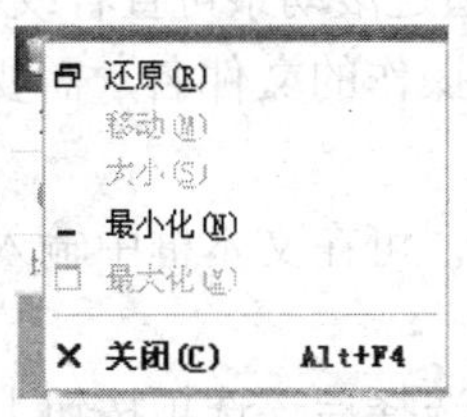

图 2-11　控制菜单

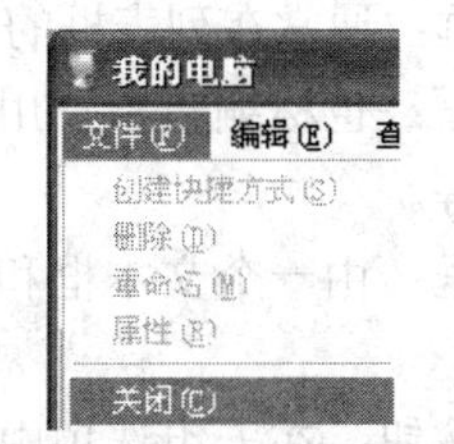

图 2-12　“文件”菜单的“关闭”命令

操作提示：	同时运行多个程序需要占用计算机的内存，可能会出现内存不够的现象。这时可关闭一些暂时不用的程序，以释放该程序所占用的内存资源。这既是预防死机，又是处理死机的常用办法。

（2）菜单栏：列出对当前窗口操作的各项菜单命令。

（3）工具栏：一般位于菜单栏下方，提供了一些常用操作的快捷方式。

（4）地址栏：显示当前工作区中的文件或文件夹所在的位置（路径）。

（5）工作区：用于显示指定路径下的文件或文件夹，并可进行复制、移动、删除、运行等操作。

（6）常用任务窗格：是常用任务（操作）的集合。

（7）滚动条：当相关内容不能全部在窗口中显示时，可通过移动滚动条来查看所有内容。

2．对话框

Windows XP 是一个交互式的操作系统，用户与计算机是通过对话框进行人机对话的，不同的操作有不同的对话框。对话框是由一些对象（元素）组成的，它们也称为“控件”。常见的控件如图 2-13、图 2-14 所示，其作用如下。

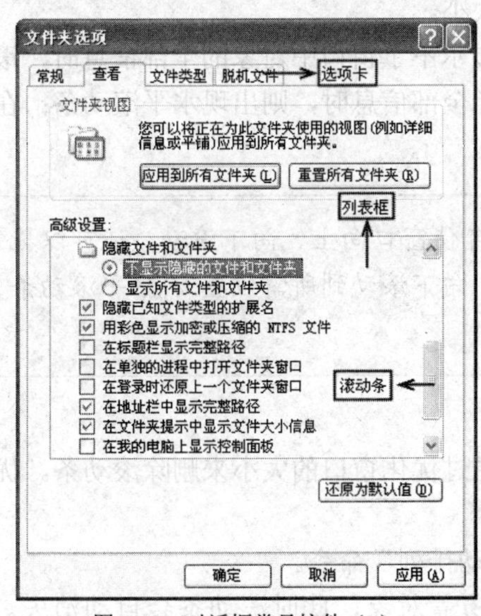

图 2-13　对话框常见控件（1）

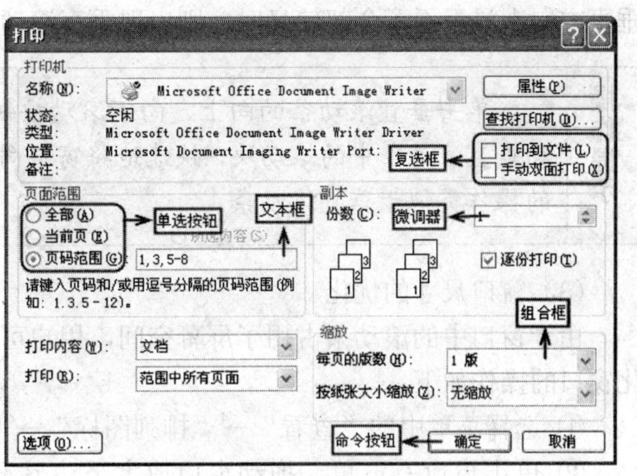

图 2-14　对话框常见控件（2）

（1）选项卡：单击选项卡，可查看对话框中不同的“页”，也称为“标签页”。

（2）列表框：通常在列表框的右侧有一个滚动条，通过滚动条可查看或选择所需的内容。

（3）文本框：也称编辑框，用于文字输入，如需要操作的文件名，需要查找的关键字以及备注、说明等。

（4）组合框：由一个文本框和一个列表框组合而成，可在文本框中输入，也可在列表框中进行选择。

（5）单选按钮：在一组选项中只能选中一个选项，选择后该选项按钮上有一个黑点。

（6）复选框：复选框为一开关选项，若使该选项有效，单击该选项，复选框上添加对勾。若使该选项无效，再单击该选项，则复选框去掉对勾。在一组选项中可选中多个选项。

（7）微调器：单击上下箭头，可选择所需的数字，也可在框中输入数据。

（8）命令按钮：单击命令按钮，可执行某一特定的操作。常见的命令按钮如“确定”按钮，可确认本对话框的设定，退出对话框；“取消”按钮，可放弃本对话框的设定，退出对话框；“应用”按钮，可确认本对话框的设定，但不退出对话框。

3．窗口的基本操作

（1）窗口的移动及排列

将鼠标指针指向窗口的标题栏，按下鼠标左键拖动窗口至所需位置，释放鼠标，即可移动窗口。当同时打开多个窗口时，可用鼠标右键单击任务栏的空白处，在打开的任务栏菜单中选择“层叠窗口”、“横向平铺窗口”或“纵向平铺窗口”命令，以便按需要排列打开的窗口，如图 2-15 所示。

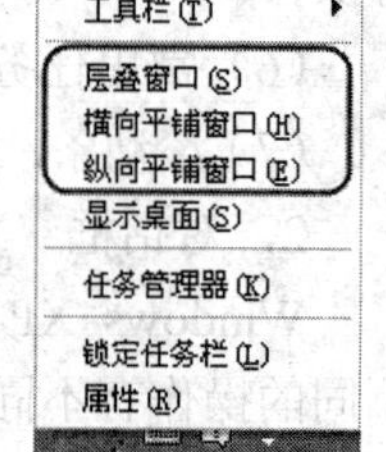

图 2-15　任务栏菜单

（2）改变窗口的大小

如果在一个窗口内不能看到该窗口所显示的全部内容，或想在一个屏幕上打开多个窗口，都需要改变窗口的大小。把鼠标指针指向窗口的边沿或角框上，当单向箭头变为双向箭头时，可向内或向外拖动该边框或角框，则可改变窗口的大小。拖动角框可在纵横两个方向同比例地改变窗口大小，而拖动边框只是在一个方向改变窗口的大小。

计算机屏幕的显示区域是有限的。当窗口太小，显示不了窗口中对象的全部信息时，滚动条会自动显示出来。例如，在屏幕水平方向显示不了全部信息时，则出现水平滚动条；在垂直方向上显示不了全部信息时，则出现垂直滚动条。

操作提示：	单击垂直滚动条的向上、向下滚动按钮，可使窗口向上、向下滚动，还可以拖动垂直滚动条中的滚动块，快速地将窗口向上、向下滚动到所需位置。水平滚动条的操作类似于垂直滚动条。

（3）窗口尺寸的优化

由于窗口中的滚动条占用了屏幕空间，用户可以通过优化窗口的大小来删除滚动条。优化窗口的操作如下。

① 选择菜单中的“查看”→“排列图标”→“自动排列”命令。

② 单击窗口右下角，拖动窗口放大至边界没有覆盖对象，此时滚动条会自动消失。有些窗口中的对象太多以致不能完全删去滚动条，也可尽量地删去垂直滚动条或水平滚动条。

（4）窗口的切换

当同时运行几个程序时，可通过单击任务栏上的窗口标题栏进行窗口的切换。例如，任务栏上现已打开 Word、画图、超星阅览器等程序，如图 2-16 所示，此时，计算机正在处理 Word 文档，现要用超星阅览器阅读电子书籍，只需用鼠标单击任务栏中的“超星阅览器”按钮，则被隐去的“超星阅览器”窗口会从后台转到前台。此外，还可以使用【Alt+Tab】组合键或【Alt+Esc】组合键在多个应用程序之间进行切换。这两种方法的不同之处在于，用【Alt+Tab】组合键会在屏幕中间显示目前要切换到哪个应用程序，而用【Alt+Esc】组合键则没有这一显示。

图 2-16　窗口的切换

2.1.5　菜单和工具栏

Windows XP 的操作可以通过几种途径实现：菜单命令、工具栏的快速访问按钮、鼠标右键弹出的快捷菜单、组合快捷键。

1．菜单及其操作

菜单在计算机技术中被引申为展示操作系统的命令的目录。

（1）打开菜单。

①“开始”菜单：单击“开始”按钮，即可打开。

② 控制菜单：单击标题栏最左边的控制图标或右击标题栏任何地方即可打开，如图 2-17 所示。

③ 菜单栏上的菜单：单击菜单名或用键盘同时按下【Alt】键和菜单名右边的英文字母，就可以打开该菜单。如按【Alt+F】快捷键可以打开我的电脑的“文件”菜单，如图 2-17 所示。

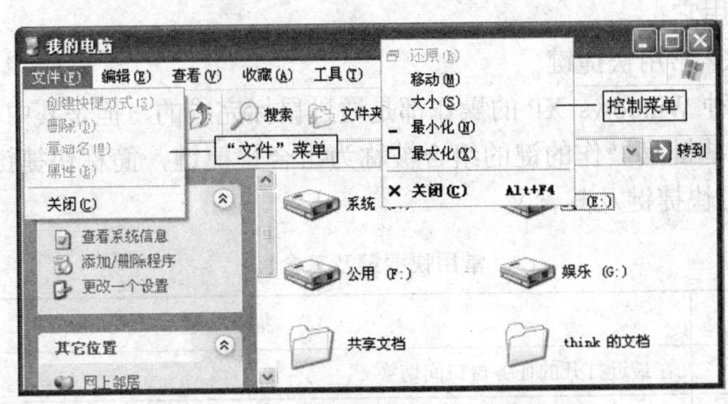

图 2-17　控制菜单和“文件”菜单

④ 快捷菜单：右击对象即可打开关于该对象的快捷菜单。

（2）消除菜单。打开菜单后，如果不想从菜单中选择命令或选项，就用鼠标单击菜单以外的任何地方或按【Esc】键即可，鼠标指针移到其他菜单也能消除当前菜单。

（3）菜单中的命令项。一个菜单含有若干个命令项，其中有些命令项后面跟有省略号“…”，有些命令项前有符号“√”。这些都有特定的含义，如表 2-1 所示。

表 2-1　　　　菜单中的命令项

命　令　项	说　　明
暗淡色（灰色）	命令项不可选用
带省略符号“…”	执行命令后将打开一个对话框，要求用户输入
前有符号“√”	选择标记，有此符号表示命令有效，如果再选一次则删除此符号，表示命令无效
带符号“●”	在分组菜单中出现，只能有一选项带此符号，可以通过选择操作，用“●”标记此项为选中状态。
带组合键	为菜单项的快捷键，按下组合键将直接执行相应命令，不必通过菜单
带符号“▸”	当鼠标指向该项时，会弹出一个子菜单

2．工具栏及其操作

大多数 Windows XP 应用程序都有工具栏，工具栏上的按钮在菜单中都有对应的命令，代表了菜单上的最常用命令，它可以加速命令的执行，故又称为加速按钮。操作应用程序的最简单方法是用鼠标单击工具栏上的按钮。当移动鼠标指针指向工具栏上的某个按钮时，稍稍停留片刻，会显示该按钮的功能名称。

操作提示：

用户可以用鼠标把工具栏拖放到窗口的任意位置，或改变排列方式，如变为垂直放置。

3．快捷菜单

选定特定对象后，单击鼠标右键会跳出该对象对应的快捷菜单，快捷菜单列出了下一步将对该对象进行操作的集合，这极大地方便了用户的操作，即使用户不明确知道如何通过菜单来执行该命令，也能通过它得到提示因此该键又称为“魔键”。当用户对下一步操作感到迷惑时，可以试着使用它。

4．Windows XP 常用快捷键

前面介绍的各种 Windows XP 的操作都是通过鼠标完成的，但是其中的某些操作通过键盘完成更方便，这些键盘操作的键的组合被称为组合快捷键，简称快捷键。表 2-2 所示为 Windows XP 的常用快捷键及其含义。

表 2-2　　　　常用快捷键及其含义

快　捷　键	描　　述
Alt+Tab	在最近打开的任务窗口间切换
	打开“开始”菜单
+E	打开资源管理器
Alt+F4	退出当前程序
Ctrl+Alt+Del	打开任务管理器
F1	查看当前程序的帮助
Ctrl+A	文字编辑中的全部选中

续表

快捷键	描述
Ctrl+X	剪切
Ctrl+C	复制
Ctrl+V	粘贴
Ctrl+Z	撤销操作
Del	删除选中内容
Print Screen	复制当前屏幕内容到剪切板
Alt+Print Screen	复制当前活动窗口或对话框等对象到剪切板
Alt+Enter	在控制台（DOS）模式中切换全屏、窗口显示模式
Shift+Del	直接删除，不存入回收站

操作提示：

熟练使用快捷键可以大大提高操作效率。

2.1.6 Windows XP 的帮助系统

帮助系统可以给初学者提供很好的 Windows 使用指导。与以前版本的 Windows 帮助系统相比，Windows XP 的“帮助”功能大大提升和扩展，它以 Web 页的风格显示帮助内容，查找更加方便。在使用 Windows XP 的过程中，如果对某些操作感到困惑时，可通过以下两种方式之一随时请求帮助。

（1）按【F1】键，打开“帮助和支持中心”窗口，如图 2-18 所示，此即 Windows XP 帮助系统。

（2）选择“开始”→“帮助和支持”命令，打开“帮助和支持”窗口。

在窗口的菜单中的“选择一个帮助主题”栏，单击所需的帮助主题，可以看见该主题的详细内容分类。这些选项以流线形来显示帮助目录，只需单击目录就可将其展开；对于不能展开的栏目，单击之后，右边的窗口中会显示出与该栏目主题相关的内容。

如果想查找与某关键字相关的帮助内容，可在“搜索”文本框中输入所需的搜索内容，并单击“开始搜索”按钮。例如，需要搜索有关“键盘”方面的内容，可以在“搜索”文本框中输入“键盘”两字，然后单击“开始搜索”按钮，列表框中就会列出所有带有“键盘”关键字的相关主题。

操作提示：

在每个应用程序的菜单栏中，几乎都有帮助系统。打开该应用程序并按下【F1】键，或选择帮助菜单下的“帮助”命令，都可以打开该应用程序的帮助系统。

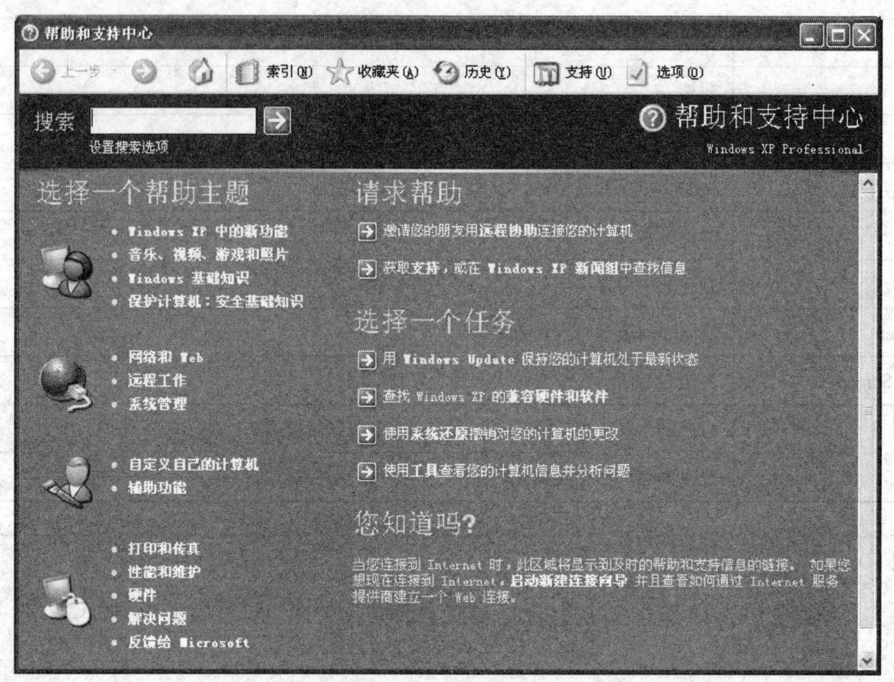

图 2-18 “帮助和支持中心”窗口

2.2 任务二 Windows XP 的文件操作

任务目标

通过本任务的学习，掌握文件及文件夹的基本概念和基本操作。

任务知识点

- 资源管理器。
- 文件及文件夹的概念。
- 文件及文件夹的基本操作。

2.2.1 认识资源管理器

“资源管理器”是用来管理软盘、硬盘、光盘等存储介质中所有文件和文件夹的应用程序。通过“资源管理器”可以对文件及文件夹进行创建、删除、复制、更名、查找等操作。

1．理解树形文件结构

用鼠标右击“我的电脑”图标，在弹出的快捷菜单中选择“资源管理器”命令；或按【+E】组合键，打开资源管理器窗口，如图 2-19 所示。从左侧窗口可清楚地看到 Windows XP 分层的树形目录结构。所谓树形文件结构是指文件组织是分层的。通常一台计算机至少有一个硬盘驱动器和一个光盘驱动器，每个驱动器可按文件的类别建立不同的文件夹，每个文件夹又都可含有子文件夹和文件。采用树形结构便于对文件夹、文件进行查找和管理。

2．资源管理器的布局

资源管理器分为左右两个窗口（见图 2-19），左窗口显示的是树形目录结构图，右窗口显示的是当前选中的文件夹所包含的对象。在左窗口，文件夹图标左侧的“+”号表示该文件夹中还有子文件夹，单击该文件夹可展开文件夹，显示其所含的子文件夹。如果一个文件夹中的所有子文件夹都已打开，则“+”号变为“–”号，单击“–”号可关闭已展开的文件夹。单击左窗口的任一文件夹，则会在右窗口显示该文件夹所包含的所有对象。如果该文件夹中还包含有子文件夹，可在右窗口上双击打开所需要的子文件夹。

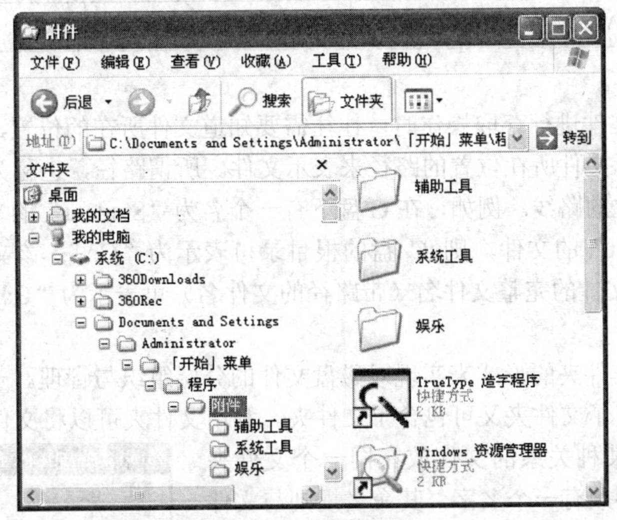

图 2-19 资源管理器

2.2.2 文件及文件夹的基本概念

1．文件的概念

文件是按指定名字存储在存储介质上的信息的集合。一个文件可以是编制的一个程序，也可以是写的一篇文章、制作的一个表格、一首歌曲、一幅图片等，它是操作系统管理信息的最小单位。

2．文件命名规则

每个文件都必须有一个名字，文件名由主文件名和扩展名两部分组成，两者之间用“.”间隔，格式如下。

主文件名.扩展名

过去的 Windows 和 DOS 的文件名是由 8 个字符的主文件名和 3 个字符的扩展名组成，而 Windows XP 允许文件名或文件夹名长达 255 个字符，称为“长文件名”。文件名的命名规则如下。

（1）文件名中可含汉字、空格或一些特殊符号，但不能含“? * / \ " : < > | ”这 9 个符号。

（2）文件名可大、小写，但不区分大、小写。

（3）主文件名也可使用多间隔符，如 scut.cc.paper.97.07.20。

（4）同一个文件夹中的文件不能同名。

文件的扩展名，也称为“后缀”，一般用来表示文件的类型。Windows 对一些特定类型的文件的扩展名有专门的约定，如表 2-3 所示。

表 2-3　　常见文件扩展名

文件类型	扩展名	文件类型	扩展名
可执行文件	EXE、COM	压缩文件	ZIP、RAR、CAB
Office 文档	DOC、XLS、PPT	网页文件	HTM、ASP、JSP、CGI
图像文件	BMP、JPG、GIF	源文件	C、CPP、JAVA、BAS
视频文件	MPG、AVI、MP4	目标文件	OBJ
音频文件	WAV、MP3、MID	文本文件	TXT

3．路径

Windows 在对文件进行存取操作时，往往需要知道文件所在的位置，因此，常常在文件名的前面加上可表示文件所在位置的路径来表示文件。所谓路径，也称为目录，就是指找到指定文件所需要经过的路线。例如，在 C 盘下有一个名为“Student”的文件夹，其中包含了一个名为“Myfile.txt”的文件，则 C 盘的根目录可表示为“C:\”；该文件的路径可表示为“C:\Student”，而该文件的完整文件名（带路径的文件名）可表示为“C:\Student\Myfile.txt”。

4．文件夹

Windows 采用文件夹的形式来实现对磁盘文件的分层组织与管理。一个文件夹可包含多个子文件夹和文件，子文件夹又可包含子文件夹。利用文件夹可以将文件分类存放，一般可将相同类型或具有某种关系的文件放在同一个文件夹中。每个文件夹也必须有一个名字，其命名规则与文件命名规则基本相同，只是一般省略扩展名。

5．文件及文件夹的属性

右击文件或文件夹图标，在弹出的快捷菜单中选择“属性”命令，打开属性对话框，如图 2-20 所示。对话框中显示了类型、大小、创建时间等信息，其中文件的主要属性有以下 3 种。

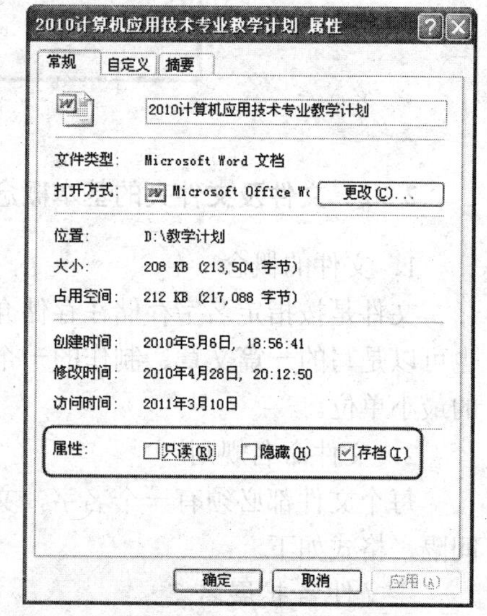

图 2-20　文件属性对话框

（1）“只读”属性：设置为只读属性的文件只能读，不能修改或删除，可起保护作用。

（2）“隐藏”属性：设置为隐藏属性的文件，在窗口中不显示，或以淡色显示，具体要根据系统是否设置显示隐藏文件而定（在 2.2.3 小节中详细介绍）。

（3）“存档”属性：一个新创建或修改的文件都具有存档属性。

2.2.3　文件及文件夹的操作

对文件及文件夹的操作可以通过几种途径实现：菜单命令、工具栏的加速按钮、鼠标右键弹出的快捷菜单以及组合快捷键，它们产生的效果一样。有时，鼠标左、右键移动与组合键组合也可以执行某些命令，如复制、移动、创建快捷方式等。

1．查看文件或文件夹

在 Windows 中，用户可通过“我的电脑”或“资源管理器”来查看文件，并可对文件的显示方式和排列顺序进行设置。

（1）设置文件或文件夹的显示方式

在“我的电脑”或“资源管理器”窗口，选择“查看”菜单，或单击工具栏中的“查看”按钮，在打开的子菜单中提供了文件的 5 种显示方式：缩略图、平铺、图标、列表和详细信息，如图 2-21 所示，用户可以根据需要选择一种合适的方式来查看文件，图 2-22 所示为缩略图显示方式。

- “缩略图”方式：可以预览图像或 Web 页中的内容。
- “平铺”方式：以大图标的形式显示文件或文件夹。一般为默认方式。
- “图标”方式：以小图标的形式显示，可显示更多的内容。

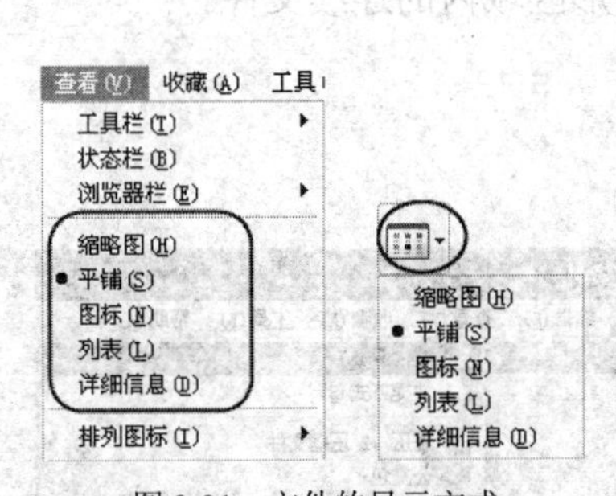

图 2-21　文件的显示方式

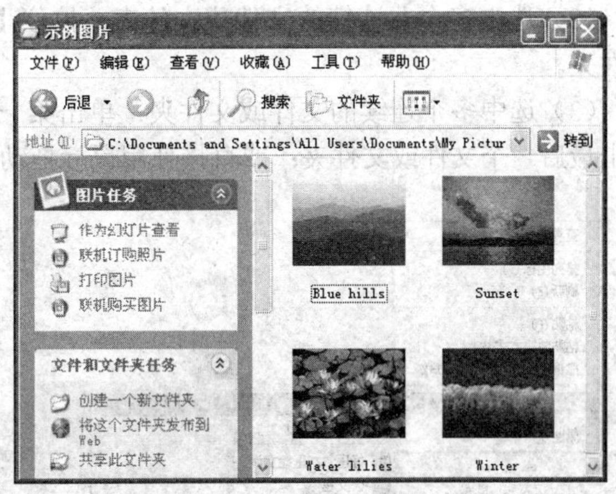

图 2-22　以“缩略图”方式显示文件

- “列表”方式：以单列小图标的形式显示文件或文件夹。
- “详细信息”方式：可以显示文件的名称、大小、类型、修改日期及时间。

（2）文件或文件夹的排列顺序

文件或文件夹图标在窗口中的排列顺序主要有：名称、大小、类型、修改日期及自动排列等。可用以下 2 种方法设置，操作步骤如下。

① 右击窗口空白处，在弹出的快捷菜单中，选择“排列图标”命令，再在弹出的级联子菜单中选择所需的排列顺序，如图 2-23 所示。

② 选择菜单中的“查看”→“排列图标”命令，再在弹出的级联子菜单中选择所需的排列顺序即可。

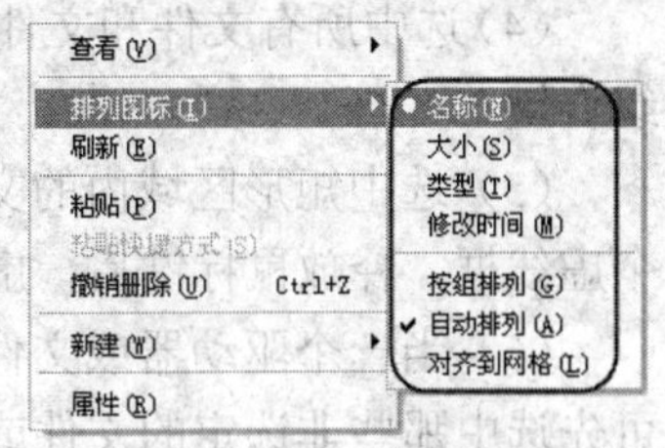

图 2-23　文件图标的排列顺序

2．新建文件夹或文件

要新建一个文件夹或文件，首先要进入要创建文件夹或文件的窗口，再按以下方法之一操作。

（1）右击窗口空白处，在弹出的快捷菜单中选择“新建”→“文件夹”命令，即可创建一个名为“新建文件夹”的文件夹，可为其更改名字；如果要创建的是文件，则在级联子菜单中选择某一文件类型（如 Word 文档），即可创建某种类型的新文件，如图 2-24 所示。

（2）选择菜单中的“文件”→“新建”命令，在级联子菜单中选择“文件夹”，可新建一个文件夹，若选择某一文件类型，可创建新文件，如图 2-25 所示。

操作提示：	这里介绍的新建文件的方法是一种快速创建文件的方法，可在不打开应用程序的情况下，快速创建一个空白的文件。当需要时，再向空白文件中添加内容。

3．选择文件或文件夹

在“资源管理器”中，可以对一个或多个文件或文件夹进行删除、移动、复制等操作。在进行这些操作之前，首先要选中这些文件或文件夹，方法如下。

（1）选中单个文件或文件夹：直接单击文件或文件夹。

（2）选中多个非连续的文件或文件夹：按住【Ctrl】键，然后用鼠标单击要选的文件或文件夹。

（3）选中多个连续的文件或文件夹：单击第一个文件或文件夹，然后按住【Shift】键并单击最后一个文件或文件夹；或直接使用鼠标拖动选择矩形区域内的连续文件。

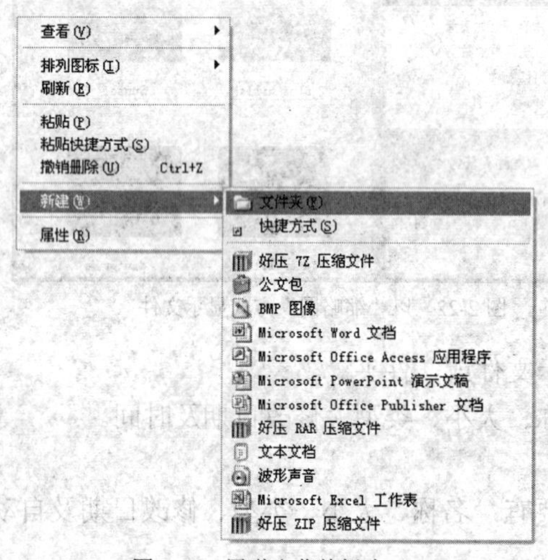

图 2-24 用弹出菜单新建

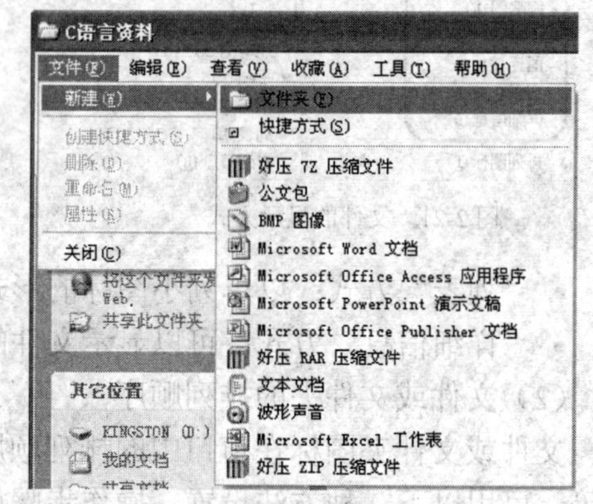

图 2-25 用菜单新建

（4）选中所有文件和文件夹：单击菜单中的“编辑”→“全部选定”命令，或按下【Ctrl+A】组合键。

（5）选中矩形区域内的文件或文件夹：按住鼠标左键拖动，鼠标指针经过的地方出现一个虚线框，释放鼠标键后，虚线框中的文件被选中。

（6）当一个驱动器或文件夹中，所要选择的对象很多，而只有少数几个非选择对象时，可先选中那些非选定的文件或文件夹，然后选择菜单中的“编辑”→“反向选择”命令，则可完成所需的选择操作。

4．移动文件或文件夹

移动文件或文件夹就是将文件或文件夹从原位置移动到目标位置，原位置不再保留。移动可用以下 2 种方法，操作步骤如下。

（1）使用菜单操作

① 在“我的电脑”或“资源管理器”中选择要移动的文件或文件夹。

② 选择菜单中的“编辑”→“剪切”命令，或按【Ctrl+X】组合键。

③ 打开目标驱动器或文件夹，再选择菜单中的“编辑”→“粘贴”命令，或按【Ctrl+V】组合键。

（2）使用拖动操作

① 分别打开要移动的文件或文件夹的原窗口和目标窗口，使两个窗口都同时可见。

② 如果在同一个驱动器内移动文件或文件夹，可直接将文件或文件夹从原位置拖动到目标位置上。如果在不同的驱动器内移动文件或文件夹，则需同时按住【Shift】键，将文件或文件夹拖动到目标位置。

5．复制文件或文件夹

复制文件或文件夹就是在目标位置生成文件或文件夹的副本，原位置仍然保留。复制可用以下 2 种方法，操作步骤如下。

（1）使用菜单操作

① 在“我的电脑”或“资源管理器”中选择要复制的文件或文件夹。

② 选择菜单中的“编辑”→“复制”命令，或按【Ctrl+C】组合键。

③ 打开目标驱动器或文件夹，再选择菜单中的“编辑”→“粘贴”命令，或按【Ctrl+V】组合键。

（2）使用拖动操作

① 分别打开要复制的文件或文件夹的原窗口和目标窗口，使两个窗口都同时可见。

② 如果在同一个驱动器内复制文件或文件夹，则需同时按住【Ctrl】键，将文件或文件夹拖动到目标位置上。如果在不同的驱动器内复制文件或文件夹，可直接将文件或文件夹拖动到目标驱动器上。

6．删除文件或文件夹

删除文件或文件夹的操作可以采用以下 2 种方法进行。

（1）使用菜单操作

① 在“我的电脑”或“资源管理器”中，选择要删除的文件或文件夹。

② 选择菜单中的“文件”→“删除”命令，或右击文件，在弹出的快捷菜单中选择“删除”命令，可将选定的文件或文件夹放到“回收站”中。

（2）使用拖动操作在“我的电脑”或“资源管理器”中，直接将要删除的文件或文件夹拖动到“回收站”。

注意：

① 删除操作是把所要删除的文件或文件夹保留在“回收站”中，以便恢复误删除的文件或文件夹，而真正的删除是在清空“回收站”后；

② 如果要直接删除文件，而不使用“回收站”，则可选中文件，再按下【Shift+Delete】组合键；也可以在把文件拖到“回收站”时按住【Shift】键，该文件将从计算机中彻底删除掉，而不会保存到“回收站”中，删除后的文件不能再恢复。

7．重命名文件或文件夹

重命名文件或文件夹可用以下 3 种方法，操作步骤如下。

（1）选中要重命名的文件或文件夹，再选择菜单中的“文件”→“重命名”命令。

（2）右击要重命名的文件或文件夹，再在弹出的快捷菜单中选择“重命名”命令。

（3）单击两次要重命名的文件或文件夹，此时在文件名框内会出现闪烁的光标，输入新文件名即可。

8．搜索文件或文件夹

当不知道所需文件存放在什么位置时，可利用系统提供的搜索功能帮助查找文件。例如，要查找C盘上的所有Word文档，操作步骤如下。

（1）选择菜单中的“开始”→“搜索”命令，打开“搜索结果”对话框，如图2-26所示。

（2）在“你要查找什么？”区，单击“所有文件和文件夹”，出现如图2-27所示的窗口。

（3）在“全部或部分文件名”文本框中输入所要查找对象的全部或部分名称，如“*.doc”。

（4）在“在这里寻找”下拉列表中选择磁盘，以确定查找的范围，如选择C盘。

（5）单击“搜索”按钮，开始搜索。搜索结束后会在右侧窗口显示查找结果。查找过程中可以按“停止”按钮中止查找；操作完成后，可按“后退”按钮，开始新的查找。

说明：

（1）如果文件名或文件的类型都不知道，但记住了文件中的少数文字，则可在“文件中的一个字或词组”框中，输入相应文字，也可进行搜索，另外还可按指定时间、文件大小、类型等条件进行查找；

（2）查找时若设置了多个查找条件，则搜索结果必须是同时满足这些条件的文件；

（3）在输入搜索文件名时，可使用通配符“*”和“？”来表示某一类文件。“*”代表任意多个字符，“？”代表任意单个字符。

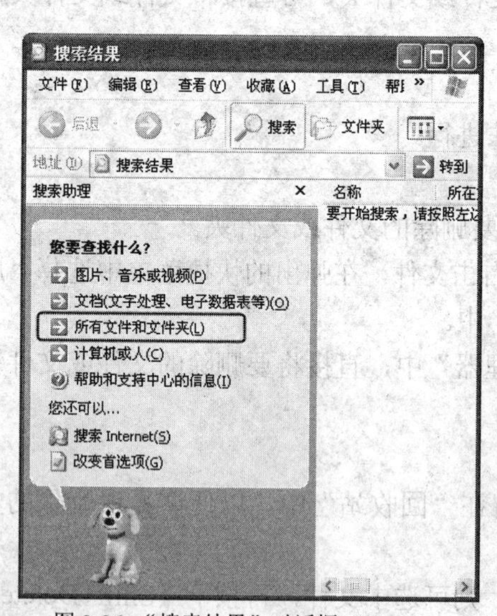

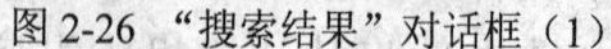
图2-26 “搜索结果”对话框（1）

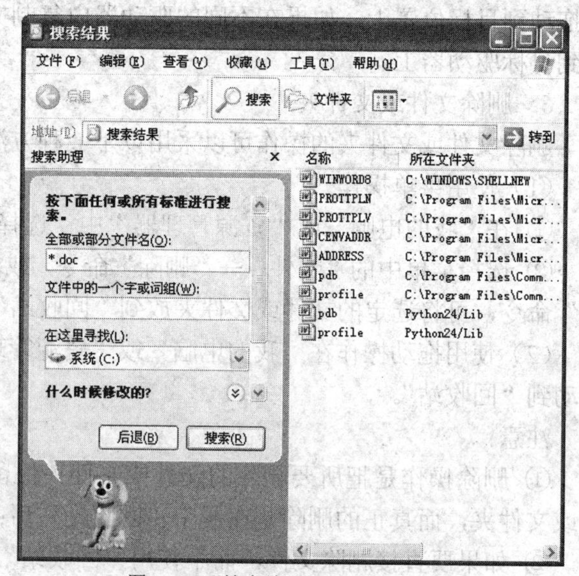

图2-27 “搜索结果”对话框（2）

9．隐藏文件或文件夹

把文件隐藏起来，主要是为文件提供一种安全保护措施。隐藏文件或文件夹的操作如下。

（1）右击要隐藏的文件或文件夹，在弹出的快捷菜单中选择“属性”命令，打开属性对话框，如图 2-20 所示，设置文件属性为“隐藏”（即选中“隐藏”复选框）。

（2）若此时设为隐藏属性的文件或文件夹在“我的电脑”或“资源管理器”窗口中仍然可以看到，则可选择菜单中的“工具”→“文件夹选项”命令，打开“文件夹选项”对话框，如图 2-28 所示。

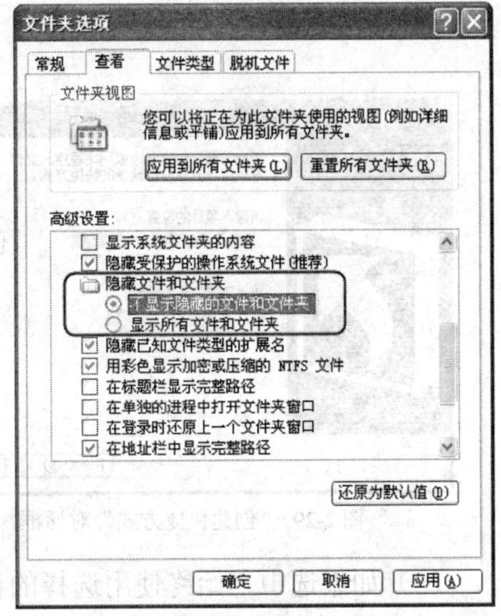

图 2-28 “文件夹选项”对话框

（3）选择“查看”选项卡，在“高级设置”列表中的“隐藏文件和文件夹”部分，选中“不显示隐藏的文件和文件夹”选项。

（4）单击“确定”按钮，则欲隐藏的文件或文件夹被隐藏起来，在窗口中就看不见了。

（5）若要重新在窗口中显示已隐藏的文件，只需在“文件夹选项”对话框中选中“显示所有文件和文件夹”选项即可。

系统默认“不显示隐藏的文件和文件夹”。

10．创建文件的快捷方式

通过快捷方式可快速打开文件或启动应用程序。快捷方式可创建在不同的位置，如可建在桌面上，也可建在文件夹中。创建快捷方式有以下几种方法，操作步骤如下。

（1）在桌面建立快捷方式（有以下 2 种方法）

① 右击要创建快捷方式的文件，在弹出的菜单中选择“发送到”→“桌面快捷方式”命令。

② 右击桌面，在弹出的菜单中选择“新建”→“快捷方式”命令，打开“创建快捷方式”对话框，如图 2-29 所示。在对话框中输入文件名或选择所需文件，单击“下一步”按钮。在打开的对话框中设置快捷方式的名称，最后单击“完成”按钮。

（2）在当前文件夹中创建快捷方式

右击要创建快捷方式的文件，在弹出的菜单中选择“创建快捷方式”命令即可。

11．设置文件打开方式

在 Windows XP 中打开文件的方法很多，其中一种是在“我的电脑”中直接双击某文档，则 Windows 会打开与该文档相关的应用程序，如记事本、Word 等，并在其中打开选定的文档。不同类型的文档与不同的应用程序相关联，有的文档已与某个应用程序建立关联，有的则没有。我们可以看到，与应用程序建立了关联的文档图标与其应用程序的图标相同，而没有与应用程序建立关联的文档，其图标是一个“窗口”图标。建立文件关联的操作步骤如下。

（1）右击文件，在弹出的快捷菜单中选择“打开方式”→“选择程序”命令，打开“打开方式”对话框，如图 2-30 所示。

（2）在“程序”列表框中选择想用来打开此文档的应用程序，即选择指定哪个应用程序与该文档相关联。如果在列表框中找不到需要的应用程序，可以选择“浏览”按钮，选择具体的应用程序文件名。

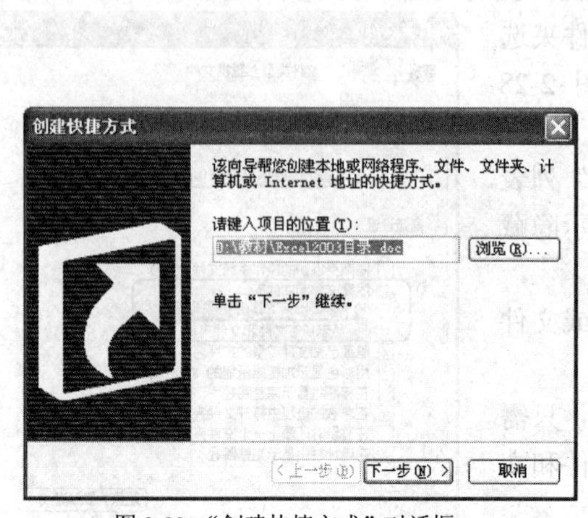

图 2-29 “创建快捷方式”对话框

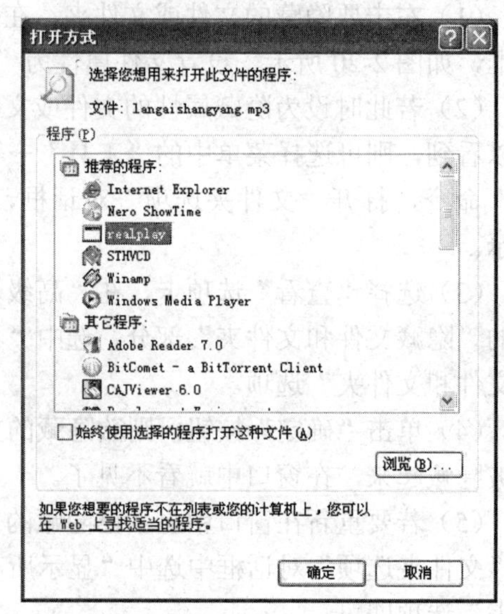

图 2-30 “打开方式”对话框

（3）如果选中“始终使用选择的程序打开这种文件”复选框，则下一次查看此文档或有相同扩展名的文件时，都用这次选定的应用程序来打开查看，即此类型的文件与应用程序建立了关联。

当双击打开一个文件时，若系统未找到与之关联的应用程序时，则会显示一个“打开方式”对话框，让用户选择文件的打开方式，以建立文件与应用程序的关联。

2.3 任务三 定制个性化工作环境

任务目标

通过本任务的学习，掌握账户的建立方法；掌握桌面背景、屏幕保护程序等工作环境的设置；掌握应用程序的添加及删除方法；掌握磁盘管理的基本方法。

任务知识点

- 管理用户账户。
- 设置桌面显示效果。
- 添加或删除程序。
- 磁盘管理。

2.3.1 账户

1．用户账户的作用

Windows 用户账户直观的显示是系统登录时输入的用户名和密码。账户的作用简单来说就是为了区分不同的用户。按照很多人的理解，账户的存在就是为了防止他人使用计算机，其实这只是计算机账户的一个最基本功能而已。假设这样一个场景，家里有一台计算机，父亲、母亲和孩子都用，如果使用单用户操作系统，那么所有用户都只能使用同样的工作环境，不能满足大家的个性化需求，而且还会带来很多隐私问题，如父母收发的邮件信息就很可能会被孩子看到。

Windows XP 的账户功能实现了创建“不同用户不同界面视图”的效果。如果每个用户都为自己建立一个用户账户，并设置密码，这样只有在输入自己的用户名和密码之后才可以进入到系统中。每个账户登录之后都可以对系统进行自定义的设置，而一些隐私信息也必须用用户名和密码登录才能看见。

2．新建账户

新建账户的操作步骤如下。

（1）在控制面板中单击“用户账户”图标（假设控制面板使用了默认的分类视图），打开“用户账户”窗口，如图 2-31 所示，账户的管理主要就在这里进行。

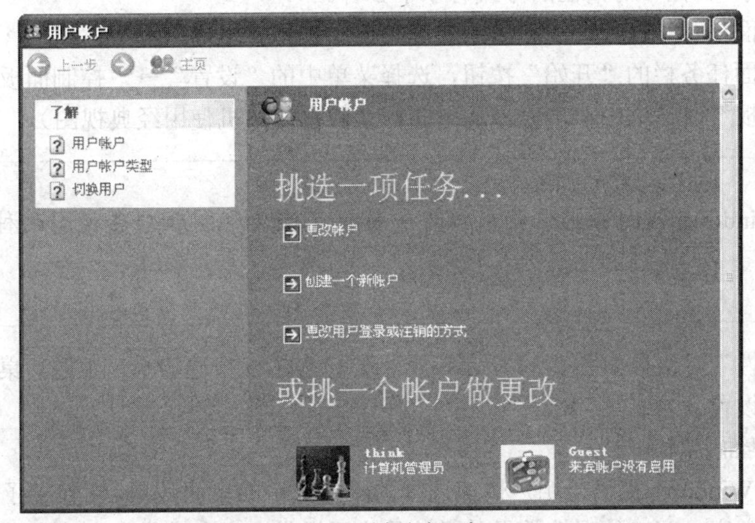

图 2-31 “用户账户”窗口

（2）单击“创建一个新账户”选项为用户新建账户，在随后打开的如图 2-32 所示的界面上，输入该账户的名称。单击“下一步”按钮后，在如图 2-33 所示的界面上选择该账户的类型，同时可选的选项有“计算机管理员”和“受限”两个，当鼠标指针分别指向不同的账户类别后，窗口中还会显示出这种类别的账户允许进行的操作，供用户参考。选择好账户类型之后单击“创建账户”按钮，即可完成账户的创建工作。

（3）还有一点不能忽视，那就是设置账户密码。因为如果不设置密码，任何人都将可以使用别人的账户登录系统，这也就违背了设立账户的初衷。账户密码可以由管理员统一给其他账户设置，也可以让用户自己设置，不过方法都是类似的：在如图 2-31 所示的“用户账户”窗口中，单击想要创建密码的账户，在随后出现的窗口上单击“创建密码”链接，输入想要使用的密码即可。当然，如果一个账户已经有了密码，也可以在需要的时候（如用户忘记了密码）从这里删除或者更改密码，但是有一个前提，操作者必须是计算机管理员。

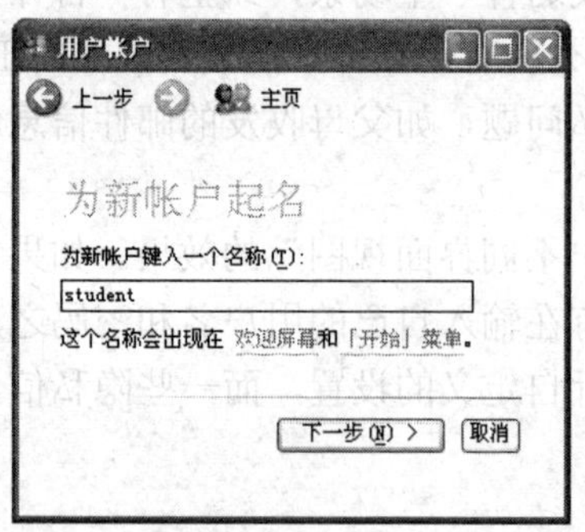

图 2-32　输入用户名

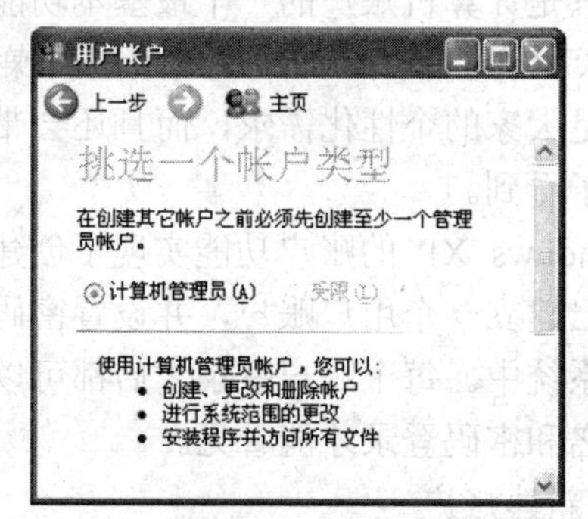

图 2-33　选择账户类型

2.3.2　设置桌面显示效果

进入“显示 属性”对话框的方式有以下 2 种。

①右击桌面任意空白处，在弹出的快捷菜单中选择“属性”命令。

②单击桌面任务栏的“开始”按钮，选择菜单中的“设置”→“控制面板”命令，在弹出的“控制面板”对话框中双击“显示”图标（假设计算机使用经典视图）。

操作提示：

Windows XP 在控制面板操作中提供了经典视图和分类视图两种不同风格的界面。

“显示 属性”对话框如图 2-34 所示，它主要包含了 5 个选项卡：主题、桌面、屏幕保护程序、外观和设置。

1．设置桌面主题

主题就是 Windows 提供给用户快速选择的不同风格的桌面效果。它包括了已配置好的背景图片、显示文字、窗口外观等效果，目的是为了提供丰富和满足人们改进桌面单调性的一种视觉延伸和视觉效应。设置主题的操作步骤如下。

① 在“显示 属性”对话框中，单击“主题”选项卡。

② 在“主题”下拉列表中，选择需要的主题名或自定义主题名，如图 2-34 所示。在对话框下方的模拟显示器中将出现该主题的效果展示。

③ 如果满意，可单击对话框下方的“应用”按钮，反之重新选择需要的主题。

操作提示：

除了系统自带的主题，还可到 Internet 上下载丰富多彩的桌面主题包以供选择。

2．设置桌面背景

桌面背景就是用户打开计算机进入 Windows XP 操作系统后，所出现的桌面背景颜色或图片。用户可以选择单一的颜色作为桌面的背景，也可以选择 BMP、JPG、HTML 等类型的文件作为桌面的背景图片。设置桌面背景的操作步骤如下。

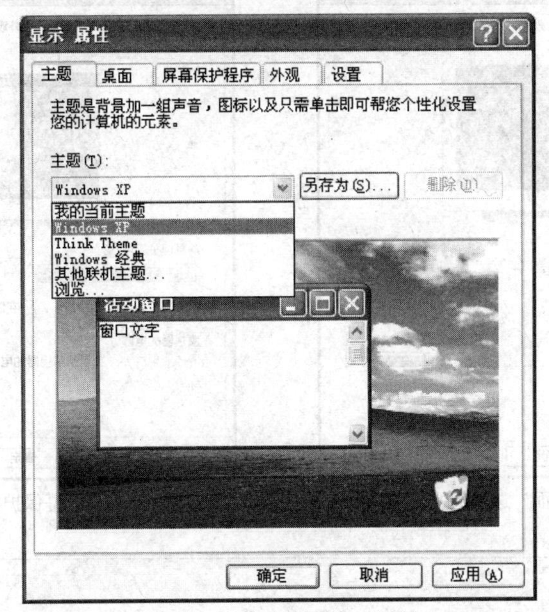

图 2-34 “显示 属性”对话框

① 在“显示 属性”对话框中，选择“桌面”选项卡，如图 2-35 所示。

② 在“背景”列表框中选择一幅喜欢的背景图片，此时模拟显示器会显示背景效果。

③ 在“位置”下拉列表中有居中、平铺和拉伸 3 个选项，可选择一种以调整背景图片在桌面上的位置。

④ 如果列表框中没有合适的背景图片，可单击“浏览”按钮，在本地磁盘或网络中选择其他图片作为桌面背景。

⑤ 列表框下方的“自定义桌面（D）”按钮可以对桌面的系统图标及自定义图标进行维护、清理。

⑥ 若用户想用纯色作为桌面背景颜色，可在“背景”列表中选择“无”选项，还可以在“颜色”下拉列表中选择喜欢的颜色，单击“应用”按钮即可。

3．设置屏幕保护程序

在实际使用中，若屏幕的内容长时间固定不变，可能会造成屏幕的损坏。因此，开机后，若在一段时间内不用计算机，可设置屏幕保护程序，在屏幕上显示动态的画面，以保护屏幕不受损坏。设置屏幕保护程序的操作步骤如下。

① 在“显示 属性”对话框中，选择“屏幕保护程序”选项卡，如图 2-36 所示。

② 在“屏幕保护程序”下拉列表中选择一种屏幕保护程序，在选项卡的模拟显示器中即可看到该屏幕保护程序的显示效果。

③ 单击“设置”按钮，可对选中的屏幕保护程序进行进一步的设置。若单击“预览”按钮，可全屏预览该屏幕保护程序的效果，移动鼠标或操作键盘即可结束屏幕保护程序。

④ 在“等待”文本框中可输入或调节等待时间（单位为分钟）。若计算机在设置的时间内无人使用，则自动启动该屏幕保护程序。

⑤ 如果有必要，还可以设置屏保的恢复密码。

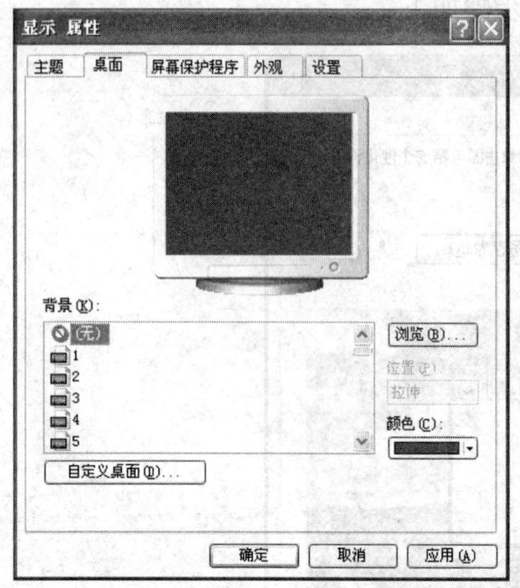

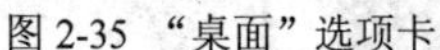

图 2-35 “桌面”选项卡

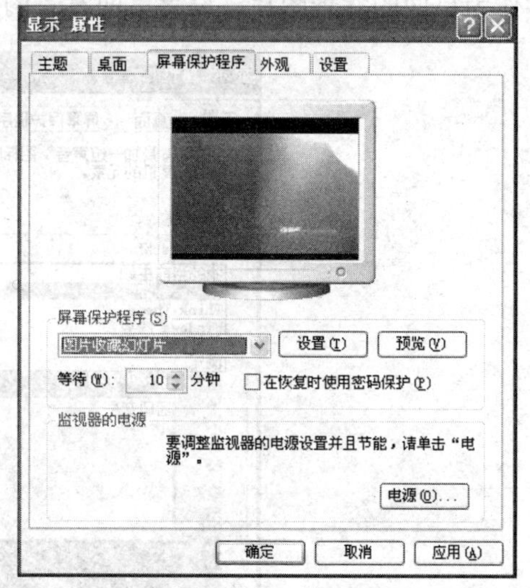

图 2-36 “屏幕保护程序”选项卡

操作提示： 可以在网上下载到的丰富的屏保程序，只有部分屏幕保护能够进行设置操作。

4．设置外观

更改显示外观就是更改桌面、消息框、活动窗口和非活动窗口等对象的颜色、大小、字体等。在默认状态下，系统使用的是“Windows 标准”的颜色、大小、字体等设置。用户也可以根据自己的喜好设计自己的关于这些项目的颜色、大小和字体等显示方案。设置显示外观的操作步骤如下。

① 在“显示 属性”对话框中，选择“外观”选项卡，如图 2-37 所示。

② 在该选项卡中的“窗口和按钮”下拉列表中有“Windows XP 样式”和“Windows 经典样式”等多种样式选项供用户选择。

③ 在“色彩方案”下拉列表中选择窗体边框、标题的配色。

④ 在“字体大小”下拉列表中选择桌面、窗体中字体的大小。

⑤ 单击“效果（E）”按钮，弹出“效果”对话框，设置窗体的阴影、移动和动画效果。

⑥ 单击“高级（D）”按钮，弹出“高级外观”对话框，可以在里面设置桌面、窗体、菜单、对话框等几乎所有组件的外观。

5．显示设置

在“设置”选项卡中，可根据显示器及显示卡的类型更改有关参数，操作步骤如下。

① 在“显示属性”对话框，选择“设置”选项卡，如图 2-38 所示。

② 更改颜色质量：在“颜色质量”列表框中，列出了计算机支持的颜色，可根据不同的应用需要，设定颜色数目。显示器的颜色数目主要取决于显卡的内存及显示器的分辨率。例如，显卡的内存为 1MB，显示器的分辨率为 640 像素 × 480 像素时，计算机可同屏显示

最多约 256 种颜色。计算机同屏显示的颜色越多，色彩越丰富，但屏幕刷新的速度就越慢。用于图形处理的计算机，对颜色要求较高；而对非图形处理的计算机，选用最多同屏显示 256 种颜色即可。

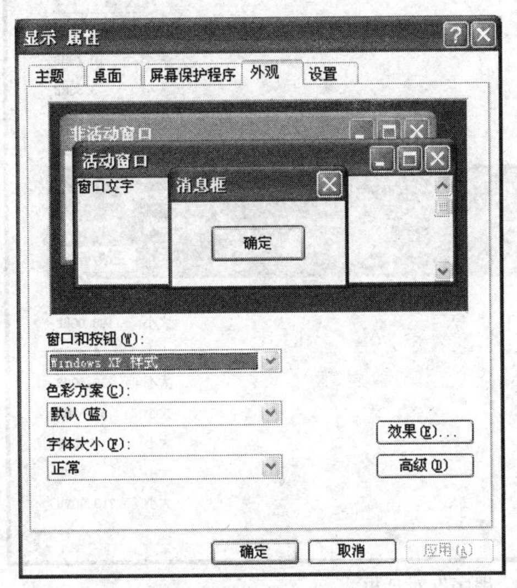

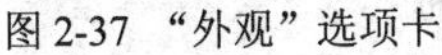
图 2-37 “外观”选项卡

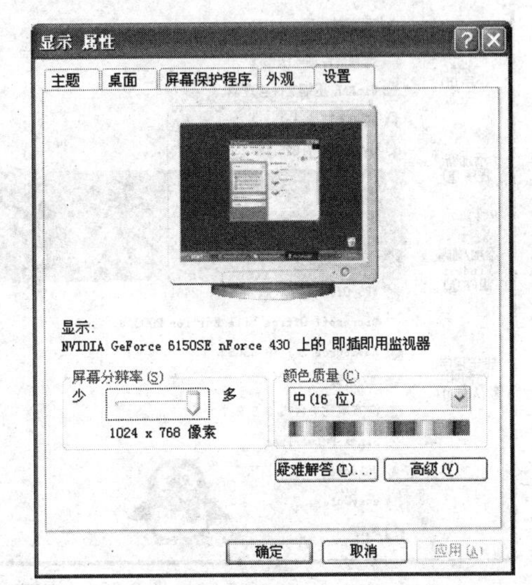

图 2-38 “设置”选项卡

③ 更改屏幕分辨率。调节“屏幕分辨率”滑杆上的滑块，可改变屏幕的显示分辨率。显示分辨率通常分为 640 像素 × 480 像素、1024 像素 × 768 像素、1280 像素 × 800 像素等多种。分辨率越高，屏幕显示效果就越好。但如果显示器的尺寸不够大，即使显示器分辨率提高了，也达不到应有的效果。

④ 更改显示器类型。在 Windows XP 的安装过程中，系统自动检查显卡和显示器类型，并提供相应的驱动程序，但有时候系统检查不到正确的显卡和显示器，或在系统安装完成后，更改了显卡或显示器时，则要利用“更改显示器类型”对话框，重新设置显示器或显卡的参数。单击“高级”按钮，在弹出的对话框中选择“适配器”选项卡，可为显卡选择及安装相应的驱动程序。在“监视器类型”选项卡中，可选择显示器并安装相应的驱动程序。

2.3.3　添加/删除程序

添加或删除程序是指向计算机中添加新的应用程序或删除已经安装的应用程序。删除程序是指删除一个应用程序在硬盘上的全部代码和数据，包括系统注册数据。现在几乎全部的 Windows 应用程序都是用安装程序打包的，安装时也会在 Windows 系统注册，以方便程序的使用和删除。

双击“控制面板”窗口中的“添加或删除程序”图标，即出现“添加或删除程序”对话框，如图 2-39 所示。在该对话框中可以进行“更改或删除程序”、“添加新程序”、“添加/删除 Windows 组件”等操作。

1．更改或删除程序

假设需要删除“暴风影音”软件，则其操作步骤如下。

① 在“添加或删除程序”窗口中，单击左侧的“更改或删除程序”按钮，然后在“当

前安装的程序”列表中选择需要删除的程序名（如“暴风影音”），如图 2-39 所示。

② 单击选中项右下角的“更改/删除”按钮，出现卸载对话框，如图 2-40 所示。

图 2-39 “添加或删除程序”对话框

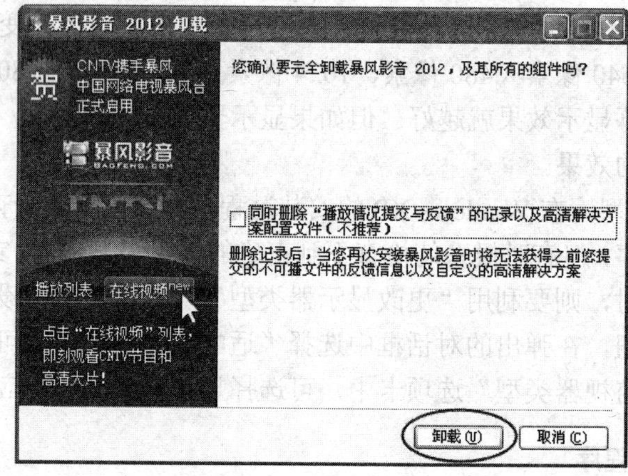

图 2-40 卸载对话框

③ 单击“卸载”按钮进行卸载删除。

2. 添加/删除 Windows 组件

Windows 组件是 Windows XP 的重要组成部分。为了节省存储空间，Windows XP 安装程序会选择部分程序安装，用户可在以后自行添加/删除系统中的组件。例如，需要在计算机上安装传真服务组件，操作步骤如下。

① 单击“添加或删除程序”窗口中的“添加/删除 Windows 组件”按钮，打开“Windows 组件向导”对话框，如图 2-41 所示。

② 在对话框的“组件”列表中，选中需要安装的“传真服务”组件（复选框打勾）。

③ 单击“下一步”按钮，系统自动安装组件，然后用户应根据提示插入系统光盘或选

择系统目录，如图 2-42 所示。

④ 组件安装完成后，单击“完成”按钮退出安装。

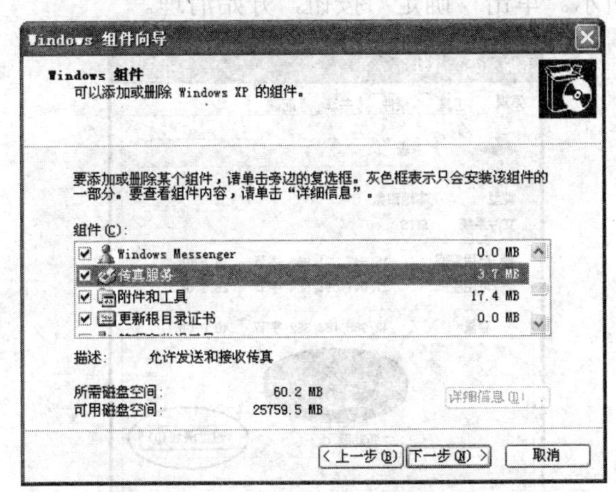

图 2-41 “Windows 组件向导”对话框

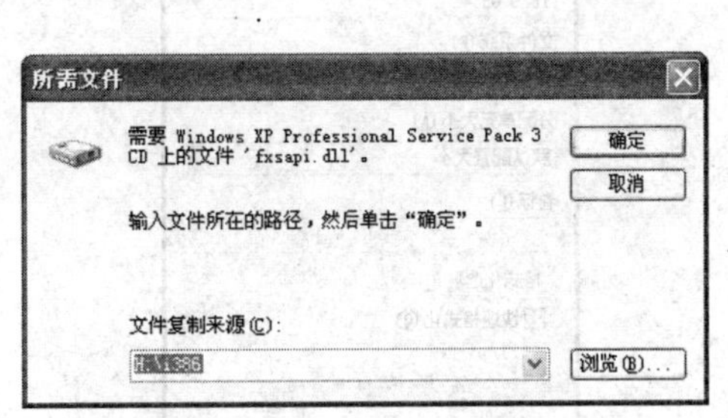

图 2-42 选择或输入安装组件的路径

操作提示：	控制面板是 Windows XP 系统的一个重要的文件夹，它提供了很多用于系统设置的工具或程序项，可对系统的软件、硬件配置进行设置。除了可完成上述的账户管理、显示属性设置、添加/删除应用程序等操作外，还可设置鼠标、键盘的属性，修改系统日期时间，设置系统数据格式（区域和语言选项）、添加新的硬件或软件等。

2.3.4 磁盘管理

磁盘管理是用户在使用计算机的过程中应该经常做的工作。Windows XP 提供了一组用于磁盘管理的实用程序，可帮助用户完成磁盘格式化、查错、备份、清理、碎片整理等磁盘管理操作。

1．磁盘格式化

格式化优盘与格式化硬盘操作类似，硬盘格式化操作步骤如下。

（1）右击需格式化的硬盘驱动器，在弹出的快捷菜单中选择“格式化...”命令，打开“格式化”磁盘对话框，如图 2-43 所示。

（2）在“文件系统”下拉列表框中，可以选择不同的格式化类型。

（3）在“卷标”文本框中可以为磁盘加卷标。

（4）选中“快速格式化”选项，将快速删除磁盘上的所有文件，但不扫描磁盘的坏扇区。

（5）单击“开始”按钮即可。

2．磁盘清理

在使用计算机的过程中会产生很多垃圾文件，包括程序运行时生成的临时文件、安装文件等，这些文件不仅占用了磁盘空间，同时还导致计算机运行效率的降低，需定期进行清理。磁盘清理有以下 2 种方法，操作步骤如下。

（1）在“我的电脑”窗口，右击要清理的驱动器图标（如 C 盘），在打开的快捷菜单中选择“属性”命令，打开磁盘属性对话框并选择“常规”选项卡，如图 2-44 所示。单击“磁盘清理”按钮。然后在“系统磁盘清理”对话框的“磁盘清理”选项卡的“要删除的文件”列表中，选择需要删除的文件，如图 2-45 所示。单击“确定”按钮，开始清理。

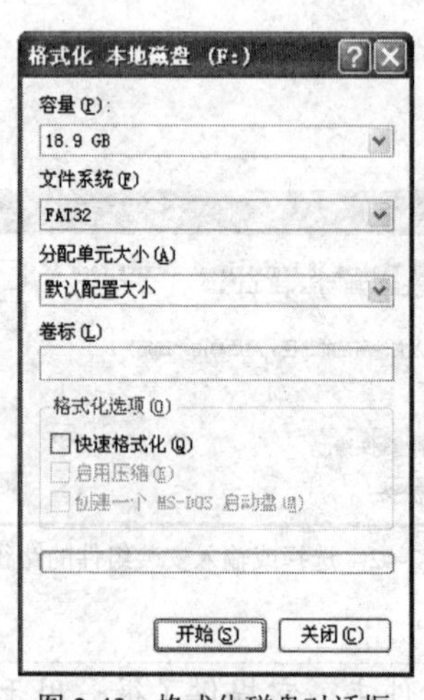

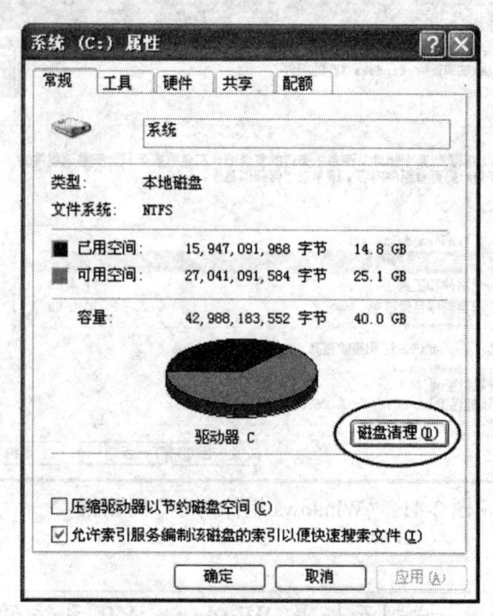

图 2-43 格式化磁盘对话框　　图 2-44 磁盘属性对话框—常规选项卡

（2）选择“开始”→“所有程序”→“附件”→“系统工具”→“磁盘清理”命令，也可进行磁盘清理，如图 2-46 所示。

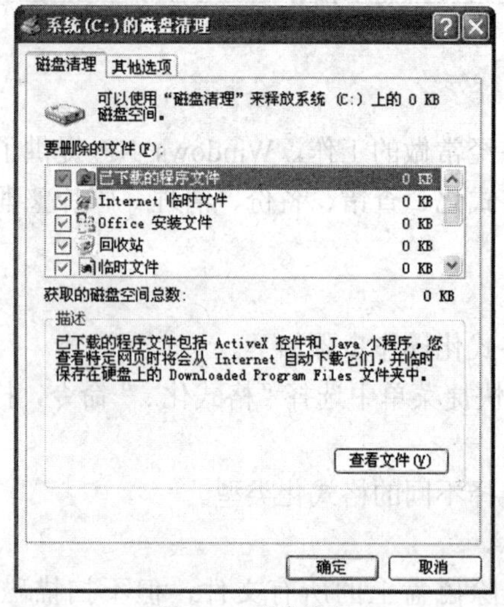

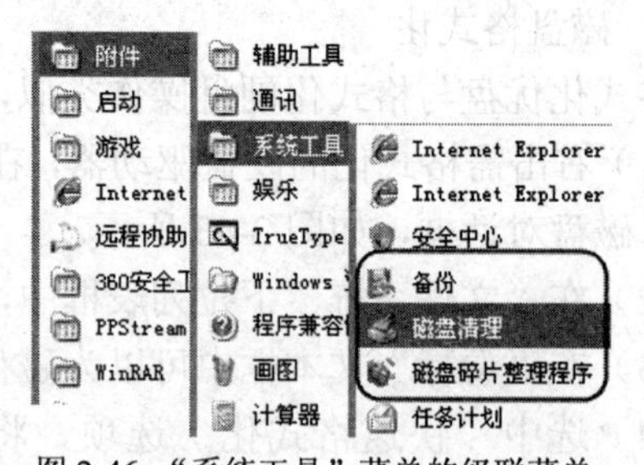

图 2-45 磁盘清理　　图 2-46 “系统工具”菜单的级联菜单

3．整理磁盘碎片

有时候系统的运行速度下降，这其中的原因之一有可能就是系统在运行过程中产生了大量的磁盘碎片。这些碎片的产生是由于操作系统将文件保存到磁盘的多个不连续部分时发生的，它不是病毒或软件故障造成的。

Windows XP 为用户提供了专门的磁盘碎片整理工具，它能够将文件的所有碎片重新组合在一起，从而让计算机的访问速度更快。它还能够将可用的磁盘空间整合为一个较大片断，从而将今后发生文件碎片的可能降至最低。磁盘碎片整理的操作步骤如下。

（1）选择“开始”→“所有程序”→“附件”→“系统工具”→“磁盘碎片整理程序”命令，打开“磁盘碎片整理程序”窗口，如图 2-47 所示。也可以打开磁盘属性对话框，如图 2-48 所示，在“工具”选项卡的“碎片整理”区单击“开始整理”按钮，打开“磁盘碎片整理程序”对话框（见图 2-47）。

（2）在窗口的磁盘卷列表中选择要整理的磁盘（如 C 盘）。

（3）在窗口左侧单击“对选定驱动器执行碎片整理”项，再单击“开始”（注：不同的整理程序可能操作有所不同）。开始整理后，在窗口的下方会以直观的视图显示整理过程，整理需要等待一定的时间。碎片整理结束后，可查看整理报告。

4．磁盘备份

Windows XP 提供了一个用于数据备份的工具，用户可以使用它对一些重要的数据进行定期备份，以防因意外故障造成数据丢失。备份后的数据可进行还原。磁盘备份有以下 2 种方法，操作步骤如下。

（1）在“我的电脑”窗口，右击要备份的驱动器图标（如 C 盘），在打开的快捷菜单中选择“属性”命令，打开磁盘属性对话框并选择“工具”选项卡，如图 2-48 所示。在 “备份”区单击“开始备份”按钮，打开“备份或还原向导”对话框，可在向导的提示下进行备份（或还原）。

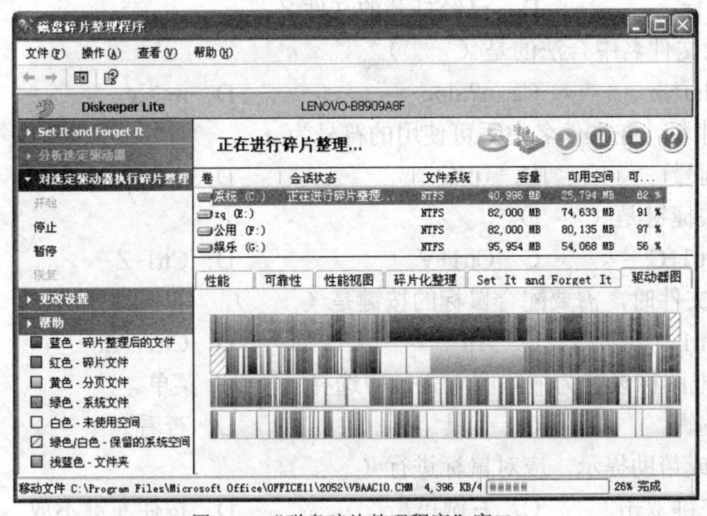

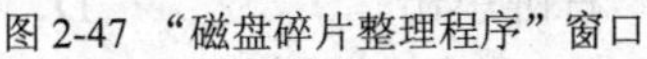
图 2-47 “磁盘碎片整理程序”窗口

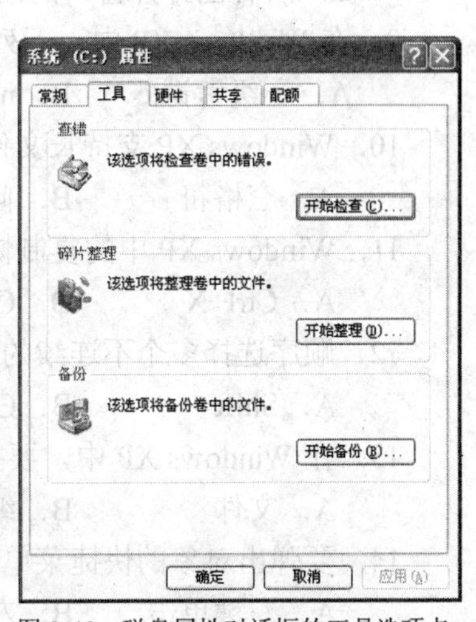

图 2-48　磁盘属性对话框的工具选项卡

（2）选择“开始”→“所有程序”→“附件”→“系统工具”→“备份”命令，打开打开“备份或还原向导”对话框，也可进行备份（或还原）。

习　题

一、选择题

1．（　　）的主要作用是控制和管理系统资源。

A．语言处理程序 B．应用软件 C．操作系统 D．工具软件

2．Windows XP 至少需要（ ）的内存。

A．128MB B．256MB C．512MB D．1GB

3．Windows XP 的桌面指的是（ ）。

A．整个屏幕 B．全部窗口 C．某个窗口 D．活动窗口

4．在 Windows XP 桌面的图标中，下列（ ）不是 Windows XP 桌面的基本图标。

A．我的电脑 B．我的文档 C．回收站 D．Microsoft Word

5．在 Windows XP 中，有两个对系统资源进行管理的程序组，它们是“资源管理器”和（ ）。

A．回收站 B．剪贴板 C．我的电脑 D．我的文档

6．在 Windows XP 中，回收站实际上是（ ）。

A．内存区域 B．文件的快捷方式

C．文档 D．硬盘上的文件夹

7．当一个应用程序窗口被最小化后，该应用程序将（ ）。

A．被终止执行 B．继续在前台执行

C．被暂停执行 D．被转入后台执行

8．Windows XP 任务栏上的内容为（ ）。

A．当前窗口的图标 B．已启动并正在执行的程序名

C．所有已打开窗口的图标 D．已经打开的文件名

9．在 Windows XP 中，下列文件名中合法的是（ ）。

A．一级考试.c B．nhu*.c C．n?.doc D．n<>.c

10．Windows XP 支持长文件名，在文件名中不可使用的符号为（ ）。

A．空格符 B．问号 C．句点 D．逗号

11．Windows XP 中的复制快捷键是（ ）。

A．Ctrl+X B．Ctrl+C C．Ctrl+V D．Ctrl+Z

12．顺序选择多个不连续的文件时，需要配合鼠标的按键是（ ）。

A．Shift B．Ctrl C．Alt D．Ctrl+Alt

13．在 Windows XP 中，要把图标设置为缩略图方式，应选择（ ）菜单。

A．文件 B．编辑 C．工具 D．查看

14．要弹出对象的快捷菜单或帮助提示，应对鼠标进行（ ）。

A．左键单击 B．左键双击 C．右键单击 D．按住左键不放

15．在 Windows XP“资源管理器”右区中，如果选择任意多个文件及文件夹，可先单击某个文件或文件夹选中第 1 个，再按住（ ）键，单击第 2 个、第 3 个……。

A．Esc B．Ctrl C．Alt D．Shift

16．在“我的电脑”窗口下，按（ ）顺序选中“显示所有文件和文件夹”可以查看隐藏文件。

A．工具、文件夹选项、常规 B．工具、文件夹选项、查看

C．工具、详细资料库 D．工具、列表

17．在 Windows XP 中，控制面板的主要作用是（ ）。

A．调整窗口 B．设置系统设置

C．管理应用程序　　D．设置高级语言

18．Windows XP 提供的屏幕保护程序的作用是（　　）。

A．给用户轻松一下　　B．延长显示器的使用寿命

C．表示计算机工作了较长时间　　D．发现了系统内部的错误

19．在（　　）属性里，可以设置屏幕分辨率。

A．显示　　B．磁盘　　C．系统　　D．添加或删除

20．在 Windows XP 的默认环境中，（　　）是中英文输入切换键。

A．Ctrl+Alt　　B．Ctrl+Shift　　C．Ctrl+Space　　D．Shift+ Space

二、填空题

1．Windows XP 的任何一个窗口的右上角一般都有________、________或________以及关闭按钮。

2．双击________下的________图标，就能对鼠标进行设置。

3．“编辑”菜单中的“粘贴”选项对应的快捷键是________。

4．对话框中的单选按钮为圆形，如果被选中，则中间加上一个________；复选按钮为方框形，若被选中，则方框中出现________标记。

5．变灰的菜单选项是用灰色字符显示出来的，它表示在当前情形下________被选取。

6．Windows XP 中若要将当前窗口存入剪贴板中，可按________键。

7．直接按【Ctrl+X】组合键可以对选定的对象进行________。

8．在 Windows 中，可按【Alt+________】组合键在多个已打开的程序窗口中进行切换。

9．在 Windows XP 的“开始”菜单的“搜索”命令中，可使用________和________做通配符。

10．在 Windows XP 中选择主菜单中带括号的字母菜单项，可按________键加此字母快速选中。

三、简答题

1．Windows XP 中启动应用程序有哪几种方法？

2．资源管理器的主要功能是什么？

3．什么是文件？文件有哪几种主要的属性？

4．简述搜索文件的方法。

5．试分别叙述在 Windows XP 下，移动和复制文件的操作步骤。

第 3 章 Word 2003 的应用

Word 2003 是 Microsoft 公司推出的办公套装软件 Office 2003 中的成员之一，它集文字编辑、排版、表格处理、图形处理等功能为一体，是一种功能强大的文字处理软件。

3.1 任务一 Word 2003 的基本操作

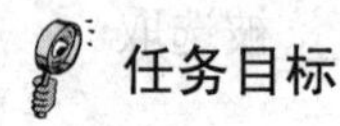

任务目标

通过本任务的学习，建立如图 3-1 所示的 Word 文档“音乐的表现力.doc”。

音乐的表现力

音乐巨匠莫扎特

“言为心声”。言的定义是很广泛的：汉语、英语和德语都是语言，音乐也是一种语言。虽然这两类语言的构成和表现力不同，但都是人的心声。作为音响诗人，莫扎特是了解自己的，他是一位善于扬长避短、攀上音乐艺术高峰的旷世天才。他自己也说过：

“我不会写诗，我不是诗人……也不是画家。我不能用手势来表达自己的思想感情：我不是舞蹈家。但我可以用声音来表达这些：因为，我是一个音乐家。”

莫扎特音乐披露的内心世界是一个充满了希望和朝气的世界。尽管有时候也会出现几片乌黑的月边愁云，听到从远处天边隐约传来的阵阵雷声，但整个音乐的基调和背景毕竟是一派清景无限的瑰丽气象。即便是他那未完成的绝命之笔“d小调安魂曲”，也向我们披露了这位仅活了36岁的奥地利短命天才，对生活的执着、眷恋和生生死死追求光明的乐观情怀。

由于莫扎特的音乐语言平易近人，作品结构清晰严谨，“因而使乐思的最复杂的创作也看不出斧凿的痕迹。这种容易使人误解的简朴是真正隐藏了艺术的艺术。”。

图 3-1 “音乐的表现力”文档样文

任务知识点

- Word 2003 的启动和退出。
- Word 2003 的工作界面。
- Word 2003 文档的创建、打开、保存及关闭。
- 文档的录入及插入符号、特殊符号。

- 文本的选定、移动、复制、修改、删除、查找和替换。

3.1.1 Word 2003 的启动和退出

1．Word 2003 的启动

启动 Word 2003 有以下 3 种方法。

（1）选择“开始”→“所有程序”→“Microsoft Office”→“Microsoft Office Word 2003”命令。

（2）双击桌面上 Word 2003 的快捷方式图标。

（3）双击已建立的一个 Word 文档。

2．Word 2003 的退出

退出 Word 2003 有以下 4 种方法。

（1）选择菜单中的“文件”→“退出”命令。

（2）单击 Word 窗口右上角的“关闭”按钮☒。

（3）双击左上角的控制菜单图标。

（4）单击左上角控制菜单图标，在控制菜单中选择“关闭”命令，或按【Alt+F4】组合键。

操作提示：	退出 Word 时，若文件未保存过或文件修改后未保存，系统将提示是否保存文档。

3.1.2 Word 2003 的工作界面

启动 Word 2003 之后，将打开 Word 2003 的工作界面，如图 3-2 所示，工作界面主要包括标题栏、菜单栏、工具栏、标尺、文档编辑区、任务窗格、状态栏、滚动条等部分。

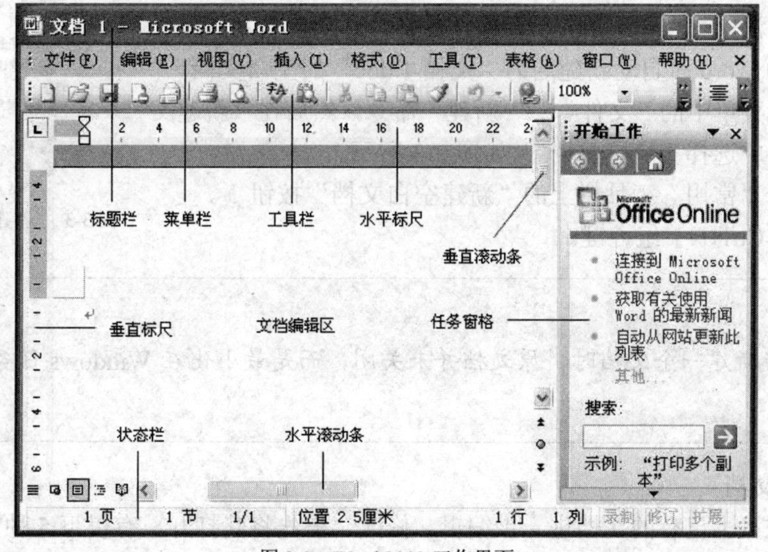

图 3-2 Word 2003 工作界面

（1）标题栏：位于窗口的顶部，显示当前文档名和 Word 程序名，最左边有一个控制菜单图标，最右边有 3 个按钮，分别是：最小化按钮、最大化按钮（或还原按钮）和关闭按钮。

（2）菜单栏：通常位于标题栏下方，是 Word 操作命令的集合。菜单栏由“文件”、“编辑”、“视图”、“插入”、“格式”、“工具”、“表格”、“窗口”、“帮助”9 个菜单项组成，每个菜单项都有一个下拉式子菜单。

（3）工具栏：通常位于菜单栏下方，将 Word 常用操作命令以按钮方式显示在工具栏上。若将鼠标指针指向某个按钮，则会显示该按钮的功能提示标签。默认状态下，只显示“常用”工具栏和“格式”工具栏，可通过选择菜单中的“视图”→“工具栏”命令，显示或隐藏某一工具栏，也可右击工具栏空白区域，在弹出菜单中选择。

（4）标尺：包括水平标尺和垂直标尺。利用标尺可查看文档的宽度和高度，还可对文档进行相应的格式设置（如段落缩进等）。

（5）文档编辑区：位于窗口中央，在该区域中可输入文本，插入图片、表格等，并可对它们进行编辑操作。

（6）任务窗格：位于编辑区右侧，是常用任务的集合，如“新建文档”、“剪贴画”、“剪贴板”等。单击任务窗格顶部右侧下三角形按钮，会显示所有任务窗格的名称列表，可从中选择打开某一任务窗格。选择菜单中的“视图”→“任务窗格”命令，可显示或隐藏任务窗格。

（7）状态栏：位于窗口底部，用于显示文档的编辑状态和位置信息，如总页数、当前页、当前光标位置、插入或改写状态等。

（8）滚动条：滚动条位于文档窗口的右边（垂直滚动条）和底部（水平滚动条），通过移动滚动条可上下、左右移动文本，以便查看文档的所有内容。

3.1.3 文档管理

1．新建文档

在使用 Word 2003 编制一个新文档时，一般首先需新建一个空白文档，然后在此文档中输入文本，编辑文档。新建一个空白文档有以下 4 种方法。

（1）启动 Word 时自动新建名为“文档 1.doc”的空白文档。

（2）选择菜单中的“文件”→“新建”命令，然后在“新建文档”任务窗格中选择“空白文档”，如图 3-3 所示。

（3）单击“常用”工具栏上的“新建空白文档”按钮。

（4）按【Ctrl+N】组合键。

图 3-3 “新建文档”任务窗格

操作提示：

当新建一个文档时，原文档并未关闭，而是最小化在 Windows 任务栏中。

2．打开文档

若要对磁盘上已有的文档进一步编辑、修改，需先将其打开，有以下 5 种方法。

（1）选择菜单中的“文件”→“打开”命令，出现“打开”对话框，如图 3-4 所示。在“查找范围”下拉列表框中，选择文档所在位置（路径），在“文件类型”下拉列表框中，选择“所有 Word 文档”，再单击要打开的文件或在“文件名”框中输入文件名，然后单击“打开”按钮。也可双击要打开的文件。

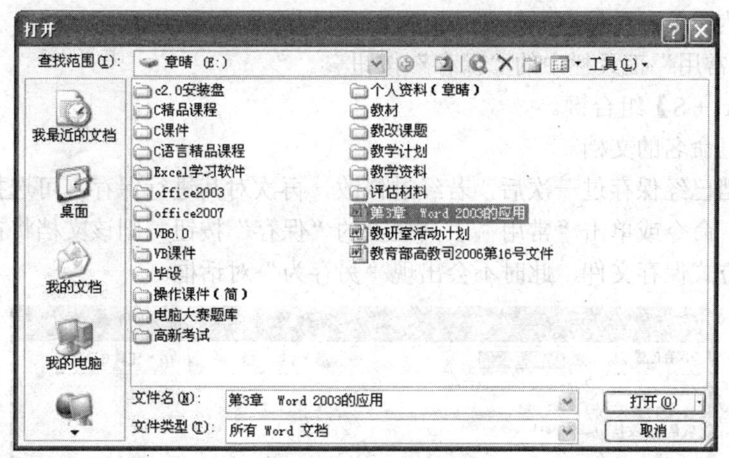

图 3-4 “打开”对话框

（2）单击“常用”工具栏上的“打开”按钮。

（3）在我的电脑或资源管理器中双击要打开的文档图标。

（4）选择“文件”菜单，在子菜单底部最近使用过的文件列表中，单击要打开的文件，如图 3-5 所示。

（5）在“开始工作”任务窗格中，显示了最近使用过的文件，单击要打开的文件，如图 3-6 所示。

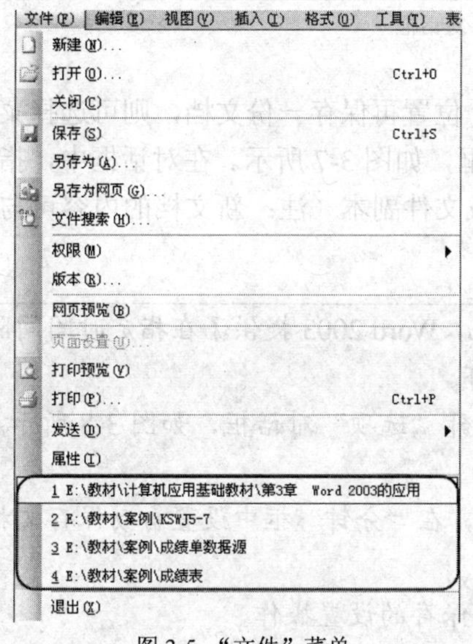

图 3-5 “文件”菜单

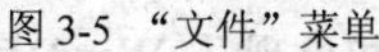

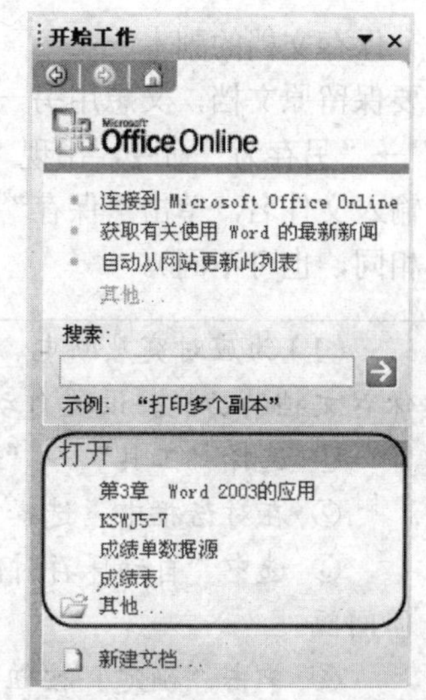

图 3-6 “开始工作”任务窗格

3．保存文档

在文档编辑过程中，为防止文档数据丢失，需随时对文档进行保存。

（1）保存未命名的新文档

首次保存文档时，需给它取一个文件名，并指定保存位置，有以下 3 种方法。

① 选择菜单中的“文件”→“保存”或“另存为”命令，出现“另存为”对话框，如

图3-7所示。在对话框的“保存位置”下拉列表框中，选择文档保存的位置，在“保存类型”下拉列表框中选择“Word文档”，再在“文件名”框中，输入文档的名字，其扩展名为.doc（也可省略），然后单击“保存”按钮。

② 单击“常用”工具栏中的“保存”按钮。

③ 按【Ctrl+S】组合键。

（2）保存已命名的文档

当一个文档已经保存过一次后，若经过修改，再次对其进行保存，可选择菜单中的“文件”→“保存”命令或单击“常用”工具栏上的“保存”按钮，则该文档将在原位置、用原文件名以覆盖方式保存文件，此时不会出现“另存为”对话框。

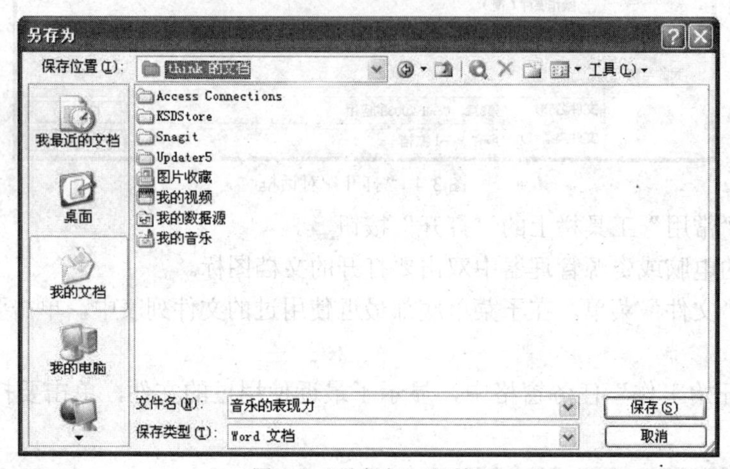

图3-7 “另存为”对话框

（3）保存文档的副本

若要保留原文档，又想用另一个名字或换一个位置再保存一份文档，则可选择菜单中的“文件”→“另存为”命令，出现“另存为”对话框，如图3-7所示。在对话框中，指定保存位置，输入文件名，单击“保存”按钮，即可生成文件副本（注：新文档的内容可与原文档的内容相同，也可不同）。

操作提示：	（1）为应对突然断电、死机等突发情况，Word 2003提供了在指定时间间隔自动保存文档的功能。设置自动保存的方法如下。 ① 选择“工具”→“选项”命令，打开“选项”对话框，如图3-8所示。 ② 在对话框中，选择“保存”选项卡。 ③ 选中“自动保存时间间隔”复选框，在“分钟”框中设置自动保存文档的时间间隔。 ④ 单击“确定”按钮，即可完成自动保存的设置操作。 （2）若在编辑文档过程中，未及时做保存操作，却出现了Word异常关闭或断电、死机等意外情况，Word 2003提供了文档恢复功能，操作如下。 ① 重新启动计算机并启动Word 2003，系统将在Word窗口左侧打开“文档恢复”任务窗格，其中列出了程序停止响应时恢复的所有文件。 ② 选择要恢复的文件并打开查看或保存。

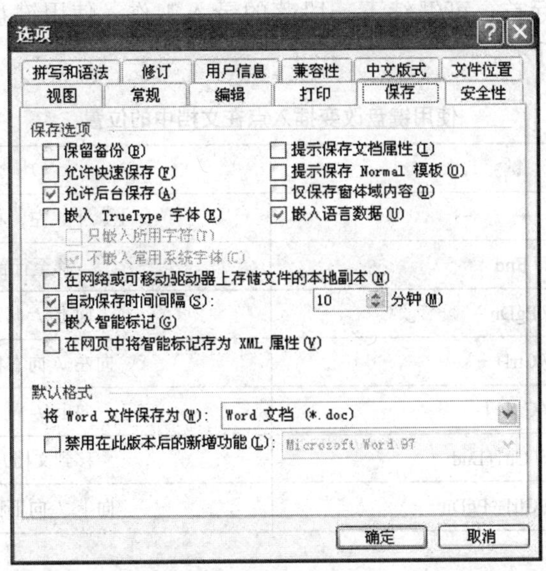

图 3-8 “选项”对话框

4．关闭文档

若对文档的相关操作结束了，则可关闭文档，有以下 4 种方法。

（1）选择菜单中的“文件”→“关闭”命令。此时可关闭当前文档，但不退出 Word 2003 工作环境。

（2）单击文档窗口右上角的“关闭窗口”按钮×（位于菜单栏最右端）。此时也可关闭当前文档，但不退出 Word 2003 工作环境。

（3）如果要同时关闭多个已打开的文档，可先按下【Shift】键，再选择菜单中的“文件”→“全部关闭”命令，即可关闭多个文档，不退出 Word 2003 工作环境。

（4）退出 Word 2003 时，将关闭当前文档。

3.1.4　文本录入与编辑

1．文本的录入

用 Word 进行文字处理的第一步工作就是在新建的空白文档中录入文字。

（1）选择输入法

输入文字之前，首先要选择好输入法。刚启动 Word 时，默认的是英文输入法，要切换到中文输入法，可单击任务栏中的“输入法选择”按钮，弹出输入法选择菜单，如图 3-9 所示，从中选择要使用的输入法。也可通过【Ctrl + Shift】组合键在各种输入法之间切换。输入过程中，若要进行中英文切换，可按【Ctrl + Space】组合键。

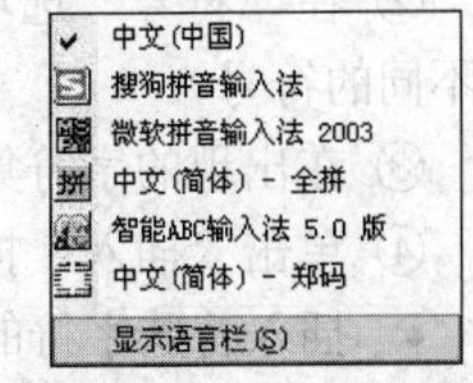

图 3-9 “输入法选择”菜单

（2）输入文字

选择好输入法后，就可以在文档编辑窗口的插入点（光标）处输入文字了。插入点是一个闪烁的光标，它指示当前插入字符、图片、表格等对象的位置。随着文本的录入，插入点自动从左到右移动，当输入到一行末尾时，会自动换行。一个段落的文字输入完成后，按【Enter】键换行，这时，插入点光标跳到下一行行首，可继续下一段落的录入工作。使用键盘可改变插入点在文档中的位置，如表 3-1 所示。

表 3-1　　使用键盘改变插入点在文档中的位置

按　键	功　能
↑/ ↓ / ← / →	上、下、左、右移动一个字符
Home / End	移至行首 / 行尾
PgUp / PgDn	向上 / 向下移动一屏
Ctrl+← / Ctrl+→	向左 / 向右移动一个单词
Ctrl+↑ / Ctrl+↓	向上 / 向下移动一段
Ctrl+Home / Ctrl+End	移到文档开头 / 结尾
Ctrl+ PgUp / Ctrl+ PgDn	向上 / 向下移至页的顶行

（3）插入符号和特殊字符

在输入文档时，有时需输入一些键盘上没有的符号，如“① ② ❖ ★ ← → ☺ §”等，这时可使用 Word 自带的大量符号。

- 插入符号的操作步骤如下。

① 选择菜单中的“插入”→“符号”命令，弹出“符号”对话框，如图 3-10 所示。

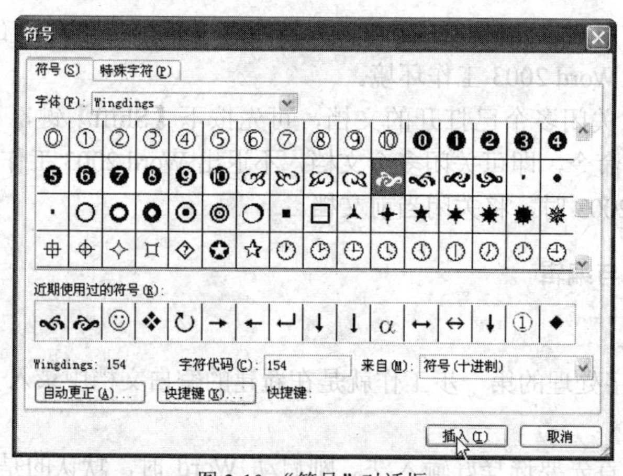

图 3-10　“符号”对话框

② 在“符号”选项卡中，单击“字体”下拉列表框，从中选择所需选项（每一选项提供不同的符号）。

③ 在出现的字符集中，单击所要插入的符号。

④ 单击“插入”按钮（也可直接双击符号插入）。

- 插入特殊字符的操作步骤如下。

① 在如图 3-10 所示的“符号”对话框中，单击“特殊字符”选项卡，如图 3-11 所示。在“字符”下拉列表中选择要插入的字符。

② 单击“插入”按钮（也可直接双击字符插入）。

操作提示： 在 Word 2003 中，选择菜单中的“插入”→“特殊符号”命令，弹出“插入特殊符号”对话框，如图 3-12 所示，可插入包括：单位符号、数字序号、拼音、标点符号、特殊符号和数学符号在内的特殊符号。

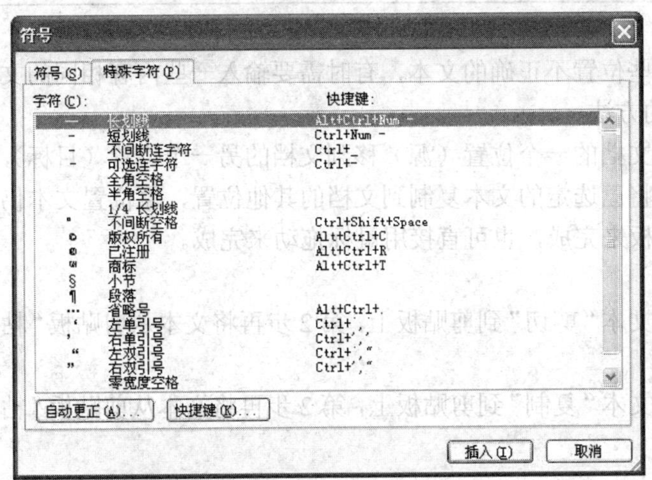

图 3-11 “符号”对话框—“特殊字符”选项卡　　图 3-12 “插入特殊符号”对话框

2．文档的编辑

在文本录入的过程中或完成后，可对文本进行编辑。编辑文档的基本操作包括：移动、复制、粘贴、修改、插入、删除、查找和替换等。

（1）选定文本

编辑文档时，要遵循“先选定，后操作”、“选中谁，操作谁”的原则，选定的文本以反相显示。选定操作对象的方法如表 3-2 所示。

表 3-2　选定操作对象的方法

选定操作	方法
选定任意文本	按下鼠标左键拖动，所经过的文本被选中
选定一个单词	双击该单词
选定一句	按住【Ctrl】键，单击该句任意位置
选定一行	将鼠标移至该行首，待光标改变形状后单击
选定一个段落	将鼠标移至该段落左侧，待光标变成右向上空心箭头形状后双击，或在该段落中任意位置三击
选定多个段落	将鼠标移至该段落左侧，待光标变成右向上空心箭头形状后双击并拖动
选定多个不连续的文本块	先选中一个文本块，再按住【Ctrl】键拖动鼠标选中其他文本块
选定整个文档	在文档任意处左侧，待光标改变形状后三击，或按【Ctrl+A】组合键，或选择菜单中的“编辑”→“全选”命令

续表

选定操作	方法
选定矩形文本区	按住【Alt】键，同时按住鼠标左键拖出所需要选取的矩形文本区
选定对象	单击对象，如图形、文本框等；使用【Shift】键可同时选定多个对象
撤销选定文本	在选定区外任意位置单击

（2）文本的移动与复制

在编辑文档时，有时需要移动一些位置不正确的文本，有时需要输入一些内容相同的文本，Word 提供了快速实现这些操作的方法。

移动文本，是将已选定的文本从文档的一个位置（源）移到文档的另一个位置（目标），原位置文本不再保留。复制文本，是将已选定的文本复制到文档的其他位置，原位置文本仍然保留。移动和复制操作可借助剪贴板来完成，也可直接用鼠标拖动来完成。

① 用剪贴板进行移动和复制

移动操作的第 1 步是先将选定的文本“剪切”到剪贴板上，第 2 步再将文本从剪贴板“粘贴”到目标位置。

复制操作的第 1 步是先将选定的文本“复制”到剪贴板上，第 2 步再将文本从剪贴板“粘贴”到目标位置。

a.“剪切”操作，可用以下方法之一。

- 选择菜单中的“编辑”→“剪切”命令。
- 右击选中文本，在弹出的快捷菜单中选择“剪切”命令。
- 单击“常用”工具栏上的“剪切”按钮。
- 按下键盘上的【Ctrl + X】组合键。

b.“复制”操作，可用以下方法之一。

- 选择菜单中的“编辑”→“复制”命令。
- 右击选中文本，在弹出的快捷菜单中选择“复制”命令。
- 单击“常用”工具栏上的“复制”按钮。
- 按下键盘上的【Ctrl + C】组合键。

c.“粘贴”操作，可用下列方法之一。

- 选择菜单中的“编辑”→“粘贴”命令。
- 右击选中文本，在弹出的快捷菜单中选择“粘贴”命令。
- 单击“常用”工具栏上的“粘贴”按钮。
- 按下键盘上的【Ctrl+V】组合键。

② 用鼠标拖动进行移动和复制

a．用鼠标左键拖放。

- 移动文本：按住鼠标左键，将选中文本拖曳至目标位置，然后释放鼠标左键。
- 复制文本：按住【Ctrl】键，同时按住鼠标左键，将选中文本拖曳至目标位置，然后释放鼠标左键。

b．用鼠标右键拖放。

按住鼠标右键，将选中文本拖曳至目标位置，然后释放鼠标右键，这时会弹出如图 3-13

所示的快捷菜单，若从中选择“移动到此位置”，则完成移动文本的操作；若选择“复制到此位置”，则完成复制文本的操作。

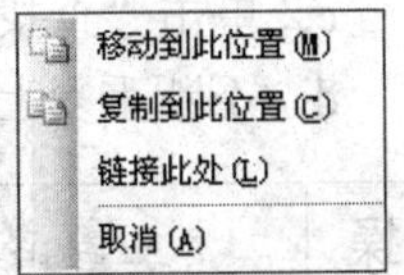

图 3-13 用鼠标右键拖放后的快捷菜单

（3）文本的插入、改写和删除

在编辑文档时，输入状态有“插入”和“改写”两种（默认为“插入”状态），可用键盘上的【Insert】键来切换，或双击状态栏上的“改写”字样切换。

① 插入：若要在某处插入文本，可在“插入”状态下，将插入点光标移到要插入的位置，输入文本即可。

② 改写：若要改写某些文本，可在“改写”状态下，将插入点光标移到指定位置，这时输入的文本就会替换其后的文本。也可在“插入”状态下，先将要改写的文本删除，再输入正确的文本。

③ 删除：可按键盘上的【Backspace】键删除光标前一个字符；按【Delete】键删除光标后一个字符。也可单击菜单中的“编辑”→“清除”命令，或“编辑”→“剪切”命令进行删除。

（4）撤销和恢复

如果在文档编辑过程中出现了错误操作，可以使用 Word 的“撤销”功能取消这些操作，而如果又想恢复被撤销的操作，可以使用 Word 的“恢复”功能。

① “撤销”操作。如果只要撤销最后一步操作，可单击“常用”工具栏上的“撤销”按钮，或选择菜单中的“编辑”→“撤销”命令，或按【Ctrl+Z】组合键。如果要撤销多步操作，可连续单击“撤销”按钮；或单击“撤销”按钮旁的下三角箭头，Word 将显示最近执行的可撤销操作列表，在列表中选择撤销某项操作时，同时也将撤销该项之上的所有操作。若“撤销”按钮变成灰色，表示“无法撤销”。

② “恢复”操作。如果要还原撤销命令撤销的操作，可单击“常用”工具栏上的“恢复”按钮，或选择菜单中的“编辑”→“恢复”命令。如果要恢复多步操作，可连续单击“恢复”按钮；或单击“恢复”按钮旁的下三角箭头，在列表中选择要恢复的操作。若“恢复”按钮变成灰色，表示“无法恢复”。

（5）查找和替换

编辑过程中，有时需要查找或替换文本中的某些内容。查找和替换文本可在选定范围内进行，否则将从当前光标位置开始查找到文档末尾，然后再从文档头查找到光标处。

① 查找的操作步骤如下。

a. 选择菜单中的“编辑”→“查找”命令，打开“查找和替换”对话框，如图 3-14 所示。

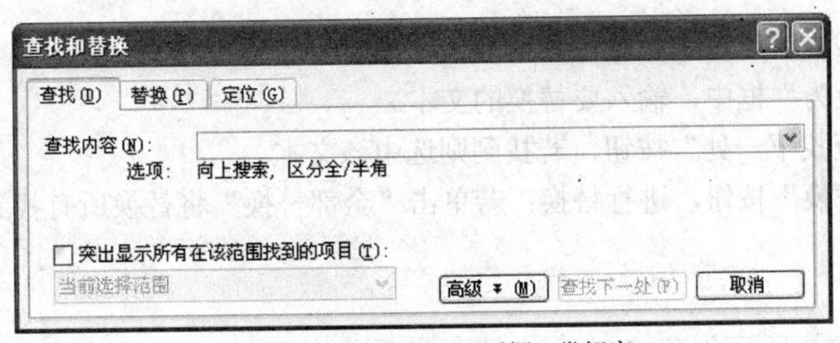

图 3-14 “查找和替换”对话框—常规窗口

b. 在“查找内容”文本框中，输入要查找的文本。

c. 单击“查找下一处”按钮，若找到第一个目标文字，将选中它，则可对其进行编辑。

d. 不断重复上一步，可查找出所有要查找的内容。

操作提示：	若要指定查找范围、区分大小写、查找指定格式、查找特殊字符等，可单击对话框中的“高级”按钮，将“查找和替换”对话框展开，如图 3-15 所示，进行相关设置。

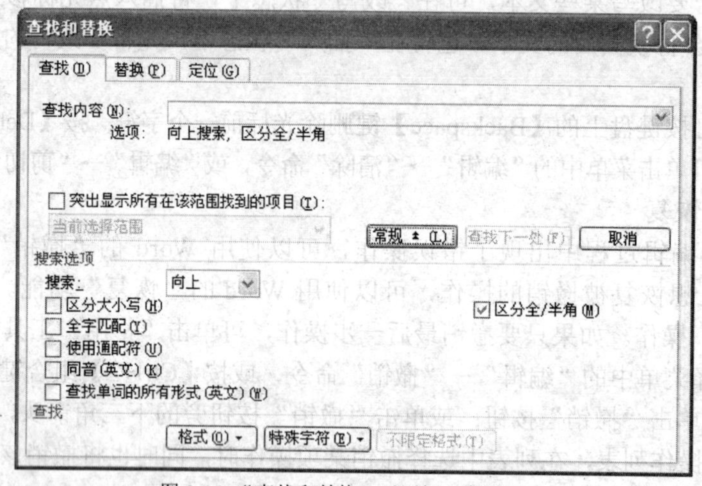

图 3-15 “查找和替换”对话框—高级窗口

② 替换的操作步骤如下。

a. 选择菜单中的“编辑”→“替换”命令，打开“查找和替换”对话框，如图 3-16 所示。

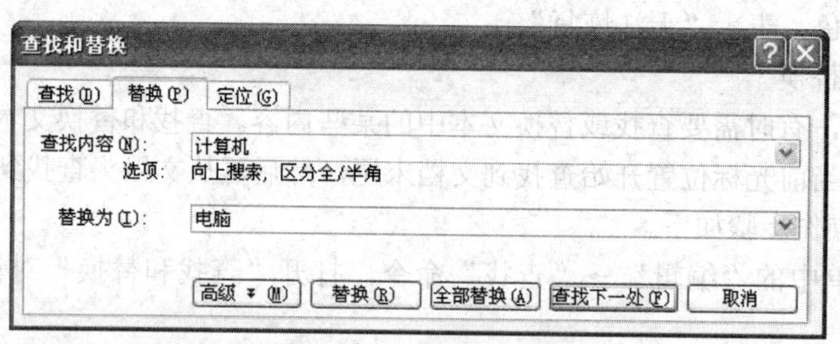

图 3-16 “查找和替换”对话框—“替换”选项卡

b. 在“查找内容”框中，输入要查找的文本。

c. 在“替换为”框中，输入要替换的文本。

d. 单击“查找下一处”按钮，若找到则选中该文本。

e. 单击“替换”按钮，进行替换；若单击“全部替换”将替换所有找到的文本。

任务实施

按图 3-1 样文所示创建 Word 文档“音乐的表现力.doc”，并录入文字，操作步骤如下。

（1）启动 Word 2003，自动新建一个空白文档，再选择一种中文输入法，然后在文档编辑区按图 3-17 所示录入相应文字。

（2）选择菜单中的“插入”→“符号”命令，打开“符号”对话框（见图 3-10），在“符号”选项卡中选中符号“❧”、“☙”，分别将它们插入文档第 2 行“音乐巨匠莫扎特”的前、后，如图 3-17 所示。

（3）录入完成后，应对文档进行检查，如果有错误，可用移动、复制、粘贴、修改、插入、删除、查找、替换等方法对文档进行编辑，直至正确无误为止。

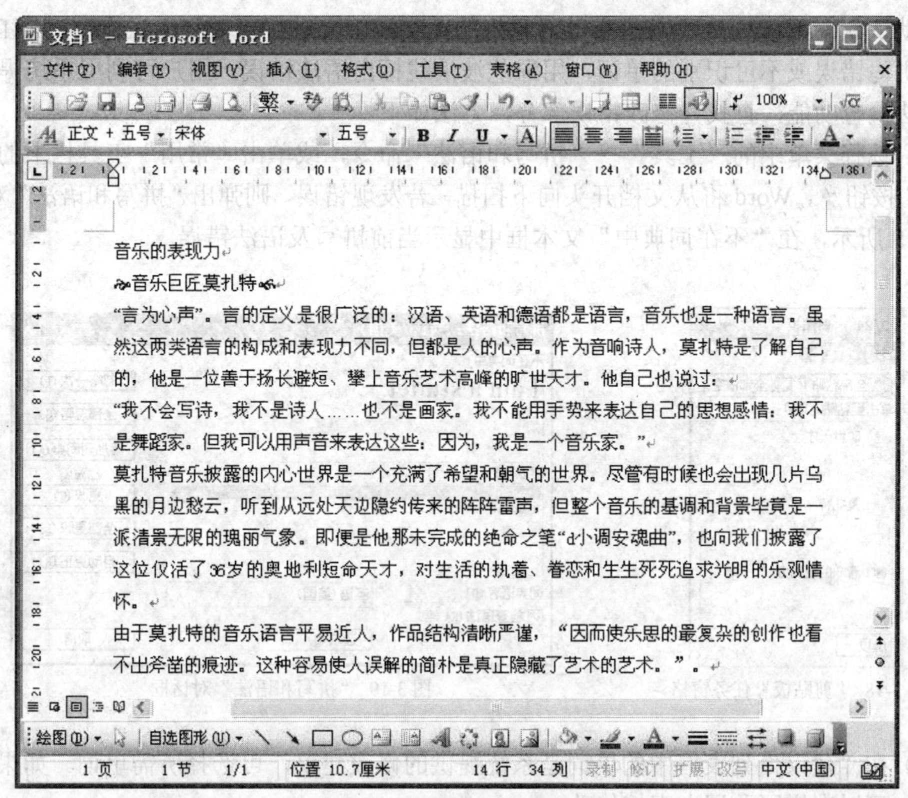

图 3-17　新创建的案例效果

（4）选择菜单中的“文件”→“保存”命令，打开“另存为”对话框（见图 3-7），选择好保存位置，在“文件名”框内输入“音乐的表现力”，单击“确定”按钮，完成文件的保存操作。

（5）单击标题栏右侧的“关闭”按钮，关闭文档并退出 Word 2003。

文档“音乐的表现力.doc”创建完成后，效果如图 3-17 所示。

知识补充

1．Office 剪贴板

当在文档中进行剪切或复制操作时，操作对象存储在名为“剪贴板”的缓存区中，执行了“粘贴”操作后，对象在“剪贴板”中还保留一个备份，需要时还可将对象继续粘贴。Office 2003 的“剪贴板”以任务窗格的形式显示各个剪贴对象，最多可保留 24 个剪贴对象。Office 2003 的“剪贴板”使用方法如下。

（1）单击菜单中的“编辑”→“Office 剪贴板”命令，或单击任务窗格顶部右侧下三角形按钮，从列表中选择“剪贴板”，打开“剪贴板”任务窗格，如图 3-18 所示。

（2）单击“单击要粘贴的项目”列表中的项目，即可将该项目粘贴到光标所在位置。

（3）单击“全部粘贴”按钮，可将所有项目按从下往上的顺序粘贴到光标所在位置。

（4）单击“全部清空”按钮，可清空“剪贴板”中所有对象。

2．拼写和语法检查

在默认状态下，Word 系统会自动对输入的英文和中文进行拼写和语法检查，用红色波浪线标出拼写错误或不可识别的单词，用绿色波浪线标出语法错误。用户可利用系统提供的拼写和语法检查功能，查找并修改错误部分，方法如下。

（1）选择菜单中的“工具”→“拼写和语法”命令，或单击“常用”工具栏上的“拼写和语法”按钮，Word 将从文档开头向下扫描，若发现错误，则弹出“拼写和语法”对话框，如图 3-19 所示，在“不在词典中”文本框中显示当前拼写及语法错误。

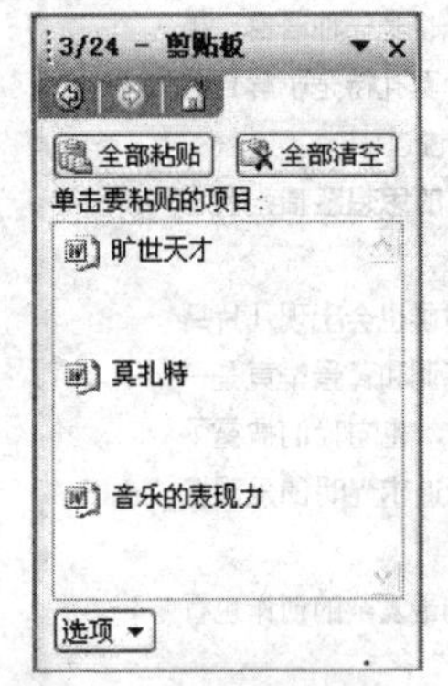

图 3-18 “剪贴板”任务窗格

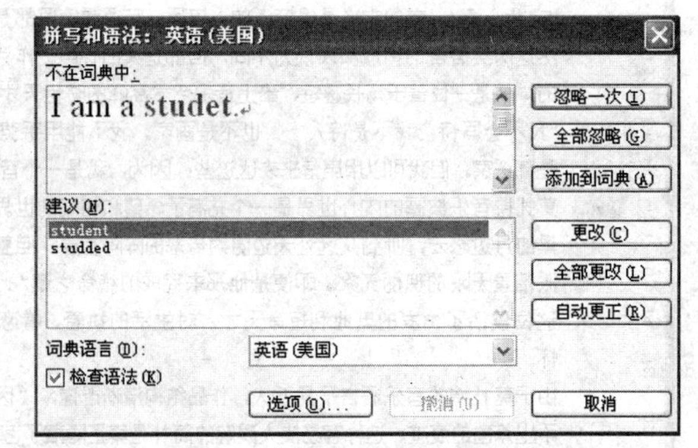

图 3-19 “拼写和语法”对话框

（2）在“建议”列表框中的单词是系统提供的修改建议，可选择所需单词。如果没有合适建议，可以在拼写单词上直接修改。

（3）单击“更改”按钮。若该处无错，可单击“忽略一次”按钮，跳过此处检查。

3.2 任务二 Word 2003 的文档格式设置

任务目标

通过本任务的学习，制作如图 3-20 所示的 Word 文档“音乐的表现力.doc”。

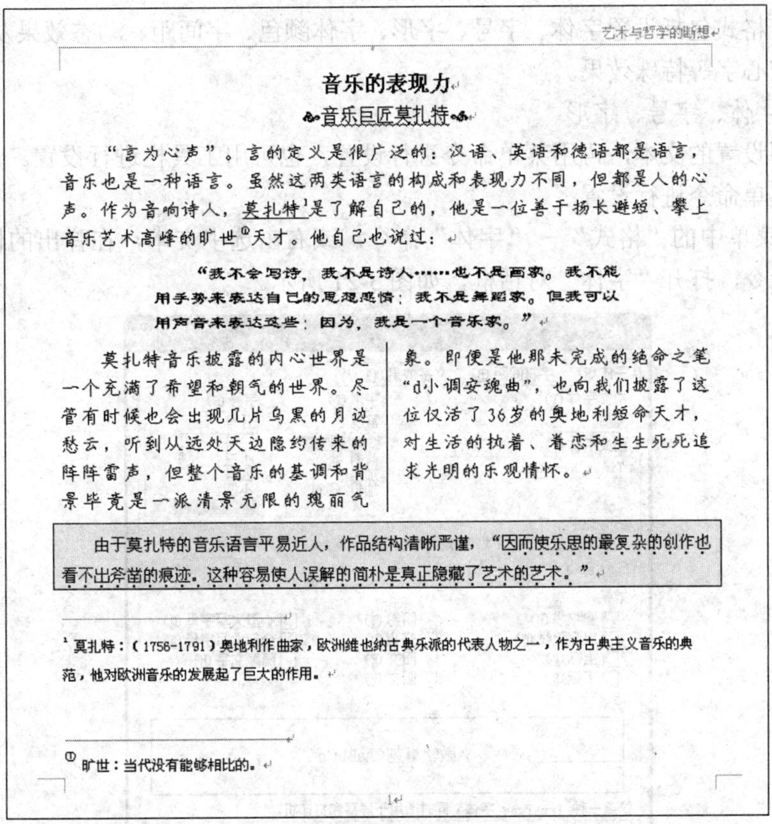

艺术与哲学的断想

音乐的表现力

音乐巨匠莫扎特

"言为心声"。言的定义是很广泛的：汉语、英语和德语都是语言，音乐也是一种语言。虽然这两类语言的构成和表现力不同，但都是人的心声。作为音响诗人，莫扎特[1]是了解自己的，他是一位善于扬长避短、攀上音乐艺术高峰的旷世[①]天才。他自己也说过：

"我不会写诗，我不是诗人……也不是画家。我不能用手势来表达自己的思想感情；我不是舞蹈家。但我可以用声音来表达这些；因为，我是一个音乐家。"

莫扎特音乐披露的内心世界是一个充满了希望和朝气的世界。尽管有时候也会出现几片乌黑的月边愁云，听到从远处天边隐约传来的阵阵雷声，但整个音乐的基调和背景毕竟是一派清景无限的瑰丽气象。即便是他那未完成的绝命之笔"d小调安魂曲"，也向我们披露了这位仅活了36岁的奥地利短命天才，对生活的执着、眷恋和生生死死追求光明的乐观情怀。

由于莫扎特的音乐语言平易近人，作品结构清晰严谨，"因而使乐思的最复杂的创作也看不出斧凿的痕迹。这种容易使人误解的简朴是真正隐藏了艺术的艺术。"

[1] 莫扎特：（1756-1791）奥地利作曲家，欧洲维也纳古典乐派的代表人物之一，作为古典主义音乐的典范，他对欧洲音乐的发展起了巨大的作用。

[①] 旷世：当代没有能够相比的。

1

图 3-20 "文档格式设置"样文

任务知识点

- 设置文字的字体、字号、字形和颜色。
- 设置字符间距及效果。
- 设置段落对齐、段落缩进、段间距和行间距。
- 设置边框和底纹。
- 设置项目符号及编号。
- 设置首字下沉及文字方向。
- 设置文档视图。
- 分页、分节、分栏。
- 设置页眉和页脚、插入页码。
- 设置页面格式。
- 文档的打印。
- 样式、模板、脚注和尾注。

3.2.1　设置字符格式

文档录入完成后，为了使版面更加规范、美观，常常需要对文档进行排版（即文档格式化），主要包括字符格式化、段落格式化和页面格式化。

设置字符格式包括设置字体、字号、字形、字体颜色、字间距、动态效果及上标、下标、字符阴影、空心字等特殊效果。

1．设置字体、字号、字形

先选中要设置的文本，再用菜单命令进行设置，也可用工具栏进行设置。

（1）用菜单命令进行设置

① 选择菜单中的“格式”→“字体”命令，或右击选中文本，在弹出的快捷菜单中选择“字体”命令，打开“字体”对话框，如图 3-21 所示。

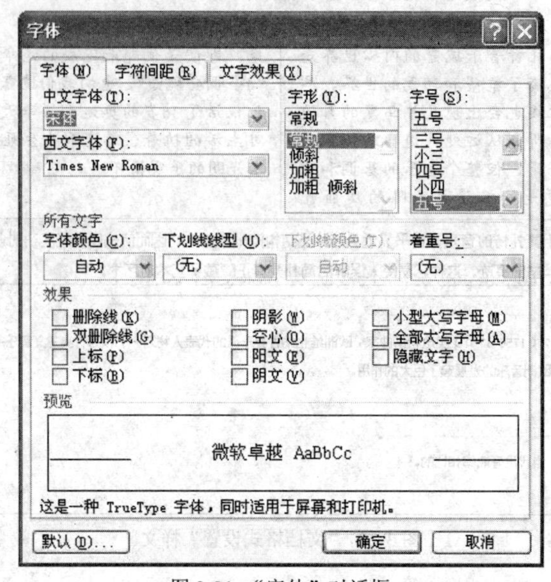

图 3-21 “字体”对话框

② 在“中文字体”下拉列表框中选择一种中文字体，或在“西文字体”下拉列表框中选择一种西文字体。

③ 在“字形”列表中选择一种字形。

④ 在“字号”列表中选择一种字号。

⑤ 在“下画线线型”下拉列表中选择下画线的线型，继而还可以选择下画线的颜色。

⑥ 在“着重号”下拉列表中选择是否带着重号。

（2）用“格式”工具栏进行设置。

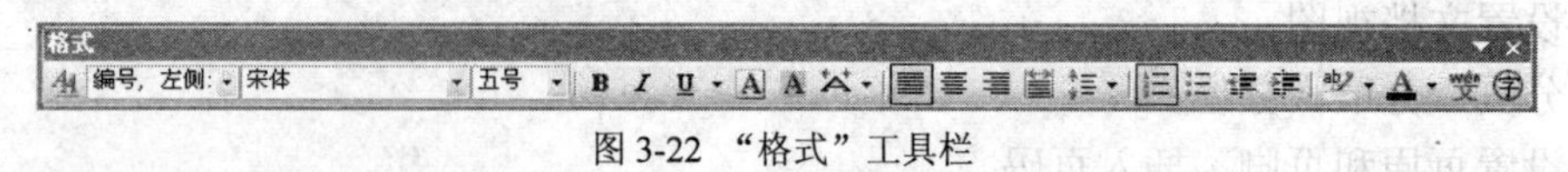

图 3-22 “格式”工具栏

① 在“格式”工具栏（见图 3-22）上的“字体”下拉列表框 宋体 中选择一种字体。

② 在“字号”下拉列表框 五号 中选择一种字号。

③ 单击“加粗”按钮 B，设置粗体字；单击“倾斜”按钮 I，设置斜体字；单击“下画线”按钮 U，给文字加上下画线。

2．设置字符颜色

可用下列方法之一设置字符颜色。

（1）选择菜单中的“格式”→“字体”命令，打开“字体”对话框（见图 3-21），在“字体颜色”下拉列表框中选择一种字体的颜色。

（2）单击“格式”工具栏（见图 3-22）上的“字体颜色”按钮，可设置字体颜色。若单击该按钮旁的下三角箭头，会出现如图 3-23 所示的“标准配色盘”，可在其中选择所需的颜色，也可单击“其他颜色”选项，打开“颜色”对话框，如图 3-24 所示，其中提供了更丰富的颜色选择。

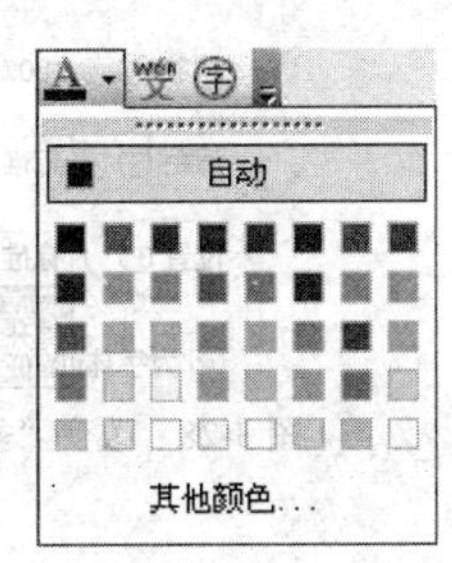

图 3-23 “标准配色盘”

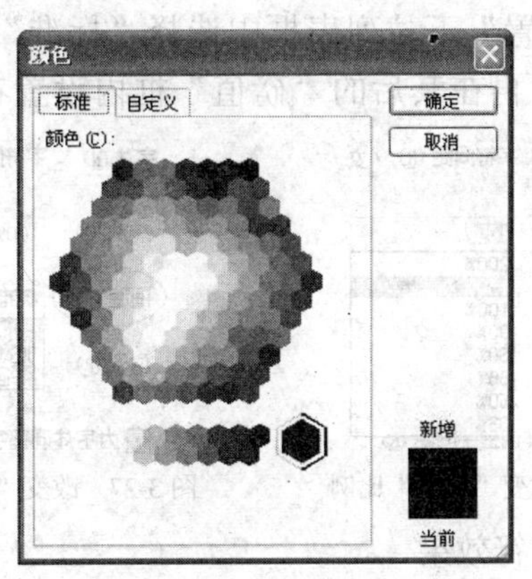

图 3-24 “颜色”对话框

3．设置字符间距

选择菜单中的“格式”→“字体”命令，在打开的“字体”对话框中，单击“字符间距”选项卡，如图 3-25 所示，可设置字符的缩放比例、字符间距、字符位置等。

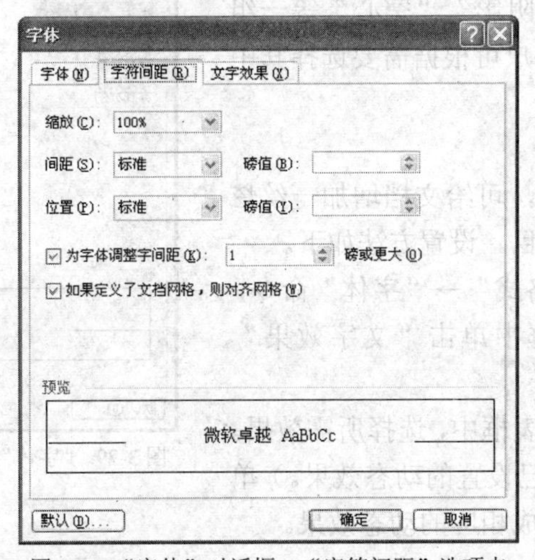

图 3-25 “字体”对话框—“字符间距”选项卡

（1）改变字符水平方向的缩放比例

要改变字符在水平方向的缩放比例，可用下列方法之一。

① 在“字符间距”选项卡的“缩放”下拉列表框中选择一种缩放比例，如图 3-26 所示，可改变字符在水平方向的缩放比例。

② 单击“格式”工具栏（见图 3-22）上的“字符缩放”按钮旁的下三角形箭头，选择一种缩放比例。

（2）改变字符间距

如果要改变各个字符之间的距离，可在“字符间距”选项卡的“间距”下拉列表框中选择“标准”（默认）、“加宽”和“紧缩”三者之一，如图 3-27 所示，再在其后的“磅值”框内设置在“标准”值的基础上扩大或缩小的磅值数。

（3）改变字符在垂直方向上的位置

如果要在不改变字符大小的前提下，改变字符在垂直方向上的位置，可在“字符间距”选项卡的“位置”下拉列表框中选择“标准”（默认）、“提升”和“降低”三者之一，如图 3-28 所示，再在其后的“磅值”框内设置在“标准”值的基础上要移动的磅值数。

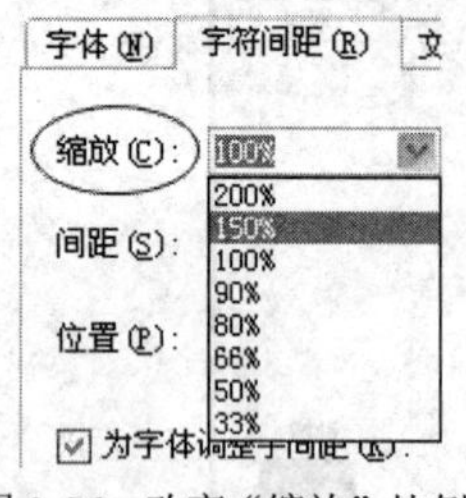

图 3-26　改变“缩放”比例

图 3-27　改变“字符间距”

图 3-28　改变“垂直”位置

4．设置字符效果

（1）静态效果

若要给字符设置上标、下标、删除线、阴影、空心等特殊效果，可选择“格式”→“字体”命令，打开“字体”对话框，在“字体”选项卡的“效果”栏，提供了“删除线”、“双删除线”、“上标”、“下标”、“阴影”、“空心”等一组复选项目（共 11 项），用户可根据需要选择其中一个或多个选项。

（2）动态效果

给文字设置动态效果，可给文档增加一丝炫亮的色彩，使文字更加醒目。设置方法如下。

① 选择菜单中的“格式”→“字体”命令，在打开的“字体”对话框中单击“文字效果”选项卡，如图 3-29 所示。

② 在“动态效果”列表框中，选择所需效果。（若选择“无”，则可取消已设置的动态效果。）单击“确定”按钮，即可生成相应的动态效果。

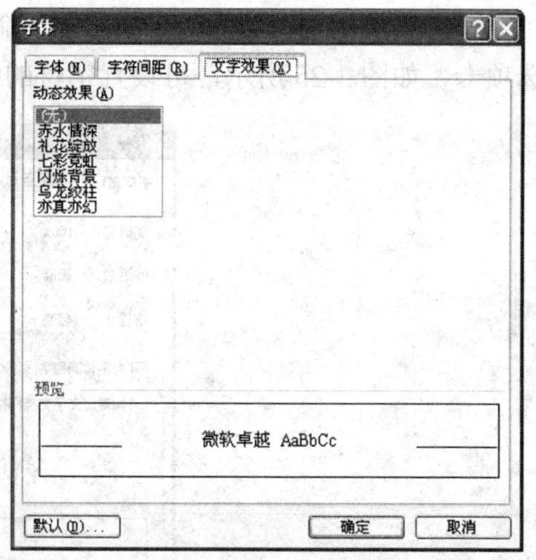

图 3-29　“字体”对话框—“文字效果”选项卡

操作提示：	使用“常用”工具栏上的“格式刷”按钮，可快速复制字符和段落格式。使用方法如下。 ① 选中已设置好格式的文本（源）。 ② 单击“常用”工具栏上的“格式刷”按钮，鼠标变为刷子形状。 ③ 将光标在要应用此格式的文本（目标）上拖动，选中这些文本，释放鼠标后，源文本格式就复制到目标文本上了。

> 若要将源格式复制到多处，可双击“格式刷”按钮，待光标改变形状后，分别在要应用此格式的文本上拖动，期间光标始终保持刷子形状，若要取消，可按【Esc】键或再单击一下“格式刷”按钮。

任务实施

按图 3-20 所示的样文，设置文档“音乐的表现力.doc”的字符格式，操作步骤如下。

（1）打开在任务一中创建的文档“音乐的表现力.doc”，设置第 1 行标题：宋体、四号字、粗体，如图 3-30 所示。

（2）设置第 2 行：宋体、小四号字；选中“音乐巨匠莫扎特”，在其下加上波浪线，如图 3-31 所示。

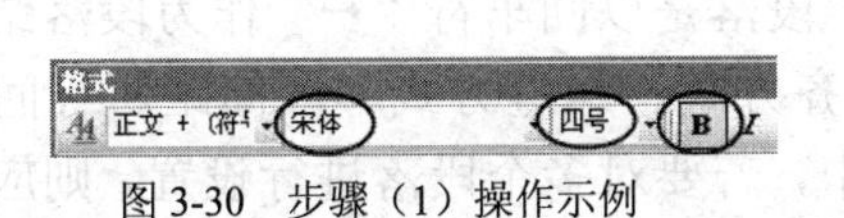

图 3-30　步骤（1）操作示例

图 3-31　步骤（2）操作示例

（3）设置正文第 1 和第 3 段：楷体、小四号字、字间距加宽 1 磅，如图 3-32 所示；设置正文第 2 段：隶书、小四号字。

（4）设置正文第 4 段：宋体、五号字；选中双引号中的文字，给其加上着重号“.”，如图 3-33 所示。

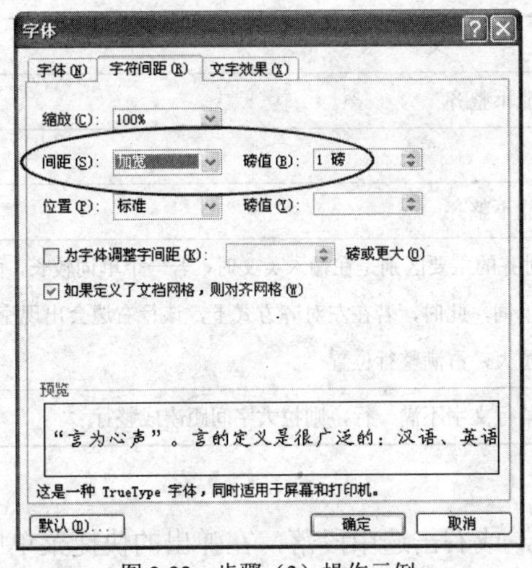

图 3-32　步骤（3）操作示例

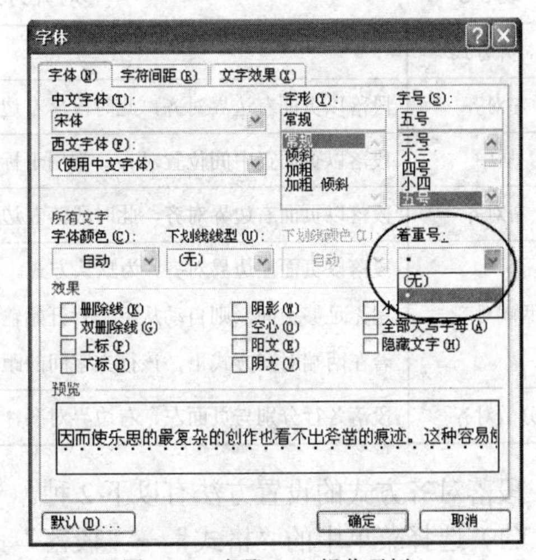

图 3-33　步骤（4）操作示例

文档“音乐的表现力.doc”字符格式设置完成后，效果如图 3-34 所示。

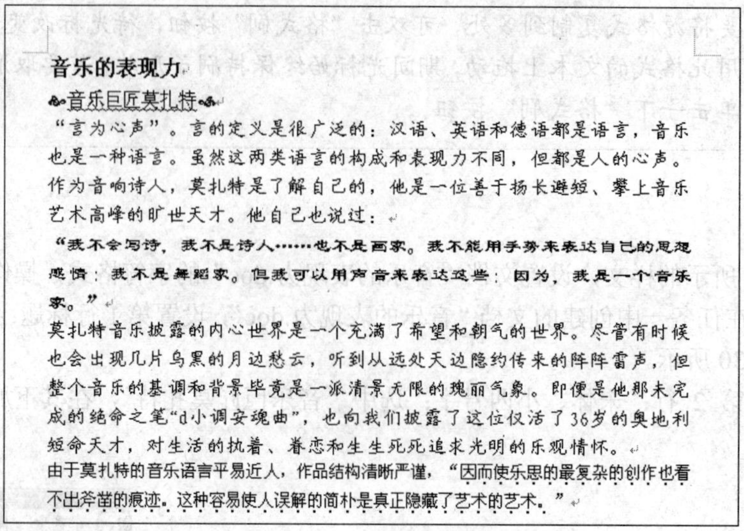

音乐的表现力

音乐巨匠莫扎特

“言为心声”。言的定义是很广泛的：汉语、英语和德语都是语言，音乐也是一种语言。虽然这两类语言的构成和表现力不同，但都是人的心声。作为音响诗人，莫扎特是了解自己的，他是一位善于扬长避短、攀上音乐艺术高峰的旷世天才。他自己也说过：

“我不会写诗，我不是诗人……也不是画家。我不能用手势来表达自己的思想感情；我不是舞蹈家。但我可以用声音来表达这些：因为，我是一个音乐家。”

莫扎特音乐披露的内心世界是一个充满了希望和朝气的世界。尽管有时候也会出现几片乌黑的月边愁云，听到从远处天边隐约传来的隆隆雷声，但整个音乐的基调和背景毕竟是一派清景无限的瑰丽气象。即便是他那未完成的绝命之笔“d小调安魂曲”，也向我们披露了这位仅活了36岁的奥地利短命天才，对生活的执着、眷恋和生生死死追求光明的乐观情怀。

由于莫扎特的音乐语言平易近人，作品结构清晰严谨，“因而使乐思的最复杂的创作也看不出斧凿的痕迹。这种容易使人误解的简朴是真正隐藏了艺术的艺术。”

图 3-34　设置字符格式后的案例效果

3.2.2　设置段落格式

一个 Word 文档是由若干段落组成的，段落是以回车符“↵”作为段落结束标记的一段文本。设置段落格式包括设置段落的对齐方式、缩进方式、段间距、行间距等。若仅设置一个段落，只要将插入点置于该段落中，若要对多个段落进行设置，则应先选中这些段落。

1．设置段落对齐

段落对齐是指文档中段落相对于页面的位置。段落的对齐方式有 5 种：左对齐、居中、右对齐、两端对齐和分散对齐。各种对齐方式的含义如表 3-3 所示。

表 3-3　　对齐方式及其含义

对齐方式	含　义
左对齐	段落以页面左边界对齐，此时段落右边缘可能不整齐
居中	段落以页面正中间位置对齐，常用于标题等
右对齐	段落以页面右边界对齐，此时段落左边缘可能不整齐
两端对齐	段落以页面左边界对齐，为默认方式。与左对齐的主要区别是在输入英文时，若一个单词较长，而行尾无足够空间，则自动从下一行开始输入该单词，此时，若在左对齐方式下，该行右边会出现空白；若在两端对齐方式下，该行文字间的距离会拉大，占满整行位置
分散对齐	段落各行分别与页面左、右边界对齐，如果某行文字不满一行，则拉大字间距凑成整行

段落对齐方式的设置方法有以下 2 种。

（1）选择菜单中的“格式”→“段落”命令，或右击选中段落，在弹出的快捷菜单中选择“段落”命令，打开“段落”对话框，如图 3-35 所示。在“缩进和间距”选项卡的“对齐方式”下拉列表框中选择一种对齐方式即可。

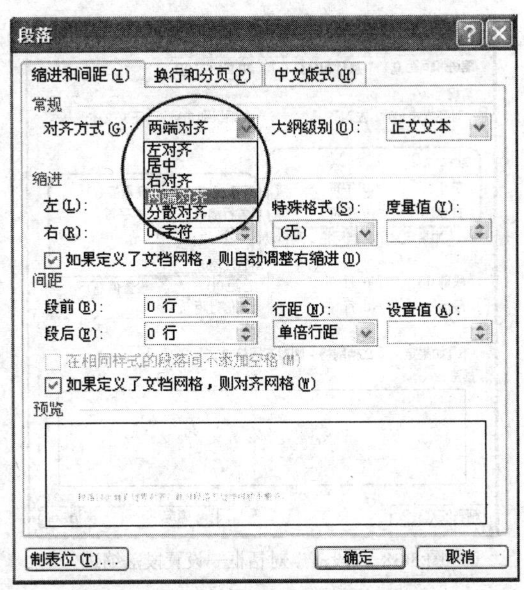

图 3-35　“段落”对话框—设置对齐方式

（2）单击“格式”工具栏对应的按钮进行设置：①左对齐和右对齐（单击一次为右对齐，再单击一次为左对齐）、②居中、③两端对齐、④分散对齐，如图 3-36 所示。

2．设置段落缩进

缩进是指段落两侧与页面边界的距离。段落缩进方式有 4 种：左缩进、右缩进、首行缩进、悬挂缩进，如图 3-37 所示。各种缩进方式的含义如表 3-4 所示。

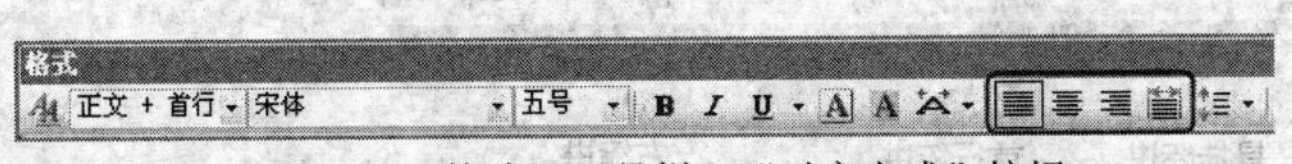

图 3-36　“格式”工具栏—“对齐方式”按钮

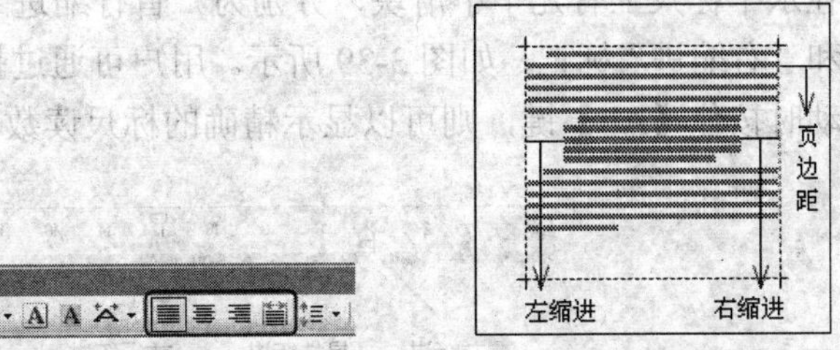

图 3-37　段落缩进示意图

表 3-4　　**缩进方式及其含义**

缩 进 方 式	含　义
左缩进	段落距页面左边界的距离
右缩进	段落距页面右边界的距离
首行缩进	段落的第一行在左缩进的基础上，再向右缩进的距离
悬挂缩进	段落中除第一行外，其他各行在左缩进的基础上，再向右缩进的距离

段落缩进方式的设置方法有以下 3 种。

（1）用菜单命令进行设置

① 选择菜单中的“格式”→“段落”命令，打开“段落”对话框，如图 3-38 所示。

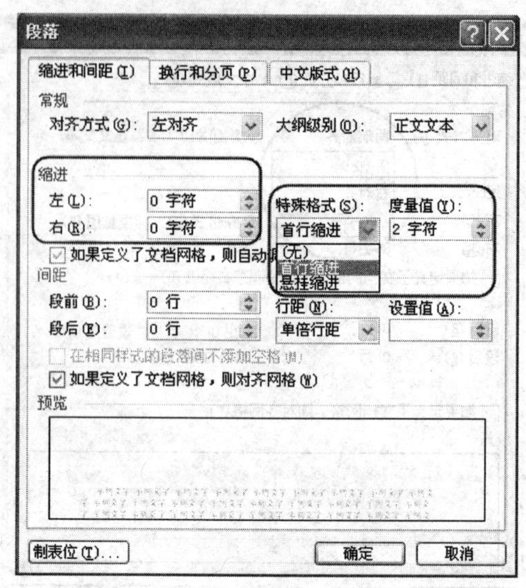

图 3-38 “段落”对话框—设置段落缩进

② 在“缩进和间距”选项卡的“缩进”栏的“左”、“右”框内，分别设置左缩进、右缩进的数值。

③ 在“特殊格式”下拉列表框中选择“首行缩进”或“悬挂缩进”，再在其后的“度量值”框中设置缩进的数值。若选择“无”，表示“首行缩进”和“悬挂缩进”的缩进量为 0。

（2）用标尺进行设置

在水平标尺上有几个小滑块，分别为“首行缩进”标记、“悬挂缩进”标记、“左缩进”标记和“右缩进”标记，如图 3-39 所示。用户可通过拖动相应的缩进标记来调整缩进值，如果拖动时按住【Alt】键，则可以显示精确的标尺读数。

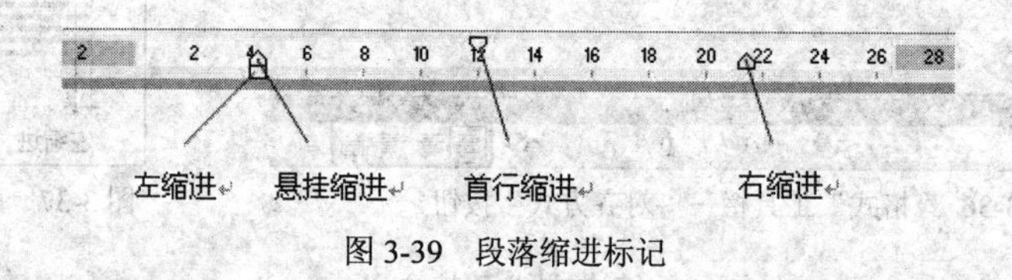

图 3-39 段落缩进标记

（3）用工具栏进行设置

单击“格式”工具栏上的“减少缩进量”按钮和“增加缩进量”按钮，可快速改变缩进量。

3．设置段间距和行间距

（1）段间距。段间距是指某一段落与它相邻的段落之间的距离。

“段前”：用来设置选中段落的首行与它上一段落最末行之间的距离。

“段后”：用来设置选中段落的最末行与它下一段落的首行之间的距离。

段间距的设置方法如下。

① 将插入点置于段落中或选中相应段落。

② 选择菜单中的“格式”→“段落”命令，打开“段落”对话框，如图 3-40 所示。

③ 在“缩进和间距”选项卡的“间距”栏的“段前”、“段后”框内设置所需要的数值。

④ 单击“确定”按钮。

（2）行间距。行间距是指段落内部行与行之间的距离。默认值为“单倍行距”。设置方法有如下 2 种。

① 用菜单命令进行设置

a．将插入点置于段落中或选中相应段落。

b．选择菜单中的“格式”→“段落”命令，打开“段落”对话框，如图 3-41 所示。

c．在“缩进和间距”选项卡的“间距”栏的“行距”下拉列表框中选择所需项。若选择了“固定值”，则可在其后的“设置值”框内设置具体的数值。

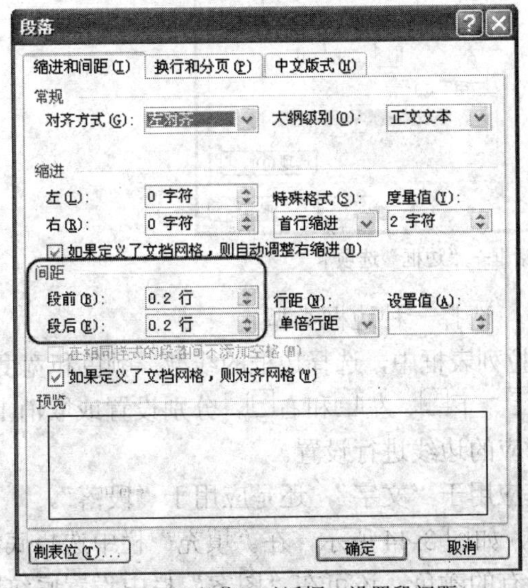

图 3-40 “段落”对话框—设置段间距

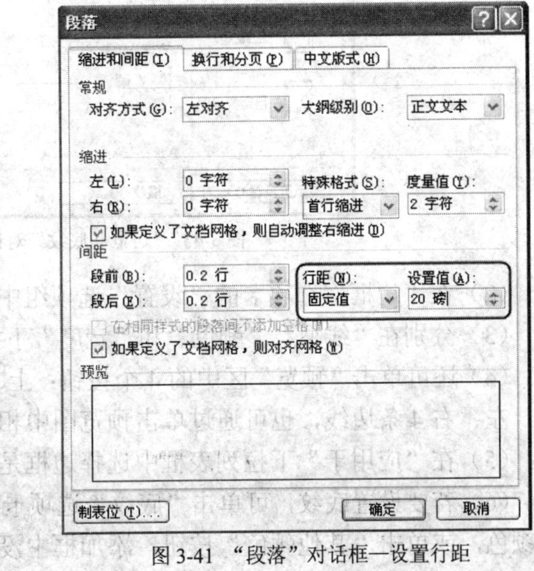

图 3-41 “段落”对话框—设置行距

d．单击“确定”按钮。

② 用工具栏进行设置

单击“格式”工具栏上的“行距（1）”按钮旁的下三角箭头，在打开的下拉列表中选择所需行距值，如图 3-42 所示，若选择了“其他”选项，则会打开“段落”对话框，如图 3-41 所示，可进一步进行设置。

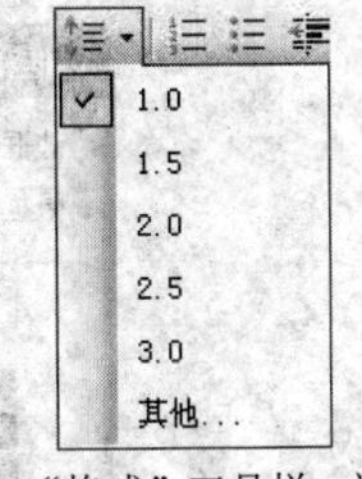

图 3-42 “格式”工具栏—设置行距

操作提示：

Word 2003 在设置段落缩进时可以用字符、厘米作为度量单位；设置段落间距、行间距时，可以用行、磅作为度量单位。如果默认单位与所需单位不一致，可直接输入所需设置的单位，也可通过菜单中的“工具”→“选项”命令打开“选项”对话框，通过“常规”选项卡中的“度量单位”下拉列表和“使用字符单位”选项来设置度量单位。

4．设置边框和底纹

给文档添加边框和底纹可以美化文档，突出重点。设置方法如下。

（1）首先选中要设置的文本，再选择菜单中的“格式”→“边框和底纹”命令，打开“边框和底纹”对话框，如图 3-43 所示。

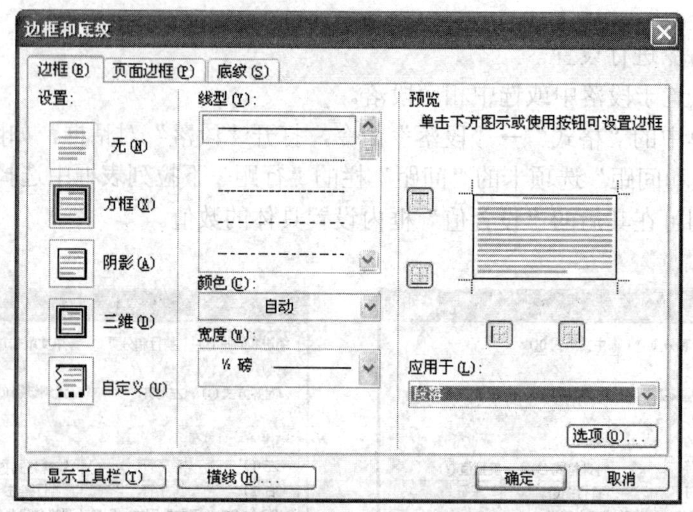

图 3-43 “边框和底纹”对话框—“边框”选项卡

（2）在“边框”选项卡的“设置”选项组中，选择一种边框类型。

（3）分别在“线型”、“颜色”和“宽度”下拉列表框中，选择边框的线型、颜色和宽度。

（4）还可单击“预览”区中的 4 个按钮：上、下、左和右，分别设置或取消上、下、左、右 4 条边线，也可通过单击预览图中相应的边线进行设置。

（5）在“应用于”下拉列表框中选择边框是应用于“文字”，还是应用于“段落”。

（6）若要设置底纹，可单击“底纹”选项卡，如图 3-44 所示，在“填充”栏中选择底纹的颜色，或单击“其他颜色”按钮，添加框中没有的颜色；还可在“图案”栏中设置底纹图案的样式和颜色；在“应用于”下拉列表框中选择底纹是应用于“文字”，还是应用于“段落”。

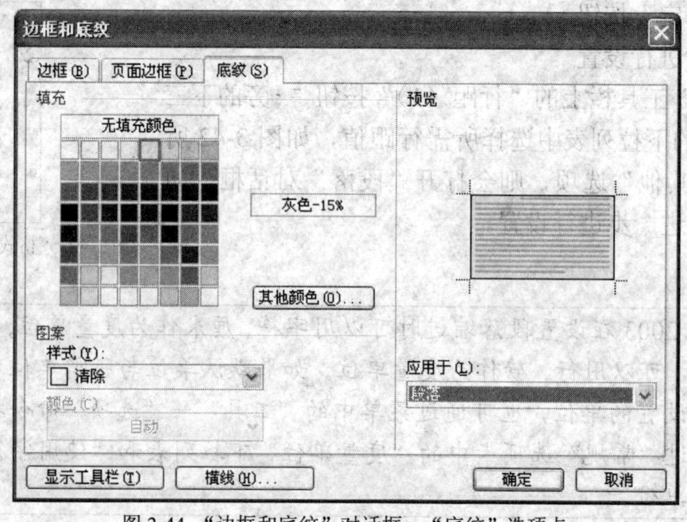

图 3-44 “边框和底纹”对话框—“底纹”选项卡

（7）单击“确定”按钮。

5．项目符号和编号

在制作文档时，有时为了使文档更有条理和易于阅读理解，常常需要给某些段落添加项目符号或编号，如图 3-45 所示。Word 可以在输入时自动添加项目符号或编号，也可在输入文本之后再添加项目符号或编号。

一、讲座内容：计算机网络及信息安全技术↵ 二、时间：2010 年 9 月 16 日，下午 2:30-5:30。↵ 三、地点：二楼报告厅。↵	◆ 讲座内容：计算机网络及信息安全技术↵ ◆ 时间：2010 年 9 月 16 日，下午 2:30-5:30。↵ ◆ 地点：二楼报告厅。↵

图 3-45　项目符号与编号示例

要给几个段落添加项目符号或编号的最简单的方法是利用“格式”工具栏上的“项目符号”按钮或“编号”按钮，将系统默认的项目符号或编号应用于所选中的段落。若对预设的项目符号或编号不满意，也可用“格式”菜单进行设置，方法如下。

（1）添加编号

① 首先选中要添加编号的段落，再选择菜单中的“格式”→“项目符号和编号”命令，打开“项目符号和编号”对话框，并选择“编号”选项卡，如图 3-46 所示。

② 选择一个所需的编号（除“无”外）。如果没有合适的编号，则可单击“自定义”按钮，用户可自定义编号。

③ 在“列表编号”栏的两个选项中，选择是“重新开始编号”，还是“继续前一列表”。

自定义编号的方法如下。

① 在“编号”选项卡中，单击 “自定义”按钮，弹出“自定义编号列表”对话框，如图 3-47 所示。

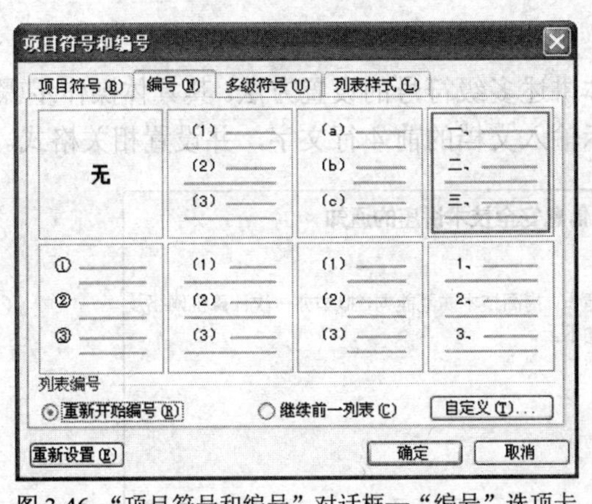

图 3-46 “项目符号和编号”对话框—“编号”选项卡

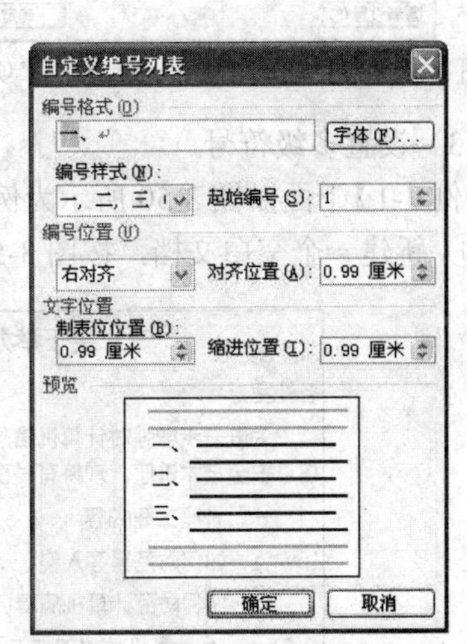

图 3-47 “自定义编号列表”对话框

② 用户可在 “编号样式”下拉列表框中，选择一种编号样式，如“一，二，三”或“1，2，3”，或“Ⅰ，Ⅱ，Ⅲ”等。还可在“起始编号”框中设置起始编号。

③ 在“编号格式”栏选中设置编号的格式，如“一.”，或“一、”，或“一：”等。还可单击“字体”按钮，设置编号的字体。

④ 在“编号位置”栏，可设置编号的对齐方式（左对齐、居中、右对齐）以及对齐位置值。（在预览区可见效果）

⑤ 在“文字位置”栏的“制表位位置”框中，设置使用编号的段落首行文字（即编号所在行文字）的缩进距离值；在“缩进位置”框中，设置使用编号的段落除首行外的文字行缩进的距离值。（在预览区可见效果）

⑥ 单击“确定”按钮。

（2）添加项目符号

添加项目符号的方法与添加编号的方法基本相同，只需在“项目符号和编号”对话框中选择“项目符号”选项卡，如图 3-48 所示，从中选择所需的项目符号即可。如果没有所需符号，可单击“自定义”按钮，打开“自定义项目符号列表”对话框，如图 3-49 所示，在“项目符号字符”栏选择一个字符，也可单击“字符”或 “图片”按钮，选择所需符号或图片作为项目符号。

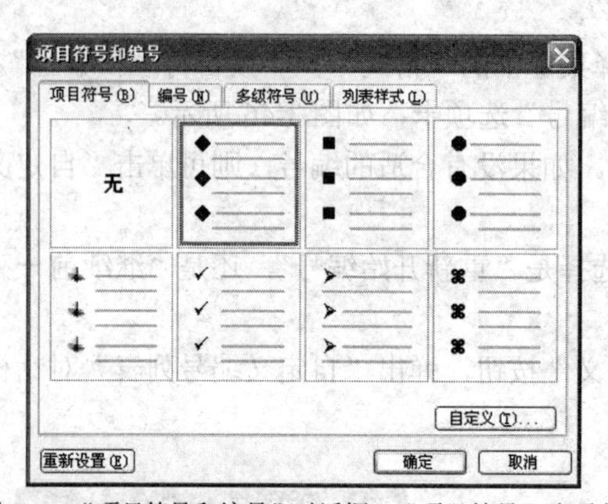

图 3-48 “项目符号和编号”对话框—“项目符号”选项卡

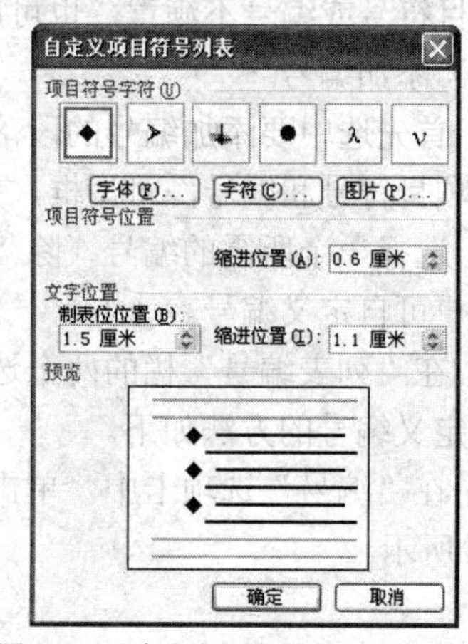

图 3-49 “自定义项目符号列表”对话框

（3）设置多级符号

【例 3-1】下面以图 3-50 所示为例，具体讲述多级符号的设置方法。其具体操作步骤如下。

① 新建一个空白文档，按图 3-50 所示输入文档的前 4 行文字，并设置相关格式。

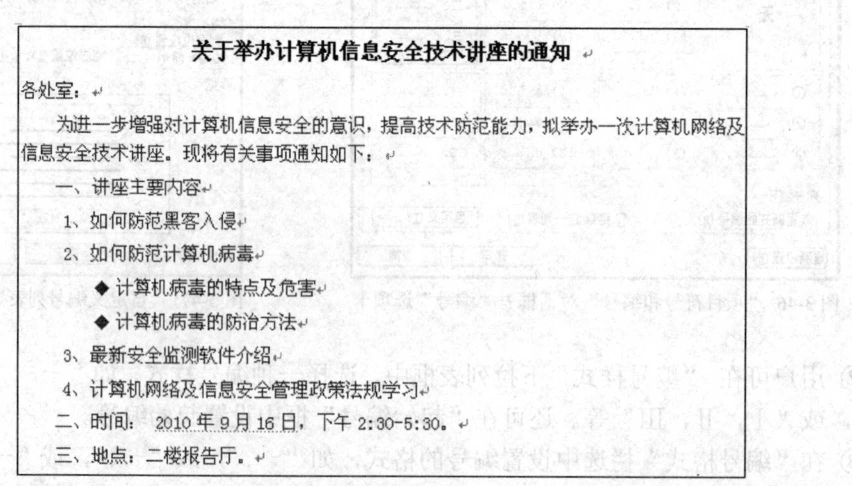

关于举办计算机信息安全技术讲座的通知

各处室：

为进一步增强对计算机信息安全的意识，提高技术防范能力，拟举办一次计算机网络及信息安全技术讲座。现将有关事项通知如下：

一、讲座主要内容

1、如何防范黑客入侵

2、如何防范计算机病毒

◆ 计算机病毒的特点及危害

◆ 计算机病毒的防治方法

3、最新安全监测软件介绍

4、计算机网络及信息安全管理政策法规学习

二、时间：2010 年 9 月 16 日，下午 2:30-5:30。

三、地点：二楼报告厅。

图 3-50 多级符号示例

② 按回车键换行。打开“项目符号和编号”对话框，单击“多级符号”选项卡，选中第 2 种多级符号样式，如图 3-51 所示。

③ 单击“自定义”按钮，打开“自定义多级符号列表”对话框。先选择级别“1”，再在“编号样式”列表中选择样式“一，二，三”，然后在“编号格式”中将“一”后的“，”改为“、”；最后单击“高级”按钮，将对话框展开，在“编号之后”列表中选择“不特别标注”，以使编号和正文紧连着不插入任何分隔符，也可选择“空格”，以使编号和正文间距很小，无需通过移动制表符来缩小间距，操作如图 3-52 所示。用相同的方法设置级别“2”，如图 3-53 所示。设置级别“3”，如图 3-54 所示。

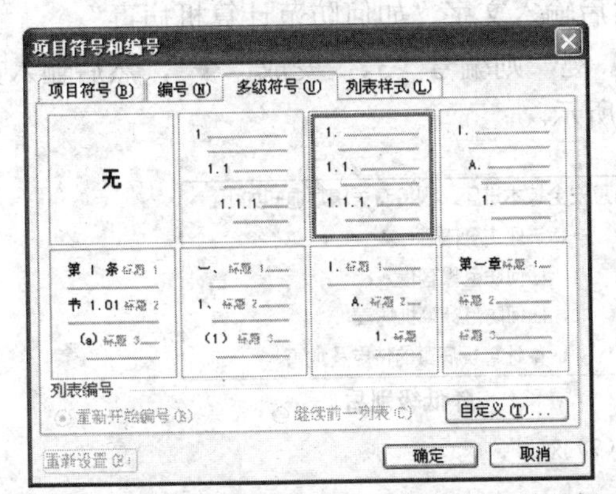

图 3-51 “项目符号和编号”—“多级符号”选项卡

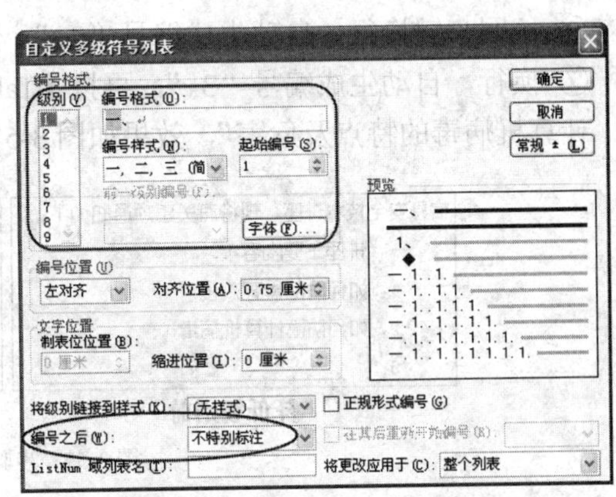

图 3-52　步骤（3）操作示例 1

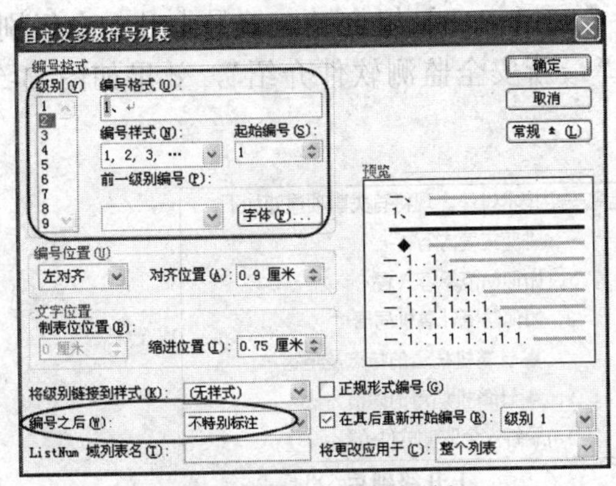

图 3-53　步骤（3）操作示例 2

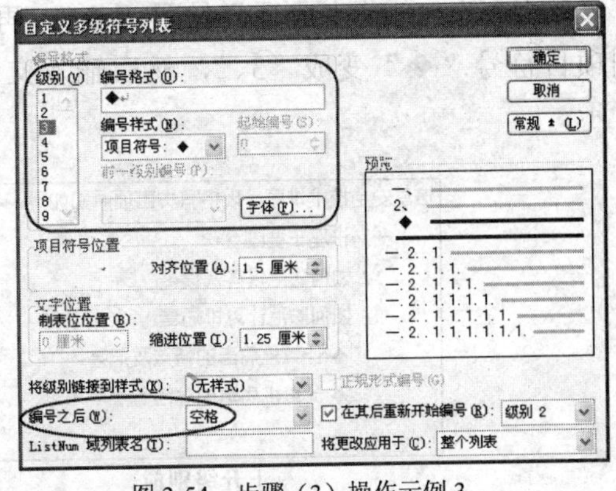

图 3-54　步骤（3）操作示例 3

④ 单击“确定”按钮，自动生成编号“1、”（若此前插入点位于左边界处，即首行未缩进 2 字符，则会自动生成编号“一、”），此时按【Shift+Tab】组合键或单击“减少缩进量”按钮，使编号上升一个级别，则编号“1、”自动变成“一、”，然后输入文字“讲座主要内容”，效果如图 3-55 所示。

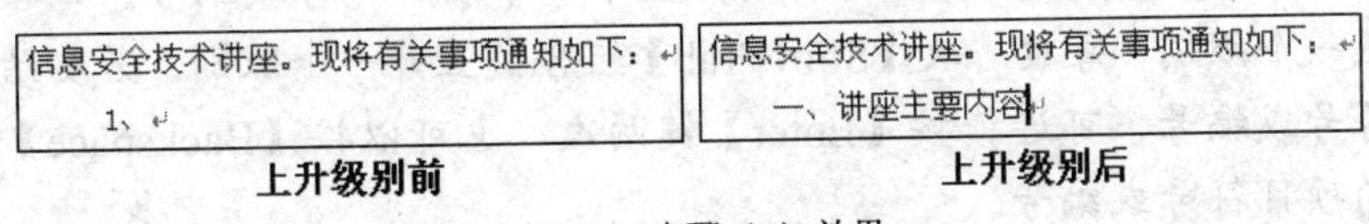

图 3-55　步骤（4）效果

⑤ 按回车键换行，自动生成编号“二、”，再按【Tab】键或单击工具栏上的“增加缩进量”按钮，使编号降低一个级别，则编号“二、”变成“1、”，然后输入文字“如何防范黑客入侵”，效果如图 3-56 所示。

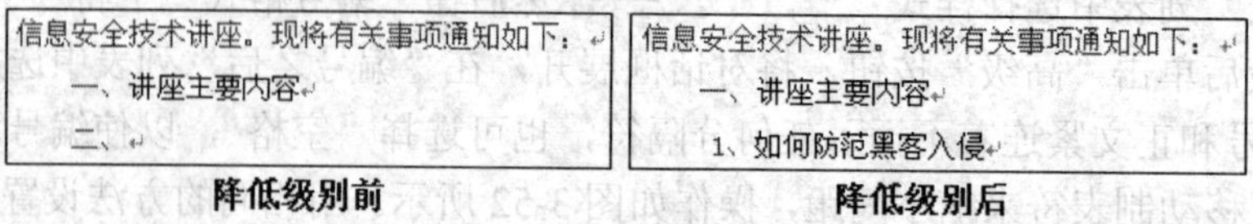

信息安全技术讲座。现将有关事项通知如下：
一、讲座主要内容
二、

降低级别前

信息安全技术讲座。现将有关事项通知如下：
一、讲座主要内容
1、如何防范黑客入侵

降低级别后

图 3-56　步骤（5）效果

⑥ 按回车键换行，自动生成编号“2、”，然后输入文字“如何防范计算机病毒”。

⑦ 换行，自动生成编号“3、”，再按【Tab】键，则编号“3、”变成“◆”，然后输入文字“计算机病毒的特点及危害”，效果如图 3-57 所示。

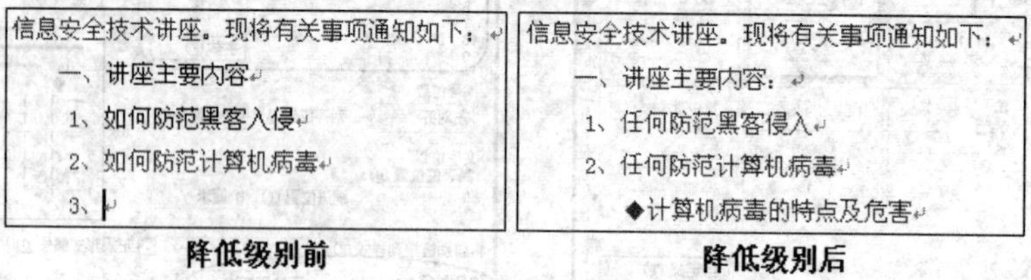

信息安全技术讲座。现将有关事项通知如下：
一、讲座主要内容
1、如何防范黑客入侵
2、如何防范计算机病毒
3、

降低级别前

信息安全技术讲座。现将有关事项通知如下：
一、讲座主要内容：
1、任何防范黑客侵入
2、任何防范计算机病毒
◆计算机病毒的特点及危害

降低级别后

图 3-57　步骤（7）效果

⑧ 换行，自动生成项目符号“◆”，然后输入文字“计算机病毒的防治方法”。

⑨ 换行，自动生成项目符号“◆”，再按【Shift+Tab】组合键，编号上升一个级别，则项目符号“◆”变成“3、”，然后输入文字“最新安全监测软件介绍”，效果如图 3-58 所示。

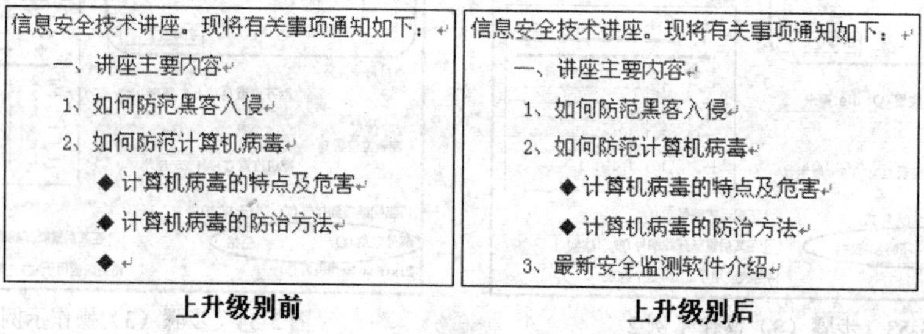

信息安全技术讲座。现将有关事项通知如下：
一、讲座主要内容
1、如何防范黑客入侵
2、如何防范计算机病毒
◆ 计算机病毒的特点及危害
◆ 计算机病毒的防治方法
◆

上升级别前

信息安全技术讲座。现将有关事项通知如下：
一、讲座主要内容
1、如何防范黑客入侵
2、如何防范计算机病毒
◆ 计算机病毒的特点及危害
◆ 计算机病毒的防治方法
3、最新安全监测软件介绍

上升级别后

图 3-58　步骤（9）效果

⑩ 用上述方法完成后继内容的输入，最终效果如图 3-50 所示。

操作提示：	在输入过程中也可自动产生项目符号或编号，方法如下。 在句首输入第一个项目符号或编号，如“一”、“1”、“(1)”、“a”、“•”、“◆”等，按【Enter】键后，Word 会自动产生下一个项目符号或编号。每按一次【Tab】键降低一个级别，每按一次【Shift+Tab】组合键上升一个级别。若要结束自动创建项目符号或编号，可连续按【Enter】键两次，也可以按【Backspace】键删除刚刚创建的项目符号或编号。

6．设置特殊格式

（1）首字下沉

首字下沉是指将段落的第一个汉字或字母放大，占据若干行，这种排版方式常见于报刊、杂志中。设置方法如下。

① 将插入点置于要设置首字下沉的段落中，或选中该首字。

② 选中菜单中的“格式”→“首字下沉”命令，打开“首字下沉”对话框，如图 3-59 所示。

③ 在“位置”栏，选择下沉位置“下沉”或“悬挂”，若选择“无”，则取消下沉操作。

④ 在“选项”栏，设置下沉字符的字体、下沉行数和与正文的距离。

⑤ 单击“确定”按钮。

（2）文字方向

在 Word 中，一个文档的文字编排方向可以为横排（默认），也可以为竖排。设置方法如下。

① 选择菜单中的“格式”→“文字方向”命令，打开“文字方向”对话框，如图 3-60 所示。

图 3-59 “首字下沉”对话框

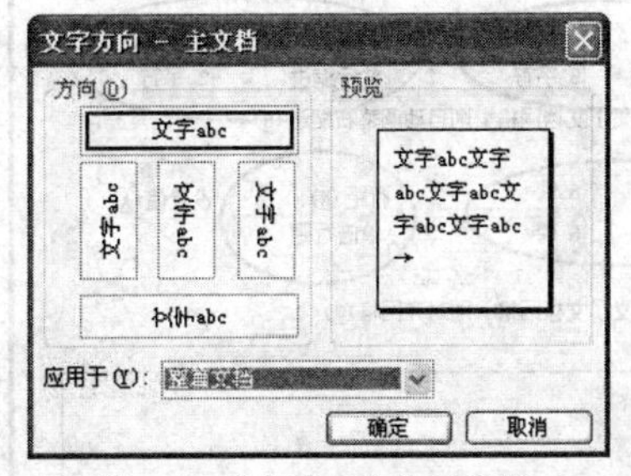

图 3-60 “文字方向”对话框

② 在“方向”框中，选择所需的文字方向（在预览区可见效果）。

③ 在“应用于”下拉列表框中，选择是应用于“整篇文档”，还是“插入点之后”。

④ 单击“确定”按钮。

任务实施

按图 3-20 样文所示，设置文档“音乐的表现力.doc”的段落格式，操作步骤如下。

（1）设置第 1、第 2 行：居中；第 2 行：段后 6 磅，如图 3-61 所示。

（2）设置正文第 1、第 3 段：首行缩进 2 字符；行距：固定值 18 磅，如图 3-62 所示。

（3）设置正文第 2 段：左、右各缩进 5 字符；首行缩进 2 字符；段前、段后各 6 磅；单倍行距，如图 3-63 所示。

（4）设置正文第 4 段：首行缩进 2 字符；段前 6 磅；行距：固定值 20 磅，如图 3-64 所示。添加边框及底纹：填充灰色-15%，如图 3-43、图 3-44 所示。

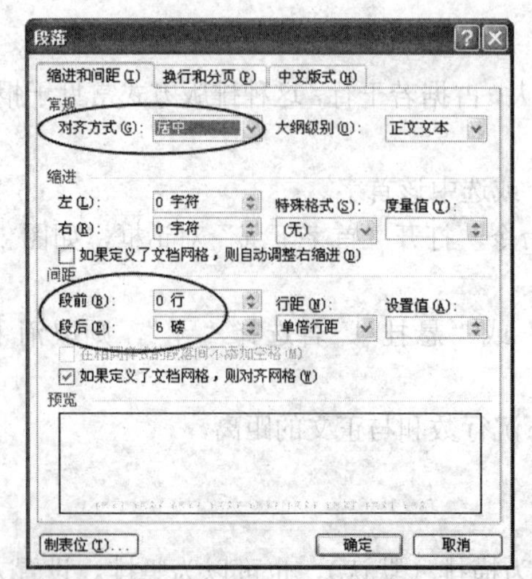

图 3-61　步骤（1）操作示例

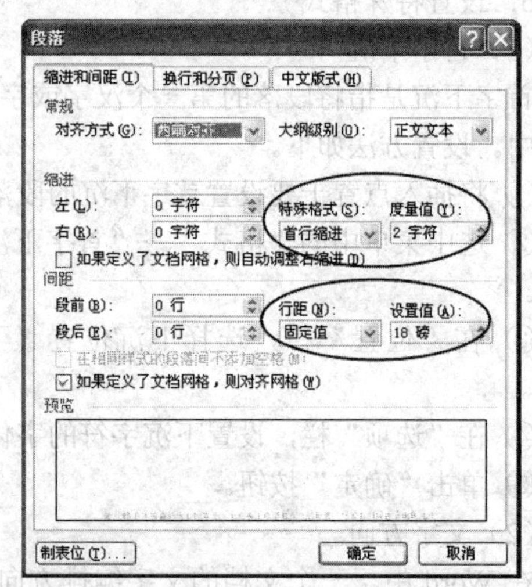

图 3-62　步骤（2）操作示例

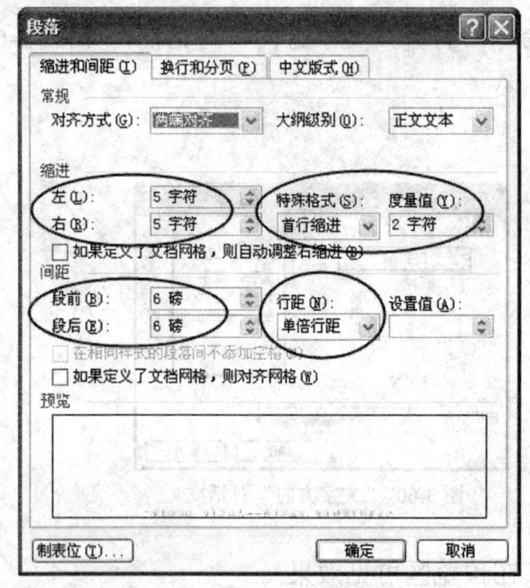

图 3-63　步骤（3）操作示例

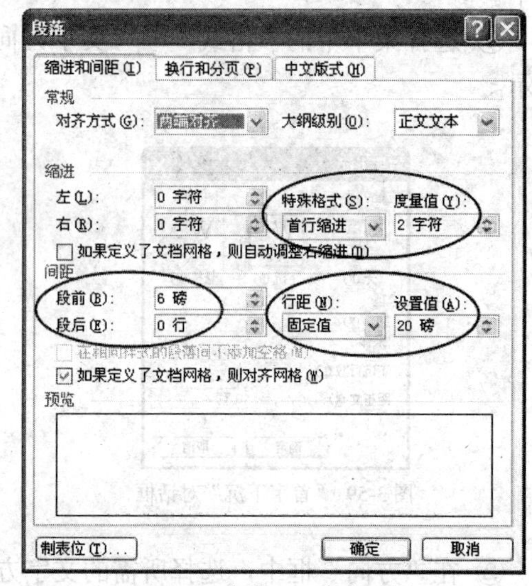

图 3-64　步骤（4）操作示例

文档“音乐的表现力.doc”段落格式设置完成后，效果如图 3-65 所示。

知识补充

1．段落分页

在对文档进行排版时，若希望一个段落中的文本不要分在两页上，可利用 Word 提供的段落分页功能进行设置，方法如下。

（1）将插入点置于要设置的段落中或选中要设置的段落。

（2）选择菜单中的“格式”→“段落”命令，打开“段落”对话框，选择“换行和分页”选项卡，如图 3-66 所示。

（3）在“分页”栏，根据需要选择相应的选项。

- “孤行控制”：可避免在页面顶端出现段落的最后一行或页面底端出现段落的第一行。

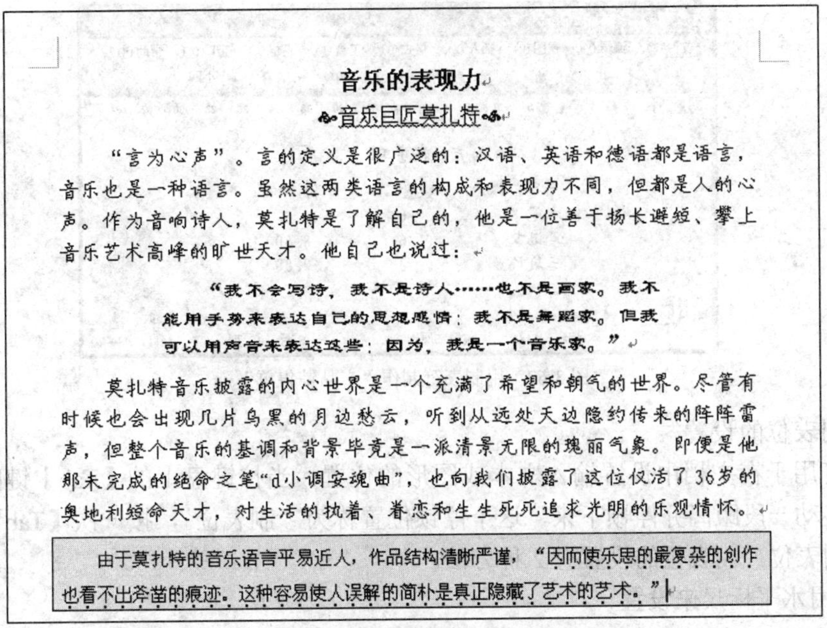

音乐的表现力

音乐巨匠莫扎特

“言为心声”。言的定义是很广泛的：汉语、英语和德语都是语言，音乐也是一种语言。虽然这两类语言的构成和表现力不同，但都是人的心声。作为音响诗人，莫扎特是了解自己的，他是一位善于扬长避短、攀上音乐艺术高峰的旷世天才。他自己也说过：

“我不会写诗，我不是诗人……也不是画家。我不能用手势来表达自己的思想感情；我不是舞蹈家。但我可以用声音来表达这些；因为，我是一个音乐家。”

莫扎特音乐披露的内心世界是一个充满了希望和朝气的世界。尽管有时候也会出现几片乌黑的月边愁云，听到从远处天边隐约传来的阵阵雷声，但整个音乐的基调和背景毕竟是一派清景无限的瑰丽气象。即便是他那未完成的绝命之笔“d小调安魂曲”，也向我们披露了这位仅活了36岁的奥地利短命天才，对生活的执着、眷恋和生生死死追求光明的乐观情怀。

由于莫扎特的音乐语言平易近人，作品结构清晰严谨，“因而使乐思的最复杂的创作也看不出斧凿的痕迹。这种容易使人误解的简朴是真正隐藏了艺术的艺术。”

图 3-65　设置段落格式后的案例效果

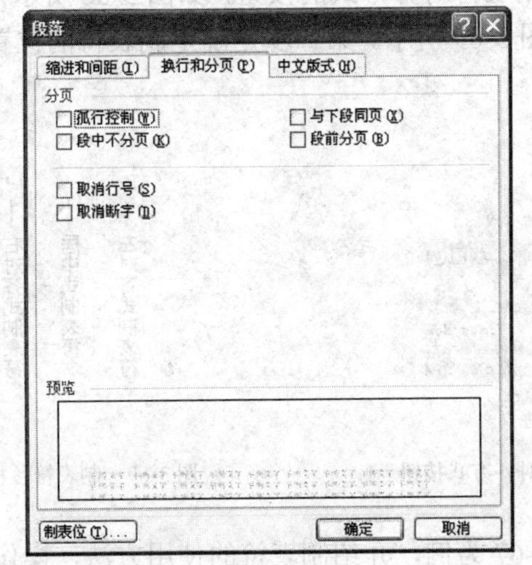

图 3-66　“段落”对话框—“换行和分页”选项卡

- “段中不分页”：可避免在段中分页。这时，若一个段落在一页显示不下，则全部移到下一页显示。
- “与下段同页”：可使要设置的段落与它下一段出现在同一页上。
- “段前分页”：可在要设置的段落前插入一个人工分页符来强制分页。

（4）单击“确定”按钮。

2．制表符

（1）案例展示

本案例要利用 Word 提供的制表符功能，制作一个“产品销售单”，如图 3-67 所示。

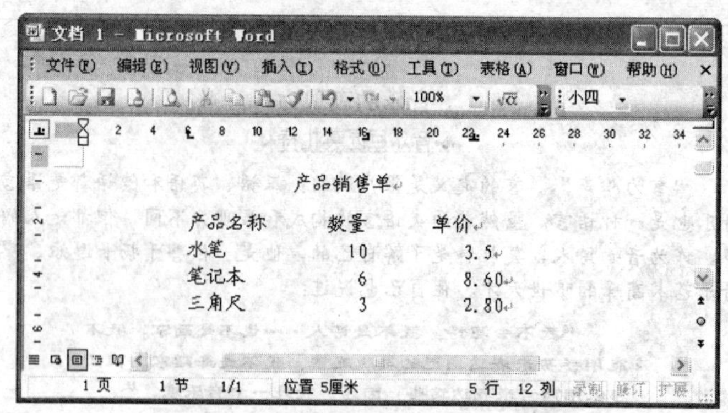

图 3-67 用制表符制作“产品销售单”

（2）制表位的设置

制表符用于在文档中设置输入文本或图形的位置。当按键盘上的【Tab】键时，光标会从左向右移动一段距离并停顿下来，这个停顿位置称为“制表位”，按一次【Tab】键，光标移动一个制表位。制表位的设置有 2 种方法。

① 利用水平标尺来设置

利用水平标尺来设置制表位可分两步，第一步是设置制表符的对齐方式。在水平标尺的最左端有一个可用来设置制表符对齐方式的按钮，如图 3-68 所示，连续单击该按钮，可在不同的对齐方式间切换，如图 3-69 所示。第二步是确定制表符的位置。将鼠标在水平标尺所需刻度位置上单击即可。

图 3-68 制表符对齐方式按钮

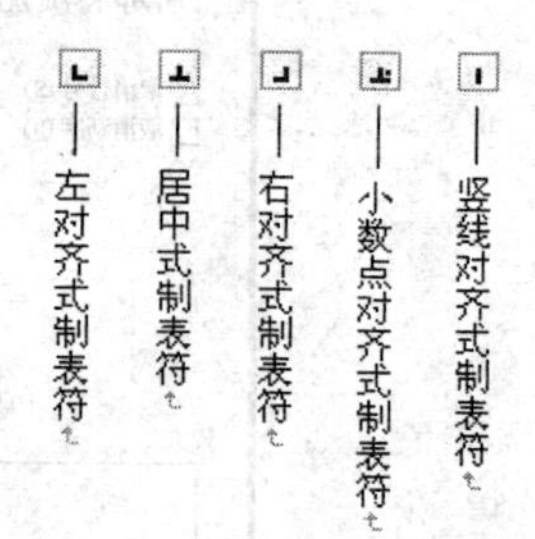

图 3-69 制表符各种对齐方式按钮

【例 3-2】 下面以图 3-67 为例，介绍制表符的使用方法，操作步骤如下。

第 1 步，设置制表位。

a．将插入点置于要制作“产品销售单”的段落的行首。

b．单击水平标尺最左端的制表符对齐方式按钮（见图 3-68），设为左对齐。

c．在水平标尺的刻度 6 上单击，此时产生第 1 个制表符，为“左对齐”制表符。

d．连续单击水平标尺最左端的制表符对齐方式按钮，设为右对齐。

e．在水平标尺的刻度 16 上单击，此时产生第 2 个制表符，为“右对齐”制表符。

f．单击水平标尺最左端的制表符对齐方式按钮，设为小数点对齐。

g．在水平标尺的刻度 22 上单击，此时产生第 3 个制表符，为“小数点对齐”制表符。至此，制表位设置结束，按【Enter】键换行。

第 2 步，输入数据。

a．按【Tab】键，光标跳到第 1 个制表位上，输入“产品名称”。再按【Tab】键，光标跳到第 2 个制表位上，输入“数量”。再按【Tab】键，光标跳到第 3 个制表位上，输入“单价”，至此，表头输入结束，按【Enter】键换行。

b．用同上一步的方法，依次输入“产品销售单”中的其他各行。

操作提示：	若要改变某制表符的位置，可在水平标尺上用鼠标拖动该制表符，即可调整其位置。若要删除某制表符，只要用鼠标将其拖曳出水平标尺即可。

② 利用菜单命令来设置

可以使用“格式”菜单下的“制表位”命令，打开“制表位”对话框，如图 3-70 所示，在对话框中分别设置各制表位的位置、对齐方式和前导符（默认为“无”）。

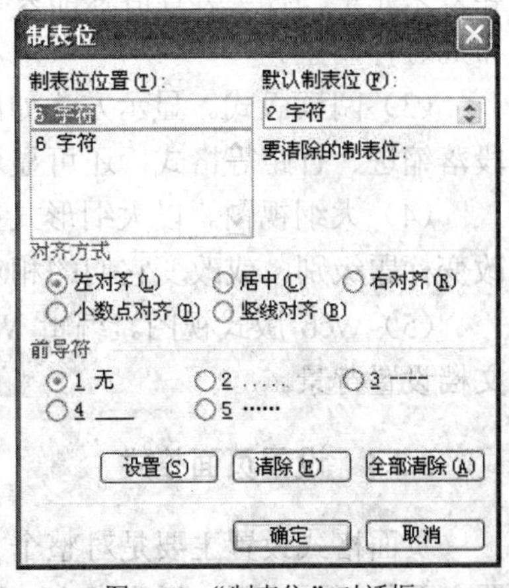

图 3-70　“制表位”对话框

下面用菜单命令来实现【例 3-2】，步骤如下。

第 1 步，设置制表位。

a．选择菜单中的“格式”→“制表位”命令，打开“制表位”对话框，如图 3-70 所示。

b．在“制表位位置”文本框中输入“6 字符”，在“对齐方式”栏选择“左对齐”，再单击“设置”按钮，这样，第 1 个制表位设置完成。

c．在“制表位位置”文本框中输入“16 字符”，在“对齐方式”栏选择“右对齐”，再单击“设置”按钮，这时，第 2 个制表位设置完成。

d．在“制表位位置”文本框中输入“22 字符”，在“对齐方式”栏选择“小数点对齐”，再单击“设置”按钮，至此，第 3 个制表位设置完成。

e．单击“确定”按钮，关闭对话框。

第 2 步，输入数据。

a．在 Word 文本编辑窗口，将插入点置于要制作“产品销售单”的段落的行首。

b．按【Tab】键，光标跳到第 1 个制表位上，输入“产品名称”。再按【Tab】键，光标跳到第 2 个制表位上，输入“数量”。再按【Tab】键，光标跳到第 3 个制表位上，输入“单价”，至此，表头输入结束，按回车键换行。

c．用上一步的方法，依次输入“产品销售单”中的其他各行。

3.2.3　文档视图

为了更好地编写和查看文档，Word 提供了 5 种显示文档的模式，称为视图，分别是：普通视图、页面视图、阅读版式视图、大纲视图和 Web 版式视图。要在各种视图间切换可选择“视图”菜单下的相关命令，如图 3-71 所示，也可单击水平滚动条左端的相应按钮，如图 3-72 所示。

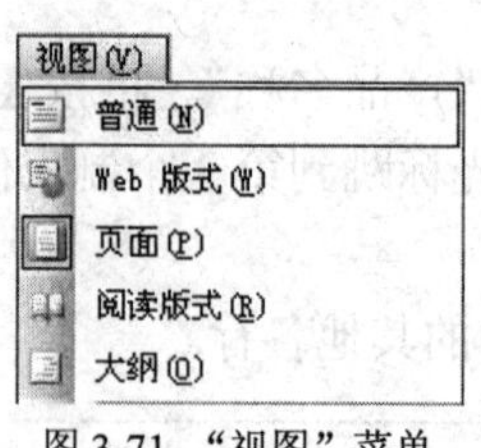

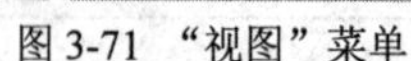
图 3-71 “视图”菜单

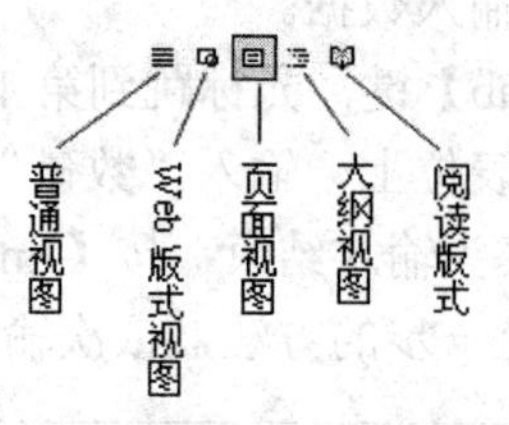

图 3-72 视图切换按钮

（1）普通视图。普通视图将页面布局简化，适合于快速输入大量文字信息。它可显示字体、字号、字形、段落缩进、行距等格式，但不显示图形、图像、页眉、页脚、页码、脚注、分栏、页边距等排版效果。

（2）页面视图。页面视图为默认的视图方式，在页面视图方式下，文档的显示效果与打印效果完全一样，所有信息都会真实显示出来，即“所见即所得”。页面视图适合于对页面的布局进行调整。

（3）阅读版式。显示方式如同一本打开的书，便于阅读，能够显示字体、字号、字形、段落缩进、行距等格式，还可显示背景、页边距、图形、图像对象等效果。

（4）大纲视图。以大纲形式显示文档各级标题，可清楚地查看到文档结构，且可以快速改变标题级别，或改变它们的相对位置。

（5）Web 版式视图。编辑 Web 页时使用的视图，它模拟浏览器显示文档，还可给 Web 文档设置背景。

3.2.4 设置页面格式

页面格式设置主要是对整个文档的页面布局进行设置，使文档的整体效果更好。这些设置主要包括页边距、纸张大小、页眉和页脚、页码等。页面设置是以节为单位的，不同的节可以有不同的页面格式。

1．分页和分节

（1）自动分页和人工分页

自动分页，是指在建立文档时 Word 会根据页面设置、段间距、行间距、字体大小等相关信息自动进行分页处理，满一页自动插入分页符。自动设置的分页符的位置会随着文档内容的增减或格式的变化而改变。

人工分页，是指在用户要分页的位置人为插入一个分页符，强制进行分页。人工分页最快捷的方法是将插入点移到要分页的位置，按下【Ctrl + Enter】组合键即可。也可用菜单操作，方法如下。

① 将插入点置于要分页的位置。

② 选择菜单中的“插入”→“分隔符”命令，打开“分隔符”对话框，如图 3-73 所示。

③ 在“分隔符”类型栏，选中“分页符”选项。

④ 单击“确定”按钮。

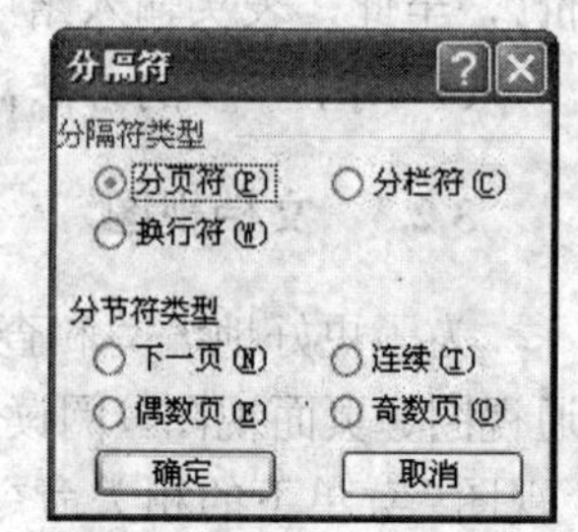

图 3-73 “分隔符”对话框

（2）分节符

系统默认整篇文档为一个节，所以整篇文档的页面格式设置一样。如果要在文档的不同部分进行不同的页面格式设置，则可以将文档分成多个节，每个节可单独设置页面格式。只有在不同的节中，才可设置与前面文本不同的页眉、页脚、页边距、文字方向或分栏版式等格式。一个节可以是一个段落，也可以是若干段落。分节就是在要分节的位置插入一个分节符，操作方法如下。

① 将插入点置于要分节的位置。

② 选择菜单中的“插入”→“分隔符”命令，打开“分隔符”对话框，如图 3-73 所示。

③ 在“分节符类型”栏，选择一个合适的选项，各选项含义如表 3-5 所示。

④ 单击“确定”按钮。

表 3-5　“分隔符”对话框中的参数作用

类型		作用
分隔符	分页符	使插入点后的内容移到下一页
	分栏符	在分栏式文档中，使插入点后的内容移到下一栏
	换行符（↓）	使插入点后的内容移到下一行，但换行后的两部分内容仍属同一段落
分节符	下一页	插入分节符，使新节从下一页开始
	连续	插入分节符，新节从插入点开始，但不转到下一页，而是从行首开始
	偶数页	插入分节符，新节从下一个偶数页开始
	奇数页	插入分节符，新节从下一个奇数页开始

操作提示：

若要删除强制分页符或分节符，只需在普通视图下，将光标移到相应的分隔符（单虚线或双虚线）上，按【Delete】键，即可删除。

2．分栏

报纸、杂志上常有一篇文章横向分成若干小块，这种排版方式称为分栏。分栏是以节为单位的。分栏后，系统自动将分栏的文本作为独立的一节。同一节中的分栏相同，不同节可以有不同的分栏。分栏必须在“页面视图”或“打印预览”方式下才能看到多栏效果。分栏操作的方法如下。

（1）使用菜单命令分栏

① 选定要分栏的文本。如果要对整节分栏，只需将插入点放到要分栏的节中的任何位置。

② 选择菜单中的“格式”→“分栏”命令，打开“分栏”对话框，如图 3-74 所示。

③ 在“预设”栏中选择一种分栏，或在“栏数”框中选择或输入所需栏数。

④ 在“宽度和间距”栏中设置栏的宽度及相邻栏间的距离值。如果各栏宽度相等，可选中“栏宽相等”复选框，输入一个宽度数值即可；如果栏宽不等，则不选中“栏宽相等”复选框，还可逐栏输入栏宽数值；如果选择“一栏”，则可取消分栏操作。

⑤ 若各栏之间需要用分隔线隔开，可选中“分隔线”复选框。

⑥ 在“应用于”下拉列表框中，选择分栏的应用范围。

⑦ 单击“确定”按钮。

（2）使用工具栏分栏

① 选择要分栏的文本。如果要对整节分栏，只需将插入点放到要分栏的节中的任意位置即可。

② 单击“常用”工具栏上的“分栏”按钮，会显示一个分栏示意图，如图 3-75 所示。

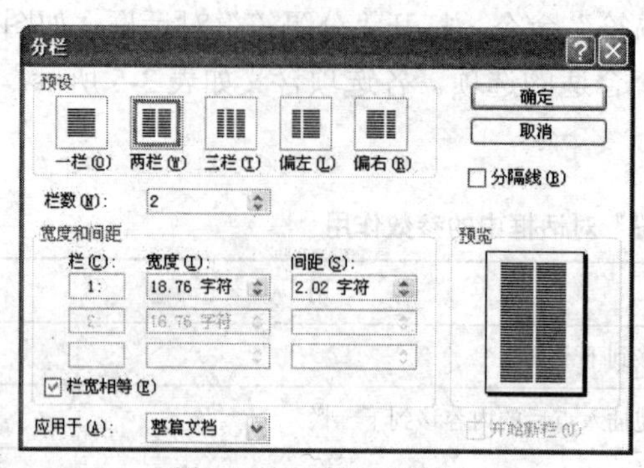

图 3-74 “分栏”对话框

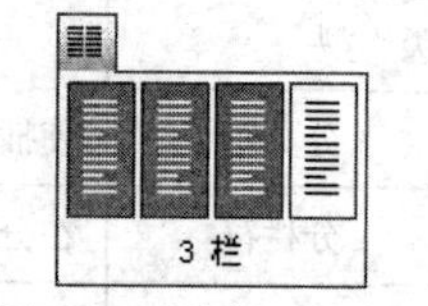

图 3-75 “分栏”示意图

③ 拖动鼠标选取所需栏数。

④ 释放鼠标键，则所选文本分成指定栏数，并自动插入分节符。

（3）均匀分栏

在分栏之后，有时会出现各栏高度不一致，或最后一栏比较短的情况，这使版面显得很不美观。若要使各栏高度均等（即均匀分栏），可插入一个连续的分节符，操作方法如下。

① 将光标移到要均匀分栏的文档结尾处。

② 选择菜单中的“插入”→“分隔符”命令，打开“分隔符”对话框，如图 3-73 所示。

③ 在“分节符类型”栏中，选中“连续”选项。

④ 单击“确定”按钮，这时在最后一个字符后面会插入一个连续的分节符，即可达到均匀分栏的效果。

（4）通过插入分栏符来调整栏高

如果分栏后出现某段文本的标题在一栏底部，而其正文却在另一栏中，需要将标题与文本放置在同一栏中。这时可以通过插入分栏符来调整栏高，操作方法如下。

① 将光标置于需要调整到另一栏的文本前。

② 选择菜单中的“插入”→“分隔符”命令，打开“分隔符”对话框，如图 3-73 所示。

③ 在“分隔符类型”栏中，选中“分栏符”选项。

④ 单击“确定”按钮，则会插入一个分栏符，分栏符以下的内容将转到下一栏中。

3．页眉和页脚

某些书籍、杂志的每页顶部或底部会显示一些特定的附加信息，如书名、章节名、页码、页数、日期等，显示在顶部的称为页眉，显示在底部的称为页脚。在一节内可单独设置页眉和页脚。

（1）添加页眉和页脚

① 选择菜单中的“视图”→“页眉和页脚”命令，弹出“页眉和页脚”工具栏，如图 3-76 所示。此时，文档编辑区变成灰色（不能编辑），而页面顶部和底部各出现一个虚线框，显示页眉和页脚区，进入页眉和页脚编辑状态。

② 在页眉区或页脚区输入要显示的内容，或使用“页眉和页脚”工具栏上的按钮插入页码、日期、时间、自动图文集等。

③ 可像对文档排版一样，对页眉或页脚进行排版，如设置对齐方式、字体、字号等。

④ 单击“页眉和页脚”工具栏上的“关闭”按钮，退出页眉或页脚的编辑状态，此时，页眉和页脚变成灰色（不能编辑），而进入正文编辑状态。

（2）奇偶页设置不同的页眉和页脚

① 选择菜单中的“视图”→“页眉和页脚”命令，弹出“页眉和页脚”工具栏，如图 3-76 所示，进入页眉和页脚编辑状态。

② 选择菜单中的“文件”→“页面设置”命令，或单击“页眉和页脚”工具栏上的“页面设置”按钮，打开“页面设置”对话框，并选择其中的“版式”选项卡，如图 3-77 所示。

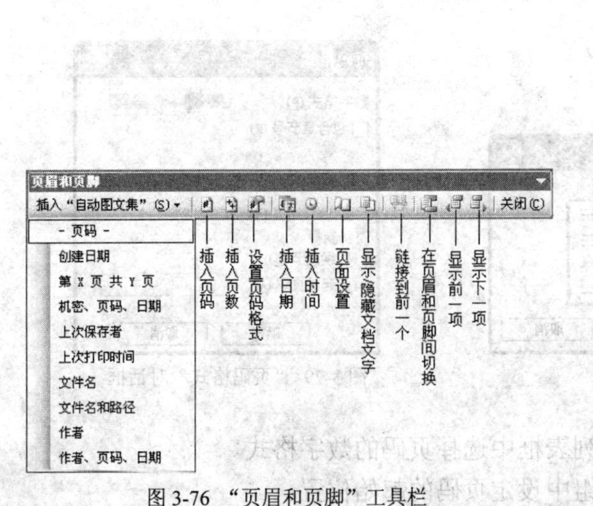

图 3-76 “页眉和页脚”工具栏

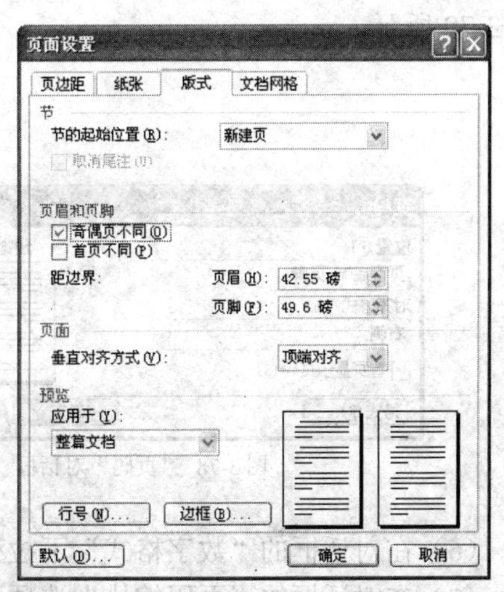

图 3-77 “页面设置”对话框—“版式”选项卡

③ 在“页眉和页脚”栏，选中“奇偶页不同”复选框。

④ 单击“确定”按钮，返回页眉区。

⑤ 页眉区会显示“奇数页页眉”字样，这时可在插入点处设置奇数页的页眉。

⑥ 单击“页眉和页脚”工具栏上的“显示下一项”按钮，屏幕上将显示偶数页的页眉区，可设置偶数页的页眉。

⑦ 单击“页眉和页脚”工具栏上的“在页眉和页脚间切换”按钮，可添加页脚。

⑧ 单击“页眉和页脚”工具栏上的“关闭”按钮。

若在“页面设置”对话框的“版式”选项卡中，选中“首页不同”选项，则可设置首页与其他页的页眉和页脚不同，如首页做封面，可不要页眉和页脚。

操作提示：	若要删除页眉或页脚，操作方法如下。 ① 双击页眉或页脚区。 ② 选中要删除的文本。 ③ 按【Delete】键。 ④ 单击“关闭”按钮。

4．插入页码

页码的设定可在添加页眉或页脚时进行（前面已介绍），也可通过菜单命令来插入，操作方法如下。

（1）选择菜单中的“插入”→“页码”命令，打开“页码”对话框，如图 3-78 所示。

（2）在“位置”下拉列表框中选择页码显示的位置。在“预览”区可见其效果。

（3）在“对齐方式”下拉列表框中提供了 5 种对齐方式：左侧、居中、右侧（默认）、内侧和外侧，选择一种所需的对齐方式。在“预览”区可见其效果。

（4）若选中“首页显示页码”复选框，则在首页可显示页码，若不选中该项，则首页不显示页码。

（5）若要进一步设置页码格式，可单击“格式”按钮，打开“页码格式”对话框，如图 3-79 所示。

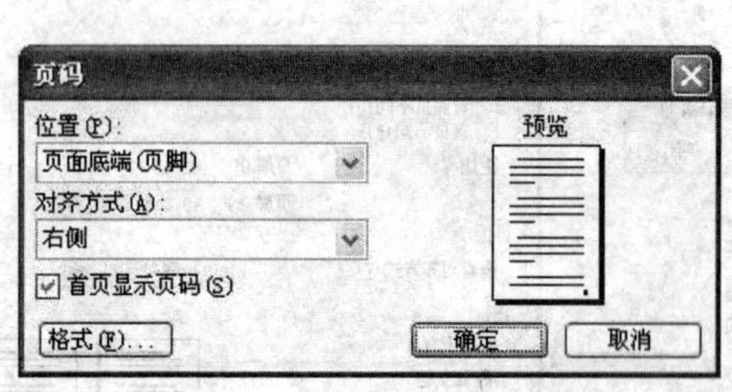

图 3-78 “页码”对话框

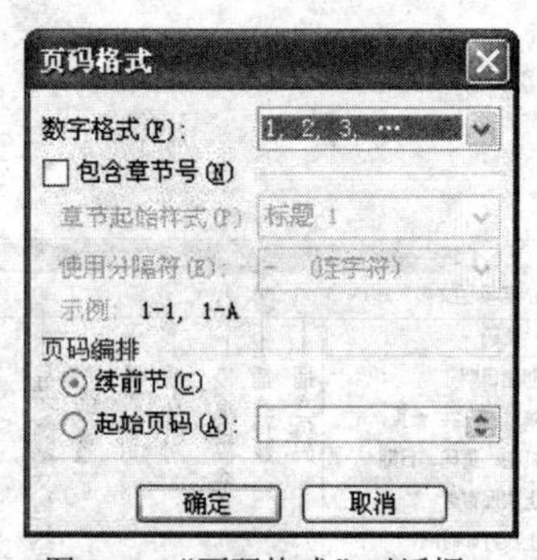

图 3-79 “页码格式”对话框

（6）在对话框的“数字格式”下拉列表框中选择页码的数字格式。

（7）在对话框的“页码编排”选项组中设定页码的起始位置。

（8）单击“页码格式”对话框中的“确定”按钮，返回“页码”对话框。

（9）单击“页码”对话框中的“确定”按钮，结束页码的设置。

5．页面格式设置

设置页面格式可以在文档开始编制之前，也可以在结束文档编辑之后，打印之前进行。建议先设置页面格式，这样更有利于编制过程中的版面安排。页面设置是以节为单位进行的。页面布局如图 3-80 所示。

要设置页面格式，可选择“文件”菜单下的“页面设置”命令，打开“页面设置”对话框，如图 3-81 所示。该对话框中包含了“页边距”、“纸张”、“版式”、“文档网格”4 个选项卡，用户可在这些选项卡中进行相关的页面设置。下面具体介绍这些选项卡的主要作用。

（1）“页边距”：页边距是指文本与纸张边缘间的距离（见图 3-80）。在如图 3-81 所示的“页边距”选项卡的“页边距”栏，可对上、下、左、右页边距进行精确设置。若打印后的文本要装订成册，还可设置装订线的位置（左侧或顶端）及装订线与边界之间的距离。在“方

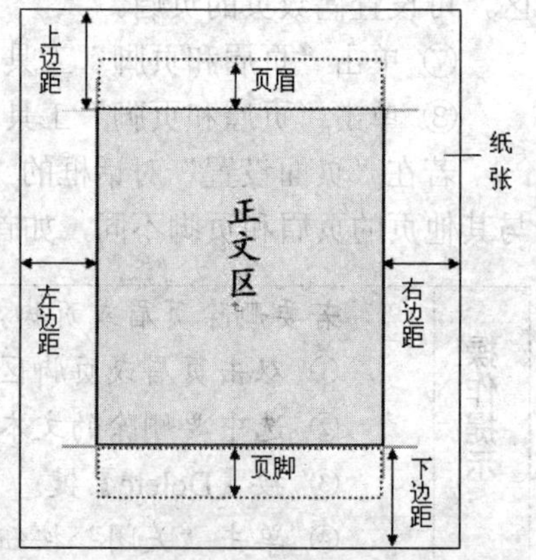

图 3-80 页面布局

向”栏，可设置打印方向（纵向或横向）。

（2）“纸张”：在如图 3-82 所示的“纸张”选项卡的“纸张大小”下拉列表框中选择一种所需的纸张大小，默认为 A4 纸，也可自定义纸张大小。在“纸张来源”框中可设置打印时的进纸方式，默认为“默认纸盒”。

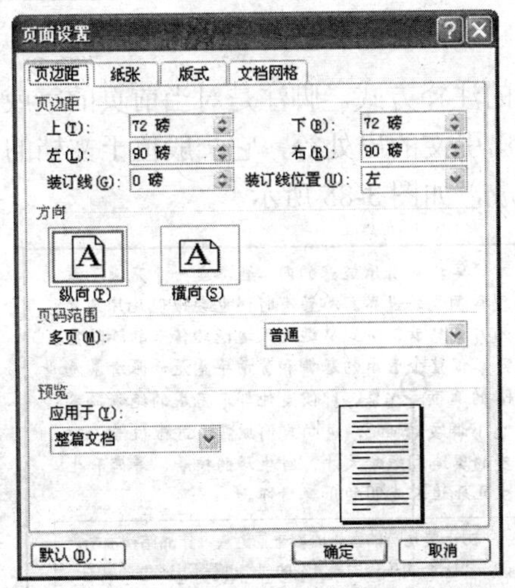

图 3-81 “页面设置”—“页边距”选项卡

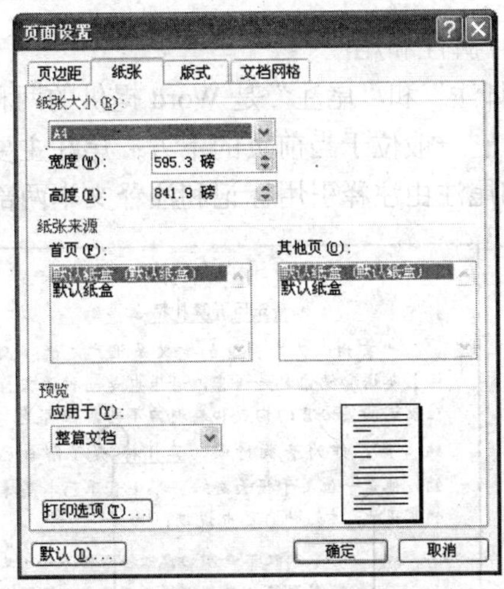

图 3-82 “页面设置”—“纸张”选项卡

（3）“版式”：在如图 3-77 所示的“版式”选项卡的“页眉和页脚”栏，可设置奇偶页的页眉和页脚是否相同，首页与其他页的页眉和页脚是否相同；还可设置页眉、页脚与边界的距离。在“页面”栏，可设置文档在垂直方向的对齐方式。单击“行号”按钮，可给文档添加行号。单击“边框”按钮，打开“边框和底纹”对话框，如图 3-83 所示，可对整个页面添加边框。

（4）“文档网格”：在如图 3-84 所示的“文档网格”选项卡的“文字排列”栏，可设置文档中文字的显示方向（水平或垂直）及栏数。在“网格”栏，若选中“指定行和字符网格”单选项，则可设定一行中的字符数和一页中的行数。

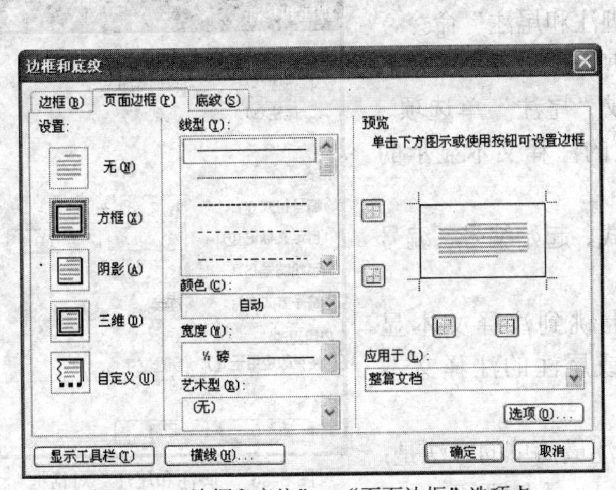

图 3-83 “边框和底纹”—“页面边框”选项卡

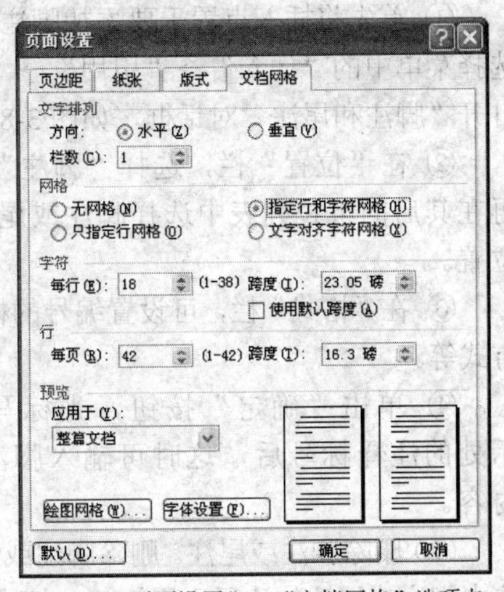

图 3-84 “页面设置”—“文档网格”选项卡

操作提示：	页边距还可通过标尺快速进行设置，方法如下。 将鼠标指针移到标尺（水平标尺或垂直标尺）的白色与灰色交界处，待指针变成双向箭头形状时，按住鼠标左键拖动到所需位置，即可快速改变页边距。若拖动鼠标的同时，按下【Alt】键，则可进行精确的调整。

6．脚注和尾注

"脚注"和"尾注"是 Word 提供的两种常用的注释方式。脚注是对当前页的字或词加以解释，它一般位于当前页的下方；尾注主要是列出引文的出处等，它一般位于文档的末尾。脚注和尾注由注释引用标记和注释文本两部分组成，如图 3-85 所示。

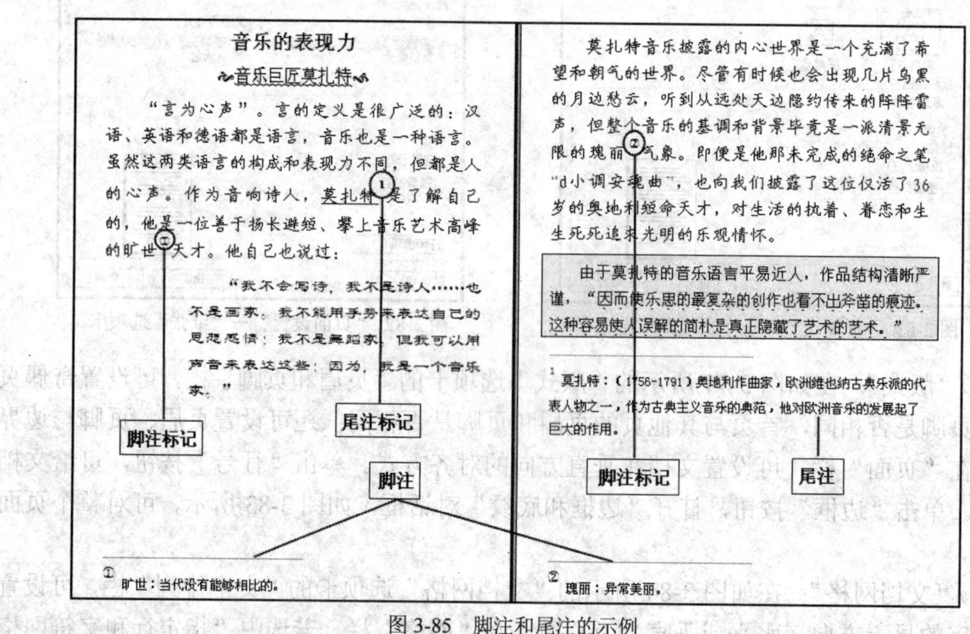

图 3-85 脚注和尾注的示例

（1）插入脚注和尾注。

① 首先将插入点置于要添加脚注或尾注的文本右侧，再选择菜单中的"插入"→"引用"→"脚注和尾注"命令，打开"脚注和尾注"对话框，如图 3-86 所示。

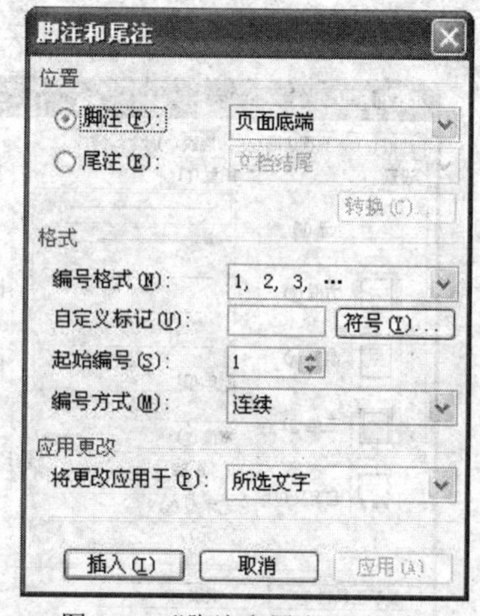

图 3-86 "脚注和尾注"对话框

② 在"位置"栏，选择"脚注"或"尾注"单选项，再在其后的下拉列表中选择脚注或尾注的注释文本显示的位置。

③ 在"格式"栏，可设置编号的格式、起始编号、编号方式等。

④ 单击"确定"按钮，光标马上跳到注释文本显示处的注释标号后，这时可输入脚注或尾注的注释文本内容。

（2）删除脚注或尾注。删除脚注或尾注最简单的方法是：选中脚注或尾注的注释引用标记，按【Delete】键即可。

7．文档打印

在文档打印之前，可以先进行打印预览，满意之后，再进行打印。

（1）打印预览

文档的打印效果可以采用打印预览的方式查看，操作方法如下。

① 选择菜单中的“文件”→“打印预览”命令，或单击“常用”工具栏上的“打印预览”按钮，打开“打印预览”窗口，如图 3-87 所示。

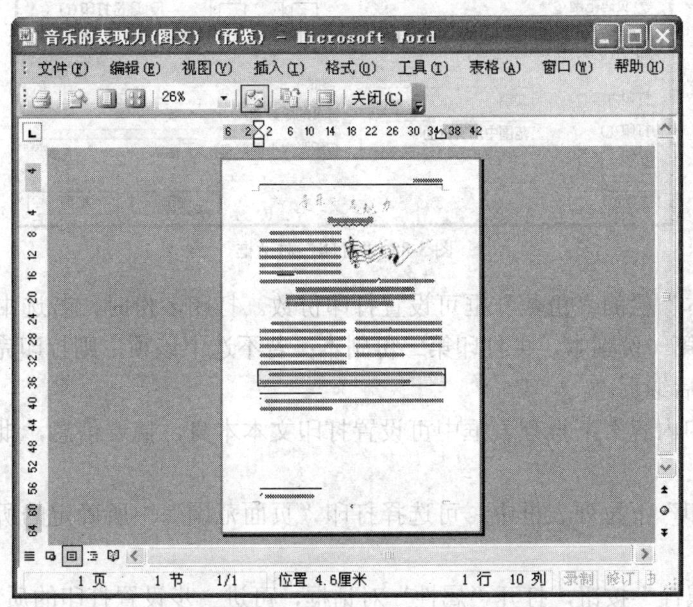

图 3-87 “打印预览”窗口

② 在“打印预览”窗口的工具栏中可设置单页预览、多页预览、预览显示比例等。另外，当鼠标指针在页面上变成一个放大镜时，单击页面可直接控制页面的放大或缩小，若要使鼠标指针恢复正常，可单击“打印预览”工具栏上的“放大镜”按钮，这时，可在打印预览窗口对文档进行修改。还可单击“打印预览”工具栏上的“查看标尺”按钮，显示标尺（若标尺未显示），这时，可通过拖动标尺来调整页边距。

③ 单击“打印预览”工具栏上的“关闭”按钮，可退出打印预览。若用户对预览效果不满意，还可继续修改，若满意，则可进行打印。

（2）打印

打印之前应该先检查打印机是否连接好，是否装好打印纸。然后在“打印”对话框中（见图 3-88）设置好相关打印参数，再进行打印。操作方法如下。

选择菜单中的“文件”→“打印”命令，打开“打印”对话框，如图 3-88 所示。

① 在“打印机”栏的“名称”下拉列表框中选择使用的打印机类型。

② 在“页面范围”栏，可设置打印范围。若选中“全部”选项，则打印整个文档；若选中“当前页”选项，则打印插入点所在的页或选中的某页；若选中“页码范围”选项，则需在其后的文本框中输入要打印页的页码或页码范围，格式如“1，3，5-12”，即不连续页给出页码（如 1，3），连续页给出页码范围（如 5-12），页码间用逗号间隔。

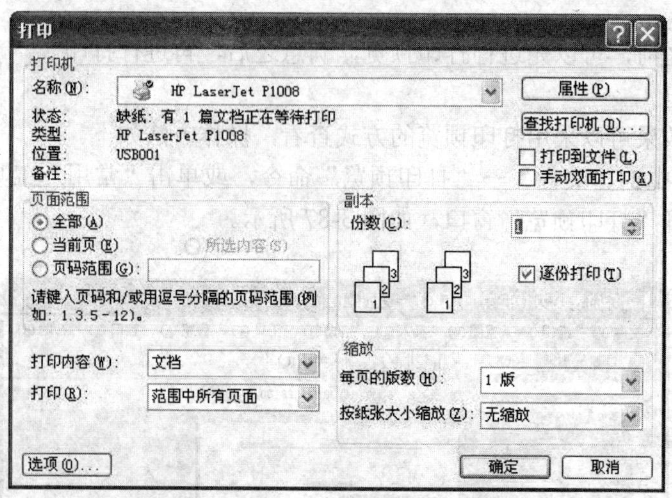

图 3-88 “打印”对话框

③ 在“副本”栏的“份数”框可设置打印份数。打印多份时，若选中“逐份打印”复选框，则打印完第一份副本，再打印第二份副本；若不选中该项，则打印完所有副本的第一页，再打印其他后继页。

④ 在“打印内容”下拉列表框中可设置打印文本本身，摘要信息，批注，或现有文件样式。

⑤ 在“打印”下拉列表框中，可选择打印“页面范围”中所确定的所有页面、奇数页或偶数页。

⑥ 单击“属性”按钮，打开“属性”对话框，可进一步设置打印的质量。

⑦ 单击“确定”按钮，则打印机开始打印。

操作提示： 若单击“常用”工具栏上的“打印”按钮，或在“打印预览”窗口的工具栏上，单击“打印”按钮，则直接打印文件，打印之前不显示“打印”对话框。

任务实施

按图 3-20 的样文所示，设置文档“音乐的表现力.doc”的页面格式，操作步骤如下。

（1）页面设置。选择菜单中的“文件”→“页面设置”命令，打开“页面设置”对话框，设置页边距：上、下各 2.5 厘米，左、右各 3 厘米；纵向，应用于整篇文档，如图 3-89 所示。

（2）设置分栏。选中正文第 3 段，选择菜单中的“格式”→“分栏”命令，打开“分栏”对话框，选择分两栏，选中“分隔线”复选框，如图 3-90 所示。

（3）设置页眉和页脚。选择菜单中的“视图”→“页眉和页脚”命令，进入“页眉和页脚”的编辑状态，在页眉区输入文字“艺术与哲学的断想”，并设置为右对齐；在页脚区插入页码，并使其居中，如图 3-91 所示。

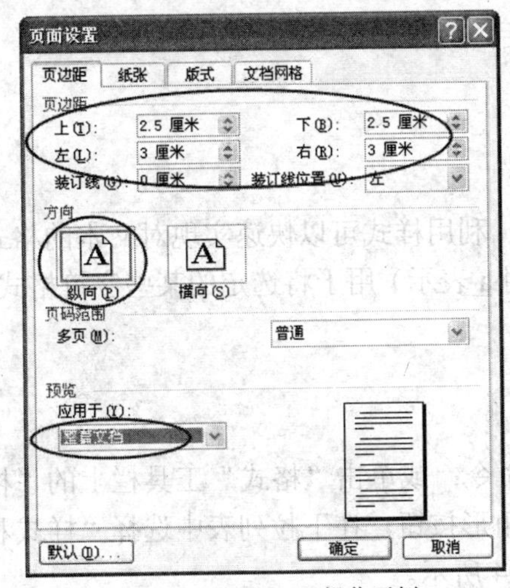

图 3-89　步骤（1）操作示例

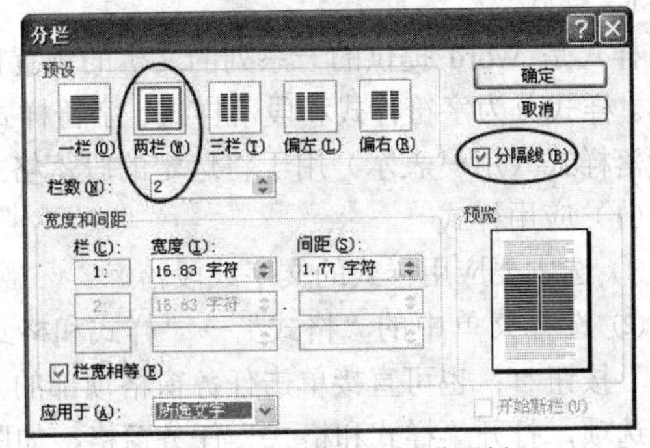

图 3-90　步骤（2）操作示例

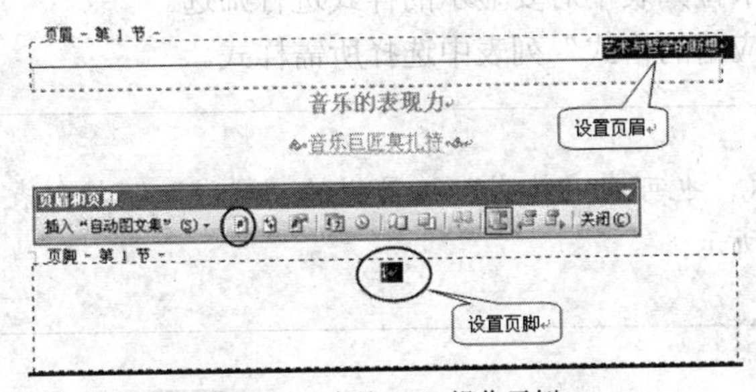

图 3-91　步骤（3）操作示例

（4）设置脚注和尾注。

① 给正文第一段中的文字“莫扎特”加上下画线，然后将插入点置于其右侧，选择菜单中的“插入”→“引用”→“脚注和尾注”命令，打开“脚注和尾注”对话框，选中“尾注”选项，位置为“文档结尾”，编号格式设置为“1，2，3…”，如图 3-92 所示。再在尾注标号后输入注释文本的内容。

② 将插入点置于正文第一段中的文字“旷世”的右侧，打开“脚注和尾注”对话框，选中“脚注”选项，位置为“页面底端”，编号格式为“①，②，③…”，如图 3-93 所示。再在脚注标号后输入注释文本的内容。

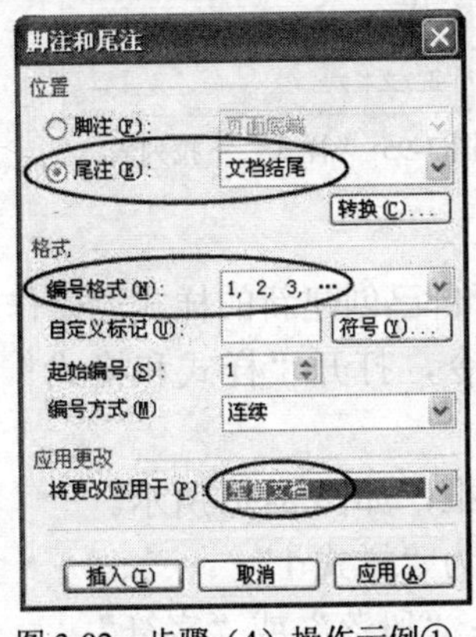

图 3-92　步骤（4）操作示例①

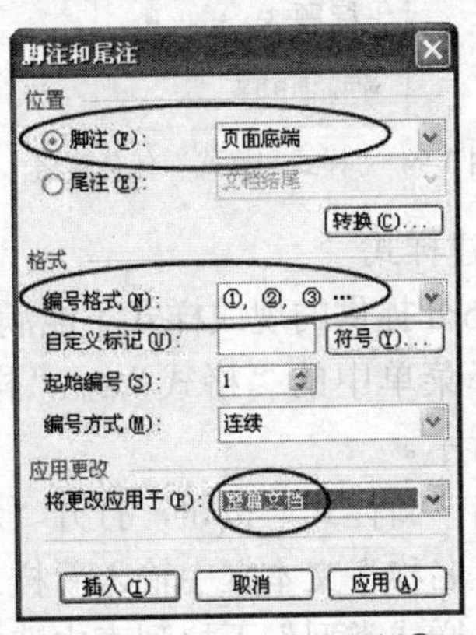

图 3-93　步骤（4）操作示例②

文档“音乐的表现力.doc”页面格式设置完成后，效果如图 3-20 所示。

知识补充

1．样式

样式是 Word 提供的一系列的文本的预置格式，利用样式可以快速实现对文本的格式化操作。样式分为字符样式和段落样式。字符样式（用 a 表示）用于将选定的某些字符格式化；而段落样式（用↵表示）用于将选定的段落格式化。

（1）应用样式

① 选中要应用样式的文字或段落。

② 选择菜单中的“格式”→“样式和格式”命令；或单击“格式”工具栏上的“格式窗格”按钮；也可直接单击任务窗格顶部的下三角形按钮，在下拉列表中选择“样式和格式”选项，打开“样式和格式”任务窗格，如图 3-94 所示。

③ 可在“显示”下拉列表中对要显示的样式进行筛选。

④ 在“请选择要应用的格式”列表中选择所需样式。

操作提示：	要应用样式，也可在“格式”工具栏的“样式”下拉列表中选择一种所需的样式，如图 3-95 所示。

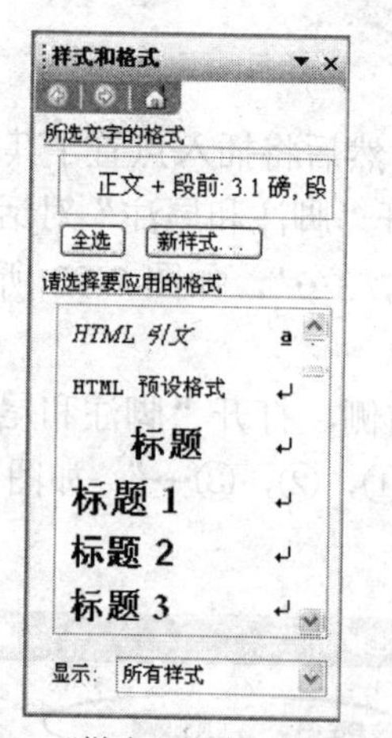

图 3-94 “样式和格式”任务窗格

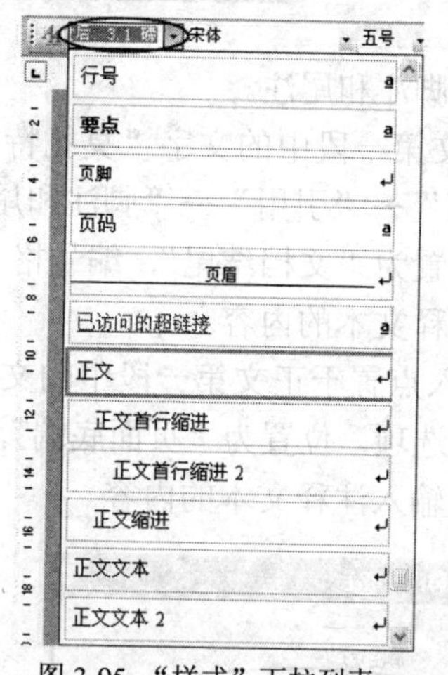

图 3-95 “样式”下拉列表

（2）新建样式

如果 Word 提供的现成样式不能满足需要，用户可自己创建新的样式。操作方法如下。

① 选择菜单中的“格式”→“样式和格式”命令，打开“样式和格式”任务窗格，如图 3-94 所示。

② 单击“新样式”按钮，打开“新建样式”对话框，如图 3-96 所示。

③ 在“名称”文本框中输入新样式的名称，默认为“样式 1”。

④ 在“样式类型”下拉列表中选择新样式的类型：“段落”或“字符”。

⑤ 在“样式基于”下拉列表中选择新样式基于的原有样式。若不想应用基准样式，则选择“无”。

⑥ 在“后续段落样式”下拉列表中选定应用本样式的段落的下一段落使用的样式，默认为当前样式。

⑦ 在“格式”栏，可快速设置新样式的字体、字号、字形、对齐方式、行间距、段间距及缩进量。

⑧ 单击“格式”按钮，在弹出的快捷菜单中可进一步设置新样式的格式。

⑨ 若选中“添加到模板”复选框，则可将定义的样式添加到当前文档使用的模板中，以后使用该模板的文档都可以应用此样式，否则，只对当前文档起作用。

⑩ 若选中“自动更新”复选框，当修改使用该样式的段落的格式时，Word 将自动用该段落最新的格式更新这个样式，并自动更新文档中所有使用该样式的段落的格式。

（3）修改样式

Word 也允许用户对已有的样式进行修改。操作方法如下。

① 选择菜单中的“格式”→“样式和格式”命令，打开“样式和格式”任务窗格，如图 3-94 所示。

② 在“请选择要应用的格式”列表中，右击要修改的样式，在弹出的快捷菜单中选择“修改”命令，则会打开“修改样式”对话框，如图 3-97 所示。

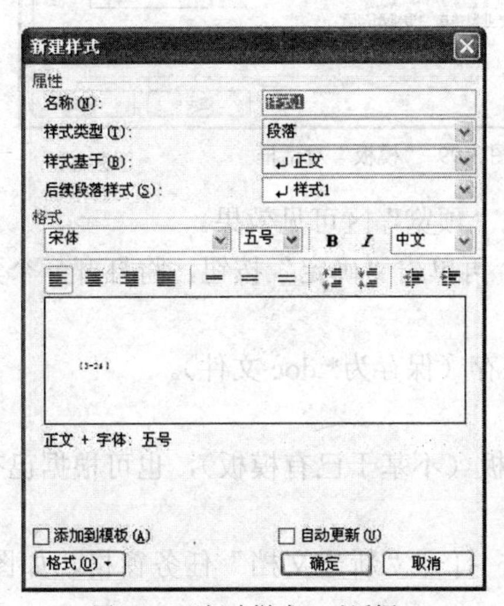

图 3-96 “新建样式”对话框

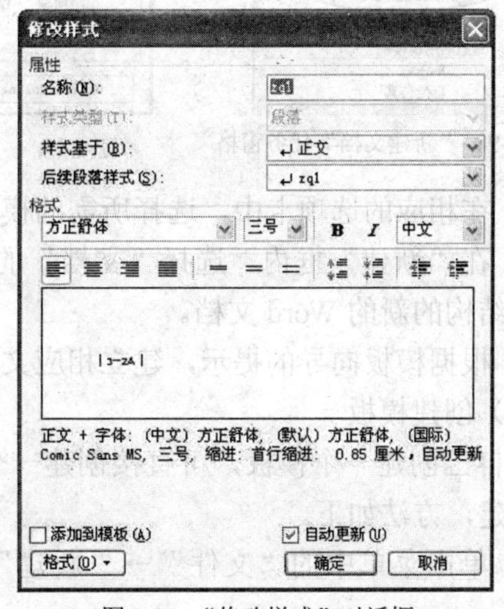

图 3-97 “修改样式”对话框

③ 在“修改样式”对话框中对样式的格式重新进行相关的设置。

（4）删除样式

Word 允许删除用户自定义的样式，但系统内置的样式是不能删除的。删除一个样式后，原来文档中使用该样式的段落将应用“正文”样式。要删除某个样式，只需在“样式和格式”任务窗格（见图 3-94）的“请选择要应用的格式”列表中，右击要删除的样式，在弹出的快捷菜单中选择“删除”命令即可。

2．模板

模板实际上是某种文档的模型。模板和样式都用于将文档格式化，只是样式用于文档的部分内容（段落或字符），而模板定义了文档的整体格式，其中包括版面设计、字体、图形、样式设置等。模板决定了文档的基本结构。使用模板可以快速建立具有一定外观架构和格式设置的特殊文档。例如，用户要写一封信，信是有一定格式的，可以利用 Word 预置的信函模板来生成一封信，而不需要进行大量的编辑。

事实上，Word 在默认情况下总是使用一个名为 Normal 的模板来新建文档的。Word 中已预置了多种模板可供使用，如信函和传真、报告、备忘录、Web 页等。

（1）使用模板创建文档

① 单击菜单中的“文件”→“新建”命令，打开“新建文档”任务窗格，如图 3-98 所示。

② 在“模板”栏，单击“本机上的模板”选项，打开“模板”对话框，如图 3-99 所示。

图 3-98 “新建文档”任务窗格

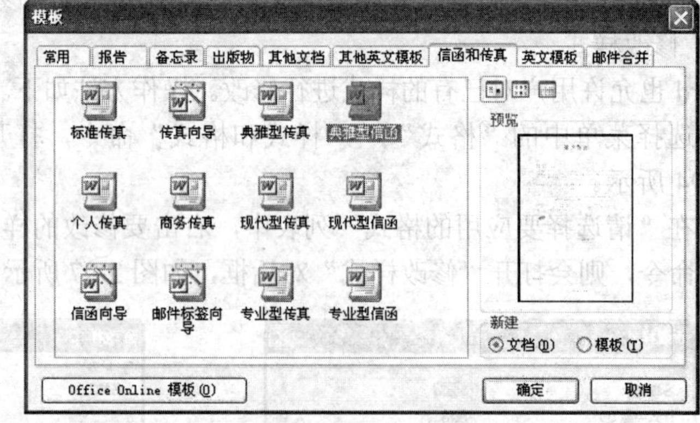

图 3-99 “模板”对话框

③ 在相应的选项卡中，选择所需的模板，在“预览”区可见效果。

④ 在“新建”框内，选择“文档”的选项，再单击“确定”按钮，将打开一个具有选定模板结构的新的 Word 文档。

⑤ 根据模板向导的提示，建立相应文档并保存（保存为*.doc 文件）。

（2）创建模板

要自己创建一个模板，可直接创建一个新模板（不基于已有模板），也可根据已有的模板来创建，方法如下。

① 单击菜单中的“文件”→“新建”命令，打开“新建文档”任务窗格，如图 3-98 所示。

② 在“模板”栏，单击“本机上的模板”选项，打开“模板”对话框，如图 3-99 所示。

③ 若直接创建一个新模板（不基于已有模板），则在“常用”选项卡中选择“空白文档”；若基于已有模板来创建，则在相应的选项卡中，选择所需的模板。

④ 在“新建”框内，选择“模板”选项，再单击“确定”按钮，将打开一个新的 Word 模板文档。

⑤ 为新模板设置（或修改）字体、字号、字形、缩进、间距、对齐方式、页面等相关格式。

⑥ 选择菜单中的“文件”→“另存为”命令，打开“另存为”对话框。在“保存类型”列表框中选择“文档模板”选项，在“文件名”框内输入新模板的名称，在“保存位置”下拉

列表中选择新模板要保存的位置，单击“保存”按钮，则新模板创建并保存完毕（保存为*.dot 文件）。

3.3　任务三　Word 2003 的表格制作

任务目标

通过本任务的学习，制作如图 3-100 所示的表格并完成相关的计算。

某商场商品销售汇总表

时间 / 销售额 / 商品	2009 年销售额（万元）				合计
	一季度	二季度	三季度	四季度	
家电	1230.15	986.50	1015.69	990.12	4222.46
服装	350.63	279.88	301.13	327.86	1259.5
百货	1512.55	1196.90	1298.33	1305.26	5313.04
小计	3093.33	2463.28	2615.15	2623.24	10795

图 3-100　表格制作样表

任务知识点

- 表格的创建。
- 行、列、单元格的插入、删除。
- 单元格、表格的拆分及合并。
- 行高、列宽及表格的宽度的调整。
- 表格的对齐方式、环绕方式。
- 单元格中文字的输入、移动、复制和位置调整。
- 表格的边框与底纹、自动套用格式。
- 表格的计算与排序。

3.3.1　表格的创建

Word 不仅具有强大的文字处理功能，同时还提供了表格制作工具。在 Word 文档中，可以很方便地创建表格，并向表格中添加文字或图片，可以编辑和美化表格，还可以对表格数据进行简单的计算和排序。Word 可创建规则的表格，也可创建不规则表格，如图 3-101 所示。

星期 / 节次		星期一	星期二	星期三	星期四	星期五
上午	1,2 节					
	3,4 节					
下午	5,6 节					
	7,8 节					

图 3-101 规则的表格、不规则表格示意图

1．创建规则的表格

（1）用工具栏创建

① 将插入点置于要插入表格的位置。

② 单击“常用”工具栏上的“插入表格”按钮，弹出一个表格示意图，如图 3-102 所示。

③ 用鼠标在表格示意图上拖出所需行数和列数，单击鼠标左键，则生成一个规则的表格。

（2）用菜单命令创建

① 首先将插入点置于要插入表格的位置，再选择菜单中的“表格”→“插入”→“表格”命令，打开“插入表格”对话框，如图 3-103 所示。

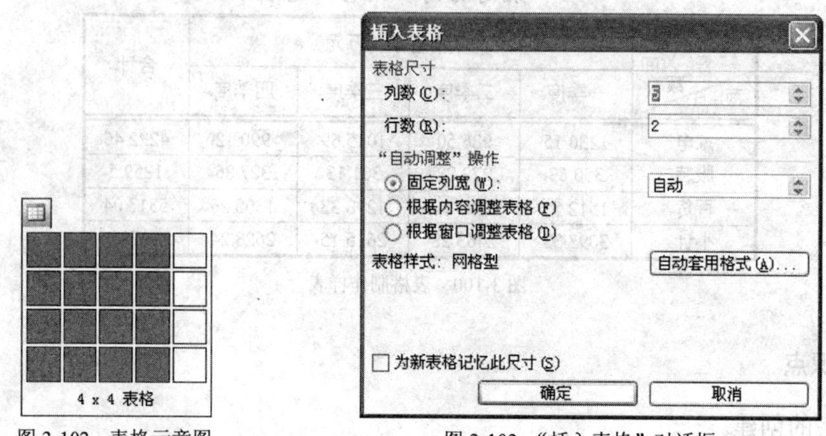

图 3-102　表格示意图　　　　图 3-103　“插入表格”对话框

② 在“列数”、“行数”框中设置表格的列数和行数。

③ 若选中“固定列宽”单选项，则可在其后的微调框中设置每列的宽度值，若列宽选择默认值“自动”，则在左右页面边界之间插入列宽相等的表格；若选中“根据内容调整表格”单选项，则系统会根据内容的多少来确定列宽；若选中“根据窗口调整表格”选项，则效果与选择“固定列宽”中的“自动”一样。

④ 若单击“自动套用格式”按钮，则可选择系统预置的样式来格式化表格（详见 3.3.3 小节）。

⑤ 单击“确定”按钮。

2．创建不规则表格

要创建不规则的表格，有如下 2 种方法。

（1）利用规则的表格来创建

可先创建一个规则的表格，然后进行单元格的合并或拆分（详见 3.3.2 小节）。

（2）手工绘制表格

手工绘制表格就是利用“表格和边框”工具栏（见图 3-104）中的画笔，自己画出表格。用这种方法既可以绘制规则的表格，也可以绘制不规则表格。操作方法如下。

① 选择菜单中的“表格”→“绘制表格”命令，或单击“常用”工具栏上的“表格和边框”按钮，或选择菜单中的“视图”→“工具栏”→“表格和边框”命令，打开“表格和边

框”工具栏，如图 3-104 所示，单击“绘制表格”按钮，此时鼠标指针会变成“铅笔”状。

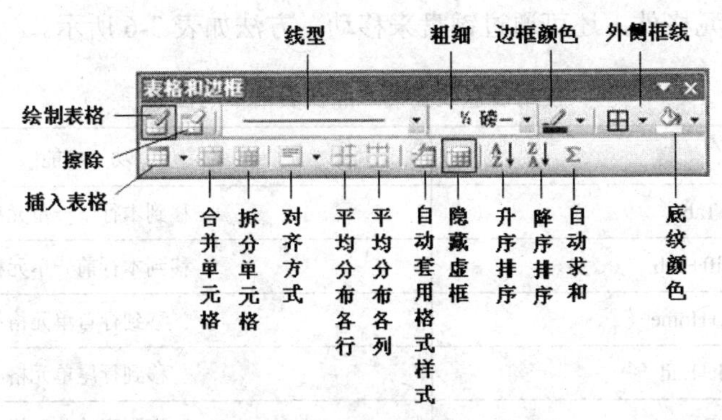

图 3-104 “表格和边框”工具

② 可在工具栏中选择所需的“线型”、“粗细”、“边框颜色”等。

③ 首先，按住鼠标左键拖动，用“铅笔”画出表格的外框，然后在框内可画横线、竖线、斜线，这样可随意制作出自己所需要的表格。

④ 表格绘制完成后，如果要恢复鼠标指针形状，可单击工具栏上的“绘制表格”按钮。若再次单击此按钮，鼠标指针又会变成“铅笔”状。

⑤ 如果要擦除已画出的线条，可单击工具栏上的“擦除”按钮，待鼠标指针变成“橡皮擦”状后，将“橡皮擦”移到要擦除的线条上，单击鼠标左键即可。

⑥ 还可利用“表格和边框”工具栏上的其他按钮，对表格进行进一步的编辑、美化和计算操作。

3．绘制斜线表头

（1）首先将插入点置于表头要画斜线的单元格（如第 1 行第 1 列），再选择菜单中的“表格”→“绘制斜线表头”命令，打开“插入斜线表头”对话框，如图 3-105 所示。

（2）在“表头样式”下拉列表框中选择所需的斜线表头的样式；在 4 个标题文本框中输入标题的内容；在“字体大小”下拉列表框设置标题的字号。

（3）单击“确定”按钮。插入斜线表头的效果如图 3-106 所示。

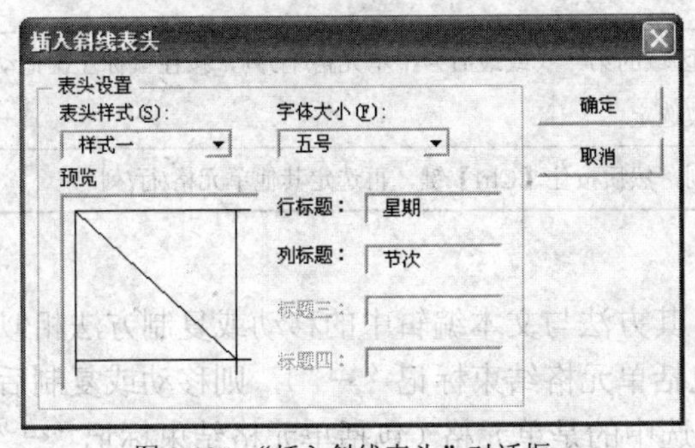

图 3-105 “插入斜线表头”对话框

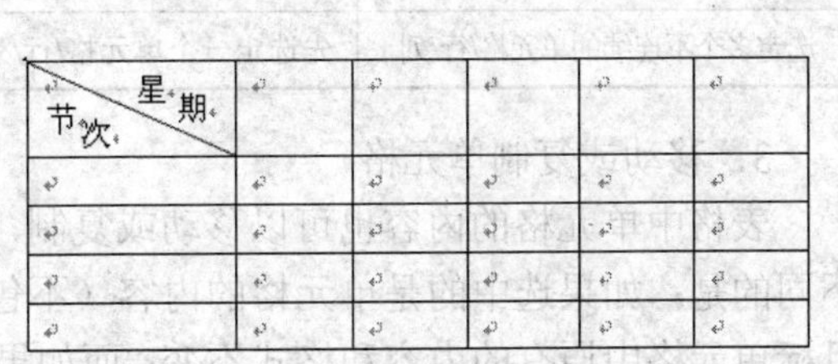

图 3-106 绘制斜线表头示例

3.3.2 表格的编辑

1．输入表格内容

要在表格中输入文本，首先要将插入点置于欲插入文字的单元格，然后通过键盘输入文字。输入过程中，当光标移至右边线时会自动换行。若要在单元格间移动光标，除了可直接用鼠标单击相应单元格外，还可通过键盘来移动，方法如表3-6所示。

表3-6　　使用键盘改变插入点在表格中的位置

按　键	功　能
Tab	移到本行下一单元格
Shift+Tab	移到本行前一单元格
Alt+Home	移到行首单元格
Alt+End	移到行尾单元格
Alt+PageUp	移到列首单元格
Alt+PageDown	移到列尾单元格
↑/↓	移到上一行 / 移到下一行

2．表格的选取

要对表格进行编辑，往往要先选定表格中的单元格、行、列或整个表格。选取操作可选择菜单中的"表格"→"选择"命令，在弹出的级联子菜单中选择"表格"、"行"、"列"，或"单元格"命令，则可选定相应的对象。另外也可以通过键盘来进行选取操作，方法如表3-7所示。

表3-7　　选定表格对象的方法

选定操作	方　法
选定单元格	将鼠标指针移至该单元格左侧边线，待光标变成右上箭头后单击
选定一行	将鼠标指针移至该行左侧空白处，待光标变成右上空心箭头后单击
选定一列	将鼠标指针移至该列顶端边线，待光标变成向下箭头后单击
选定整个表格	将鼠标指针移至表格中任意位置，当表格左上角出现"表格移动手柄"⊞时，用鼠标单击该手柄
选定多个连续的单元格/行/列	将鼠标指针移至欲选定区域的第一（或最后）个单元格/行/列，按住鼠标左键拖动，所经过的单元格/行/列被选定
选定多个不连续的单元格/行/列	先选定一个单元格/行/列，然后按住【Ctrl】键，再选定其他单元格/行/列

3．移动或复制单元格

表格中单元格的内容也可以移动或复制，其方法与文本编辑中的移动或复制方法相似，不同的是：如果选中的是单元格的内容（不包括单元格结束标记"↵"），则移动或复制后，目标单元格中原有的内容和格式不变；而如果选中的是单元格（包括单元格结束标记"↵"），则移动或复制后，目标单元格中原有的内容和格式将被覆盖。

4．插入、删除行或列

（1）插入行或列

① 在要插入行或列的位置选定一行或一列。若要插入多行或多列，则要插入几行（列）

就选中几行（列）。

② 选择菜单中的“表格”→“插入”命令。若插入行，则在级联子菜单中选择“行（在上方）”或“行（在下方）”；若插入列，则在级联子菜单中选择“列（在左侧）”或“列（在右侧）”。也可单击鼠标右键，在弹出的快捷菜单中选择“插入行”或“插入列”。

操作提示：	当光标在最后一个单元格时，按下【Tab】键，可在表格的末尾添加一行；另外，当光标处在某一行的行结束标记前时（表格外），按下回车键，可在该行下面添加一行。

（2）删除行或列

首先选定要删除的行或列，再选择菜单中的“表格”→“删除”命令。若删除行，则在级联子菜单中选择“行”；若删除列，则选择“列”。也可单击鼠标右键，在弹出的菜单中选择“删除行”或“删除列”。

5．插入、删除单元格

（1）在要插入（或删除）单元格的位置，选定一个或多个单元格。

（2）选择菜单中的“表格”→“插入”（或“删除”）→“单元格”命令，打开“插入单元格”（或“删除单元格”）对话框，如图 3-107（或图 3-108）所示。

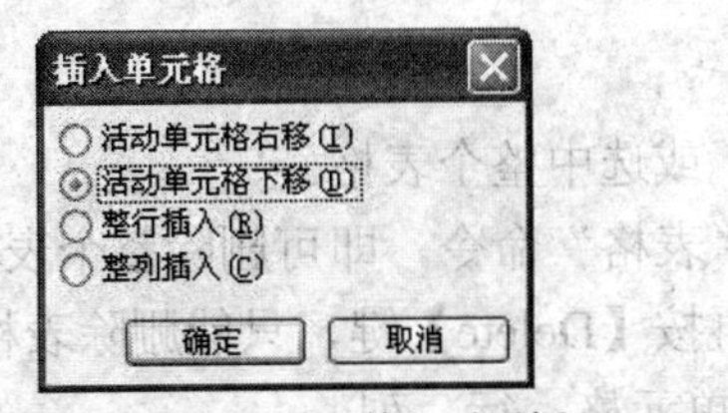

图 3-107 “插入单元格”对话框

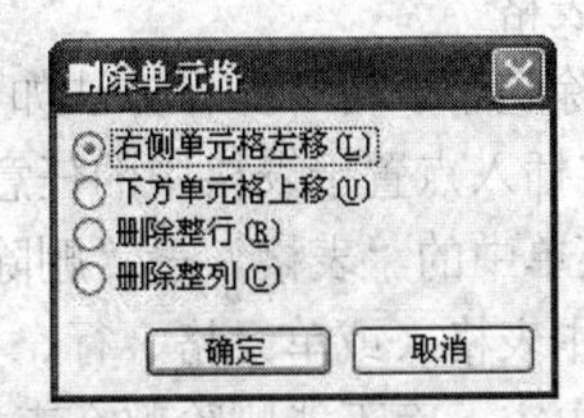

图 3-108 “删除单元格”对话框

（3）根据需要在对话框中选择相应的选项，再按“确定”按钮即可。

6．单元格的合并与拆分

合并单元格是指将多个相邻的单元格合并成一个单元格。拆分单元格是指将一个或多个单元格拆分成若干个单元格。用户可通过对单元格进行合并或拆分来绘制不规则的表格。

（1）合并单元格

① 选中欲合并的几个单元格。

② 选择菜单中的“表格”→“合并单元格”命令，或单击鼠标右键，在弹出的快捷菜单中选择“合并单元格”命令，也可在“表格和边框”工具栏中单击“合并单元格”按钮，所选中的几个单元格即合并为一个单元格。由图 3-109 可见合并前后的效果。

（2）拆分单元格

① 选中欲拆分的单元格。

② 选择菜单中的“表格”→“拆分单元格”命令，或单击鼠标右键，在弹出的快捷菜单中选择“拆分单元格”命令，也可在“表格和边框”工具栏中单击“拆分单元格”按钮，打开“拆分单元格”对话框，如图 3-110 所示。

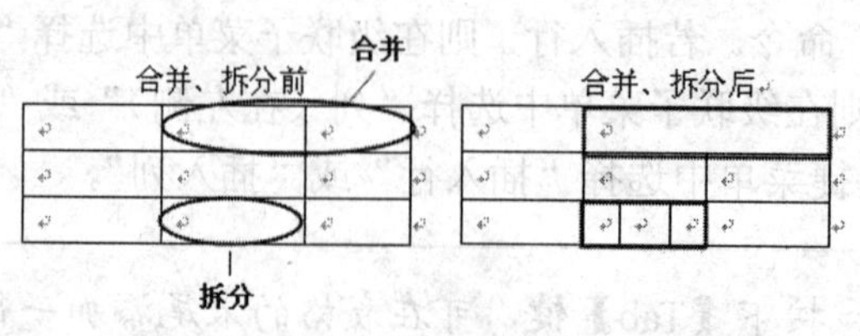

图 3-109　单元格合并、拆分示例

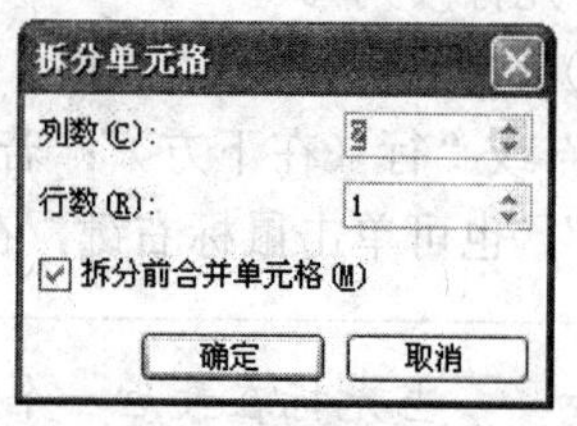

图 3-110　“拆分单元格”对话框

③ 在对话框的“列数”和“行数”框中设置将选定的单元格拆成几行几列。

④ 单击“确定”按钮，即完成拆分。由图 3-109 可见拆分前后的效果。

操作提示：

也可利用“表格和边框”工具栏上的工具按钮来合并或拆分单元格，方法如下。

① 合并单元格：单击“擦除”按钮，待鼠标指针变成“橡皮擦”状，擦除不要的分隔线即可。

② 拆分单元格：单击“绘制表格”按钮，待鼠标指针变成“铅笔”状，在要拆分的单元格中直接画出分隔线即可。

7．表格的删除、拆分、合并

（1）删除表格

如果要删除整个表格，操作方法如下。

① 首先将插入点置于表格中的任意位置，或选中整个表格。

② 选择菜单中的“表格”→“删除”→“表格”命令，即可删除整个表格。

注意：选中表格（或单元格、行、列），再按【Delete】键，只能删除表格（或单元格、行、列）中的内容，而不能删除整个表格（或单元格、行、列）。

（2）表格的拆分

拆分表格是将一个表格拆成上、下两个表格，操作方法如下。

① 将光标置于将成为第 2 个表格的首行的单元格中。

② 单击菜单中的“表格”→“拆分表格”命令，即可将表格拆成上下两个独立的表格。

（3）表格的合并

若要将两个表格合并成一个表格，只需删除两个表之间的段落结束标记（回车符）即可。

8．改变行高和列宽

在默认状态下，系统会自动调整行高以适应内容的变化。也可用以下方法进行设置。

（1）用鼠标拖动边框线来改变行高和列宽

- 将鼠标指针移至要调整行高（或列宽）的表格边框线上，待指针变成水平（或垂直）双向箭头形状，按下鼠标左键，拖动边框线至所需位置。
- 将插入点置于需调整行高或列宽的单元格中，用鼠标拖动水平标尺或垂直标尺上的列标记或行标记，至所需位置。

操作提示：	当改变某行的高度时，相邻的行高度不会改变，而表格的总高度随之改变。 当改变某列的宽度时，表格的总宽度不会改变，而相邻列的宽度随之改变。若要使相邻列宽不变，而改变表格的总宽度，则需在拖动时同时按下【Shift】键。

（2）用“表格属性”对话框设置行高和列宽

① 首先选定要调整高度的行，再选择菜单中的“表格”→“表格属性”命令，打开“表格属性”对话框，并选择“行”选项卡，如图 3-111 所示。

② 选中“指定高度”复选框，再在其后的微调框中设置行高的数值；在“行高值是”下拉列表框中，选择“最小值”表示行的高度是适应内容的最小值，若单元格的内容超过最小值时，自动增加行高；“固定值”表示行的高度是固定的，即使单元格的内容超过了设置的行高，也不进行调整，超出的部分不显示。

③ 单击“上一行”或“下一行”按钮，可设置其他行的高度。

④ 单击“确定”按钮。

设置列宽，可在“表格属性”对话框中选择“列”选项卡，如图 3-112 所示，方法与设置行高相似。

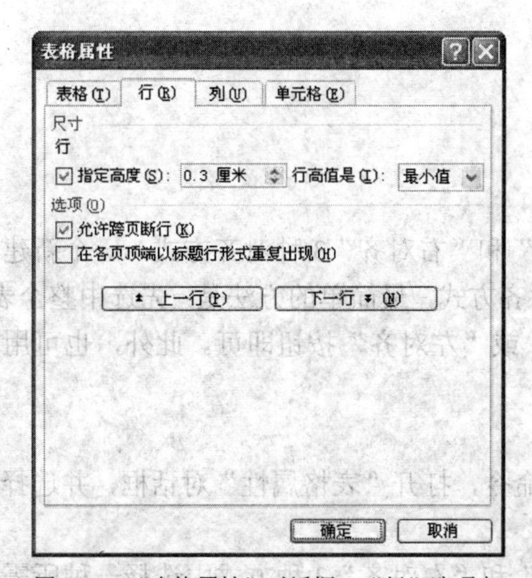

图 3-111 “表格属性”对话框—“行”选项卡

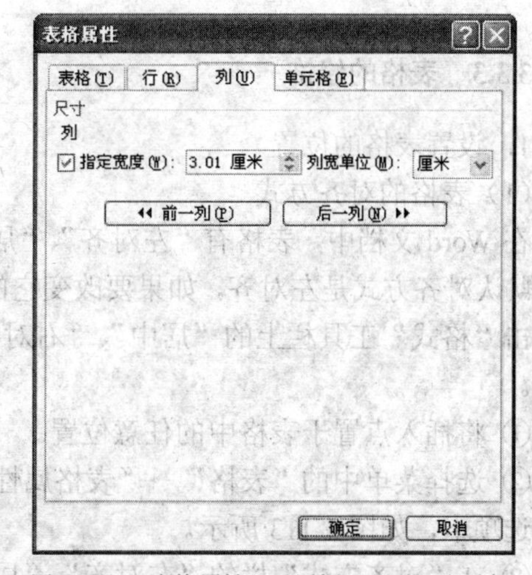

图 3-112 “表格属性”对话框—“列”选项卡

操作提示：	如果要使多行（或多列）具有相同的高度（或宽度），可以先选定这些行（或列），然后选择菜单中的“表格”→“自动调整”→“平均分布各行”（或“平均分布各列”）命令。

9．设置表格的宽度

在默认状态下，一个新建的表格是以左右页面边界之间的距离作为表格总宽度的，若要改变表格的总宽度，可以拖动表格的左、右列边框线来改变表格宽度。若要给表格设置一个精确的宽度值，可选择菜单中的“表格”→“表格属性”命令，打开“表格属性”对话框，如图 3-113 所示，在“表格”选项卡中选中“指定宽度”复选框，然后在其后的微调框中设置表格的宽度值。

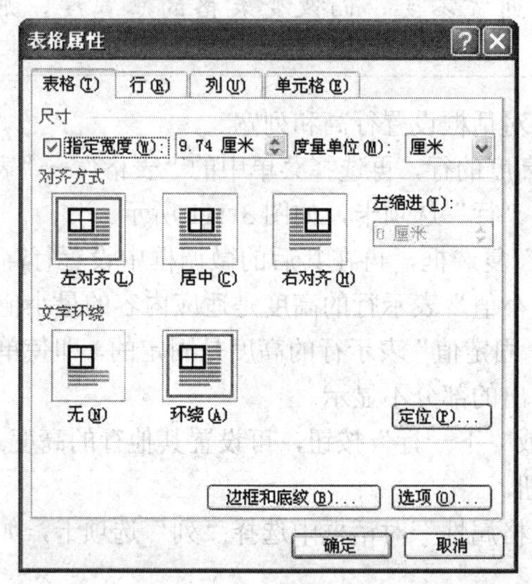

图 3-113 “表格属性”对话框—“表格”选项卡

3.3.3 表格的修饰

1. 设置表格的位置

（1）表格的对齐方式

在 Word 文档中，表格有“左对齐”、“居中”和“右对齐”3 种对齐方式，一个新建的表格，默认对齐方式是左对齐，如果要改变它的对齐方式，最简单的方法是：先选中整个表格，再单击“格式”工具栏上的“居中”、“右对齐”或“左对齐”按钮即可。此外，也可用以下方法。

① 将插入点置于表格中的任意位置。

② 选择菜单中的“表格”→“表格属性”命令，打开“表格属性”对话框，并选择“表格”选项卡，如图 3-113 所示。

③ 在“对齐方式”栏的“左对齐”、“居中”和“右对齐”3 种方式中选择一种所需的对齐方式。

④ 单击“确定”按钮。

（2）表格的环绕方式

表格也可以像图片一样，让文字环绕在它的周围。如果将表格拖放到段落文字中，文字就会环绕表格。要设置环绕方式，操作方法如下。

① 将插入点置于表格中的任意位置。

② 选择菜单中的“表格”→“表格属性”命令，打开“表格属性”对话框，并选择“表格”选项卡，如图 3-113 所示。

③ 在“文字环绕”栏中选择“环绕”。

④ 单击“确定”按钮。

⑤ 在文档中移动表格至所需位置。

2．设置单元格中文字的位置

（1）单元格中文字的对齐方式

在表格中，单元格中的文字在水平和垂直两个方向都可设置对齐方式，水平方向有左、中、右 3 个位置，垂直方向有上、中、下 3 个位置，默认是“靠上两端对齐”。设置方法有以下 4 种。

① 用“格式”工具栏进行设置

利用“格式”工具栏上的“两端对齐”、“居中”、“右对齐”（或“左对齐”）、“分散对齐”按钮，可设置单元格中文字的水平对齐方式。要注意的是，单击按钮前首先要选中单元格中的文字，而不是选中整个表格，否则设置的是整个表格的对齐方式。

② 用“表格”菜单命令进行设置

利用“表格”菜单打开“表格属性”对话框，可设置单元格文字的垂直对齐方式。操作方法如下。

a．选中单元格中的文字。

b．选择菜单中的“表格”→“表格属性”命令，打开“表格属性”对话框，并选择“单元格”选项卡，如图 3-114 所示。

c．在“垂直对齐方式”栏，可在“顶端对齐”、“居中”和“底端对齐”3 种方式中选择一种所需对齐方式。

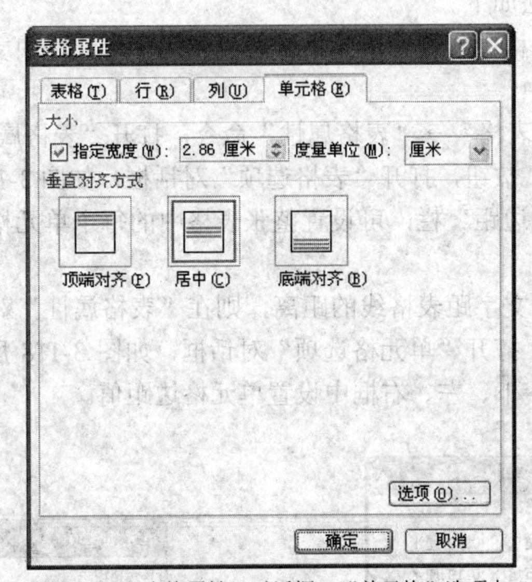

图 3-114 “表格属性”对话框—“单元格”选项卡

d．单击“确定”按钮。

③ 用快捷菜单命令进行设置

选中要设置对齐方式的单元格中的文字，单击鼠标右键，在弹出的快捷菜单中选择“单元格对齐方式”，在级联子菜单中提供了 9 种对齐方式，如图 3-115 所示，选择一种所需的对齐方式，可同时设置水平和垂直对齐方式。

④ 用“表格和边框”工具栏进行设置

利用“表格和边框”工具栏可同时设置水平和垂直对齐方式。单击“常用”工具栏上的“表格和边框”按钮，打开“表格和边框”工具栏，如图 3-116 所示。单击“对齐方式”按钮旁的下三角按钮，会显示 9 种对齐方式，选择一种所需的对齐方式即可。

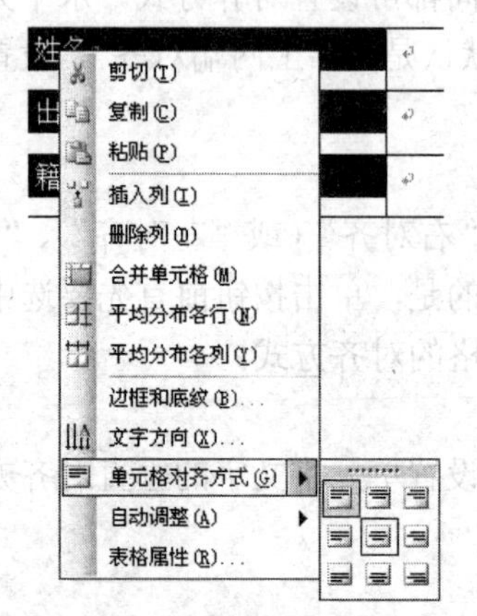

图 3-115 用快捷菜单设置单元格对齐方式

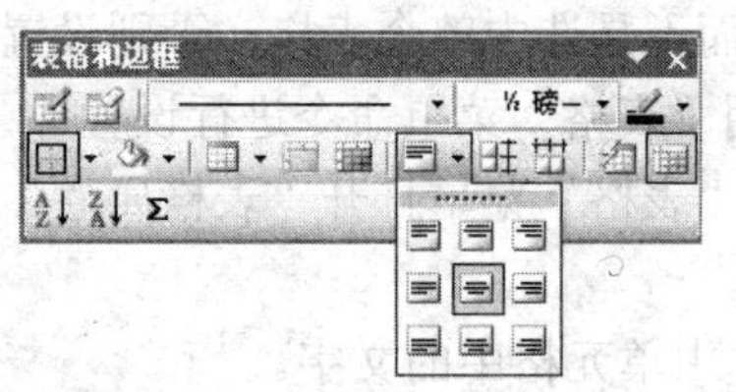

图 3-116 “表格和边框”工具栏

（2）文字到表格线的距离

在对表格排版时，可以设置整个表格中文字到表格线的距离，也可调整单元格中文字与表格线的距离，操作方法如下。

① 将插入点置于表格中的任意单元格。若设置某一单元格中文字距表格线的距离，则将插入点置于该单元格中。

② 选择菜单中的“表格”→“表格属性”命令，打开“表格属性”对话框，在“表格”选项卡中，单击“选项”按钮，打开“表格选项”对话框，如图 3-117 所示。

③ 在“默认单元格边距”栏，可设置整张表格中的每个单元格内文字到上、下、左、右表格线的距离。

④ 若设置某单元格文字距表格线的距离，则在“表格属性”对话框的“单元格”选项卡中单击“选项”按钮，打开“单元格选项”对话框，如图 3-118 所示。不选中“与整张表格相同”复选框，在上、下、左、右框中设置单元格边距值。

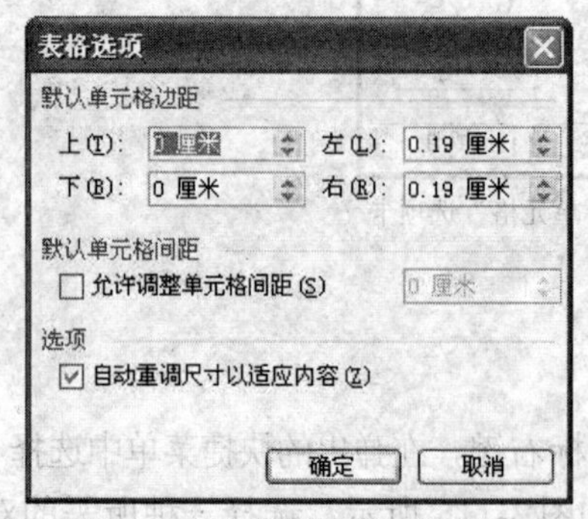

图 3-117 “表格选项”对话框

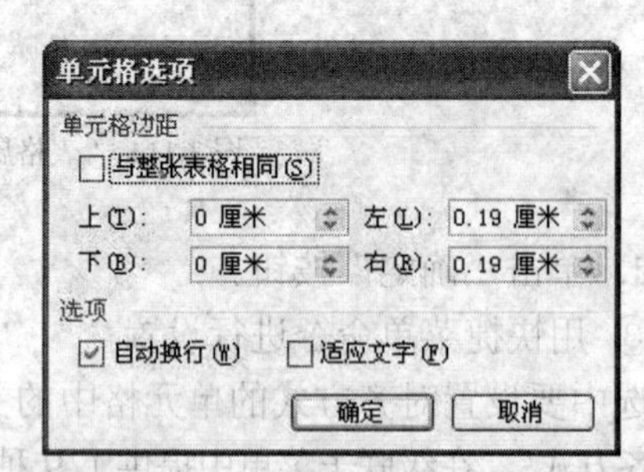

图 3-118 “单元格选项”对话框

（3）单元格中文字的方向

Word 表格的每个单元格，都可独立设置文字方向。操作方法如下。

① 选中要设置文字方向的单元格。

② 选择菜单中的“格式”→“文字方向”命令，或单击鼠标右键，在弹出的快捷菜单中选择“文字方向”命令，打开“文字方向—表格单元格”对话框，如图 3-119 所示。

③ 在“方向”栏，选择一种所需的文字排列方向。

④ 单击“确定”按钮。

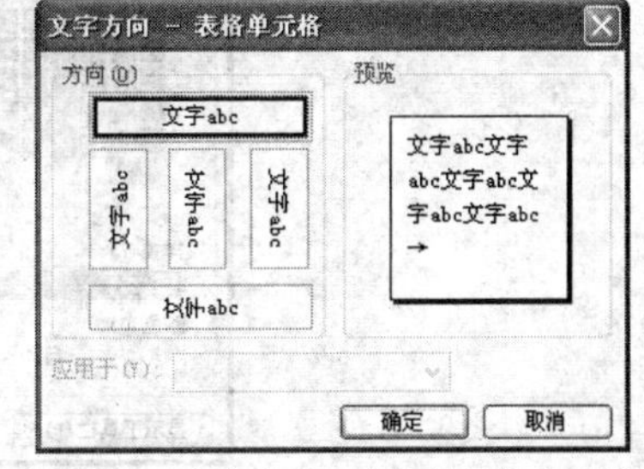

图 3-119 “文字方向—表格单元格”对话框

3．设置表格的边框与底纹

给表格或单元格添加边框和底纹可以起到美化表格，突出重点的作用，有如下两种方法。

（1）用菜单命令进行设置

① 若给表格设置边框或底纹，可将插入点置于表格中的任意位置或选中表格；若给单元格设置边框或底纹，可选中单元格。

② 选择菜单中的“格式”→“边框和底纹”命令；或选择“表格”→“表格属性”命令，打开“表格属性”对话框，在“表格”选项卡中单击“边框和底纹”按钮，打开“边框和底纹”对话框，如图 3-120 所示。

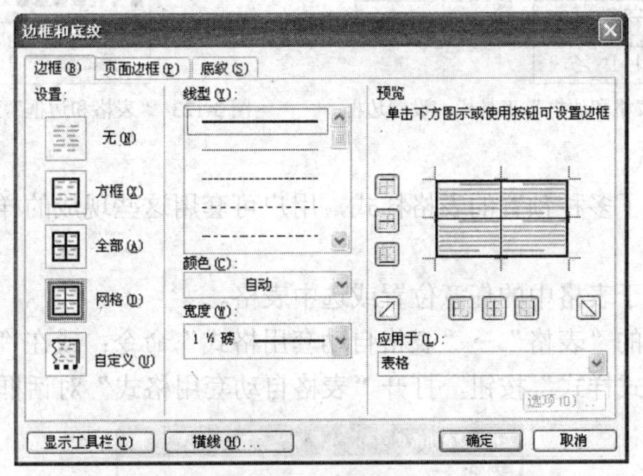

图 3-120 “边框和底纹”对话框—“边框”选项卡

③ 在“边框”选项卡的“设置”选项组中，选择一种边框类型；在“线型”、“颜色”和“宽度”下拉列表框中，分别选择所需边框的线型、颜色和宽度。

④ 还可单击“预览”框中的表格线按钮，进行设置或取消操作，也可通过单击预览图中相应的边线进行设置。

⑤ 若要设置底纹，可单击“底纹”选项卡，如图 3-121 所示，在“填充”栏中选择底纹的颜色；还可在“图案”栏中设置底纹图案的样式和颜色。

⑥ 单击“确定”按钮。

（2）用“表格和边框”工具栏进行设置

单击“常用”工具栏上的“表格和边框”按钮，打开“表格和边框”工具栏，单击“外侧框线”按钮，如图 3-122 所示，可设置边框。单击“底纹颜色”按钮，如图 3-123 所示，可设置底纹。

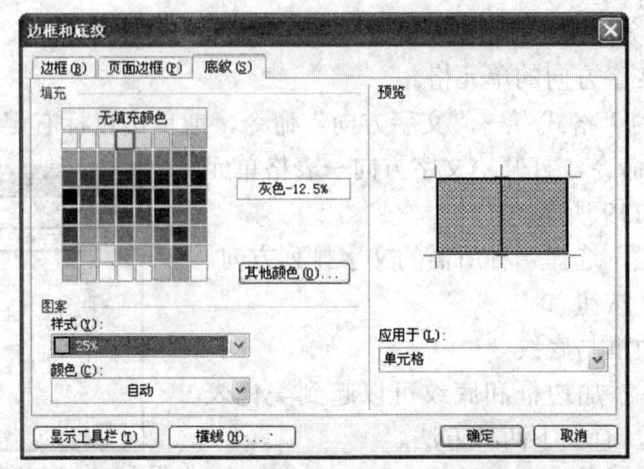

图 3-121 “边框和底纹”对话框—“底纹”选项卡

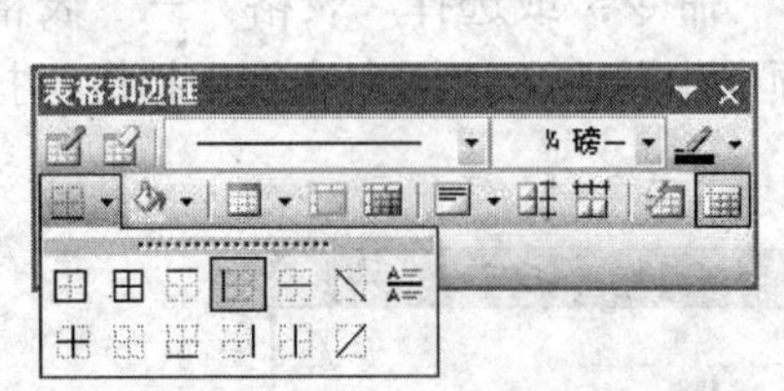

图 3-122 “表格和边框”工具栏—设置边框

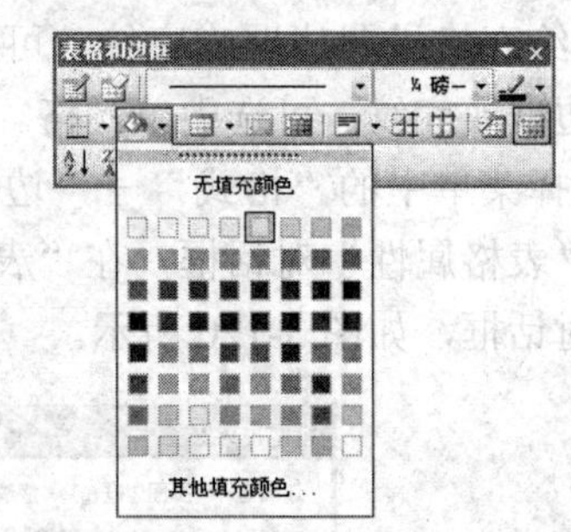

图 3-123 “表格和边框”工具栏—设置底纹

4．自动套用格式

Word 2003 提供了多种预置的表格样式，用户可套用这些现成的样式来快速制作表格，操作方法如下。

（1）将插入点置于表格中的任意位置或选中表格。

（2）选择菜单中的“表格”→“表格自动套用格式”命令；或在“表格和边框”工具栏中单击“自动套用格式样式”按钮，打开“表格自动套用格式”对话框，如图 3-124 所示。

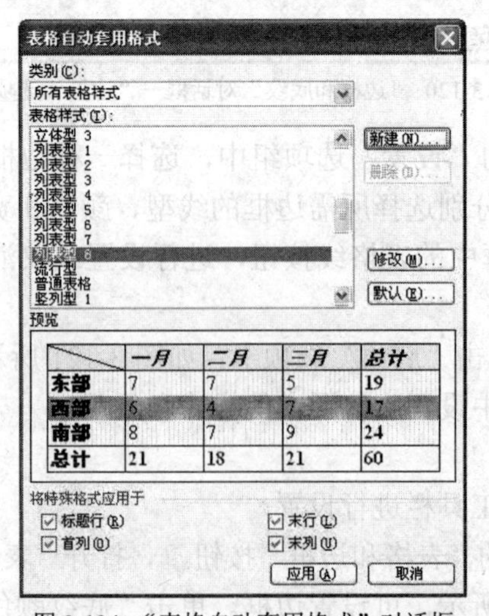

图 3-124 “表格自动套用格式”对话框

（3）在“类别”下拉列表框中选择表格样式的类别；在“表格样式”列表中，选择所需的表格样式，在预览区可见其效果。

（4）在“将特殊格式应用于”栏，可选择将表格的哪部分应用选定的套用格式。

（5）单击“应用”按钮。

3.3.4　表格的计算和排序

1．表格的计算

在制作表格时，有时需对表格中的数据进行一些计算，如求和、求平均值等。Word 提供了对表格中数据进行简单计算的功能。第一种方法是单击“表格和边框”工具栏中的“自动求和”按钮Σ，可求得光标所在单元格行或列的总数和。第二种方法是利用“公式”来计算，操作方法见下例。

【例 3-3】下面以图 3-125 所示的“学生成绩”表为例，求每位同学的总分，操作步骤如下。

（1）将光标置于要显示计算结果的单元格，即第一位同学的“总分”单元格。

（2）选择菜单中的“表格”→“公式”命令，打开“公式”对话框，如图 3-126 所示。

学号	姓名	语文	数学	英语	总分
01	李平	90	70	80	
02	张利	85	80	65	
03	陈红	75	85	80	
04	王刚	80	95	85	

图 3-125　“学生成绩”表

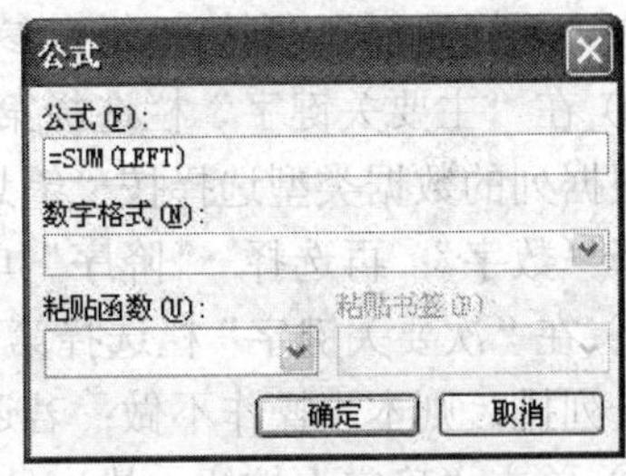

图 3-126　“公式”对话框

（3）在“公式”文本框中显示了 Word 建议使用的公式。若选中单元格位于一行数据的右端，会建议采用公式“= SUM(LEFT)”计算，即对光标左边的各单元格数值求和；若选中单元格位于一列数据的底端，则会建议采用公式“= SUM(ABOVE)”计算，即对光标上方各单元格数值求和。若“公式”框中的公式不是所需要的，可将其删除（但不要删除“=”），然后在“粘贴函数”下拉列表中选择所需要的函数。当然用户也可以自己输入公式。本例就使用公式“= SUM(LEFT)”计算。

（4）在“数字格式”下拉列表中，可选择所需的数字格式。本例可不选择。

（5）单击“确定”按钮，求得第一位同学的总分。同样的方法可分别求出其他同学的总分。结果如图 3-127 所示。

2．表格的排序

对表格的排序就是按列中内容值的大小重新调整各行的排列顺序。根据列的数据类型不同，可以按笔划、数字、日期、拼音等排序。可对一列进行排序，也可对多列进行排序。对多列排序时，首先按某个列（主关键字）设定的条件排序，该列值相等的情况下再按下一个列（次要关键字）设定的条件排序，这样依次排列。下面以图 3-127 所示的“学生成绩表”为例来做介绍。

（1）快速排序

若只对表格中某一列数据进行简单排序，如按“总分”的降序排列，可用以下方法。

① 将光标置于要排序的列中，本例将光标置于“总分”列的任意单元格中。

② 单击“表格和边框”工具栏中的“降序排列”按钮（若要按升序排列，则按“升序排列”按钮）。排序结果如图 3-128 所示。

学号	姓名	语文	数学	英语	总分
01	李平	90	70	80	240
02	张利	85	80	65	230
03	陈红	75	85	80	240
04	王刚	80	95	85	260

图 3-127　求每位同学的总分

学号	姓名	语文	数学	英语	总分
04	王刚	80	95	85	260
01	李平	90	70	80	240
03	陈红	75	85	80	240
02	张利	85	80	65	230

图 3-128　快速排序

（2）复杂排序

如果要对排序做一些设置，或按多列进行排序，如按“总分”降序排列，总分相同再按“语文”的升序排列，可用以下方法。

① 将光标置于表格内。

② 选择菜单中的“表格”→“排序”命令，打开“排序”对话框，如图 3-129 所示。

③ 在“列表”栏，选中“有标题行”单选项，则第 1 行（一般为标题行）不参与排序；若选中“无标题行”，则第 1 行也参与排序。本例选中“有标题行”单选项。

④ 在“主要关键字”栏选择第 1 个要排序的列，即选中“总分”；在“类型”下拉列表中可根据列的数据类型选择按“笔划”、“数字”、“日期”和“拼音”中的一种进行排序，本例选择“数字”；再选择 “降序”单选项。

⑤ 在“次要关键字”栏选择第 2 个排序的列，即“语文”，再选择“升序”。（若只按“总分”一列排，则本步操作不做；若还有第 3 个排序列，则继续设置“第三关键字”。）

⑥ 单击“确定”按钮。排序结果如图 3-130 所示（注意与图 3-128 比较）。

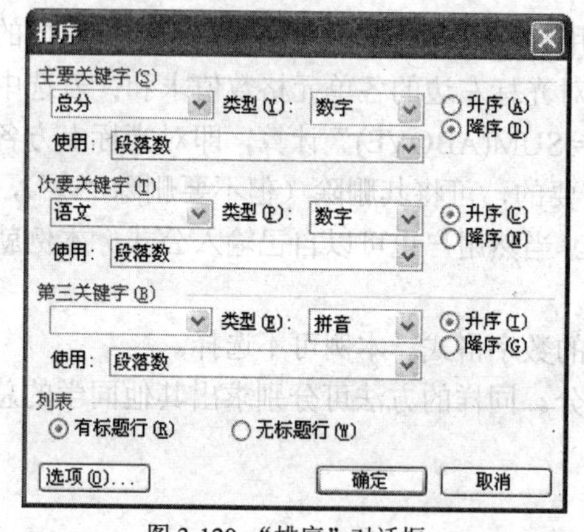

图 3-129 “排序”对话框

学号	姓名	语文	数学	英语	总分
04	王刚	80	95	85	260
03	陈红	75	85	80	240
01	李平	90	70	80	240
02	张利	85	80	65	230

图 3-130　多关键字排序

任务实施

按图 3-100 的样表所示，制作“商品销售汇总表”，操作步骤如下。

（1）输入文字“某商场商品销售汇总表”，设置为楷体，小四号字，粗体，居中，段后 0.3 行。完成后，按回车键换行。

（2）选择菜单中的“表格”→“插入”→“表格”命令，插入一个 5 行 6 列的表格，如图 3-131 所示。

某商场商品销售汇总表

图 3-131 步骤（2）效果

（3）增加第 1 行的高度和第 1 列的宽度，并将插入点置于第 1 行第 1 列，选择菜单中的“表格”→“绘制斜线表头”命令，插入斜线表头，操作如图 3-132 所示，效果如图 3-133 所示。

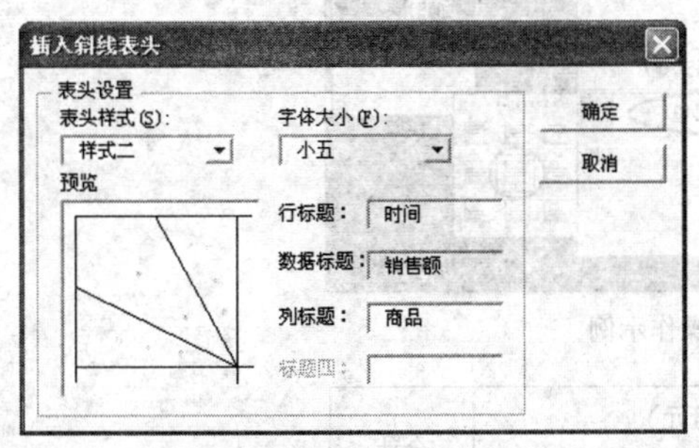

图 3-132 步骤（3）操作示例

某商场商品销售汇总表

销售额 时间 商品					

图 3-133 步骤（3）效果

（4）选中第 1 行的第 2、3、4、5 列，再选择“表格”→“拆分单元格”命令，将选中的 4 个单元格拆分成 2 行 4 列 8 个单元格，操作如图 3-134 所示，效果如图 3-135 所示。

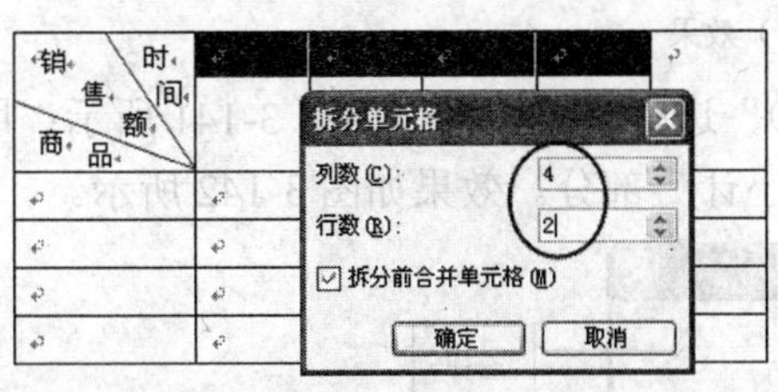

图 3-134 步骤（4）操作示例

销售额 时间 商品					

图 3-135 步骤（4）效果

（5）选中第 2、3、4、5 列最上面一行的 4 个单元格，单击鼠标右键，在弹出的快捷菜单中选择“合并单元格”命令，将选中的单元格合并成 1 个单元格，操作如图 3-136 所示，效果如图 3-137 所示。

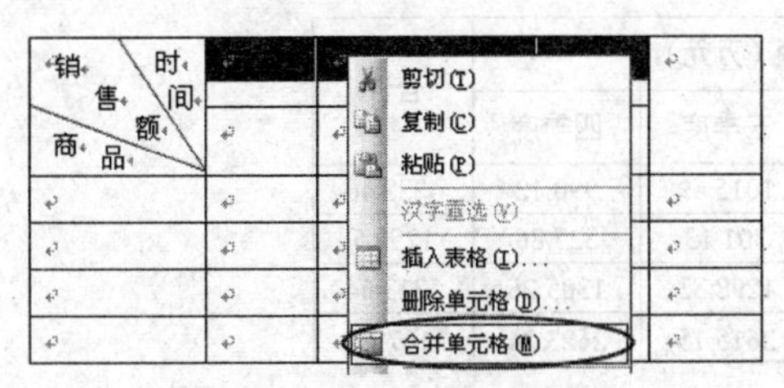

图 3-136 步骤（5）操作示例

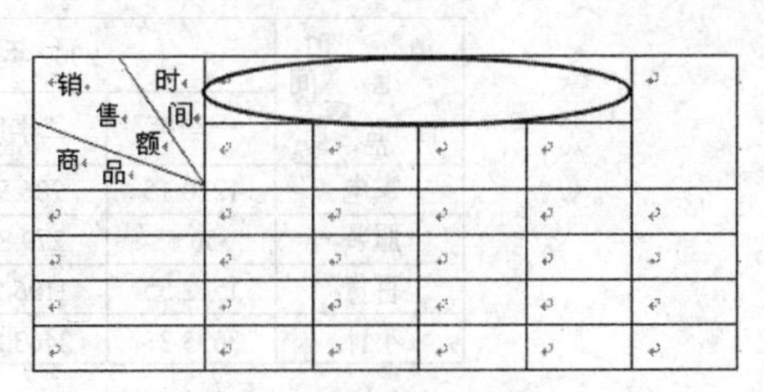

图 3-137 步骤（5）效果

（6）在各单元格中输入对应的内容，然后调整行高和列宽，效果如图 3-138 所示。

时间 销售额 商品	2009 年销售额（万元）				合计
	一季度	二季度	三季度	四季度	
家电	1230.15	986.50	1015.69	990.12	
服装	350.63	279.88	301.13	327.86	
百货	1512.55	1196.90	1298.33	1305.26	
小计					

图 3-138　步骤（6）效果

（7）设置文字对齐方式。选中整个表格，单击鼠标右键，在弹出的快捷菜单中选择“单元格对齐方式”命令，并在其级联子菜单中选择水平和垂直方向均居中的方式，操作如图 3-139 所示。设置文字对齐方式效果如图 3-140 所示。

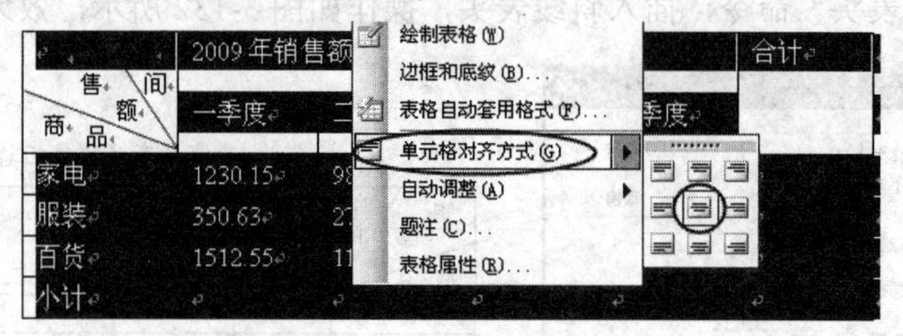

图 3-139　步骤（7）操作示例

时间 销售额 商品	2009 年销售额（万元）				合计
	一季度	二季度	三季度	四季度	
家电	1230.15	986.50	1015.69	990.12	
服装	350.63	279.88	301.13	327.86	
百货	1512.55	1196.90	1298.33	1305.26	
小计					

图 3-140　步骤（7）效果

（8）计算。“合计”列用公式“=SUM（LEFT）”进行计算，操作如图 3-141 所示；用相同的方法，利用公式“=SUM（ABOVE）”计算“小计”部分。效果如图 3-142 所示。

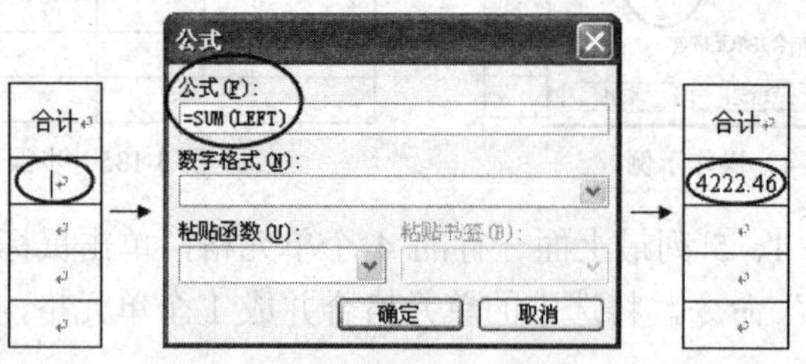

图 3-141　步骤（8）操作示例

时间 销售额 商品	2009 年销售额（万元）				合计
	一季度	二季度	三季度	四季度	
家电	1230.15	986.50	1015.69	990.12	4222.46
服装	350.63	279.88	301.13	327.86	1259.5
百货	1512.55	1196.90	1298.33	1305.26	5313.04
小计	3093.33	2463.28	2615.15	2623.24	10795

图 3-142　步骤（8）效果

（9）设置边框和底纹。

① 第 1 步首先设置外边框为 1.5 磅宽的实线，内部线条为 1 磅宽的实线，操作方法如图 3-143 所示，效果如图 3-144 所示。

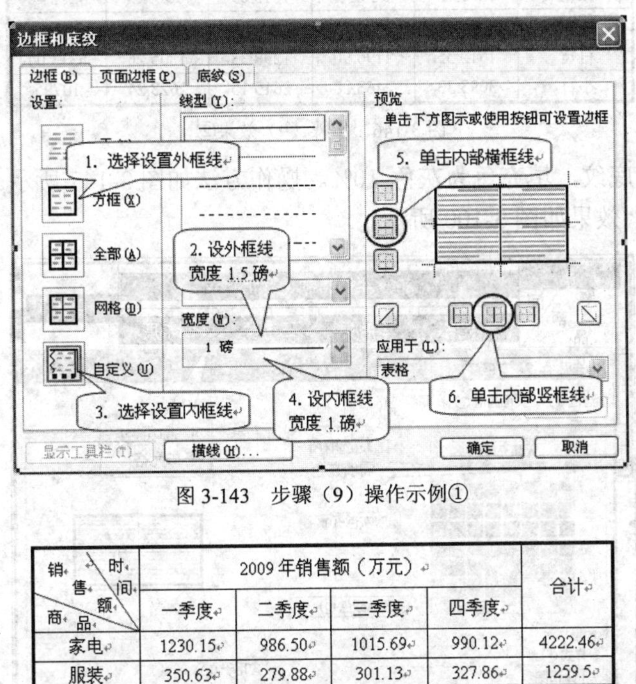

图 3-143　步骤（9）操作示例①

时间 / 销售额 / 商品	2009 年销售额（万元）				合计
	一季度	二季度	三季度	四季度	
家电	1230.15	986.50	1015.69	990.12	4222.46
服装	350.63	279.88	301.13	327.86	1259.5
百货	1512.55	1196.90	1298.33	1305.26	5313.04
小计	3093.33	2463.28	2615.15	2623.24	10795

图 3-144　步骤（9）效果①

② 第 2 步设置表头部分的下侧框线为双实线，宽度为 1.5 磅，操作方法如图 3-145 所示，效果如图 3-146 所示。

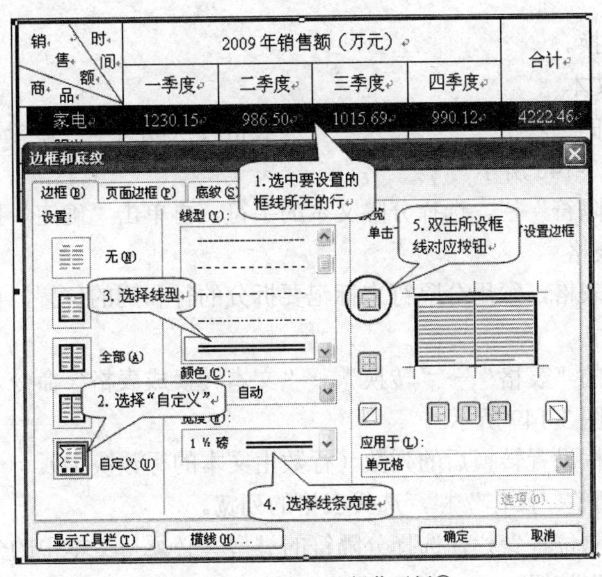

图 3-145　步骤（9）操作示例②

销售额 时间 商品	2009年销售额（万元）				合计
	一季度	二季度	三季度	四季度	
家电	1230.15	986.50	1015.69	990.12	4222.46
服装	350.63	279.88	301.13	327.86	1259.5
百货	1512.55	1196.90	1298.33	1305.26	5313.04
小计	3093.33	2463.28	2615.15	2623.24	10795

图 3-146　步骤（9）效果②

③ 第 3 步设置底纹，填充色为灰色-10%。操作方法如图 3-147 所示。至此，“商品销售汇总表”制作完成，效果如图 3-100 所示。

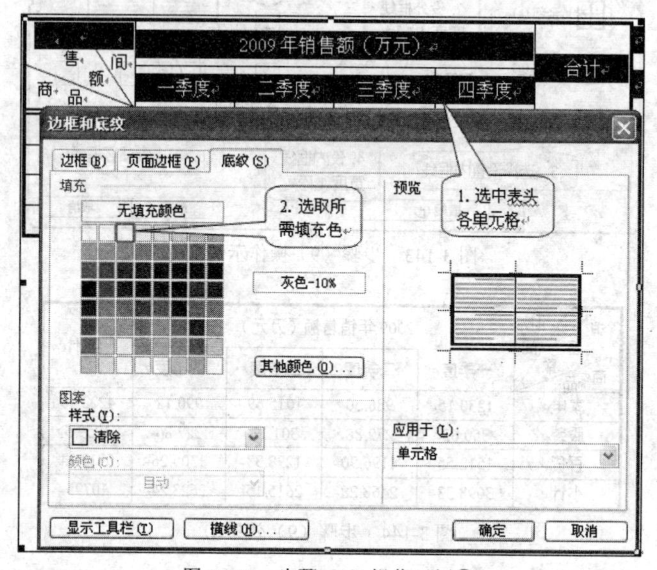

图 3-147　步骤（9）操作示例③

知识补充

文本与表格的互换。

1．表格转换为文本

（1）选择菜单中的“表格”→“转换”→“表格转换成文本”命令，打开“表格转换成文本”对话框，如图 3-148 所示。

（2）在“文字分隔符”栏，选择分隔文本的字符，再单击“确定”按钮。

2．文本转换为表格

要将文本转换成表格，须用分隔符来标记要拆分的行和列的位置，再将其转换成表格，方法如下。

（1）选择菜单中的“表格”→“转换”→“文本转换成表格”命令，打开“将文字转换成表格”对话框，如图 3-149 所示。

（2）在“列数”框设置转换后的列数（行数由文本的行数决定）。

（3）在“‘自动调整’操作”栏，选择表格的列宽。

（4）在“文字分隔位置”栏，选择分隔符的类型（必须与文本中的分隔符相同）。

（5）单击“确定”按钮。

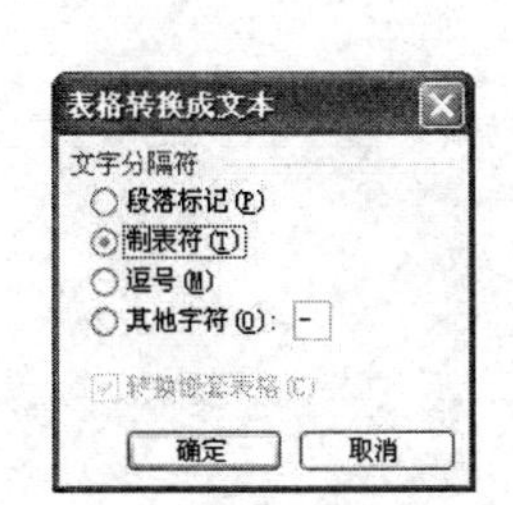

图 3-148 “表格转换成文本”对话框

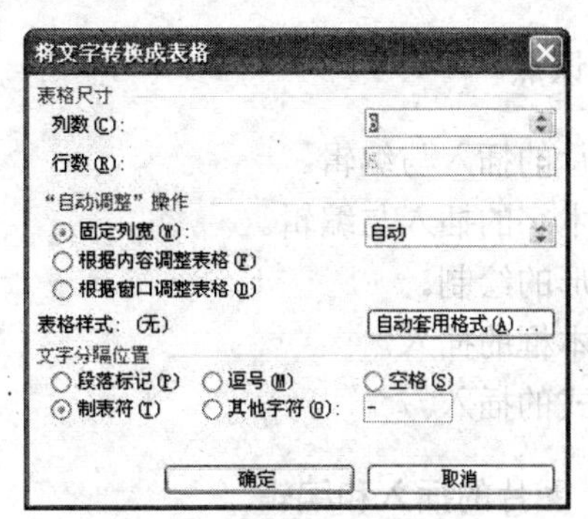

图 3-149 “将文字转换成表格”对话

3.4　任务四　图文混排

任务目标

通过本任务的学习，制作如图 3-150 所示的 Word 文档“音乐的表现力.doc”。

艺术与哲学的断想

音乐的表现力

音乐巨匠莫扎特

“言为心声”。言的定义是很广泛的：汉语、英语和德语都是语言，音乐也是一种语言。虽然这两类语言的构成和表现力不同，但都是人的心声。作为音响诗人，莫扎特[1]是了解自己的，他是一位善于扬长避短、攀上音乐艺术高峰的旷世[①]天才。他自己也说过：

“我不会写诗，我不是诗人……也不是画家。我不能用手势来表达自己的思想感情；我不是舞蹈家。但我可以用声音来表达这些；因为，我是一个音乐家。”

莫扎特音乐披露的内心世界是一个充满了希望和朝气的世界。尽管有时候也会出现几片乌黑的月边愁云，听到从远处天边隐约传来的阵阵雷声，但整个音乐的基调和背景毕竟是一派清景无限的瑰丽气象。即使是他那未完成的绝命之笔“d小调安魂曲”，也向我们披露了这位仅活了36岁的奥地利短命天才，对生活的执着、眷恋和生生死死追求光明的乐观情怀。

由于莫扎特的音乐语言平易近人，作品结构清晰严谨，“因而使乐思的最复杂的创作也看不出斧凿的痕迹。这种容易使人误解的简朴是真正隐藏了艺术的艺术。”

[1] 莫扎特：（1756-1791）奥地利作曲家，欧洲维也纳古典乐派的代表人物之一，作为古典主义音乐的典范，他对欧洲音乐的发展起了巨大的作用。

[①] 旷世：当代没有能够相比的。

1

图 3-150 “图文混排”样文

任务知识点

- 图片的插入与编辑。
- 艺术字的插入与编辑。
- 图形的绘制。
- 文本框的插入。
- 公式的插入。

3.4.1 图片的插入和编辑

在 Word 文档中可插入图片，并对图片进行编辑，达到图文并茂的效果。

1．插入自备图片

自备图片是以文件形式存放在磁盘上的图片，这些图片可以是照片、经过处理的图像等。插入自备图片的方法如下。

（1）将插入点置于要插入图片的位置。

（2）选择菜单中的“插入”→“图片”→“来自文件”命令，或单击“绘图”工具栏中的“插入图片”按钮，打开“插入图片”对话框，如图 3-151 所示。

（3）在对话框中找到要插入的文件，并选中它，然后单击“插入”按钮。

2．插入剪贴画

在 Word 的“剪辑库”中存放了大量的现成图片，称为剪贴画。插入剪贴画的方法如下。

（1）将插入点置于要插入图片的位置。

（2）选择菜单中的“插入”→“图片”→“剪贴画”命令，或单击“绘图”工具栏中的“插入剪贴画”按钮，打开“剪贴画”任务窗格，如图 3-152 所示。

图 3-151 “插入图片”对话框

图 3-152 “剪贴画”任务窗格

（3）在“搜索文字”框中输入插入图片的关键字，如“植物”、“汽车”等。若不输入任何内容，则 Word 会搜索所有剪贴画。

（4）在“搜索范围”下拉列表框中选择搜索剪贴画的范围。

（5）在“结果类型”下拉列表框中选择要搜索的剪贴画的媒体类型，如“剪贴画”、“照片”、“影片”、“声音”和“所有媒体文件类型”。

（6）单击“搜索”按钮，在任务窗格中会显示搜索结果。

操作提示：	在文档中也可将剪贴板上的图片插入文档，方法如下。 ① 先将图片复制到剪贴板中。 ② 将插入点置于要插入图片的位置。 ③ 选择菜单中的“编辑”→“粘贴”命令，或单击“常用”工具栏上的“粘贴”按钮，或按【Ctrl+V】组合键。

3．编辑图片

当在文档中插入图片或剪贴画后，Word允许对图片的格式进行设置，如改变图片的大小、位置、亮度、对比度和环绕方式以及裁剪图片等。设置图片格式有以下2种方法。

（1）用“图片”工具栏进行设置

一般插入图片后，Word会自动弹出“图片”工具栏，如图3-153所示。若工具栏未显示，可选择菜单中的“视图”→“工具栏”→“图片”命令，或右键单击图片，在弹出的快捷菜单中选择“显示‘图片’工具栏”命令。单击工具栏中的相关按钮，可对图片的格式进行粗略的设置。“图片”工具栏上的有关按钮功能介绍如下。

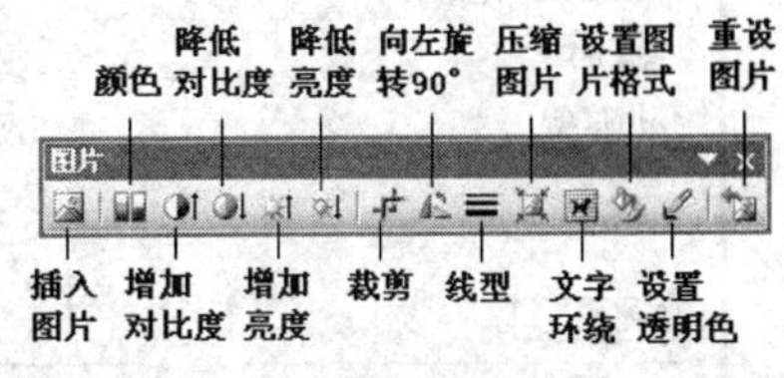

图3-153 “图片”工具栏

- “颜色”按钮：可将彩色图片转换为“黑白”、“灰度”和“冲蚀”（水印）图。
- “裁剪”按钮：可裁去图片中不需要的部分。方法是：先选中图片，再单击“裁剪”按钮，待鼠标指针变成如图3-154（a）所示的形状后，将其移至图片的某个控制点，并按下鼠标左键，此时指针变成如图3-154（b）所示的形状，拖动鼠标裁去不需要的部分。
- “线型”按钮：可设置图片边框的线型。
- “文字环绕”按钮：可设置文字在图片周围的环绕方式，共8种环绕方式，如图3-155所示。

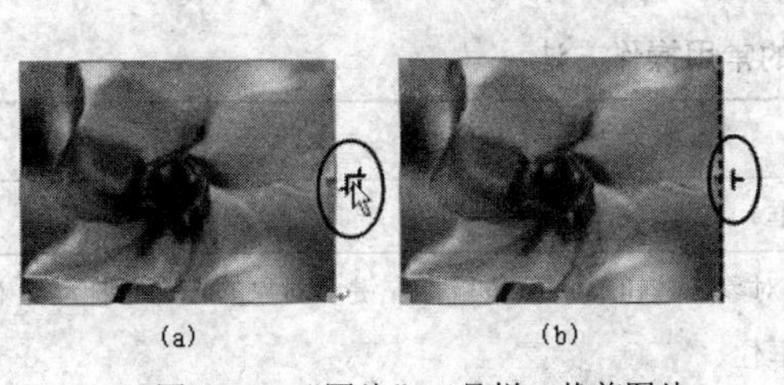

图3-154 “图片”工具栏—裁剪图片

图3-155 “图片”工具栏—设置文字环绕方式

- “设置图片格式”按钮：可打开“设置图片格式”对话框，以精确设置图片格式。
- “设置透明色”按钮：设置选定图片的透明色，只对GIF格式的图片适用。
- “重设图片”按钮：返回初始设置，即将图片恢复到未做任何修改的状态。

（2）用“设置图片格式”对话框进行设置

单击“图片”工具栏的“设置图片格式”按钮，或右键单击图片，在弹出的快捷菜单中选择“设置图片格式”命令，打开“设置图片格式”对话框，如图 3-156 所示，可对图片格式进行精确设置。相关选项卡介绍如下。

- “图片”选项卡：如图 3-156 所示。在裁剪栏的左、右、上、下框可精确设置裁剪的数值；在“图像控制”栏，可设置图片的对比度、亮度，也可将图片转换成“黑白”、“灰度”或“冲蚀”（水印）图；单击“压缩”按钮可压缩图片；单击“重新设置”按钮，可返回图片的初始设置。
- “颜色与线条”选项卡：可设置图片的填充颜色和线条。
- “大小”选项卡：可设置图片的高度、宽度值以及缩放比例。
- “版式”选项卡：如图 3-157 所示。可设置图片的环绕方式（5 种）及水平对齐方式。

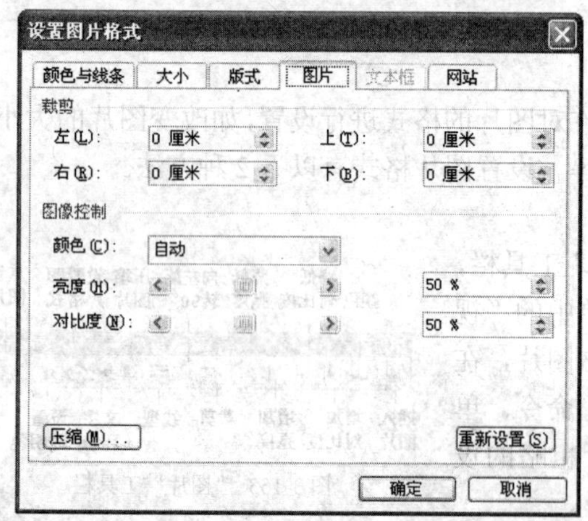

图 3-156 “设置图片格式”对话框—“图片”选项卡

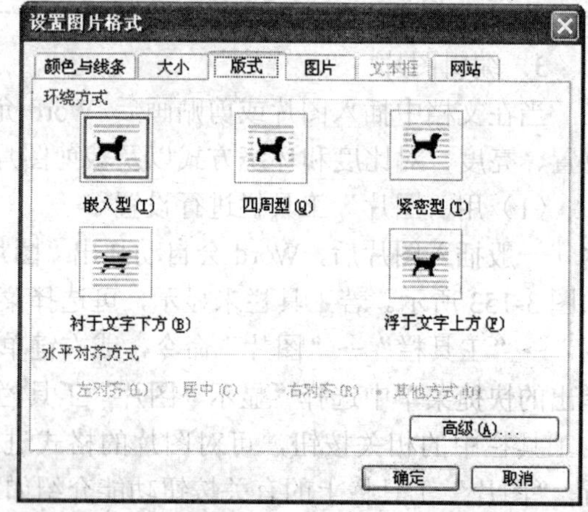

图 3-157 “设置图片格式”对话框—“版式”选项卡

单击“高级”按钮，弹出“高级版式”对话框，在其“文字环绕”选项卡提供了更多的环绕方式（7 种），还可进一步设置文字环绕的位置及图片距正文的距离；在其“图片位置”选项卡可设置图片的水平、垂直对齐方式和绝对位置等。

4．图形对象的操作方法

在文档中插入了图片、剪贴画、艺术字、自选图形、文本框等图形对象后，通常要进行编辑操作，除了可在“设置图片格式”对话框中精确设置其位置和大小外，还可通过鼠标和键盘对这些对象进行选取、改变位置、调整大小等操作，方法如表 3-8 所示。

表 3-8　　图形对象的常用操作方法

编辑对象	操 作 方 法
选取单个对象	单击对象，或单击对象边框（文本框）
选取多个对象	• 单击“绘图”工具栏上的“选择对象”按钮，按下鼠标左键从对象的左上角拖动至右下角，将要选定的多个对象全部用虚线框框住。 • 按下【Shift】键的同时单击各对象或其边框
移动对象	• 用鼠标移动：选中对象后，将鼠标指针置于对象上方，当指针变成双向十字形时，拖动鼠标 • 用键盘移动：选中对象后，按“↑、↓、←、→”方向键。若按下方向键时同时按下【Ctrl】键，可微移对象
改变对象的大小	选中对象，将鼠标指针移至图片周围的 8 个控制点的某一个上，待鼠标指针变成双向箭头形状时，拖动控制点

3.4.2　艺术字的插入和编辑

在 Word 文档中可插入具有特殊效果的艺术字。艺术字本质上是一种图形对象。

1．插入艺术字

（1）选择菜单中的“插入”→“图片”→“艺术字”命令，或单击“绘图”工具栏上的“艺术字”按钮，打开“艺术字库”对话框，如图 3-158 所示。

（2）选择一种合适的艺术字式样，然后单击“确定”按钮，弹出“编辑‘艺术字’文字”对话框，如图 3-159 所示。

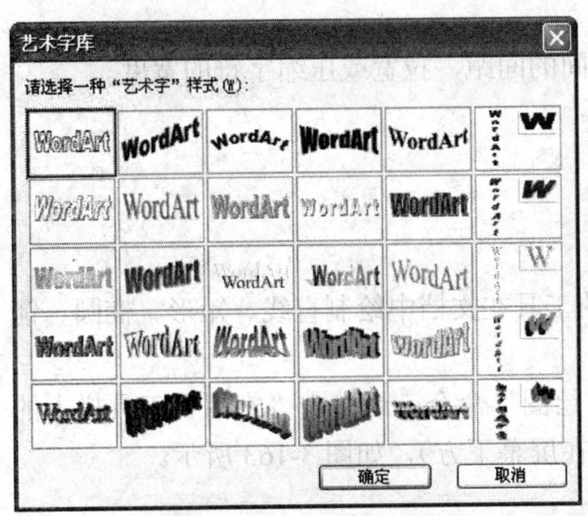

图 3-158 “艺术字库”对话框

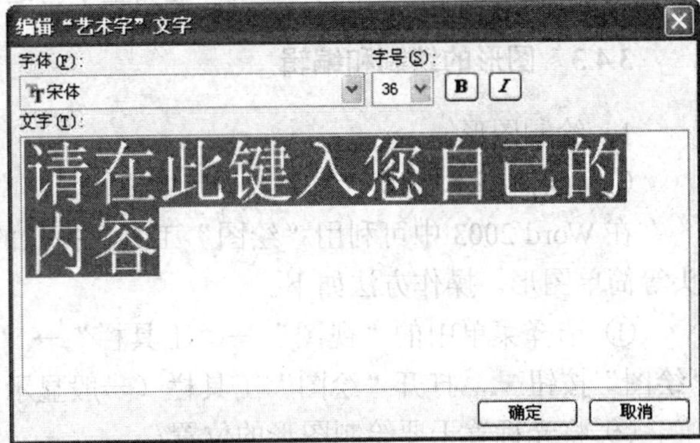

图 3-159 “编辑‘艺术字’文字”对话框

（3）在“文字”框内输入艺术字的内容，并可设置字体、字号等。

（4）单击“确定”按钮，则艺术字插入文档中，如图 3-160 所示，同时会打开“艺术字”工具栏，如图 3-161 所示。

2．编辑艺术字

插入艺术字后，若要修改艺术字的文字内容，可双击艺术字，打开“编辑‘艺术字’文字”对话框进行修改。还可利用“艺术字”工具栏（见图 3-161）对其进行编辑，进一步设置其格式和效果。工具栏相关按钮的功能介绍如下。

- “插入艺术字”按钮：打开“艺术字库”对话框，可插入新的艺术字。
- “编辑文字”按钮：打开“编辑‘艺术字’文字”对话框，可修改选定的艺术字的文字内容及字体、字号等。
- “艺术字库”按钮：打开“艺术字库”对话框，可修改选定的艺术字的样式。
- “设置艺术字格式”按钮：打开“设置艺术字格式”对话框，可设置艺术字的大小、颜色、边框、位置、环绕方式、旋转角度等。
- “艺术字形状”按钮：打开“艺术字形状”列表（见图 3-162），可选择一种所需的艺术字形状。
- “文字环绕”按钮：打开“环绕方式”列表，可设置艺术字的环绕方式。
- “艺术字字母高度相同”按钮：使选中的艺术字对象的所有字符高度相同。
- “艺术字竖排文字”按钮：将艺术字文字竖排显示。

图 3-160 艺术字效果

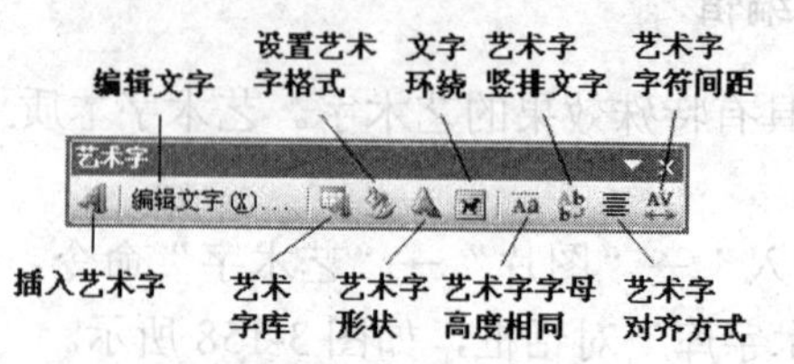

图 3-161 “艺术字”工具栏

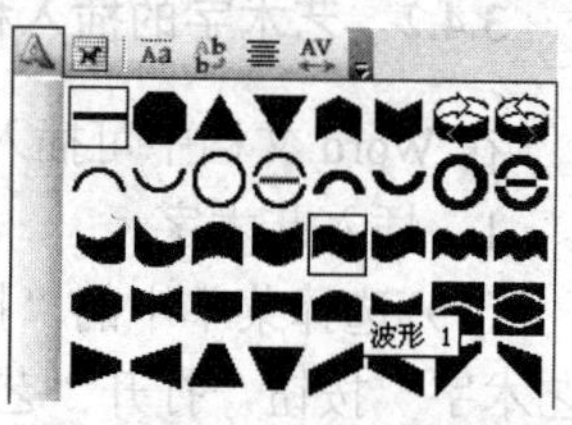

图 3-162 “艺术字形状”列表

- “艺术字对齐方式”按钮：（若艺术字有多行的话）可实现左、中、右对齐，还可进行字母调整、单词调整和延伸调整。
- “艺术字字符间距”按钮：可调整字符之间的间距，拉宽或压缩字符的宽度。

3.4.3 图形的绘制和编辑

1．绘制图形

（1）绘制基本图形

在 Word 2003 中可利用“绘图”工具栏提供的工具在文档中绘制直线、矩形、椭圆、箭头等简单图形。操作方法如下。

① 选择菜单中的“视图”→“工具栏”→“绘图”命令，或单击“常用”工具栏上的“绘图”按钮，打开“绘图”工具栏（一般显示在屏幕下方），如图 3-163 所示。

② 将光标置于要绘制图形的位置。

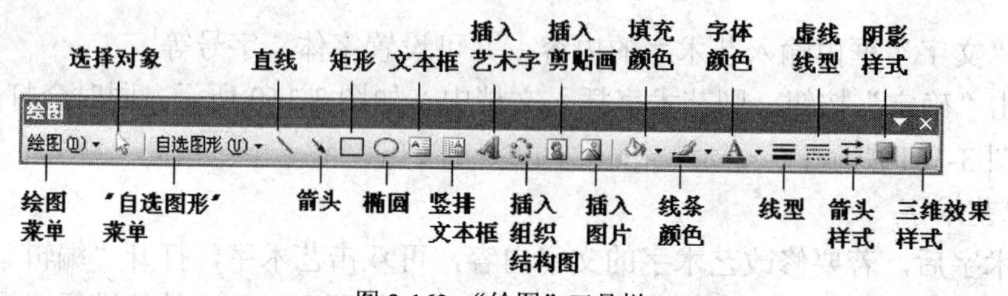

图 3-163 “绘图”工具栏

③ 单击“绘图”工具栏上的相应按钮（如“直线”、“矩形”等），待鼠标指针变成十字形，再由绘图起点位置按住鼠标左键拖动到结束位置释放即可。

（2）绘制自选图形

单击“绘图”工具栏的“自选图形”按钮，弹出“自选图形”菜单，如图 3-164 所示，从中选择自选图形的类型，再从其子菜单中选择所需的自选图形。也可选择菜单中的“插入”→“图片”→“自选图形”命令，打开“自选图形”工具栏，如图 3-165 所示，从中进行操作。绘制自选图形的方法与绘制基本图形相同。

2．编辑图形

（1）在图形中添加文字

右键单击要添加文字的图形，在弹出的快捷菜单中选择“添加文字”命令，此时插入点定位于图形内，然后在插入点处输入文字。图形内的文字可与普通文字一样设置格式。

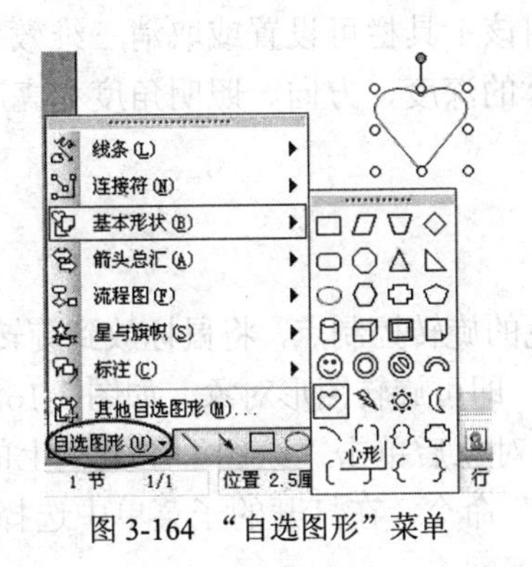

图 3-164　“自选图形”菜单

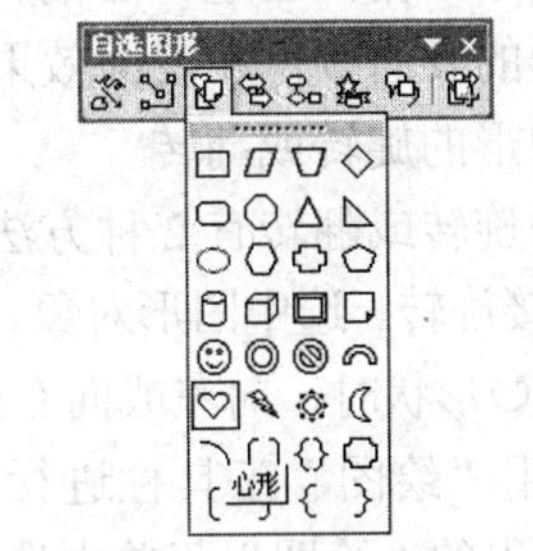

图 3-165　“自选图形”工具栏

（2）设置图形边框及颜色

① 设置图形边框的线型和颜色。选中图形，单击“绘图”工具栏上的“线条颜色”按钮，可设置边框的颜色；单击“线型”按钮，可设置边框的线型；还可单击“虚线线型”按钮，设置用点画线做边框。也可右键单击图形，在弹出的快捷菜单中选择“设置自选图形格式”命令，打开“设置自选图形格式”对话框，在“颜色与线条”选项卡中设置填充色，边框的线型、粗细与颜色。

② 设置图形的填充色。选中图形，单击“绘图”工具栏上的“填充颜色”按钮，可用选中的颜色填充一个封闭的图形。

③ 设置图形中文字的颜色。选中图形，单击“绘图”工具栏上的“字体颜色”按钮，可设置图形中的文字颜色。

（3）阴影和三维效果

使用阴影和三维效果可以增加图形的艺术表现力。

① 设置阴影。图片、剪贴画、艺术字、自绘图形、文本框都可加上阴影。设置阴影的方法是：选中图形，单击“绘图”工具栏上的“阴影样式”按钮，打开“阴影样式”列表，如图 3-166 所示，从中选择一种阴影样式。若要取消阴影，可选择“无阴影”。单击“阴影设置”选项，打开“阴影设置”工具栏，如图 3-167（a）所示，利用该工具栏可设置或取消阴影，也可以将阴影上下左右移动，还可设置阴影的颜色。

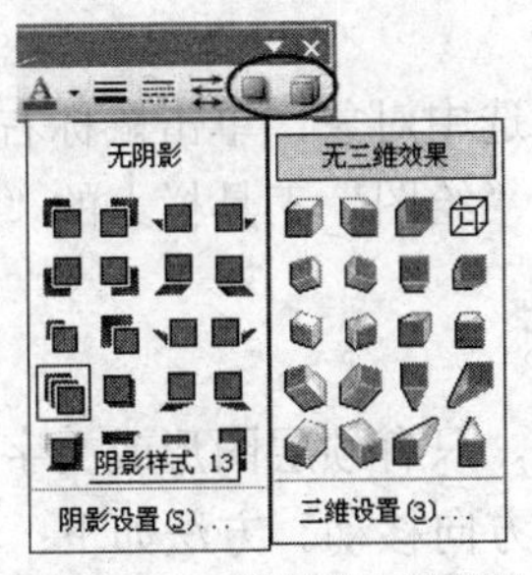

图 3-166　阴影和三维效果

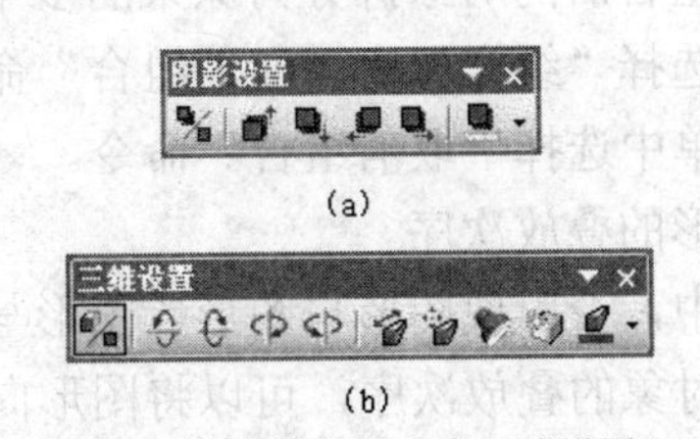

图 3-167　“阴影设置”和“三维设置”工具栏

② 三维效果。只有艺术字、自绘图形和文本框可以使用三维效果（图片、剪贴画不能使用），且不能同时具有阴影和三维效果。设置三维效果的方法是：选中图形，单击“绘图”工具栏上的“三维效果样式”按钮，打开“三维效果”列表，如图 3-166 所示，从中选择一种三维效果样式。若要取消三维效果，可选择“无三维效果”。单击“三维设置”选项，打开

“三维设置”工具栏，如图 3-167（b）所示，利用该工具栏可设置或取消三维效果，也可以设置三维效果下俯、上翘、左偏和右偏，调整立体的深度、方向、照明角度和亮度，还可设置立体部分的表面颜色和表面效果。

（4）图形的旋转或翻转

图形的旋转或翻转有 2 种方法。

① 直接旋转。选中图形对象，对象上显示绿色的旋转控制点，将鼠标放到旋转控制点上，当指针变成↻形状时，向左或向右拖动旋转控制点，即可旋转图形对象，如图 3-168 所示。

② 利用“绘图”工具栏进行旋转。选中图形对象后单击“绘图”工具栏上的“绘图”按钮，在弹出的“绘图”菜单中选择“旋转或翻转”命令，在打开的子菜单中选择旋转方式，如图 3-169 所示。

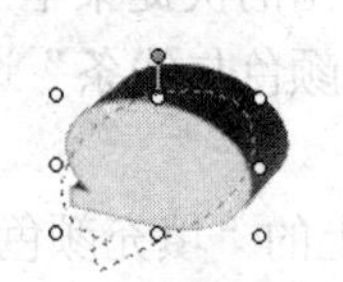

图 3-168　直接旋转图形

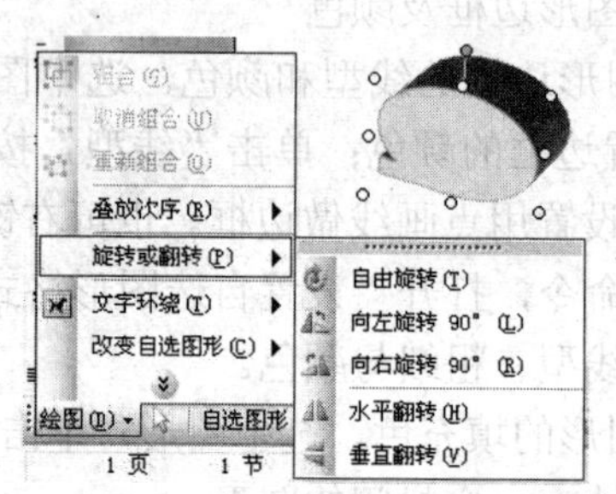

图 3-169　用“绘图”菜单命令旋转或翻转图形

（5）组合图形

组合图形是指将多个图形对象组合在一起，作为一个新的整体对象来处理。方法是：选中要组合的多个图形，单击鼠标右键，在弹出的快捷菜单中选择“组合”→“组合”命令，或单击“绘图”工具栏上的“绘图”按钮，在弹出的菜单中选择“组合”命令，如图 3-170 所示。

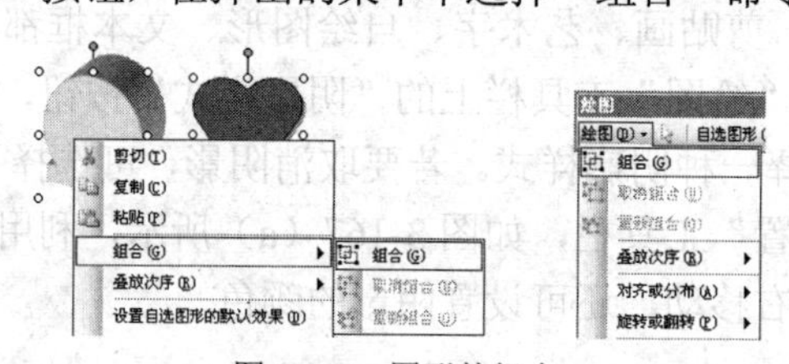

图 3-170　图形的组合

若要将组合后的对象拆分为原来的多个对象，可先选中对象，单击鼠标右键，在弹出的快捷菜单中选择“组合”→“取消组合”命令，或单击“绘图”工具栏上的“绘图”按钮，在弹出的菜单中选择“取消组合”命令。

（6）图形的叠放次序

在文档中，若出现图形与图形、图形与文字重叠时，只有顶层图形或文字完全可见。通过改变图形对象的叠放次序，可以将图形向底层或顶层方向移动。方法如下：

① 选中要改变叠放次序的图形。

② 单击鼠标右键，在弹出的快捷菜单中选择“叠放次序”命令，或单击“绘图”工具栏上的“绘图”按钮，在弹出的菜单中选择“叠放次序”命令，如图 3-170 所示。

③ 在“叠放次序”子菜单中选择该图形的叠放次序，如“置于顶层”、“置于底层”等。若与文字重叠，可选择“浮于文字上方”或“衬与文字下方”。

3.4.4 插入文本框

文本框是用于存放文字、图形、表格的矩形区域，Word 将文本框作为图形对象进行处理。

1．插入文本框

（1）选择菜单中的“插入”→“文本框”→“横排”（或“竖排”）命令，或在绘图工具栏中单击“文本框”按钮（或“竖排文本框”按钮），鼠标指针变成十字形。

（2）将鼠标移到要插入文本框的位置，按下鼠标左键拖动至所需大小，释放鼠标键，即可插入一个文本框。

（3）文本框插入后，插入点在文本框中，即可向文本框中添加文字或图片。若插入点不在文本框中，可双击文本框，插入点即出现在文本框中；也可右键单击文本框的边框，在弹出的快捷菜单中选择“编辑文字”命令。

2．编辑文本框

文本框作为图形对象，可以移动，并独立设置其格式，如修改边框的线型和颜色，设置填充色、环绕方式等。设置文本框格式的方法是：选中文本框，选择菜单中的“格式”→“文本框”命令或右键单击文本框，在弹出的快捷菜单中选择“设置文本框格式”命令，打开“设置文本框格式”对话框，如图 3-171 所示，在对话框中可设置文本框的格式。

3．链接文本框

文本框的链接就是把多个文本框链接在一起，如果前一个文本框文字排满了，尾部的内容自动转移到下一个文本框；当删除前一个文本框的部分内容时，下一个框的内容自动移到前一个文本框。建立文本框链接的操作方法如下。

（1）首先选中第 1 个文本框，再单击“文本框”工具栏（见图 3-172）上的“创建文本框链接”按钮，或右键单击文本框，在弹出的快捷菜单中选择“创建文本框链接”命令，此时鼠标指针变成“茶杯”状。

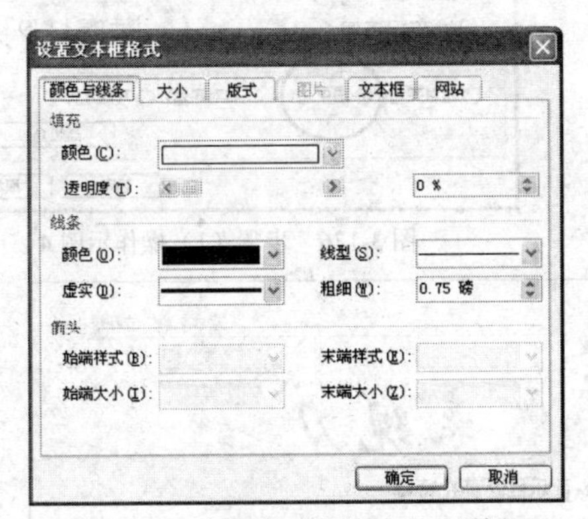

图 3-171 “设置文本框格式”对话框

图 3-172 “文本框”工具栏

（2）将光标移至要链接的第 2 个文本框中（此框必须为空），单击鼠标，则两个文本框就建立了链接。若还要链接其他文本框，只需重复（1）、（2）步骤。

如果要删除两个文本框之间的链接，可先选择起始文本框，再单击“文本框”工具栏上的“断开向前链接”按钮。

任务实施

按图 3-150 的样文所示，实现文档“音乐的表现力.doc”的图文混排，操作步骤如下。

（1）将标题“音乐的表现力”用艺术字来显示。首先选中该标题文字，再打开“艺术字库”对话框，选择第 3 行第 4 列的样式，如图 3-173 所示，然后在“编辑‘艺术字’文字”对话框中，将字体设为“华文行楷”、36 号字，如图 3-174 所示；设“艺术字形状”为“波形 1”，如图 3-162 所示；设置环绕方式为“上下型环绕”，如图 3-175 所示；设置居中显示，如图 3-176 所示。效果如图 3-177 所示。

图 3-173　步骤（1）操作示例 1

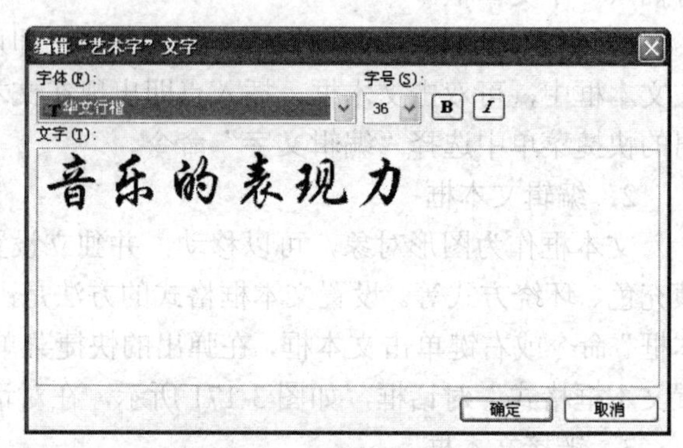

图 3-174　步骤（1）操作示例 2

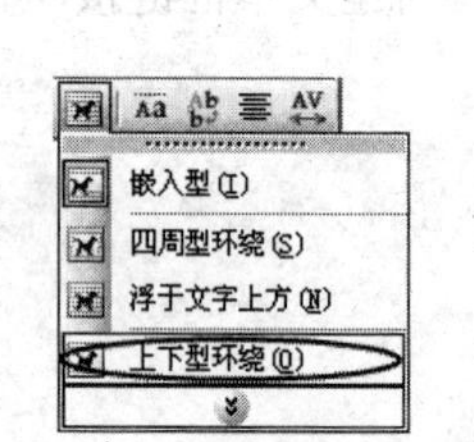

图 3-175　步骤（1）操作示例 3

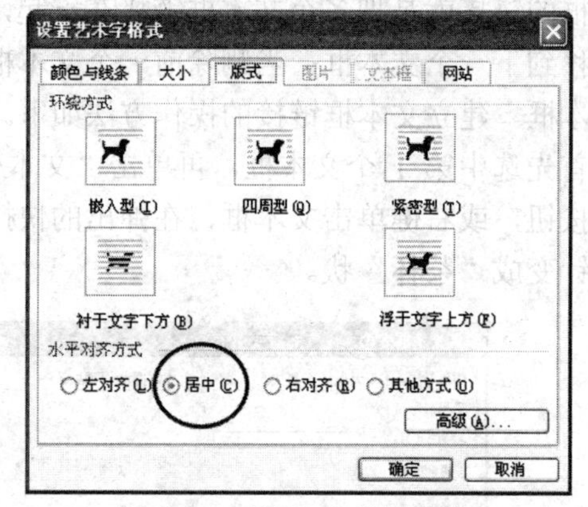

图 3-176　步骤（1）操作示例 4

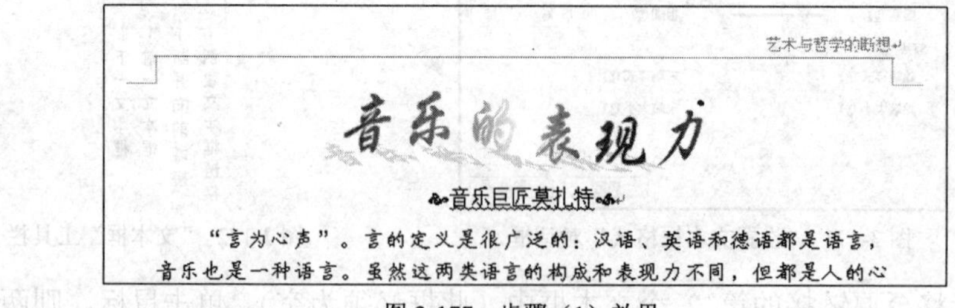

图 3-177　步骤（1）效果

（2）插入图片。选择菜单中的“插入”→“图片”→“来自文件”命令，插入名为“音符.wmf”的图片。设置环绕方式为“四周型环绕”。根据图 3-150 的样文，将图片移动至相应位置，并调整图片大小，如图 3-178 所示。最终效果如图 3-150 所示。

图 3-178　步骤（2）操作示例

知识补充——插入公式

Word 2003 提供了编辑公式的工具，从而使用户可以很方便地在文档中插入公式。打开公式编辑器的方法如下。

（1）选择菜单中的"插入"→"对象"命令，打开"对象"对话框，如图 3-179 所示。

（2）在"新建"选项卡的"对象类型"列表中，选择"Microsoft 公式 3.0"选项。

（3）单击"确定"按钮，此时会显示"公式"工具栏和公式编辑框，Word 主窗口的菜单也随之变化，如图 3-180 所示。"公式"工具栏的第 1 行是常用数学符号，第 2 行是插槽模板，利用这些工具和菜单可以建立复杂的公式。

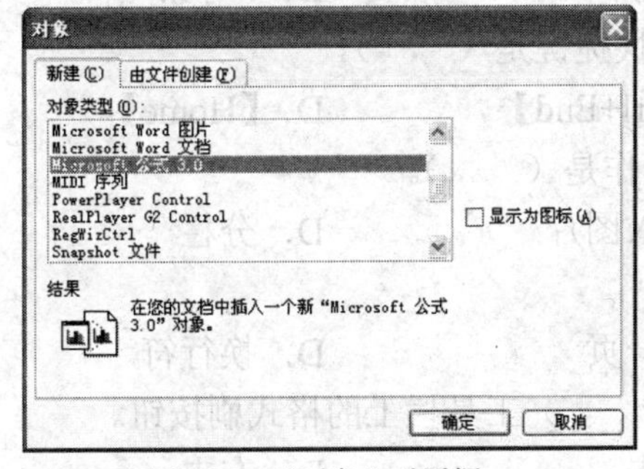

图 3-179 "对象"对话框

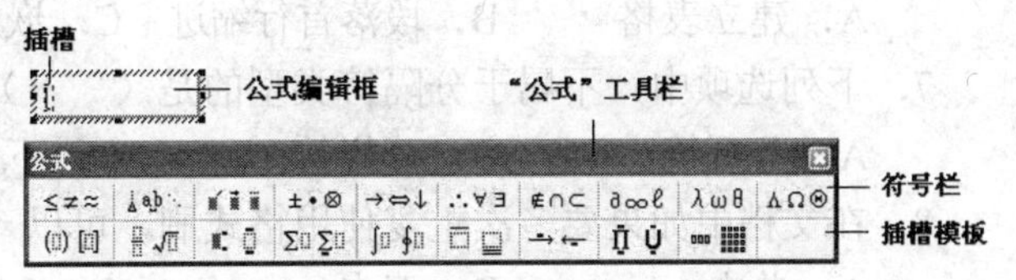

图 3-180 "公式"工具栏、公式编辑框

【例 3-4】　在文档中插入公式：$y=\sum_{n=0}^{+\infty}\frac{(-1)^n}{n+1}$，操作方法如下。

（1）将插入点置于要输入公式的位置，按上述方法打开公式编辑框和"公式"工具栏。

（2）在公式编辑框中，用键盘输入"*y*="。

（3）单击"公式"工具栏中的"求和模板"，从中选择所需的求和符号按钮，则在文档的插入点处插入了一个求和公式符号。

（4）用鼠标单击求和符号上面的插槽，在插入点处输入"+"号，再单击"公式"工具栏的符号栏中的"其他符号"按钮，从中选择"∞"符号。

（5）用鼠标单击求和符号下面的插槽，在插入点处输入"*n*=0"。

（6）用鼠标单击求和符号右边的插槽，再单击工具栏中的"分式和根式模板"，从中选择所需的分式符号按钮，则会在插入点处插入一个分式公式符号。

（7）在分式的分子插槽内输入（−1），再单击工具栏中的"上标和下标模板"，从中选择所需的上标符号按钮，然后在上标插槽内输入"*n*"。

（8）用鼠标单击分式的分母插槽，在插入点处输入“n+1”。

（9）公式输入完成后，单击公式编辑框以外的任意位置，返回文档编辑窗口。

退出公式编辑状态后，若又要对公式进行编辑修改，可双击公式；或右键单击公式，在弹出的快捷菜单中选择“公式对象”→“编辑”命令，即可进行编辑。

习　题

一、选择题

1．Word 2003 具有的功能包括（　　）。

A．文字输入　B．表格处理　C．绘制图形　D．以上都是

2．在 Word 中，如果想关闭某个文档，但不关闭 Word 窗口，可选择“文件”菜单中的（　　）命令。

A．“关闭”　B．“保存”　C．“退出”　D．“发送”

3．使用鼠标进行复制操作应（　　）拖动。

A．直接　B．按住【Shift】键　C．按住【Ctrl】键　D．按住【Alt】键

4．若要在文档中插入一个特殊符号，可以使用“插入”菜单的（　　）命令。

A．“符号”　B．“分隔符”　C．“图片”　D．“对象”

5．在 Word 文档中，将光标直接移到文档末尾的快捷键是（　　）。

A．【PaUp】　B．【End】　C．【Ctrl+End】　D．【Home】

6．在 Word 2003 中，可以在标尺上直接进行的操作是（　　）。

A．建立表格　B．段落首行缩进　C．嵌入图片　D．分栏

7．下列选项中，不属于分隔符类型的是（　　）。

A．分页符　B．分栏符　C．下一页　D．换行符

8．在文档中如果要多次重复使用格式刷，可以（　　）工具栏上的格式刷按钮。

A．单击　B．双击　C．三击　D．右击

9．文档进行修改后，既要保存修改后的内容，又不能改变原文档的内容，此时应使用（　　）命令。

A．“文件”菜单中的“保存”　B．“文件”菜单中的“另存为”

C．“文件”菜单中的“新建”　D．“插入”菜单中的

10．输入文本时，在段落结束处按回车后，如果不专门指定，新开始的自然段会自动使用（　　）排版。

A．上次保存的格式　B．打开文档时的格式

C．与上一段相同的格式　D．开机时的默认格式

11．每个段落都有自己的段落标记，段落标记的位置是（　　）。

A．段落的首部　B．段落的中间位置

C．段落的结尾处　D．段落中，但用户找不到的位置

12．同一节中的（　　）格式是一样的。

A．字符　B．段落　C．页面　D．字符和段落

13．使用（　　）菜单中的“页眉和页脚”命令建立页眉和页脚。

A．“视图”　B．“文件”　C．“插入”　D．“编辑”

14．在 Word 中选择了整个表格，并执行表格菜单中的“删除行”命令，则（　　）。

A．表格中一行被删除　B．整个表格被删除

C．表格中一列被删除　D．表格中没有内容被删除

15．在 Word 的表格操作中，计算求和的函数是（　　）。

A．Total　B．Sum　C．Count　D．Average

16．Word 2003 具有分栏功能，下列关于分栏的说法中正确的是（　　）。

A．最多可以分 4 栏　B．各栏的宽度可以不同

C．各栏的宽度必须相同　D．各栏的间距是固定的

17．不能改变叠放层次的对象是（　　）。

A．图片　B．文本　C．图形　D．文本框

18．下面的输入对象中，不属于图形对象的是（　　）。

A．日期和时间　B．艺术字　C．数学公式　D．文本框

19．在 Word 中，为文档设置页码，可以使用（　　）菜单中的命令。

A．“插入”　B．“编辑”　C．“格式”　D．“工具”

20．页面设置对话框中不能设置（　　）。

A．纸型　B．文字横排或竖排　C．版式　D．页码范围

二、填空题

1．Word 2003 文档的默认扩展名是________。

2．在编辑 Word 文档时，若不小心做了误删除操作，可用________按钮恢复删除的内容。

3．在 Word 编辑状态，按________键可在当前汉字输入法和英文输入法间切换。

4．在 Word 中，删除、复制、粘贴文本之前，应先________。

5．若要强制分页，需执行________菜单下的________命令，或手动按________键。

6．在 Word 2003“文件”菜单底部列出的文件名是________，“窗口”菜单底部列出的文件名是________。

7．在 Word 2003 中，默认的视图方式是________；若要查看或删除分节符，最好的方法是在________视图中进行。

8．在 Word 2003 中，插入一个图片后可用________工具栏来设置图片格式。

9．在 Word 2003 中，要绘制一个标准的圆，应先选择椭圆工具，再按住________键，然后拖动鼠标。

10．在表格中，要使多行高度相同，可先选定这些行，再选择“表格”菜单中的________命令，然后在其级联子菜单中选择________命令。

三、简答题

1．Word 2003 的工作界面主要由哪几部分组成？各部分的作用是什么？

2．“文件”菜单中的“保存”和“另存为”命令有何区别？

3．若要将文档中选定的内容复制或移动到其他地方，一般有哪些方法？

4．简述替换操作的主要步骤。

5．文档有哪几种视图？各有什么特点？

第4章 Excel 2003 的应用

Excel 2003 是 Office 2003 的核心组件之一，是一种功能强大的电子表格软件，它能处理文本、数字、图形、图表和多媒体对象，并对工作表中的数据进行各种统计、分析和管理等，因此它广泛应用于现代办公、公司管理、财务、金融、经济、审计、统计等众多领域。

4.1 任务一 Excel 2003 的基本操作

任务目标

制作“学生成绩表”工作簿，用于对一组学生的考试成绩进行录入，然后计算每个学生的总成绩和平均成绩，再根据个人平均成绩换算成等级，并根据个人总成绩进行排名，之后计算每门课程的总分、平均分、最高分和最低分，以及每门课程的优秀率和及格率，最后按个人总成绩计算全组的优秀率和及格率。效果如图 4-1 所示。

学生成绩表

学号	姓名	英语	高等数学	计算机基础	机械制图	电工电子	总成绩	平均成绩	等级	排名
2009021001	吴刚	92	99	95	85	89	460	92.0	优秀	2
2009021002	陈君	74	53	85	68	79	359	71.8	一般	6
2009021003	江丽萍	82	69	66	95	89	401	80.2	良好	4
2009021004	丁小芳	63	77	78	60	54	332	66.4	一般	8
2009021005	邓华	77	72	72	91	76	388	77.6	一般	5
2009021006	魏超群	53	48	60	51	63	275	55.0	一般	10
2009021007	兰珍妮	81	76	80	68	53	358	71.6	一般	7
2009021008	张敏杰	62	52	70	78	45	307	61.4	一般	9
2009021009	杨阳	92	94	98	95	90	469	93.8	优秀	1
2009021010	黄晓琳	94	83	87	80	75	419	83.8	良好	3
总分		770	723	791	771	713				
平均分		77	72.3	79.1	77.1	71.3				
最高分		94	99	98	95	90				
最低分		53	48	60	51	45				
及格率		90.00%	70.00%	100.00%	90.00%	70.00%	90.00%			
优秀率		30.00%	20.00%	20.00%	30.00%	10.00%	20.00%			

图 4-1 学生成绩表完成效果图

通过任务一的学习，完成学生成绩表原始数据的输入，如图 4-2 所示。

	A	B	C	D	E	F	G
1	学号	姓名	英语	高等数学	计算机基础	机械制图	电工电子
2	2009021001	吴刚	92	99	95	85	89
3	2009021002	陈君	74	53	85	68	79
4	2009021003	江丽萍	82	69	66	95	89
5	2009021004	丁小芳	63	77	78	60	54
6	2009021005	邓华	77	72	72	91	76
7	2009021006	魏超群	53	48	60	51	63
8	2009021007	兰珍妮	81	76	80	68	53
9	2009021008	张敏杰	62	52	70	78	45
10	2009021009	杨阳	92	94	98	95	90
11	2009021010	黄晓琳	94	83	87	80	75

图 4-2　学生成绩表原始数据的输入效果

任务知识点

- Excel 2003 的启动和退出。
- Excel 2003 的窗口界面。
- 工作簿、工作表和单元格的概念。
- 文档操作：主要包括新建、保存、修改、重命名和删除 Excel 工作簿。
- 工作表的操作：工作表的添加、删除和重命名。
- 数据输入：主要包括各种类型数据的输入、数据序列的智能输入。

4.1.1　Excel 2003 的启动和退出

1．Excel 2003 的启动

启动 Excel 2003 有以下 5 种方法，分别如下。

（1）选择“开始”→“程序”→“Microsoft Office”→“Microsoft Office Excel 2003”命令启动。

（2）选择“开始”→“文档”命令，选择文档列表中的 Excel 2003 工作簿文件启动。

（3）在资源管理器中双击 Excel 2003 工作簿文件启动。

（4）双击桌面上创建的 Microsoft Office Excel 2003 快捷方式图标启动。

（5）选择“开始”→“运行”命令，在弹出的对话框中输入命令 Excel，按【Enter】键或单击“确定”按钮启动。

2．Excel 2003 的退出

Excel 2003 的退出有以下 4 种方法，分别如下。

（1）单击 Excel 2003 主菜单的“文件”→“退出”命令。

（2）单击 Excel 2003 主窗口的“关闭”按钮

（3）双击 Excel 2003 标题栏左端的“控制菜单”图标。

（4）单击 Excel 2003 标题栏左端的“控制菜单”图标，在下拉菜单中选择“关闭”命令，或按【Alt + F4】组合键。

操作提示：	退出 Excel 时，若工作簿未保存过或工作表修改后未保存，系统将提示是否保存文档。

4.1.2　Excel 2003 的工作界面

启动 Excel 2003 后，出现如图 4-3 所示的工作界面窗口，这个界面实际上由两个不同的窗口组成：Excel 2003 应用程序窗口（Excel 窗口）和文档窗口（工作簿窗口），包含标题栏、菜单栏、工具栏、编辑栏和名称框、状态栏和工作表区域。

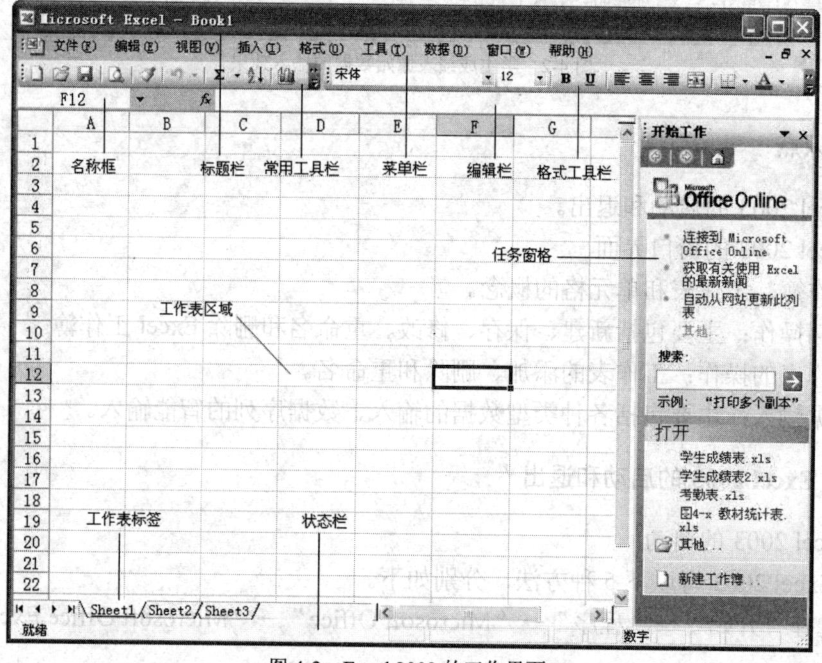

图 4-3　Excel 2003 的工作界面

（1）标题栏：显示应用程序名——Microsoft Excel，当文档窗口为最大时，应用程序名后显示工作簿名。在标题栏左端有“控制菜单”图标，控制菜单包括恢复、移动、最大化、最小化以及关闭命令。在标题栏右端有“最小化”按钮、“还原”按钮（或“最大化”按钮）和“关闭”按钮。

（2）菜单栏：位于标题栏下方。菜单栏的左端是工作簿文档的“控制菜单”图标，其后是 Excel 2003 的主菜单。右端是工作簿文档的“最小化”按钮、“还原”按钮（或“最大化”按钮）及“关闭”按钮。单击任一菜单项可出现相应的下拉菜单，显示 Excel 2003 的命令或下一级菜单项名称。

（3）工具栏：位于菜单栏下方，其工具按钮的个数和排列顺序与设定的工具种类、使用频率有关。在默认情况下，Excel 2003 窗口中会显示常用工具栏和格式工具栏。常用工具栏包含 Excel 2003 中最常用命令的快捷按钮，格式工具栏包含 Excel 2003 中最常用的格式设置命令的快捷按钮。如果需要其他工具栏，可以选择菜单中的“视图”→“工具栏”命令进行选取。

（4）编辑栏和名称框：位于工具栏的下方，处于同一行。左端是名称框，用来显示当前单元格或区域的名称。如果没有定义名称，名称框中会显示单元格的地址（又称单元格引用）。右端是编辑栏，用于输入或显示活动单元格的公式或数据。在名称框和编辑栏中间有一个小按钮“*fx*”，单击此按钮可以在编辑栏中插入函数。

（5）状态栏：位于应用程序窗口的最下端，显示当前正在进行的操作信息和 Excel 状态的提示信息。

（6）工作表区域：显示当前工作表编辑区、工作表标签、水平和垂直滚动条。工作表编辑区用于输入和显示数据，显示计算和分析结果，绘制表格、图表等。工作表标签用于显示工作表的名称，使用水平和垂直滚动条可以改变工作表当前的可见区域，以便看到工作表的全貌。

4.1.3　工作簿、工作表和单元格的概念

1．工作簿和工作表

在 Excel 中，工作簿是用来存储和处理工作数据的文件，其扩展名为.xls。一个工作簿可以包含多个不同类型的工作表。一个工作簿中工作表数量的最大值是 255。默认状态下，一个新建的工作簿由 3 个工作表组成，这 3 个工作表的名称默认为 Sheet1、Sheet2、Sheet3，如图 4-4 所示。在编辑工作簿的过程中可以改变工作表的名称，也可以根据需要增加或删除工作表，还可以改变工作表数量的默认值。一个工作表由排成若干行和若干列的单元格构成，用于显示和分析数据。在工作表中可以存储文字、数字、公式、图表、图片等多种类型的信息，能够对这些信息进行相应的处理。每个工作表默认由 256 列、65 536 行组成。

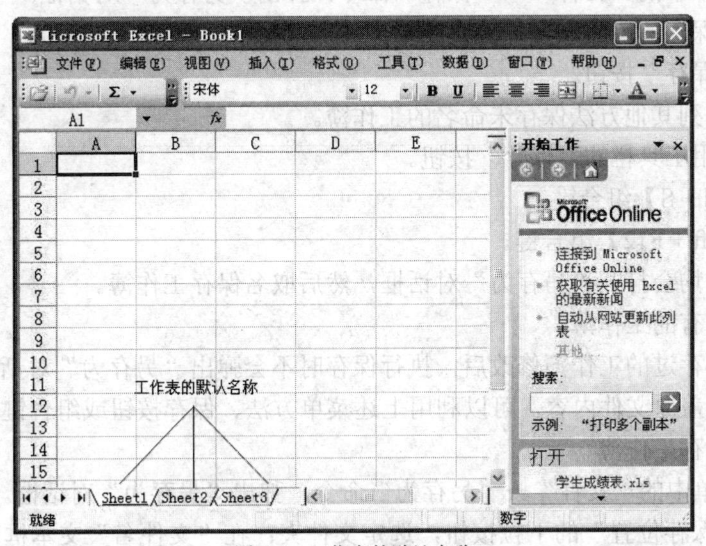

图 4-4　工作表的默认名称

2. 单元格

单元格是工作表的最小组成单元，用于输入各种数据，如字符串、数字、日期或时间、公式等。在工作表的所有单元格中，当前只有一个是活动单元格，其边框为粗黑线。用鼠标单击某个单元格，该单元格即成为活动单元格，这个过程称为选定单元格。移动上下左右光标键，可使下一个相邻的单元为活动单元格。活动单元格的右下角有一个黑色小方块，称为填充柄。利用填充柄可以快速完成数据的填充等功能。Excel 2003 只允许在当前工作表和活动单元格中输入或修改数据。

3. 行号和列标

Excel 的行号位于工作表的左侧，用 1、2、…、65 536 表示，共 65 536 行；列标位于工作表上部，用 A、B、…、IV 表示，共 256 列。每个单元格都用地址名称来标识，它由列标和行号组成。例如："B5"是指位于第 2 列、第 5 行的单元格。

4.1.4 工作簿的基本操作

1. 工作簿的创建

有以下 4 种常用的方法。

（1）启动 Excel 时自动新建空白工作簿 Book1.x1s。

（2）启动 Excel 后，选择菜单中的"文件"→"新建"命令，右侧弹出"新建工作簿"任务窗格，根据需要选择创建相应的工作簿。

（3）Excel 窗口处于打开状态时，按【Ctrl + N】组合键。

（4）在 Excel 窗口中，单击"常用"工具栏上的"新建"按钮。

2. 工作簿的保存

在对工作簿的操作过程中，应养成经常保存文档的良好习惯，以避免不必要的损失。

（1）保存未命名的新工作簿

第一次存储工作簿文件时需要给工作簿命名，并指定保存位置。要执行的操作如下。

① 选择菜单中的"文件"→"保存"命令，弹出"另存为"对话框。

② 选择需保存的磁盘和文件夹，在"文件名"文本框中输入文件名。

③ 单击"保存"按钮。

也可以用下列其他方法保存未命名的工作簿。

① 单击常用工具栏的"保存"按钮。

② 按【Ctrl + S】组合键。

③ 按【Shift + F12】组合键。

这 3 种方法均会打开"另存为"对话框，然后取名保存工作簿。

（2）保存已有的工作簿

已经命名保存过的工作簿修改后，执行保存时不会弹出"另存为"对话框，直接将修改的工作簿内容覆盖原文件内容。可以利用上述菜单方法、保存按钮或组合键执行保存。

（3）换名保存工作簿

① 选择菜单中的"文件"→"另存为"命令，弹出"另存为"对话框。

② 单击"保存位置"的下拉按钮，选定文件夹；在"文件名"文本框中输入工作簿文件的新名称。

③ 单击“保存”按钮。

（4）自动保存工作簿

设置自动保存工作簿，可以在编辑工作簿的过程中，每隔指定时长，由系统对正在编辑的工作簿进行自动保存，这样可以减少因忘记保存且中途掉电造成的损失。设置方法如下。

① 选择菜单中的“工具”→“选项”命令，弹出“选项”对话框，如图 4-5 所示。

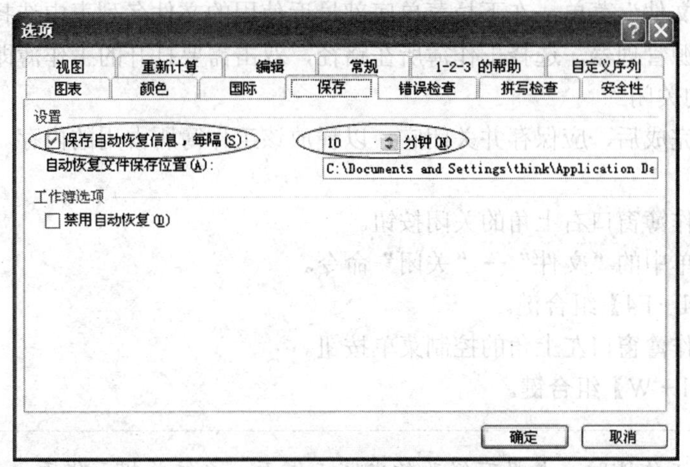

图 4-5　设置自动保存工作簿时间间隔

② 选择“保存”选项卡，输入自动保存时间间隔。默认自动保存时间间隔为 10 分钟。

③ 单击“确定”按钮。

3．工作簿的打开

需要对已保存并关闭的工作簿（比如：学生成绩表．xls）做修改时，首先要打开此工作簿，操作步骤如下。

（1）选择菜单中的“文件”→“打开”命令，弹出“打开”对话框，如图 4-6 所示。

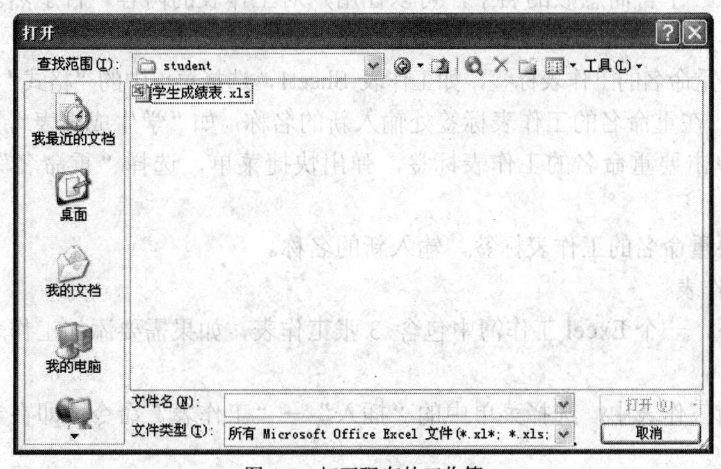

图 4-6　打开现有的工作簿

（2）确定“查找范围”为指定文件夹，如 E:\student；选择需要的文件名，如“学生成绩表．xls”。

（3）单击“打开”按钮，便打开指定文档。

除了利用菜单命令打开工作簿之外，还有以下 3 种方法。

（1）单击“常用”工具栏中的“打开”按钮，选择查找范围和文件名。

如果用户希望一次打开多个工作簿，在“打开”对话框中可以这样选择多个文件。

① 选择相邻的多个文件：先单击第一个文件名，再按住【Shift】键单击最后一个文件名。

② 选择不相邻的多个文件：按住【Ctrl】键逐个单击需要打开的工作簿文件名。

（2）单击“文件”菜单，在下拉菜单底部最近使用的文件名列表中选择要打开的文件。

（3）打开资源管理器，选择工作簿所在路径，双击需要打开的工作簿即可。

4．工作簿的关闭

工作簿编辑完成后，应保存并关闭它，以释放该工作簿所占用的内存。关闭工作簿有以下 5 种方法。

（1）单击工作簿窗口右上角的关闭按钮。

（2）选择菜单中的“文件”→“关闭”命令。

（3）按【Ctrl + F4】组合键。

（4）双击工作簿窗口左上角的控制菜单按钮。

（5）按【Ctrl + W】组合键。

操作提示：

关闭工作簿时，如果有修改的内容未保存，系统将提示保存。如果用户希望一次关闭当前打开的所有工作簿，可以按住【Shift】键，同时选择菜单中的“文件”→“全部关闭”命令，将关闭当前打开的所有工作簿。

4.1.5 工作表的基本操作

1．重命名工作表

给工作表取一个言简意赅的名字，可以让用户对工作表的内容一目了然。重命名工作表的方法有以下 3 种。

（1）单击要重命名的工作表标签，如工作表 Sheet1，选择菜单中的“格式”→“工作表”→“重命名”命令，在重命名的工作表标签处输入新的名称，如“学生成绩表”，按【Enter】键。

（2）右键单击要重命名的工作表标签，弹出快捷菜单，选择“重命名”命令，输入新名称。

（3）双击要重命名的工作表标签，输入新的名称。

2．插入工作表

默认情况下，一个 Excel 工作簿中包含 3 张工作表，如果需要添加工作表，有以下 2 种方法。

（1）在当前工作表中，选择菜单中的“插入”→“工作表”命令，即在当前工作表的前面插入新工作表。

（2）右键单击某工作表标签，在弹出的快捷菜单中选择“插入”命令，选择需插入的工作表类型，如图 4-7 所示，即可在该工作表的前面插入新工作表。

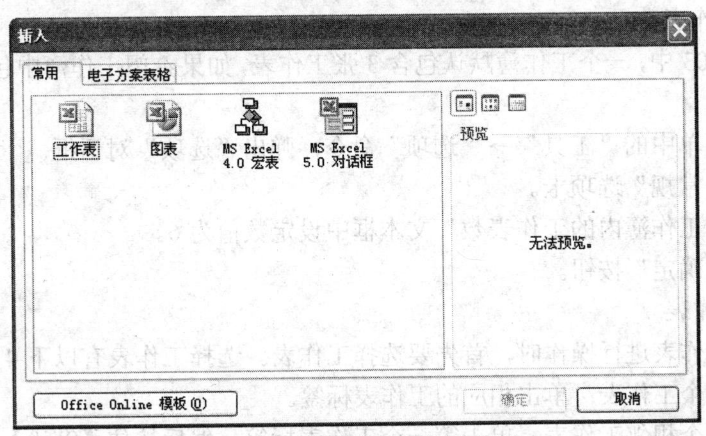

图 4-7 插入工作表可供选择的类型

3．移动、复制工作表

（1）鼠标操作法

- 移动工作表：单击要移动的工作表标签，将它拖到目标位置，然后释放鼠标。
- 复制工作表：按住【Ctrl】键，同时单击要复制的某工作表标签，拖到目标位置，释放鼠标。即在目标位置出现一个该工作表的副本，名称为原工作表名后附一个带括号的序号。

（2）菜单操作法

切换到要移动或复制的工作表，选择菜单中的“编辑”→“移动或复制工作表”命令，弹出“移动或复制工作表”对话框，在对话框中选择要移至的工作簿和插入位置（如果复制工作表还要选择“建立副本”复选框），单击“确定”按钮。

（3）快捷菜单操作法

切换到要移动或复制的工作表，右键单击工作表标签，选择快捷菜单的“移动或复制工作表”命令，如图 4-8 所示，同样弹出“移动或复制工作表”对话框，如图 4-9 所示，在对话框中选择要移至的工作簿和插入位置（如果复制工作表还要选择“建立副本”复选框），然后单击“确定”按钮。

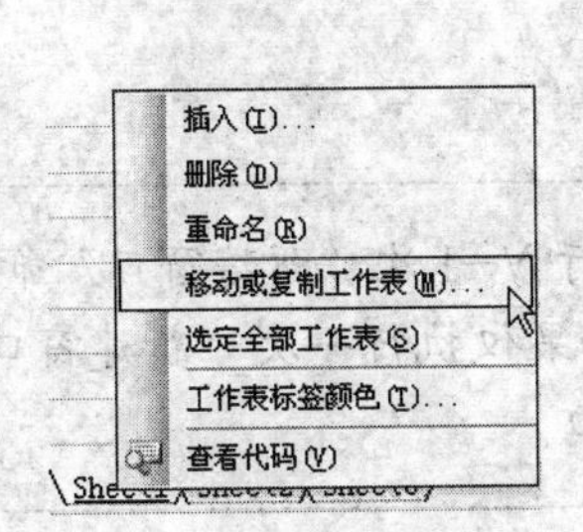

图 4-8 工作表标签快捷菜单

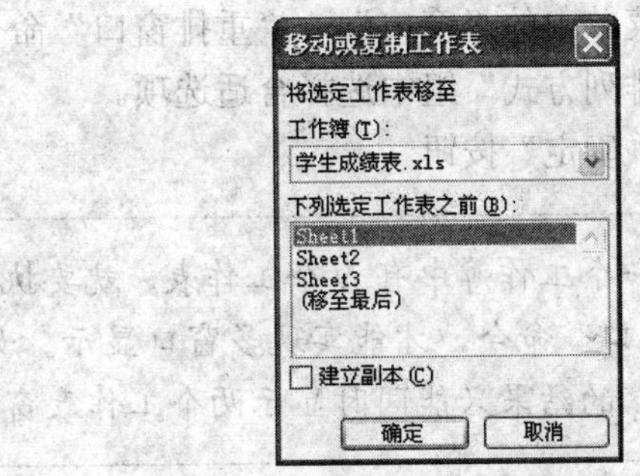

图 4-9 “移动或复制的工作表”对话框

4．删除工作表

在工作簿中删除不需要的工作表有以下 2 种方法。

（1）右键单击要删除的工作表标签，在弹出的快捷菜单中，选择“删除”命令。

（2）单击要删除的工作表标签，选择菜单中的“编辑”→“删除工作表”命令。

5．设定工作表数目

在Excel 2003中，一个工作簿默认包含3张工作表，如果希望工作簿中包含 6个工作表，具体操作如下。

（1）选择菜单中的“工具”→“选项”命令，弹出“选项”对话框。

（2）单击“常规”选项卡。

（3）在“新工作簿内的工作表数”文本框中设定数值为6。

（4）单击“确定”按钮。

6．选定工作表

用户在对工作表进行操作时，首先要选择工作表。选择工作表有以下4种方法。

（1）选定单个工作表：单击相应的工作表标签。

（2）选定多个相邻工作表：单击第一个工作表标签，然后按住【Shift】键单击最后一个工作表标签。

（3）选定多个非相邻工作表：单击第一个工作表标签，然后按住【Ctrl】键单击其他的工作表标签。

（4）选定工作簿中所有工作表：右键单击任一工作表标签，弹出快捷菜单，选择“选定全部工作表”命令。

7．切换工作表

切换工作表有以下3种方法。

（1）用鼠标单击工作表标签。

（2）右键单击工作表标签左端滚动按钮处，在弹出的快捷菜单中，选择相应的选项。

（3）按【Ctrl + PgUp】组合键切换到前一个工作表；按【Ctrl + PgDn】组合键切换到后一个工作表。

8．同时显示多个工作表

在屏幕上同时显示一个工作簿中的多个工作表，可以用多窗口显示的方法来实现。具体操作如下。

（1）选择菜单中的“窗口”→“新建窗口”命令。

（2）选择菜单中的“窗口”→“重排窗口”命令，弹出“重排窗口”对话框。

（3）在“排列方式”组中选择合适选项。

（4）单击“确定”按钮。

操作提示： 在一个工作簿中有 N 个工作表，就要执行 $N-1$ 次“新建窗口”命令，然后执行“重排窗口”命令，才能实现多窗口显示。如果仅执行一次“新建窗口”命令，“重排窗口”的结果只能同时显示两个工作表窗口。

4.1.6 数据输入

1．输入的基本方法

（1）输入数据

在输入数据时，一般首先要用鼠标单击选定单元格，也可以利用上下左右方向键选定单元格。当单元格成为活动单元格时，即可输入数据。在单元格中输入数据有以下 4 种方法。

① 在活动单元格中直接输入数据，输完按【Enter】键或鼠标单击工作表上其他位置，使原活动单元格成为非活动单元格，也意味着输入完成。

② 选定单元格后，鼠标单击编辑栏，直接在编辑栏输入数据，输完按回车键或单击编辑栏“✓”按钮。

③ 选定单元格后按【F2】键，此时该单元格边框变为黑细线。编辑栏显示命令按钮。光标标记“｜”在单元格中，即可输入数据，输完后按【Enter】键确认。

④ 在未选定单元格的情况下，双击需要输入数据的单元格，同样在单元格中出现闪动的光标标记“｜”，即可输入数据，输完回车确认。

（2）输入数据的确认

数据输入无误后，可用按【Enter】键、单击编辑栏“✓”按钮、按【Tab】键，或鼠标单击其他单元格等任一种方法来确认输入的数据。

（3）输入数据的取消

若要取消当前输入的数据，可以单击编辑栏的✕按钮或按【Esc】键，数据将被清除，该单元格仍为活动单元格，可以重新输入数据。

2．各种类型数据的输入

（1）数值输入

在 Excel 2003 中，数值数据允许包括下列字符：0~9 十个数字、正负号、圆括号（表达负数）、$、￥、%、E、e。Excel 2003 中的数值在单元格中默认的对齐方式为右对齐。

一般情况下，输入的数字默认为正数，并将数字中间单一的“.”视为小数点。当输入负数时，以负号“-”开始，也可以用括号“()”表示。如输入“-9”及“(9)”，都表示输入“-9”，可以在单元格中获得-9。输入分数时，以“0”加空格开始，然后输入分数值。如输入的分数为“1/4”，则应顺序输入“0　1/4”，单元格内显示为 1/4。

如果输入的数字含有小数，可以选择菜单中的“工具”→“选项”命令，再单击“编辑”选项卡，选中“自动设置小数点”复选框，在“位数”框输入小数点位数，这样可以自动设置小数点位数，在输入数字时不必输入小数点。如设置“位数”为 2，则输入数字时，不输入小数点，默认末 2 位为小数。

（2）文本输入

Excel 中的文本是指英文字母、汉字、数字字符、空格和键盘上的其他符号，以及 Office 允许输入的特殊符号。文本数据在 Excel 单元格中默认为左对齐。当输入的文本超过单元格宽度时，如右边相邻的单元格无内容，则超出的文本会延伸到右边的单元格。否则，Excel 2003 将不显示超过列宽的文本。当然这些文本仍然存在，只要加大列宽就可以看到全部内容。若要在一个单元格分段落输入，可按【Alt + Enter】组合键。

若要输入字符型数字，例如身份证号码，输入时在数字前加单引号（‘）。

如果在某个单元格中要输入多行内容，可以选择菜单中的“格式”→“单元格”命令，在单元格格式对话框中，单击“对齐”选项卡，选中“自动换行”复选框，则输入文本时，单元格内容自动换行。

（3）日期和时间的输入

Excel 中输入日期比较特别，年、月、日之间以“/”符号分隔。如果要输入“1 月 4 日”，就在单元格中输入“1/4”，单元格内即显示为“1 月 4 日”。输入时间时，小时、分、秒之间以“:”符号分隔。如输入“08：10：00”，单元格内显示为“08：10：00”。

输入当前日期用【Ctrl+;】组合键，输入此刻时间用【Ctrl+Shift+;】组合键。若要在单元格中同时输入日期和时间，中间要用空格分开。

操作提示：	日期和时间的显示有多种格式，选择格式的方法是选择菜单中的“格式”→“单元格”命令，单击“数字”选项卡，在分类框中选择“日期”或“时间”，则在类型框中显示多种相关格式，可以选择一种使用。这些格式既用于显示，也可用于输入。

3．自动填充数据

当工作表中的一些行、列或某些单元格的内容是有规律的数据时，可以利用 Excel 2003 提供的自动填充数据功能，提高数据输入效率。

（1）相同数据的填充

在数据输入过程中，如有多个单元格需要输入重复的数据，可采用以下步骤快速填充。

① 选定欲输入相同数据的单元格区域。

② 在活动单元格中输入数据。

③ 按【Ctrl + Enter】组合键，既可在选定的单元格区域中填充相同的数据。

（2）序列数据的填充

按一定规律变化的数据称为序列数据，如：日期、数列、星期等。这些数据的输入，可以利用 Excel 2003 提供的“自动填充功能”，操作步骤如下。

① 在活动单元格输入数据的初始值，将此单元格作为输入区域的第一个单元格。

② 选择菜单中的“编辑”→“填充”→“序列”命令，出现如图 4-10 所示的对话框。

其中：

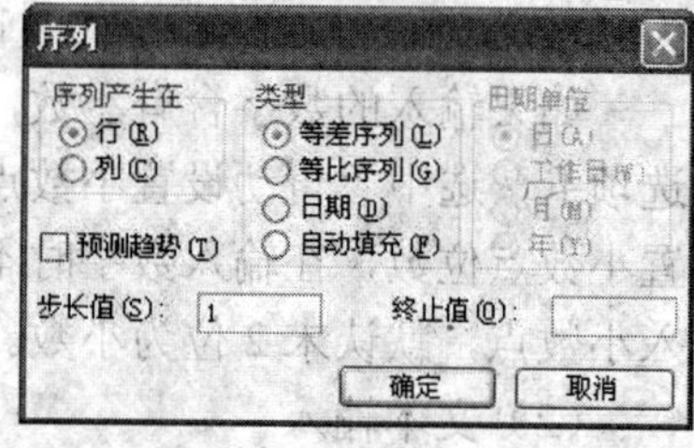

图 4-10 “序列”对话框

• “序列产生在”框：选择数据是按行方向还是按列方向填充；

• “类型”框：选择数据序列的类型。当选择“日期”类型时，还须在“日期单位”框中选择所需的单位；

• “步长值”框：输入序列增减的步长；

• “终止值”框：输入序列终止值。此值一般用于等差、等比数列，此时可以不选定区域，但一定要输入具体的终止值。

③ 设定相应的选项后，单击“确定”按钮。

（3）数据的快速填充

Excel 2003 还提供了利用鼠标快速填充数据的功能。

① 相同数据的填充

当某行或某列需要输入相同的文本或数字时，可以先在该行或列的起始单元格输入数据，然后用鼠标指向该单元格右下角的填充柄，当鼠标形状变为实心的黑色的“+”时，拖动填充柄向下或向右到所需要的单元格，所选定区域的单元格均被填充相同内容。

若拖动填充柄向上或向左移动，并在单元格内放松鼠标，将删除该单元格的内容。

对于填充日期、时间、月份等类型的相同数据，在鼠标拖动时，应同时按住【Ctrl】键。

② 序列数据的填充

对于数值型序列数据，可以先在两个相邻的单元格内输入数据序列的第 1 个及第 2 个数据，然后选定这两个单元格所在区域。鼠标指向该区域右下角的填充柄，当鼠标形状变为实心的“+”时，拖动填充柄，即可完成数值型序列数据的填充。

对于填充日期、时间、月份、星期等本身有规律的特殊格式的数据序列，只需要输入序列的第一个数据，然后拖动第一个数据所在单元格的填充柄，即可完成序列数据的填充。

如果要指定单元格的数据序列类型，可先按住鼠标右键，再拖动填充柄，在达到填充区域末尾时松开鼠标右键，出现如图 4-11 所示快捷菜单。单击选择所需的填充类型，即可完成序列数据的输入。例如，我们用右键拖动单元格 A2 的填充柄至单元格 A4，松开右键，在快捷菜单中选择“以天数填充”，如图 4-12、4-13 所示是对 A2：A8 单元格区域以天数、以月填充数据的效果。

此外，填充星期数据，只需要在起始单元格输入一个星期数值，然后拖动该单元格填充柄，就可以在选定区域填充后续的星期数值，如图 4-14 所示。这个起始星期数值可以是星期一到星期日的任何一个数值，输入之后都可以实现快速而连续地填充星期数值。

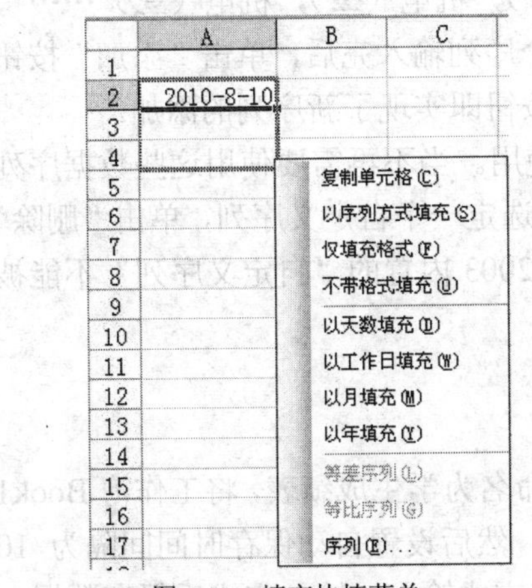

图 4-11　填充快捷菜单

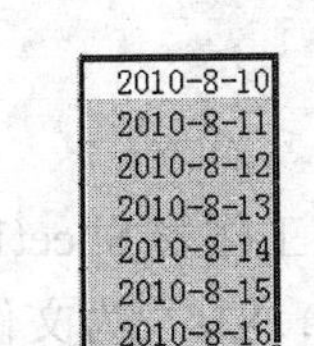

图 4-12　以天数填充

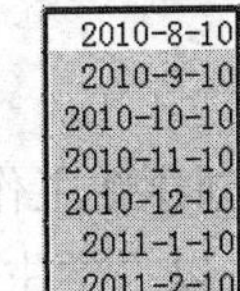

图 4-13　以月填充

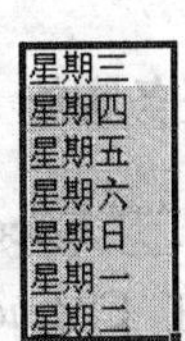

图 4-14　快速填充星期

（4）创建自定义填充序列

在 Excel 2003 中已建立诸如星期、月份、季度等序列用于实现“自动填充”，此外还允许用户创建自己的数据序列，以方便用户在 Excel 中输入数据。用户创建的数据填充序列称为自定义填充序列。创建步骤如下。

① 先在工作表中输入自定义填充序列数值，如：在 A2 : A4 输入“电会一”、“电会二”、“电会三”，并选定这些数值区域。

② 选择菜单中的“工具”→“选项”命令，打开“选项”对话框，单击“自定义序列”选项卡，如图 4-15 所示。

单击“导入”按钮，如未选定数值区域，则在“从单元格中导入序列”内输入单元格区域，再单击“导入”按钮。即出现如图 4-15 所示效果，所选定的“电会一”、“电会二”、“电会三”顺序出现在“输入序列”列表框中，并且“自定义序列”列表框中也出现了“电会一、电会二、电会三”序列。

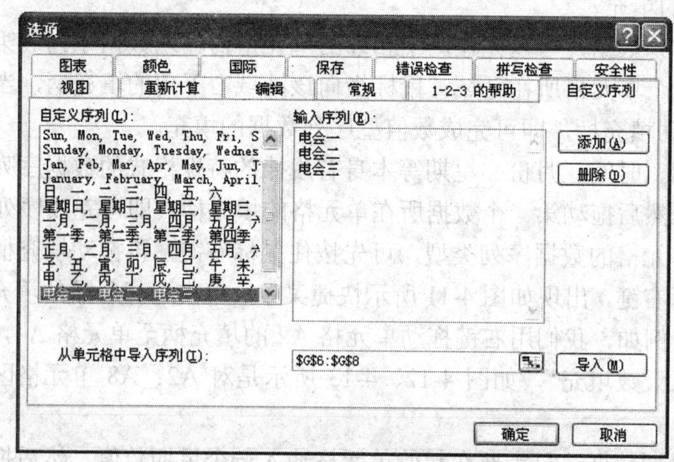

图 4-15 “自定义序列”对话框

若要输入新的序列数值，则单击“自定义序列”列表框中的“新序列”选项，在“输入序列”文本框中输入自定义的序列项，如输入“机电（一），机电（二），机电（三）……”，每输入一项后按【Enter】键或用英文逗号“,”分隔，整个序列输入完后，单击“添加”按钮（这里是每输入一项按【Enter】键）。最后单击“确定”按钮即实现了新序列的添加。

这样建立的自定义序列，可以在以后的输入中反复使用。当不再需要使用这些数据序列时，可以打开选项对话框，在自定义序列选项卡中，一次选定一个自定义序列，单击“删除”按钮来删除用户的自定义序列。但需要说明的是：Excel 2003 内置的“自定义序列”不能被删除。

任务实施

打开 Excel 2003，创建新工作簿，将工作表 Sheet1 重命名为学生成绩表，将工作簿 Book1 保存在 E:\student 下，以“学生成绩表．x1s”为文件名，然后设置自动保存时间间隔为 10 分钟，输入图 4-2 所示的所有数据，其中学号以自动填充方式输入，输入完成后保存数据，关闭工作簿，退出 Excel。操作步骤如下。

（1）创建工作簿。单击“开始”→“所有程序”→“Microsoft Office”→“Microsoft Office Excel 2003”命令，打开 Excel 2003 主窗口，并创建了一个新的工作簿 Book1。

（2）工作表重命名。右键单击工作表左下方的工作表标签 Sheet1，选择快捷菜单中的“重命名”命令，输入工作表标签名称：“学生成绩表”，按【Enter】键确认。

（3）保存工作簿。

① 选择菜单中的“文件”→“保存”命令，打开的“另存为”对话框，如图 4-16 所示。

② 在“保存位置”后面的下拉列表中选择磁盘为 E 盘，并选择其中的“student”文件夹，然后在“文件名”后的文本框中输入文件名“学生成绩表”，可不输入扩展名，系统会自动添加。如果该文件夹不存在，可以单击该对话框中的新建文件夹按钮，创建自己的文件夹，并双击打开该文件夹，然后输入文件名。

③ 单击“保存”按钮，完成工作簿的命名保存操作。

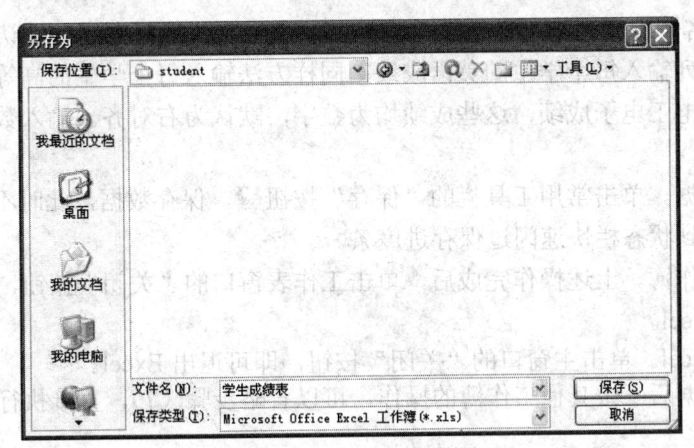

图 4-16 “另存为”对话框

> **操作提示：**
> 实际操作时，可以根据自己的需要选择磁盘驱动器，并创建自己的文件夹去保存工作簿文件。

（4）设置自动保存时间间隔。

① 选择菜单中的“工具”→“选项”命令，弹出“选项”对话框。

② 选择“保存”选项卡，在“设置”栏选中“保存自动恢复信息”复选框，输入自动保存时间间隔 10 分钟。

③ 单击“确定”按钮。

（5）输入数据。

① 在工作表第一行输入表头文字：“学号”、“姓名”、“英语”、“高等数学”、“计算机基础”、“机械制图”、“电工电子”。

② 学号数据由于是连续递增的数值，所以在这里我们采用自动填充方式输入学号数据。具体步骤如下。

a．首先在 A2 单元格输入“2009021001”，在 A3 单元格输入“2009021002”，然后将这两个单元格选定为一个区域，如图 4-17 所示。

b．用鼠标指向该区域右下角的填充柄，拖动填充柄，拉到 A11 单元格，即完成学号数据的填充，如图 4-18 所示。

	A
1	学号
2	2009021001
3	2009021002
4	
5	
6	
7	
8	
9	
10	
11	

图 4-17　序列数据的填充（1）

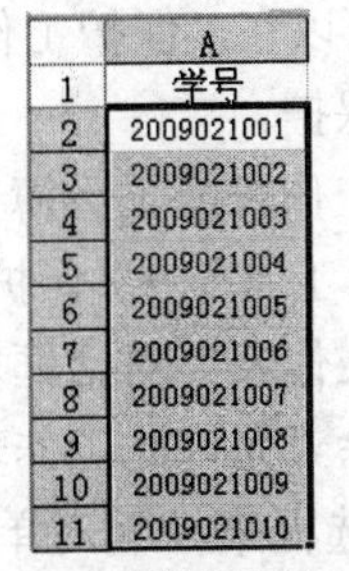

	A
1	学号
2	2009021001
3	2009021002
4	2009021003
5	2009021004
6	2009021005
7	2009021006
8	2009021007
9	2009021008
10	2009021009
11	2009021010

图 4-18　序列数据的填充（2）

③ 在“姓名”所在列输入每个学生的姓名，由于这些都是文字，默认为左对齐。之后在“英语”所在列输入每个学生的英语成绩，同样方法输入每个学生的高等数学、计算机基础、机械制图和电工电子成绩，这些成绩均为数字，默认为右对齐。输入数据后的工作表如图 4-2 所示。

（6）保存数据。单击常用工具栏的“保存”按钮，保存数据，此时不出现“另存为”对话框。可以看到状态栏快速闪过保存进度条。

（7）关闭工作簿。上述操作完成后，单击工作表窗口的“关闭”按钮，即可关闭本工作簿。但不退出 Excel。

（8）退出 Excel。单击主窗口的“关闭”按钮，即可退出 Excel。

如果保存数据后不做其他工作簿的操作，可以省略步骤（7），直接执行步骤（8）。

知识补充

保护工作表

为了防止他人偶然或恶意更改、移动或删除 Excel 工作簿中的重要数据，Microsoft Excel 提供了保护整个工作簿文件或特定工作表的功能。

（1）保护工作簿文件

方法一：选择菜单中的“工具”→“选项”命令，单击“安全性”选项卡，如图 4-19 所示。在对话框中设置打开权限密码和修改权限密码，以保护工作簿免受未授权的访问和更改。

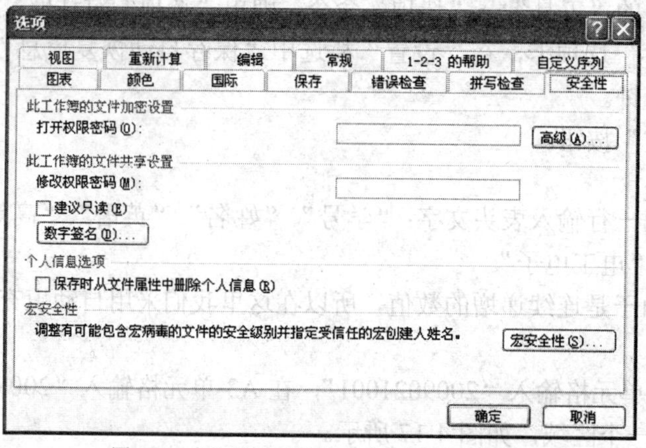

图 4-19 “选项”对话框—“安全性”选项卡

方法二：选择菜单中的“工具”→“保护”→“保护工作簿”命令，可以在“保护工作簿”对话框中设置工作簿结构和窗口保护。

（2）保护特定工作表或工作簿

选择菜单中的“工具”→“保护”→“保护工作表”命令，弹出“保护工作表”对话框，如图 4-20 所示。可以通过选中或清除“允许此工作表的所有用户进行”下面列表框中的复选框来控制对单个工作表或图表工作表的访问。

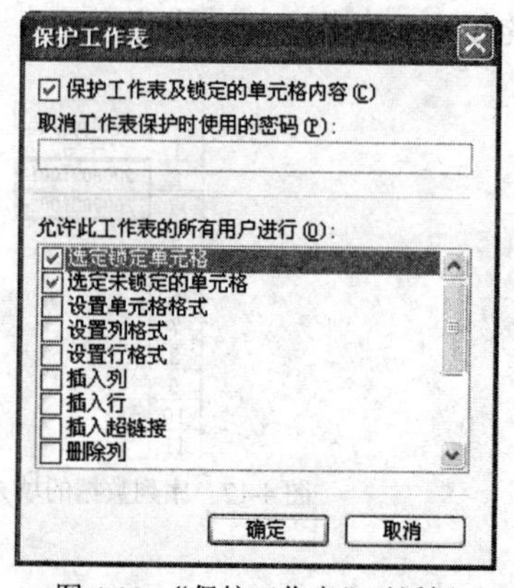

图 4-20 “保护工作表”对话框

4.2　任务二　单元格的基本操作

任务目标

通过本任务的学习，完成如图 4-21 所示的工作表的制作。

	A	B	C	D	E	F	G
1	学生成绩表						
2	学号	姓名	英语	高等数学	计算机基础	机械制图	电工电子
3	2009021001	吴刚	92	99	95	85	89
4	2009021002	陈君	74	53	85	68	79
5	2009021003	江丽萍	82	69	66	95	89
6	2009021004	丁小芳	63	77	78	60	54
7	2009021005	邓华	77	72	72	91	76
8	2009021006	魏超群	53	48	60	51	63
9	2009021007	兰珍妮	81	76	80	68	53
10	2009021008	张敏杰	62	52	70	78	45
11	2009021009	杨阳	92	94	98	95	90
12	2009021010	黄晓琳	94	83	87	80	75

图 4-21　设置了单元格格式及条件格式的工作表

任务知识点

- 单元格及单元格区域的选定。
- 单元格及行、列的插入和删除。
- 设置单元格的行高和列宽。
- 单元格格式的设置（字体、字号、字形、数值格式、对齐方式、边框、图案等）。
- 设置条件格式。

4.2.1　单元格区域的选定

1．选定单元格和单元格区域

选定单元格和单元格区域的方法如下。

（1）选定单个单元格：鼠标左键单击该单元格，如图 4-22 所示。可见名称栏显示该单元格的名称。

（2）选定连续的单元格区域：单击单元格区域的第一个单元格，按住鼠标左键拖动到最后一个单元格，如图 4-23 所示；或单击单元格区域的第一个单元格，按住【Shift】键，鼠标左键单击最后一个单元格。

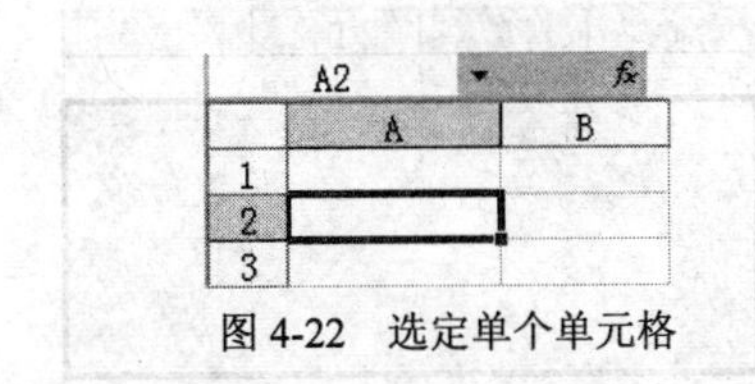

图 4-22　选定单个单元格

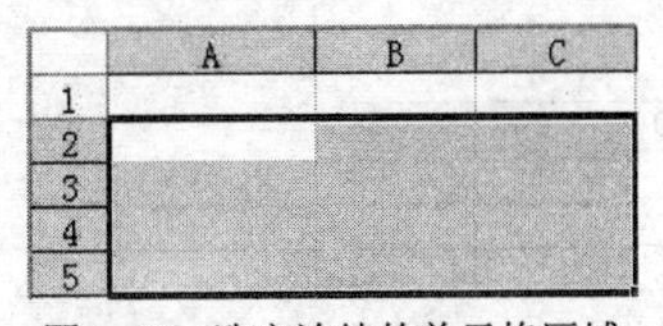

图 4-23　选定连续的单元格区域

（3）选定非连续单元格区域：单击单元格区域的任意一个单元格，按住【Ctrl】键，单击需选定的其他单元格或选择其他单元格区域，如图 4-24 所示。

（4）选定整行：单击行号，如图 4-25 所示。

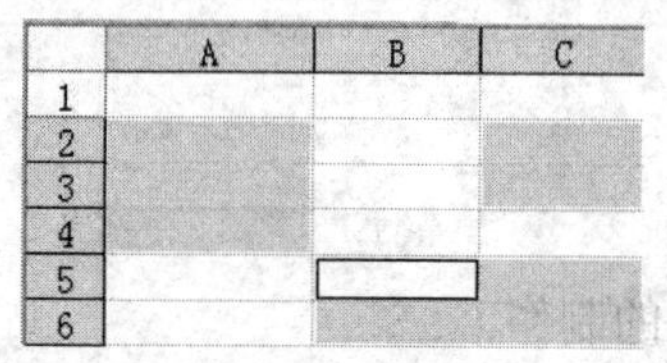

图 4-24　选定非连续的单元格区域

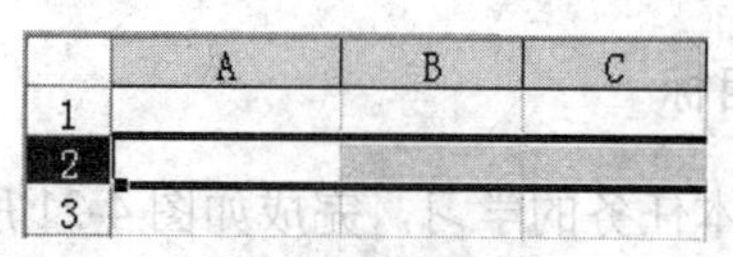

图 4-25　选定整行

（5）选定整列：单击列标。

（6）选定相邻的多行（或列）：单击第一个行号（或列标），然后按住【Shift】键再单击最后一个行号（或列标）；或从第一个行号（或列标），拖动鼠标左键到最后一个行号（或列标）。

（7）选定非相邻的多行（或列）：单击某一行号（或列标），然后按住【Ctrl】键再逐个单击其他行号（或列标）。如图 4-26 所示，选定非相邻的多列。

（8）选定工作表的所有单元格：单击工作表左上角行号和列标的交叉按钮，即“全选”按钮；或按【Ctrl＋A】组合键。

（9）利用单元格定位方法，快速选定可见区域之外的单元格区域：以 B35:E40 为例，具体操作有如下 2 种方法。

① 选择菜单中的“编辑”→“定位”命令，弹出“定位”对话框，在“引用位置”文本框中输入“B35:E40”，如图 4-27 所示，单击“确定”按钮。

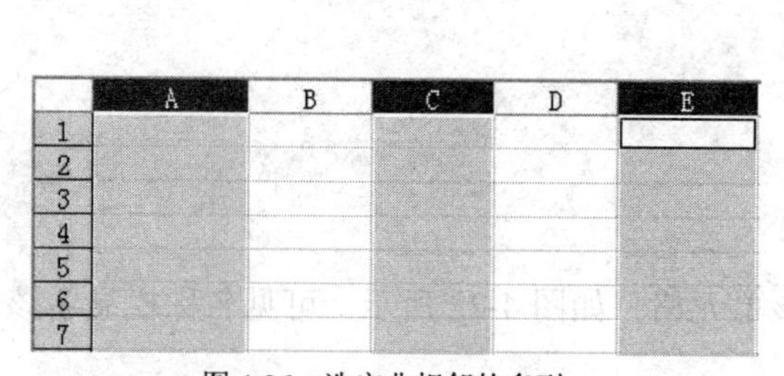

图 4-26　选定非相邻的多列

图 4-27　“定位”对话框

② 双击名称框，然后输入“B35:E40”，B35:E40 所在单元格区域被选中，如图 4-28、图 4-29 所示。

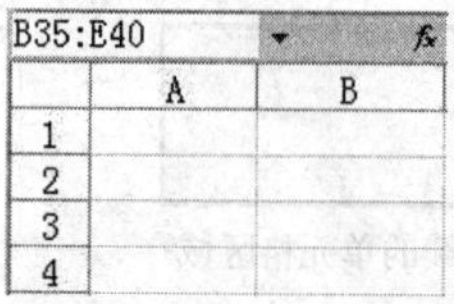

图 4-28　在名称框输入单元格区域范围

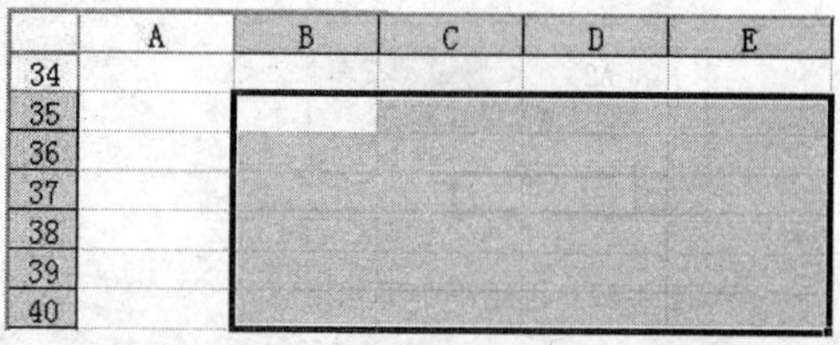

图 4-29　可见区域之外的单元格区域被选定

2．取消单元格或单元格区域的选中状态

单击任意一个单元格，即取消前面的选定状态。

4.2.2　单元格、行、列的有关操作

1．插入单元格、行、列

（1）插入一个或多个单元格：选择预插入位置的单元格或区域，右键单击并选择快捷菜单的“插入”命令或选择菜单中的“插入”→“单元格”命令，在弹出的对话框中选择插入的方式，如图 4-30 所示。

（2）插入行：选定某行，单击鼠标右键，在弹出的快捷菜单中选择菜单“插入”命令，选择“整行”；或选择菜单中的“插入”→“行”命令，则在该行的上方插入 1 个空行。

（3）插入列：选定某列，单击鼠标右键，在弹出的快捷菜单中选择菜单“插入”命令，选择“整列”；或选择菜单中的“插入”→“列”命令，则在该列的左边插入 1 个空列。

2．删除单元格、行、列

有以下 2 种方法删除单元格、行、列，操作如下。

（1）选定要删除的单元格、行或列，选择菜单中的“编辑”→“删除”命令，在删除对话框中选择删除单元格、行或列，如图 4-31 所示。

（2）右键单击单元格并选择快捷菜单的“删除”命令，如图 4-32 所示，在弹出的对话框中选择删除单元格、行或列。

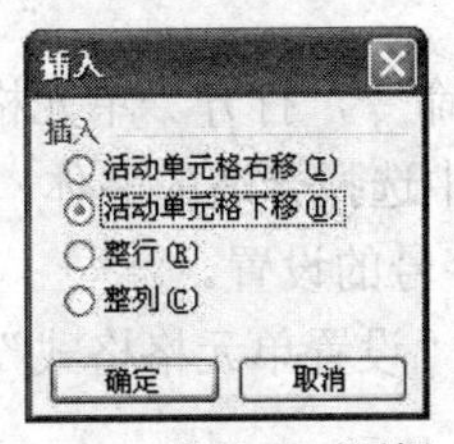

图 4-30 “插入”对话框

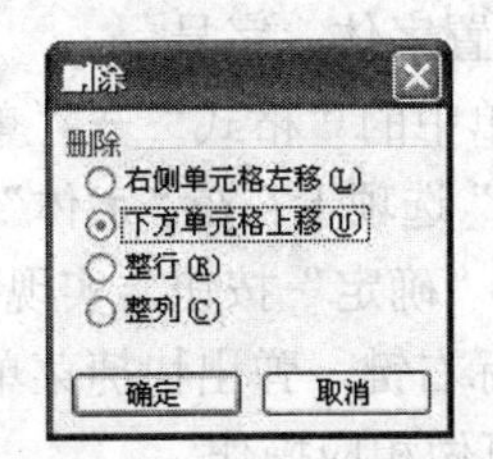

图 4-31 “删除”对话框

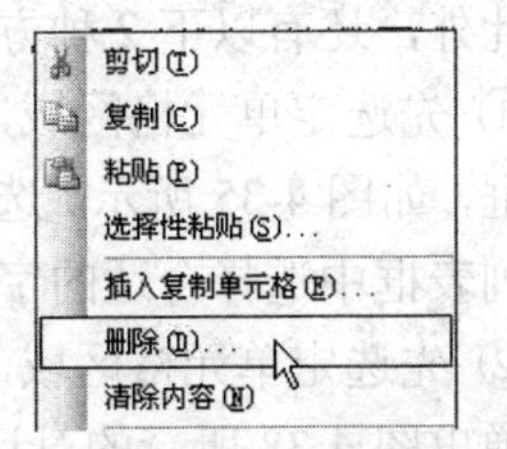

图 4-32 单元格右键快捷菜单

3．设置单元格的行高和列宽

（1）粗略调整行高

将鼠标指针移到两行号之间的分界线，当鼠标指针变为上、下双向箭头形状时，按住鼠标左键向上或向下拖动可以调整上面那行的高度，如图 4-36 所示。所需设置的高度可以通过观察如图 4-33 的高度显示值来调整。此方法一般用于粗略调整行高。

（2）精确调整行高

选定行号，选择菜单中的“格式”→“行”→“行高”命令，弹出“行高”对话框，在“行高”文本框中输入行高值，单击“确定”按钮，即可精确调整所选行的高度。可以一次选定多行进行设置，此法便于统一多行高度。如图 4-34 所示。

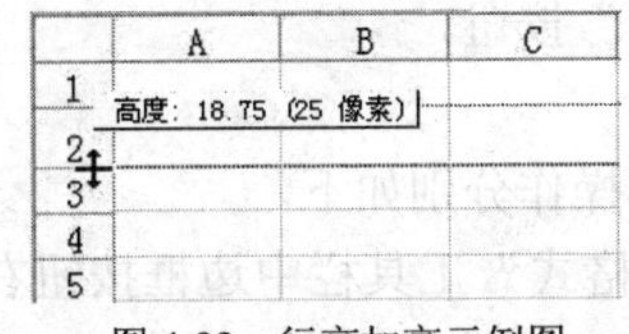

图 4-33 行高加高示例图

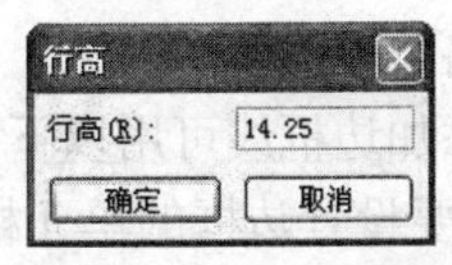

图 4-34 “行高”对话框

（3）粗略调整列宽

鼠标指针移到两列标之间的分界线，当鼠标指针变为左、右双向箭头形状时，按住鼠标左键向左或向右拖动可以调整左边那列的宽度。

（4）精确调整列宽

选定列标，选择菜单中的“格式”→“列”→“列宽”命令，弹出“列宽”对话框，在“列宽”文本框中输入列宽值，单击“确定”按钮，即可精确调整所选列的宽度。可以一次选定多列进行设置，此法便于统一多列宽度。

（5）设置最合适的行高或列宽

选定行号（列标），选择菜单中的“格式”→“行”（“列”）→“最合适的行高”（“最合适的列宽”）命令，即可调整到最合适的行高或列宽。或者采用鼠标操作方式：鼠标双击行号之间的分隔线，可以将分隔线上面行调整为最适合的行高；鼠标双击列标之间的分隔线，可以将分隔线左边列调整为最适合的列宽。

4．单元格格式设置

（1）字体、字号的设置

Excel 2003 中，默认的文字字体为“宋体”，如果需要更改字体格式，可以选中相关的单元格区域，单击“格式”工具栏中字体框右侧的三角按钮，在弹出的下拉列表框中选择所需字体即可。默认的文字字号为“五号”，修改字号的具体操作为：选定要更改字号格式的单元格区域，单击“格式”工具栏中字号框右侧的三角按钮，在弹出的下拉列表框中选择所需字号。此外，还有以下 2 种方法可以设置字体、字号。

① 先选定单元格区域，选择菜单中的“格式”→“单元格”命令，打开“单元格格式”对话框，如图 4-35 所示。选择“字体”选项卡，在“字体”列表框中选择合适的字体；在“字号”列表框中选择合适的字号，单击“确定”按钮，实现字体、字号的设置。

② 先选定单元格区域，单击鼠标右键，弹出快捷菜单，选择“设置单元格格式”命令，同样弹出图 4-38 所示的对话框，即可做相应操作。

（2）水平对齐方式设置

Excel 2003 中，单元格中的文本默认为左对齐，数字默认为右对齐。有时为了美观起见，可以改变单元格中数据的水平对齐方式，只需选定单元格或单元格区域，然后单击格式工具栏中的“居中”按钮（或两端对齐，或右对齐，或分散对齐，具体自选）。

（3）垂直居中对齐方式设置

实际应用中，很多情况下，需要将单元格中的内容设置成垂直居中对齐，操作步骤如下。

① 选定要设置垂直居中对齐格式的单元格区域，选择菜单中的“格式”→“单元格”命令，打开“单元格格式”对话框，如图 4-36 所示。

② 单击“对齐”选项卡，单击“垂直对齐”下面下拉列表框右侧的三角按钮，在弹出的下拉列表框中选择“居中”选项，再单击“确定”按钮。

（4）单元格边框设置

给工作表添加边框线可用以下 2 种方法，具体操作分别如下。

① 选定需要设置边框的单元格区域，单击“格式”工具栏中边框按钮右侧的三角，弹出边框类型列表框，如图 4-37 所示，从中选择所需要的边框类型。

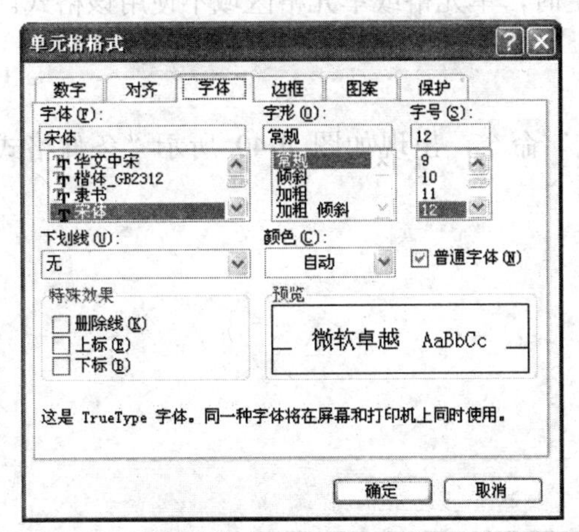

图 4-35 “单元格格式”对话框—“字体”选项卡

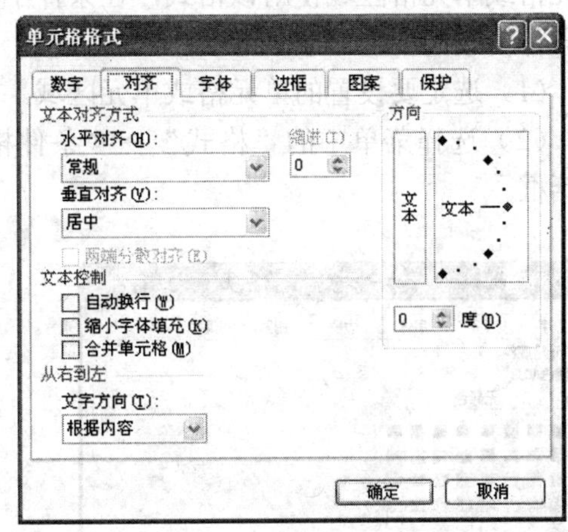

图 4-36 “单元格格式”对话框—“对齐”选项卡

② 选定需要设置边框的单元格区域，选择菜单中的“格式”→“单元格”命令，打开“单元格格式”对话框，选择“边框”选项卡，如图 4-38 所示。可以选择线条样式、线条颜色、边框类型，并预览效果。

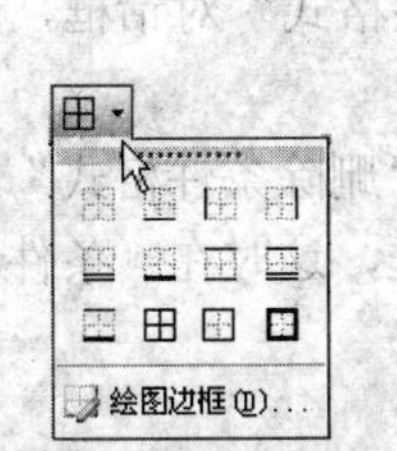

图 4-37　边框类型列表框

图 4-38 “单元格格式”对话框—“边框”选项卡

（5）底纹设置

为了使工作表更加美观以及便于查看数据，可以采用底纹修饰选定的单元格区域，具体操作步骤如下。

① 选定要设置底纹的单元格区域。

② 选择菜单中的“格式”→“单元格”命令，打开“单元格格式”对话框。

③ 单击“图案”选项卡，如图 4-39 所示。

④ 在“颜色”中选择“灰色-25%”选项。

⑤ 单击“确定”按钮，即对选定单元格区域添加了灰色底纹。

5．设置条件格式

Excel 2003 的“条件格式”的功能主要用于设置满足一定条件的格式，在条件满足时，单元格或单元格区域使用该格式，在条件不满足时，单元格或单元格区域不使用该格式。设置条件格式的步骤如下。

（1）选定要设置的单元格或单元区域。

（2）选择菜单中的“格式”→“条件格式”命令，出现如图 4-40 所示“条件格式”对话框。

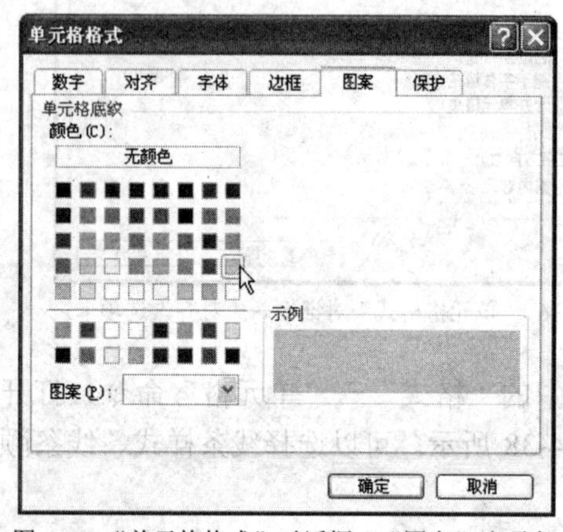

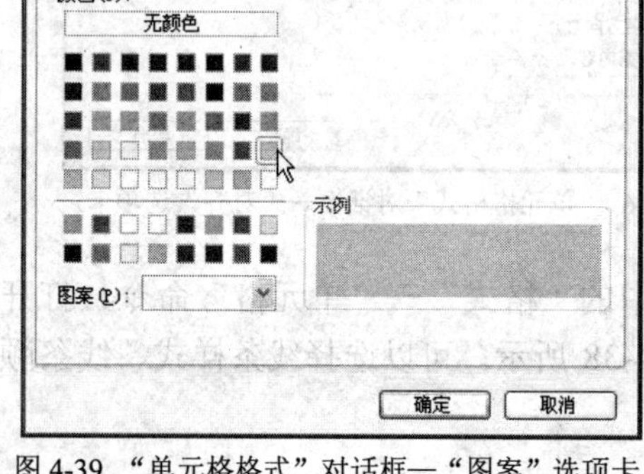

图 4-39 “单元格格式”对话框—“图案”选项卡

图 4-40 “条件格式”对话框

① 第一个下拉列表框：指明所设条件的类型。

- 选择“单元格数值”：在其右侧的下拉列表框中可以选择比较运算符。根据比较运算符的不同，出现一至两个文本框，用于输入条件数值。
- 选择“公式”：在其右侧出现一个文本框，用于输入公式。

② “格式”按钮：单击“格式”按钮，出现简单的“单元格格式”对话框，用于指明满足条件时的单元格格式设置，如图 4-41 所示。

③ “删除”按钮：单击“删除”按钮，出现如图 4-42 所示“删除条件格式”对话框。选择要删除的条件，单击“确定”按钮，回到“条件格式”对话框，这时在“条件格式”对话框中的相应设置消失，所选条件被删除。

图 4-41 简单的“单元格格式”对话框

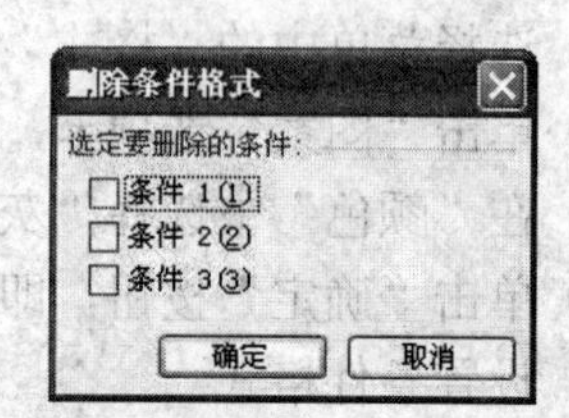

图 4-42 “删除条件格式”对话框

④“添加”按钮：单击“添加”按钮，“条件格式”对话框被扩展为可以输入两个条件的条件格式对话框，如图 4-43 所示。“条件格式”对话框最多可以设定 3 个条件，如果设定的某个条件被满足，Excel 2003 将使用该条件格式；如果设置的条件都不满足，单元格将保持原有的格式。

例如，在学生成绩表中要将“英语”在 80 至 95 分的数据用带有边框的加粗斜体蓝色字显示，输入的条件及显示如图 4-43“条件 1”所示。输入的第 2 个条件是将学生成绩表中“英语”小于 60 分的单元格用带有红色底纹的加粗字体显示，输入的条件及显示的格式如图 4-43“条件 2”所示。设置条件格式的结果如图 4-44 所示。

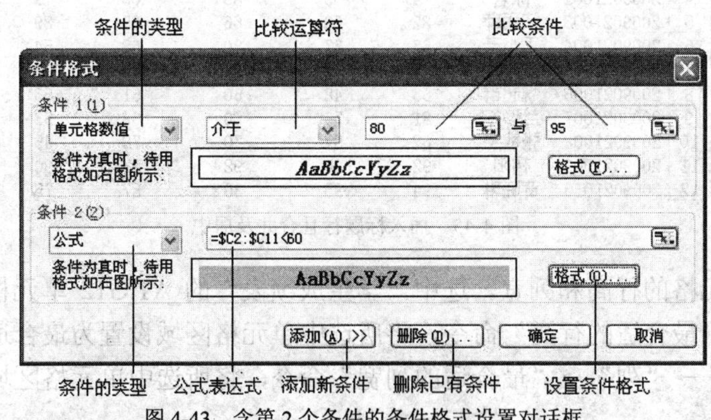

图 4-43　含第 2 个条件的条件格式设置对话框

	A	B	C	D	E	F	G
1	学号	姓名	英语	高等数学	计算机基础	机械制图	电工电子
2	2009021001	吴刚	92	99	95	85	89
3	2009021002	陈君	74	53	85	68	79
4	2009021003	江丽萍	82	69	66	95	89
5	2009021004	丁小芳	63	77	78	60	54
6	2009021005	邓华	77	72	72	91	76
7	2009021006	魏超群	53	48	60	51	63
8	2009021007	兰珍妮	81	76	80	68	53
9	2009021008	张敏杰	62	52	70	78	45
10	2009021009	杨阳	92	94	98	95	90
11	2009021010	黄晓琳	94	83	87	80	75

图 4-44　设置多个条件的显示效果

（3）设定完成后，单击“确定”按钮。

任务实施

打开“学生成绩表”工作簿。在工作表“学生成绩表”中，选定单元格，在第一行上面插入一行，输入表的标题：学生成绩表，并设置标题合并及居中；调整单元格的行高和列宽，设置单元格的格式：包括字体、字号，单元格数据水平或垂直居中，单元格的边框和底纹；设置优秀成绩特殊显示。操作步骤如下。

（1）打开工作簿。鼠标右键单击“我的电脑”，在弹出的快捷菜单中选择“资源管理器”命令。在资源管理器中双击打开 E 盘，再双击 student 文件夹，从中选择“学生成绩表.xls”，双击打开“学生成绩表”工作簿。

（2）添加标题行。在“学生成绩表”工作表中，首先选定 A1 单元格，选择菜单中的“插入”→“行”命令，在该行的上方插入 1 个空行，原来的第一行自动下移为第二行，第二行自动下移为第三行，以此类推。此时 A1 为活动单元格，直接输入文字“学生成绩表”，然后选择 A1:G1 单元格，单击格式工具栏的“合并及居中”按钮，设置标题合并及居中，效果如图 4-45 所示。

	A	B	C	D	E	F	G
1	学生成绩表						
2	学号	姓名	英语	高等数学	计算机基础	机械制图	电工电子
3	2009021001	吴刚	92	99	95	85	89
4	2009021002	陈君	74	53	85	68	79
5	2009021003	江丽萍	82	69	66	95	89
6	2009021004	丁小芳	63	77	80	68	54
7	2009021005	邓华	77	72	72	91	76
8	2009021006	魏超群	53	48	60	51	63
9	2009021007	兰珍妮	81	76	80	68	53
10	2009021008	张敏杰	62	52	70	78	45
11	2009021009	杨阳	92	94	98	95	90
12	2009021010	黄晓琳	94	83	80	87	75

图 4-45　插入标题行且合并及居中

（3）设置单元格的行高和列宽。选中“学生成绩表”的 A1:G12 单元格区域，选择“格式”→“行”→“最合适的行高”命令，将所选中单元格区域设置为最合适的行高；再选择菜单中的“格式”→“列”→“最合适的列宽”命令，将所选中单元格区域设置为最合适的列宽。

（4）设置单元格的格式。

① 选中标题行，单击“格式”工具栏中字号框右侧的三角按钮，在弹出的下拉列表框中选择“16”号字。

② 选中 B3:B12 单元格区域，将字号设置为“10”号字。

③ 选中 A1:G12 单元格区域，选择菜单中的“格式”→“单元格”命令，弹出“单元格格式”对话框，选择“对齐”选项卡，将“水平对齐”和“垂直对齐”均设为“居中”，单击确定按钮。

④ 在“单元格格式”对话框中选择“边框”选项卡，选择线条样式为“细实线”，边框预置为“内部”，可在“边框”中看到预览效果；再选择线条样式为“粗实线”，边框预置为“外边框”，可见“边框”预览图的外边框变粗，单击“确定”按钮，实现边框的设置，如图 4-46 所示。

学生成绩表						
学号	姓名	英语	高等数学	计算机基础	机械制图	电工电子
2009021001	吴刚	92	99	95	85	89
2009021002	陈君	74	53	85	68	79
2009021003	江丽萍	82	69	66	95	89
2009021004	丁小芳	63	77	78	60	54
2009021005	邓华	77	72	72	91	76
2009021006	魏超群	53	48	60	51	63
2009021007	兰珍妮	81	76	80	68	53
2009021008	张敏杰	62	52	70	78	45
2009021009	杨阳	92	94	98	95	90
2009021010	黄晓琳	94	83	87	80	75

图 4-46　单元格区域添加内外边框线的效果

⑤ 选中 A2:G2 单元格区域，在“单元格格式”对话框中选择“图案”选项卡，选择“灰色-25%”，为选定单元格区域添加灰色底纹，单击“确定”按钮，效果如图 4-47 所示。

	A	B	C	D	E	F	G
1	学生成绩表						
2	学号	姓名	英语	高等数学	计算机基础	机械制图	电工电子
3	2009021001	吴刚	92	99	95	85	89
4	2009021002	陈君	74	53	85	68	79
5	2009021003	江丽萍	82	69	66	95	89
6	2009021004	丁小芳	63	77	80	68	54
7	2009021005	邓华	77	72	72	91	76
8	2009021006	魏超群	53	48	60	51	63
9	2009021007	兰珍妮	81	76	80	68	53
10	2009021008	张敏杰	62	52	70	78	45
11	2009021009	杨阳	92	94	98	95	90
12	2009021010	黄晓琳	94	83	80	87	75

图 4-47　选定的单元格区域添加底纹的效果

（5）设置条件格式。对学生成绩表中的超过 90 的单科成绩突出显示，可通过设置条件格式来完成，操作步骤如下。

① 选定要设置条件格式的单元格区域，即 C3:G12 的单元格区域。

② 选择菜单中的“格式”→“条件格式”命令，弹出“条件格式”对话框，如图 4-43 所示。

③ 条件 1 的各项分别设置为“单元格数值”、“大于或等于”、“90”。

④ 单击“格式”按钮，弹出“单元格格式”对话框，见图 4-41 所示。

⑤ 单击“字体”选项卡，“字形”、“颜色”选项分别设置为“加粗倾斜”、“白色”。

⑥ 单击“图案”选项卡，选择“深蓝底纹”。

⑦ 单击“确定”按钮，返回到“条件格式”对话框，如图 4-48 所示。

⑧ 单击“确定”按钮，结果如图 4-21 所示。

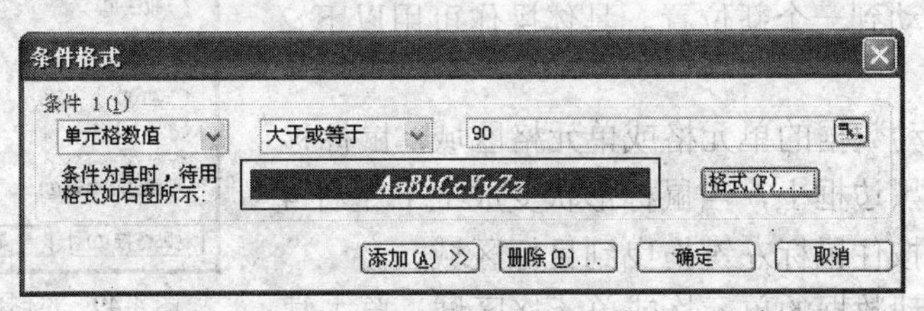

图 4-48　设置条件和格式后的“条件格式”对话框

知识补充

1. 单元格批注的插入、编辑与删除

（1）批注的插入

当某个单元格需要加以注释时，可以通过在单元格上添加“批注”，在批注中输入解释性的文字来实现。操作步骤如下。

① 单击需要添加批注的单元格，选择菜单中的“插入”→“批注”命令。

② 在弹出的批注文本框中输入与该单元格内容有关的批注文本。

③ 鼠标单击批注文本框之外的工作表区域，即完成批注文字的输入。此时可看见该单

元格右上角显示一个三角标志，表明该单元格添加了批注。

（2）批注的编辑

如果要修改某个批注，可以先单击选中该单元格，然后选择“插入”→“编辑批注”命令，或者利用鼠标右键单击需要修改批注的单元格，在弹出的快捷菜单中，选择“编辑批注”命令，都可以打开批注文本框，对批注文本加以修改。

（3）批注的删除

具体操作可用以下 2 种方法之一。

① 鼠标右键单击需要删除批注的单元格，在弹出的快捷菜单中选择“删除批注”命令，即可将该单元格的批注删除。

② 单击需要删除批注的单元格，选择菜单中的“编辑”→“清除”→“批注”命令，同样可以将单元格的批注删除。

2．选择性粘贴

一个 Excel 单元格中，不仅包含了数据内容，而且包含了与数据有关的公式、格式、批注等信息。所以当用户对某单元格执行了复制操作以后，可以选择性地粘贴剪贴板中的信息，操作步骤如下。

（1）单击选定需要复制的单元格，选择菜单中的“编辑”→“复制”命令，执行复制操作。

（2）单击目标单元格，选择菜单中的“编辑”→“选择性粘贴”命令，弹出“选择性粘贴”对话框，如图 4-49 所示。

（3）选中“粘贴”组框中一个需要的单选按钮，再单击“确定”按钮，即可实现所需单元格信息的选择性粘贴。

图 4-49 “选择性粘贴”对话框

3．移动单元格的数据

移动单元格的数据就是将单元格或单元格区域的数据从原先的位置移动到一个新位置。具体操作可用以下 2 种方法之一。

（1）选定要移动数据的单元格或单元格区域，鼠标移到选定区域的任一黑边框上，当鼠标形状变成上下左右 4 个方向的箭头时，按住鼠标左键拖曳到目标区域。

（2）选定要移动数据的单元格或单元格区域，单击常用工具栏的“剪切”按钮，再单击目标区域的第一个单元格，执行粘贴操作【Ctrl + V】。

4．复制单元格的数据

复制单元格的数据就是将单元格或单元格区域的数据复制到另一个单元格或单元格区域，原数据仍然在原位置保留。具体操作可用以下 2 种方法之一。

（1）选定要复制数据的单元格或单元格区域，鼠标移到选定区域的任一黑边框上，当鼠标形状变成上下左右 4 个方向的箭头时，按住【Ctrl】键，同时按住鼠标左键，鼠标形状旁边出现一个小小的“+”号，拖曳鼠标到目标区域，放松鼠标。

（2）选定要复制数据的单元格或单元格区域，单击常用工具栏的“复制”按钮，单击目标区域的第一个单元格，执行粘贴操作【Ctrl + V】。

5．清除单元格的数据

选取需要操作的单元格或单元格区域，选择菜单中的“编辑”→“清除”，后面有 4 个命令：全部、内容、格式、批注，就是说执行编辑菜单下的清除，可以清除选定单元格或单元格区域的内容（数据），或格式，或批注，也可以清除全部（内容、格式和批注）。

6．格式刷的使用

如果当前工作表中有多处不连续的单元格区域需要设置同样的格式，就可以使用“格式刷”工具来快速设置格式。操作步骤如下。

（1）首先选中需要设置此种格式的一个单元格，按要求设置单元格格式，并保持其为活动单元格。

（2）单击常用工具栏的“格式刷”工具，鼠标变为“刷子”形状，在需要设置这一格式的单元格或单元格区域单击或拖动，就复制了单元格格式。如果需要连续设置多个不连续的单元格和单元格区域，可以双击“格式刷”工具，以便分次一一复制单元格格式到需要的区域。

7．条件定位

如果要在 Excel 2003 工作表中快速选中符合定位条件的单元格或单元格区域，应使用 Excel 提供的定位条件功能。操作方法如下。

首先选择待查询的单元格区域，选择菜单中的“编辑”→“定位”命令，弹出“定位”对话框，单击“定位条件”按钮，打开“定位条件”对话框，如图 4-50 所示。

例如，首先选定图 4-1 学生成绩表中 A2:K18 的单元格区域，在“定位条件”对话框中选择“公式”单选按钮，单击“确定”按钮，结果如图 4-51 所示。可以看出选定的区域为所有用“公式”计算出结果的单元格区域。

图 4-50　“定位条件”对话框

	A	B	C	D	E	F	G	H	I	J	K
1	学生成绩表										
2	学号	姓名	英语	高等数学	计算机基础	机械制图	电工电子	总成绩	平均成绩	等级	排名
3	2009021001	吴刚	92	99	95	85	89	460	92.0	优秀	2
4	2009021002	陈君	74	53	85	68	79	359	71.8	一般	6
5	2009021003	江丽萍	82	69	66	95	89	401	80.2	良好	4
6	2009021004	丁小芳	63	77	78	60	54	332	66.4	一般	8
7	2009021005	邓华	77	72	72	91	76	388	77.6	一般	5
8	2009021006	魏超群	53	48	60	51	63	275	55.0	一般	10
9	2009021007	兰珍妮	81	76	80	68	53	358	71.6	一般	7
10	2009021008	张敏杰	62	52	70	78	45	307	61.4	一般	9
11	2009021009	杨阳	92	94	98	95	90	469	93.8	优秀	1
12	2009021010	黄晓琳	94	83	87	80	75	419	83.8	良好	3
13	总分		770	723	791	771	713				
14	平均分		77	72.3	79.1	77.1	71.3				
15	最高分		94	99	98	95	90				
16	最低分		53	48	60	51	45				
17	及格率		90.00%	70.00%	100.00%	90.00%	70.00%	90.00%			
18	优秀率		30.00%	20.00%	20.00%	30.00%	10.00%	20.00%			

图 4-51　特定单元格的选定

4.3 任务三 公式与函数的使用

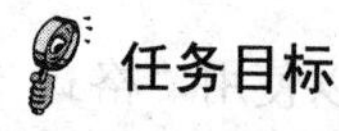

任务目标

通过本任务的学习，学会公式和函数的使用，制作如图 4-1 所示的工作表。

任务知识点

- 公式的输入。
- 公式的使用。
- 单元格位置的引用。
- 函数的使用。

4.3.1 公式

1．公式输入

Excel 2003 中的公式是对工作表中的数据进行计算的等式。它可以帮助用户快速地完成各种复杂的数据运算。公式以等号“=”开始，后面是公式的表达式。例如：某单元格的公式为“=A1 + B2”。

公式由操作数和运算符组成，操作数可以是常数、单元格引用、函数。只要公式合法，就可以得到运算结果，公式的计算结果显示在公式所在的单元格中。公式输入的步骤如下。

（1）选择要输入公式的单元格。

（2）在单元格或编辑栏中输入等号“＝”。

（3）在等号的后面输入公式的内容。

（4）单击编辑栏中的确认按钮☑，结束公式的输入。这时，该单元格内显示计算的结果。

例如，在图 4-1 中，在 H4 单元格中计算第 4 行的总分，在编辑栏中输入“=SUM(C4:G4)”，这时计算结果在 H4 单元格中显示，公式在编辑栏中显示。

操作提示： 如果希望在单元格中直接显示公式，可使用菜单中的“工具”→“选项”命令，在“视图”选项卡中选中“窗口选项”的“公式”复选框，在单元格中将直接显示公式。

2．运算符

使用公式必然要用到运算符。Excel 中的运算符分为以下 4 类。

（1）算术运算符

算术运算符用于完成基本的数学运算，包括：＋、－、*、/、∧（乘方）、%（百分比），如表 4-1 所示。

表 4-1　　　　　　　　　　　　算术运算符

算术运算符	含　义	示　例
＋（加号）	加	2＋3
－（减号）	减	5−2
－	负号	−3
*（星号）	乘	3*4
/（斜杠）	除	7/2
%（百分号）	百分比	25%
^（脱字符）	幂	5^2（即 5 的 2 次方）

（2）文本运算符

文本运算只有一种，就是将两个字符串顺序连成一个字符串，所以文本运算符又叫连字符，以符号＆来表达，如表 4-2 所示。

表 4-2　　　　　　　　　　　　文本运算符

文本运算符	含　义	示　例
＆（连字符）	文本运算符，将两个字符串或单元格引用连接成一个组合文本	A1=‘计算机’，则 A1＆“基础”即为“计算机基础”

（3）比较运算符

用于比较两个同类型的数据。包括：＝（等于）、＜＞（不等于）、＜（小于）、＜＝（小于或等于）、＞（大于）、＞＝（大于或等于），如表 4-3 所示。

表 4-3　　　　　　　　　　　　比较运算符

比较运算符	含　义	示　例
＝（等号）	等于	B1＝A2
＞（大于号）	大于	A1＞A3
＜（小于号）	小于	B2＜A4
＞＝（大于或等于号）	大于或等于	B3＞＝C5
＜＝（小于或等于号）	小于或等于	B4＜＝C3
＜＞（不等号）	不等于	B5＜＞C4

（4）引用运算符

引用运算符用于指定单元格区域，如表 4-4 所示。

表 4-4　　引用运算符

引用运算符	含　义	示　例
：(冒号)	区域运算符，对两个引用之间，包括两个引用在内的所有单元格进行引用	A1:B3 指引用包括 A1 到 B3 矩形区域内的 6 个单元格
，(逗号)	联合运算符，将多个引用合并为一个引用	A1，B1，C1 指引用 A1、B1 和 C13 个单元格
(空格)	交叉运算符，对属于两个单元格区域的交集的引用	SUM（A1:B3　B1:C3）指对 A1:B3 和 B1:C3 两个区域中公共单元格的数值求和。实际是对 B1:B3 区域各单元格数值求和

3．单元格位置引用

通过单元格位置的引用，可以在某个公式中使用指定工作表或工作簿中任何单元格的数据，也可以在几个公式中使用同一单元格中的数值。单元格位置的引用有两种方式，一是输入单元格地址，二是用鼠标单击进行单元格引用。根据单元格地址被复制到其他单元格后是否会改变，分为相对引用、绝对引用和混合引用。

（1）相对引用

相对引用的含义是：把一个含有单元格地址引用的公式复制到一个目标单元格时，公式中的单元格地址会根据目标单元格地址的变化而相应变化。相对引用的表达是仅用字母表达列，仅用数字表达行，如 A2。相对引用是使用率最高的引用。

（2）绝对引用

绝对引用的含义是：把一个含有单元格地址引用的公式复制到一个目标单元格时，公式中的单元格地址保持不变。绝对引用的表达是在列标和行号之前都加上美元符号“$”，例如$A$2。假如 C3 单元格的公式为“=A1 + B2”，被复制到 C4 单元格后，就相应变成了“=A2 + B3”，这是相对引用；而绝对引用是：C3 单元格的公式为“= $A$1 + $B$2”，被复制到 C4 单元格后，C4 单元格的公式仍然为“=$A$1 + $B$2”。

（3）混合引用

混合引用就是当用户需要绝对引用某行（行号不变）而相对引用某列（列标变），或者需要绝对引用某列（列标不变）而相对引用某行（行号变）时，就要用到混合引用，例如$D5、D$5 都是混合引用。

（4）表间引用

表间引用就是使用“！”来引用不同工作表中的单元格，比如：学生成绩表！C3:G12，表示引用工作表为“学生成绩表”的 C3:G12 单元格区域，其中如果用到绝对引用、相对引用或混合引用，与在当前工作表内引用的方法完全一致。

4.3.2　函数的使用

函数是 Excel 内部预先定义好的计算公式。在使用函数时，输入正确的参数，即可获得相应的运算结果。参数通常是数字、文本、逻辑值、数组或单元格引用，也可以是常量、公式或其他函数。

函数通常以函数名开始，后面紧跟圆括号，括号里面是参数。如果一个函数的参数有两个或两个以上，参数之间以逗号隔开。

1．函数的分类

Excel 2003 提供了大量函数，例如求和函数、求平均值函数、求最大值、最小值函数等。按功能划分可分为以下几类。

- 财务函数：用于财务的统计与分析。
- 日期与时间函数：用于日期与时间的处理。
- 数学与三角函数：用于各种数学运算。
- 统计函数：用于数值的统计和分析。
- 查找与引用函数：用于数据和单元格引用的查找。
- 数据库函数：用于分析数据清单中的数值是否满足特定的要求。
- 工程函数：用于对数值进行工程运算或分析。
- 文本函数：用于字符串处理。
- 逻辑函数：用于逻辑运算。
- 信息函数：用于确定单元格中数据的类型和有关信息。

Excel 中有多达数百个函数，表 4-5 列出了一些比较常用的函数。

表 4-5　常用函数

函　数	格　式	功　能
SUM	=SUM（number1,number2,…）	求和
SUMIF	=SUMIF(range,criteria,sum_range)	根据条件求和
AVERAGE	=AVERAGE(number1,number2,…)	求平均值
COUNT	=COUNT(value1,value2,…)	求参数中包含数字的单元格个数
IF	=IF(logical_test,value_if_true,value_if_false)	根据逻辑值是否满足来返回不同结果
MAX	=MAX(number1,number2,…)	求最大值
MIN	=MIN(number1,number2,…)	求最小值
COUNTIF	COUNTIF(range,criteria)	计算某个区域中满足条件的单元格数目
RANK	RANK(number,ref,order)	返回某数字在一列数字中相对于其他数值的大小排位
INT	INT(number)	将数值向下取整为最接近的整数

2．函数的输入

函数的输入和公式的输入类似，需要正确输入函数名和参数。操作步骤如下。

（1）选定要输入函数的单元格。

（2）单击编辑栏左侧的 fx 按钮，出现如图 4-52 所示的插入函数对话框。

（3）在“选择类别”下拉列表中选中函数类别，然后在“选择函数”列表框中选中需要的函数名，单击“确定”按钮，即打开该函数的“函数参数”对话框。

（4）在该函数的“函数参数”对话框中按需要正确设置相应的参数，并单击“确定”按钮，即完成选定单元格的函数插入，在选定的单元格中将显示函数的计算结果，在编辑栏将显示函数的完整表达式。

另外，单击“常用”工具栏中的“自动求和”按钮旁边箭头，并选择“其他函数”；或者选择菜单中的“插入”→“函数”命令，也可以打开插入函数对话框。

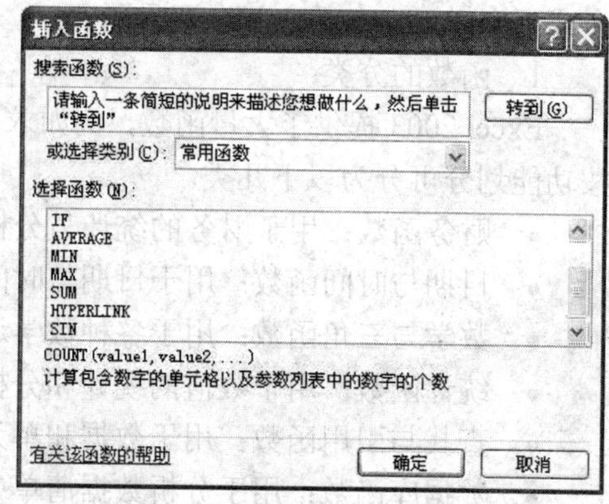

图 4-52 “插入函数”对话框

3．自动求和

Excel 2003 提供了快速求和的方法，操作步骤如下。

（1）选定存放求和结果的单元格。

（2）单击“常用”工具栏中的“自动求和”按钮，在该单元格出现 SUM 函数及默认的求和数据区域。

（3）如果默认的求和数据区域与需要的区域不符，可以输入新的数据区域。确认好数据区域后按【Enter】键，即可在单元格得到正确的求和结果。

另一种快速求和的方法，以对 A1:A4 单元格区域求和为例，具体操作如下。

（1）假如在 A1:A4 输入 4 个数值，鼠标选中 A1:A5 单元格区域。

（2）单击“常用”工具栏中的“自动求和”按钮，在 A5 单元格即得到 A1:A4 的数值和。

其他常用函数的计算也可以运用这种方法，如求平均值、最大值、最小值、计数等。

任务实施

在学生成绩表工作表，利用自动求和功能计算出总成绩，并求学生个人平均成绩，再根据个人平均成绩换算成等级，并按个人总成绩进行排名，然后计算每门课程的总分、平均分、最高分和最低分，以及每门课程的优秀率和及格率，最后按个人总成绩计算优秀率和及格率。制作效果如图 4-1 所示。操作步骤如下。

（1）补充文本。在 H2 单元格输入文本“总成绩”、I2 输入“平均成绩”、J2 输入“等级”、K2 输入“排名”。

（2）合并单元格。将单元格 A13 与 B13 合并、A14 与 B14 合并、A15 与 B15 合并、A16 与 B16 合并、A17 与 B17 合并、A18 与 B18 合并，并设置这些合并后的单元格水平位置居中。然后从 A13 开始，从上到下分别输入文本“总分”、“平均分”、“最高分”、“最低分”、“及格率”、“优秀率”。

（3）设置单元格格式。选取 A2:K18 单元格区域，单击格式工具栏的“居中”按钮，设置区域内单元格数据水平居中。

（4）计算总成绩。

① 先计算英语总分，可利用自动求和来完成，具体操作如下。

a．鼠标拖动选取单元格区域 C3:C13。

b．单击常用工具栏的自动求和按钮 Σ，在 C13 单元格即显示英语总成绩。

c．鼠标移到 C13 填充柄，当鼠标形状变为实心黑色“+”时，水平拖曳到 G13，复制 C13 公式到单元格 D13、E13、F13 和 G13，得到各科总分。

② 再计算吴刚的个人总成绩，同样可以用这个方法来完成，也可以利用插入函数的方法来完成，具体操作如下。

a．单击放置“吴刚”个人总成绩的单元格 H3，选择菜单中的“插入”→“函数”命令，或单击编辑栏中的“插入函数”按钮，弹出“插入函数”对话框，如图 4-52 所示。

b．在“或选择类别”列表框中，选择“常用函数”选项；在“选择函数”列表框中，选择 SUM 函数。

c．单击“确定”按钮，弹出“函数参数”对话框，如图 4-53 所示。

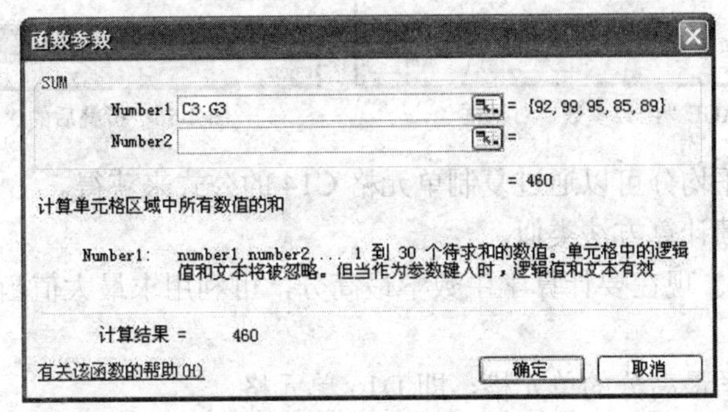

图 4-53　SUM“函数参数”对话框

d．在 Number1 文本框中选定区域为 C3:G3，符合题意，不必更改。

e．单击“确定”按钮，H3 单元格内即显示个人总成绩，同时可以在编辑栏看到 H3 的公式为“=SUM(C3:G3)”，如图 4-54 所示。

公式

H3　　fx　=SUM(C3:G3)

	A	B	C	D	E	F	G	H
1	学生成绩表							
2	学号	姓名	英语	高等数学	计算机基础	机械制图	电工电子	总成绩
3	2009021001	吴刚	92	99	95	85	89	460
4	2009021002	陈君	74	53	85	68	79	359
5	2009021003	江丽萍	82	69	66	95	89	401

图 4-54　计算个人总成绩的结果

f．复制 H3 公式到 H4:H12，得到其他人员的个人总成绩。

另外，还可以直接在 H3 单元格输入公式“=SUM(C3:G3)”来计算个人总成绩。

（5）计算平均分。先计算英语平均分，可利用求平均值函数 AVERAGE 来实现，具体操作步骤如下。

① 单击存放英语平均分的 C14 单元格。

② 单击编辑栏中的“插入函数”按钮，弹出“插入函数”对话框，在“选择类别”列表框中，选择“常用函数”；在“选择函数”列表框中，选择 AVERAGE 函数。

③ 单击“确定”按钮，弹出“函数参数”对话框，如图 4-55 所示。

④ 如果 Number1 文本框中没有选定单元格区域或单元格区域表达不正确，可单击文本框右边的折叠按钮，将“函数参数”对话框折叠。回到工作表，用鼠标拖动选中求平均值的数据区域，即选中 C3:C12 的单元格区域，使函数参数值改为 C3:C12，如图 4-56 所示。单击右边的展开按钮，展开“函数参数”对话框。

⑤ 单击“确定”按钮，C14 单元格内即显示求得的英语平均分，编辑栏可见 AVERAGE 函数计算公式，如图 4-57 所示。

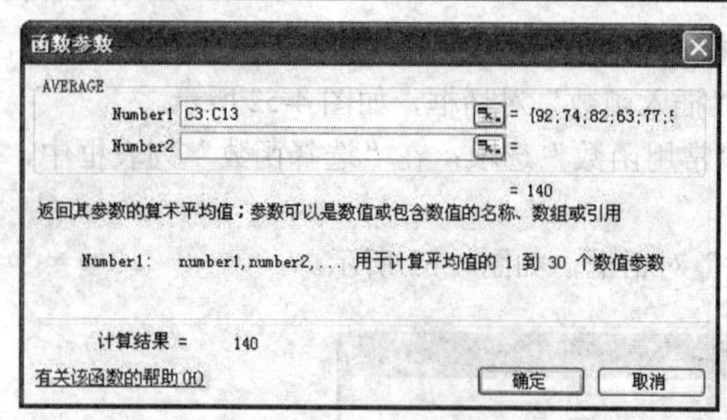

图 4-55 AVERAGE“函数参数”对话框

图 4-56 折叠后的“函数参数”对话框

⑥ 其他课程的平均分可以通过复制单元格 C14 的公式来获得。

⑦ 个人平均成绩计算方法类似。

（6）计算最高分。现在要计算学生数学最高分，可利用求最大值函数 MAX 来完成，具体操作步骤如下。

① 单击存放数学最高分的单元格，即 D15 单元格。

② 与前面类似的方法打开插入函数对话框，在“常用函数”的“选择函数”列表框中，选择 MAX 函数。

③ 单击“确定”按钮，弹出 MAX“函数参数”对话框；在 Number1 文本框中将选定区域改为 D3:D12。

④ 单击“确定”按钮，D15 单元格内即显示求得的数学最高分，编辑栏可见 MAX 函数计算公式，如图 4-58 所示。

C14 =AVERAGE(C3:C12)

	A	B	C	D	E
1					
2	学号	姓名	英语	高等数学	计算机基础
3	2009021001	吴刚	92	99	95
4	2009021002	陈君	74	53	85
5	2009021003	江丽萍	82	69	66
6	2009021004	丁小芳	63	77	78
7	2009021005	邓华	77	72	72
8	2009021006	魏超群	53	48	60
9	2009021007	兰珍妮	81	76	80
10	2009021008	张敏杰	62	52	70
11	2009021009	杨阳	92	94	98
12	2009021010	黄晓琳	94	83	87
13	总分		770	723	791
14	平均分		77		

图 4-57 利用 AVERAGE 函数求得英语平均分示例

D15 =MAX(D3:D12)

	A	B	C	D	E
1					
2	学号	姓名	英语	高等数学	计算机基础
3	2009021001	吴刚	92	99	95
4	2009021002	陈君	74	53	85
5	2009021003	江丽萍	82	69	66
6	2009021004	丁小芳	63	77	78
7	2009021005	邓华	77	72	72
8	2009021006	魏超群	53	48	60
9	2009021007	兰珍妮	81	76	80
10	2009021008	张敏杰	62	52	70
11	2009021009	杨阳	92	94	98
12	2009021010	黄晓琳	94	83	87
13	总分		770	723	791
14	平均分		77	72.3	79.1
15	最高分			99	

图 4-58 利用 MAX 函数求得数学最高分示例

⑤ 同样，其他课程的最高分可以通过复制单元格 D15 的公式来获得。

（7）计算最低分。方法与计算最高分完全类似，操作步骤从略。

（8）计算等级。现在将学生的平均成绩换算成等级，即平均成绩大于或等于 90 为“优秀”，大于或等于 80 而小于 90 为“良好”，其他为“一般”。这个换算需要利用条件函数 IF 来实现，具体操作步骤如下。

① 单击存放吴刚等级的单元格，即 J3 单元格。

② 选择菜单中的“插入”→“函数”命令，或单击编辑栏中的“插入函数”按钮，弹出“插入函数”对话框。

③ 在“选择类别”列表框中，选择“常用函数”选项；在“选择函数”列表框中，选择 IF 函数。

④ 单击“确定”按钮，弹出“函数参数”对话框，如图 4-59 所示，光标定位到 Logica1_test 文本框中，鼠标单击 I3 单元格，“I3”出现在 Logica1_test 文本框中，紧接其后输入“>= 90”；在 Va1ue_if_true 文本框中输入“优秀”，在 Va1uel_if _false 文本框中输入 IF（I3＞=80，“良好”，“一般”）。

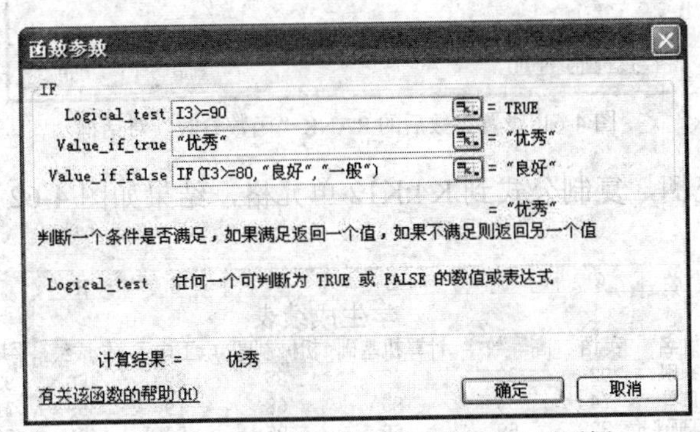

图 4-59　设置参数后的 IF“函数参数”对话框

⑤ 单击“确定”按钮，J3 单元格内将显示等级文字，如图 4-60 所示。

IF函数公式

J3　=IF(I3>=90,"优秀",IF(I3>=80,"良好","一般"))

	A	B	C	D	E	F	G	H	I	J
1	学生成绩表									
2	学号	姓名	英语	高等数学	计算机基础	机械制图	电工电子	总成绩	平均成绩	等级
3	2009021001	吴刚	92	99	95	85	89	460	92.0	优秀
4	2009021002	陈君	74	53	85	68	79	359	71.8	一般
5	2009021003	江丽萍	82	69	66	95	89	401	80.2	良好
6	2009021004	丁小芳	63	77	78	60	54	332	66.4	一般

图 4-60　利用 IF 函数求得等级示例

⑥ 拖动自动填充柄，复制公式到单元格 J4:J12。

注意：如果要细分等级，比如除了前述等级外，大于或等于 60 而小于 80 为“及格”，小于 60 为“不及格”，则在 Va1uel_if _false 文本框中应输入 IF（I3＞=80，“良好”，IF（I3＞=60，“及格”，“不及格”））。这里就用到了 IF 函数嵌套使用。此外，在单元格计算中还可以多种函数嵌套使用。

（9）计算排名。现在要对学生总成绩进行排名，可以使用 RANK 函数来实现，具体操作步骤如下。

① 单击存放吴刚排名结果的单元格，即 K3 单元格。

② 打开“插入函数”对话框。在“选择类别”列表框中，选择“全部”选项；在“选择函数”列表框中，选择 RANK 函数。

③ 单击“确定”按钮，弹出 RANK“函数参数”对话框。

④ 在 Number 文本框中输入 H3，在 Ref 文本框中输入$H$3:$H$12，在 Order 文本框中输入 0，如图 4-61 所示。

⑤ 单击“确定”按钮，K3 单元格内即显示排名结果。

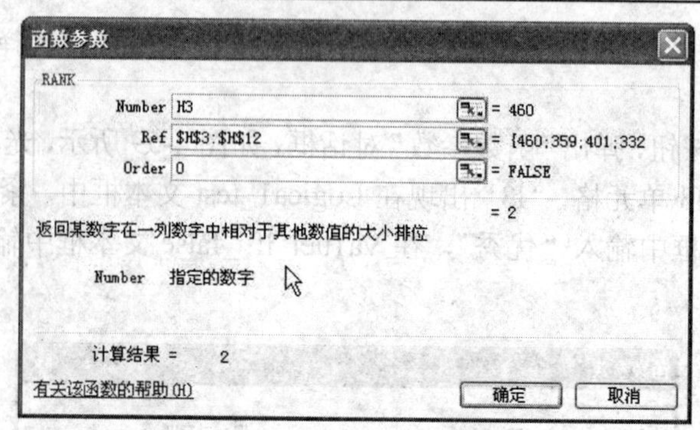

图 4-61 设置参数后的 RANK“函数参数”对话框

⑥ 拖动自动填充柄，复制公式到 K4:K12 单元格，结果如图 4-62 所示。

	A	B	C	D	E	F	G	H	I	J	K
1	学生成绩表										
2	学号	姓名	英语	高等数学	计算机基础	机械制图	电工电子	总成绩	平均成绩	等级	排名
3	2009021001	吴刚	92	99	95	85	89	460	92.0	优秀	2
4	2009021002	陈君	74	53	85	68	79	359	71.8	一般	6
5	2009021003	江丽萍	82	69	66	95	89	401	80.2	良好	4
6	2009021004	丁小芳	63	77	78	60	54	332	66.4	一般	8
7	2009021005	邓华	77	72	72	91	76	388	77.6	一般	5
8	2009021006	魏超群	53	48	60	51	63	275	55.0	一般	10
9	2009021007	兰珍妮	81	76	80	68	53	358	71.6	一般	7
10	2009021008	张敏杰	62	52	70	78	45	307	61.4	一般	9
11	2009021009	杨阳	92	94	98	95	90	469	93.8	优秀	1
12	2009021010	黄晓琳	94	83	87	80	75	419	83.8	良好	3
13	总分		770	723	791	771	713				
14	平均分		77	72.3	79.1	77.1	71.3				

图 4-62 利用 RANK 函数求得个人总成绩排名结果示例

（10）计算及格率和优秀率。现在求各科成绩的及格率和优秀率。先利用 COUNTIF 函数计算各科及格人数和优秀人数，然后除以总人数，得出及格率和优秀率。具体操作步骤如下。

① 单击存放英语及格率的单元格，即 C17 单元格。

② 打开“插入函数”对话框。在“选择类别”列表框中，选择“全部”选项；在“选择函数”列表框中，选择 COUNTIF 函数。

③ 单击“确定”按钮，弹出“函数参数”对话框。

④ 在 Range 文本框中输入单元格区域“C3:C12”，在 Criteria 文本框中输入“>=60”，如图 4-63 所示。

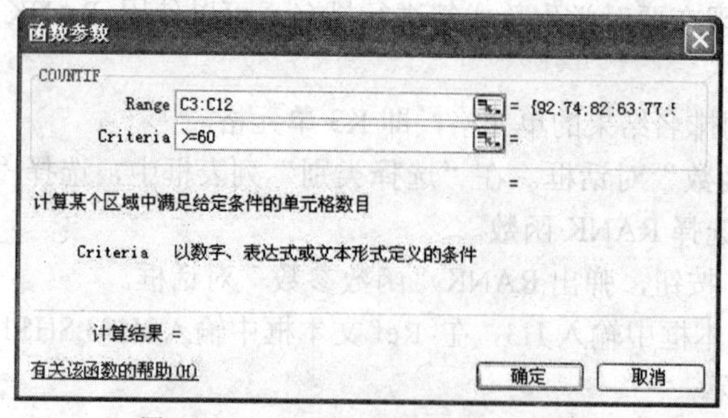

图 4-63 COUNTIF“函数参数”对话框

⑤ 单击“确定”按钮，C17 单元格内显示求得的及格人数，同时在编辑栏中显示公式“=COUNTIF(C3:C12,">=60")”。紧接公式后面输入“/COUNT(C3:C12)”，即除以总人数，即得到及格人数除以总人数的比例。完整的公式为“=COUNTIF(C3:C12,">=60") / COUNT(C3:C12)”。

⑥ 及格率应该显示为百分比，需要更改 C17 单元格的格式。选定单元格 C17，选择菜单“格式”→“单元格…”命令，打开单元格格式对话框，如图 4-64 所示，在数字选项卡选择“分类”为“百分比”，小数位数为 2，单击“确定”按钮，则 C17 单元格显示的就是百分比形式表达的及格率，结果如图 4-65 所示。

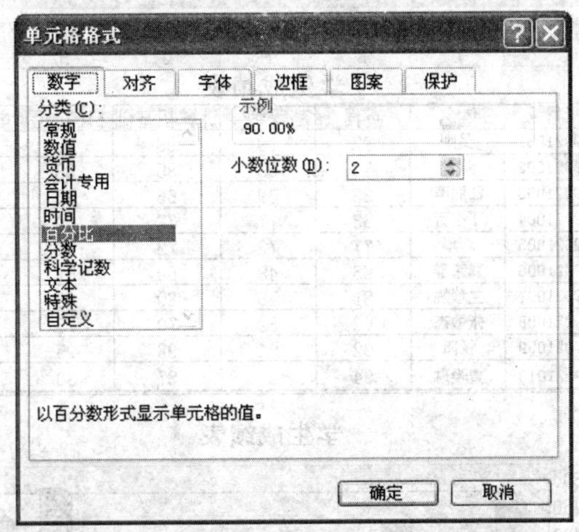

图 4-64 “单元格格式”对话框—“数字”选项卡

C17　　=COUNTIF(C3:C12,">=60")/COUNT(C3:C12)

	A	B	C	D	E	F	G
1						学生成绩表	
2	学号	姓名	英语	高等数学	计算机基础	机械制图	电工电子
3	2009021001	吴刚	92	99	95	85	89
4	2009021002	陈君	74	53	85	68	79
5	2009021003	江丽萍	82	69	66	95	89
6	2009021004	丁小芳	63	77	78	60	54
7	2009021005	邓华	77	72	72	91	76
8	2009021006	魏超群	53	48	60	51	63
9	2009021007	兰珍妮	81	76	80	68	53
10	2009021008	张敏杰	62	52	70	78	45
11	2009021009	杨阳	92	94	98	95	90
12	2009021010	黄晓琳	94	83	87	80	75
13	总分		770	723	791	771	713
14	平均分		77	72.3	79.1	77.1	71.3
15	最高分		94	99	98	95	90
16	最低分		53	48	60	51	45
17	及格率		90.00%				

图 4-65　及格率计算结果及公式

⑦ 利用同样方法可求得优秀率，其中 COUNTIF 函数的设置改为在 Criteria 文本框中输入“>=90”即可，其他和及格率的设置相同。

⑧ 同理：计算个人总成绩的优秀率和及格率做法也类似，前者公式为“=COUNTIF(H3:H12,">=450")/COUNT(H3:H12)”，后者公式为“=COUNTIF(H3:H12,">=300")/COUNT(H3:H12)”。

4.4 任务四 Excel 2003 图表操作

任务目标

通过本任务的学习，完成如图 4-66 所示的“学生成绩表”图表。

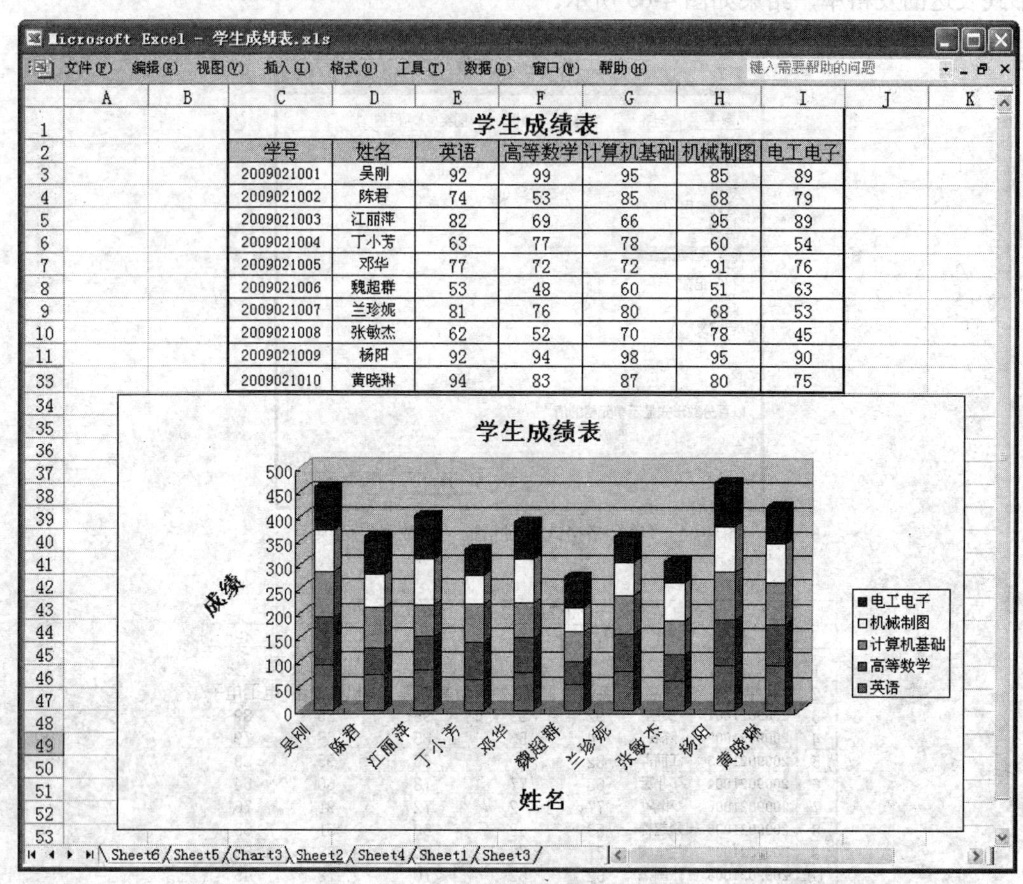

学生成绩表

学号	姓名	英语	高等数学	计算机基础	机械制图	电工电子
2009021001	吴刚	92	99	95	85	89
2009021002	陈君	74	53	85	68	79
2009021003	江丽萍	82	69	66	95	89
2009021004	丁小芳	63	77	78	60	54
2009021005	邓华	77	72	72	91	76
2009021006	魏超群	53	48	60	51	63
2009021007	兰珍妮	81	76	80	68	53
2009021008	张敏杰	62	52	70	78	45
2009021009	杨阳	92	94	98	95	90
2009021010	黄晓琳	94	83	87	80	75

图 4-66 “学生成绩表”图表

任务知识点

- 常用图表的类型和制作方法。
- 图表的格式设置。
- 图表的编辑。

4.4.1 认识图表

这是一个 Excel 图表，各部分组成如图 4-67 所示。

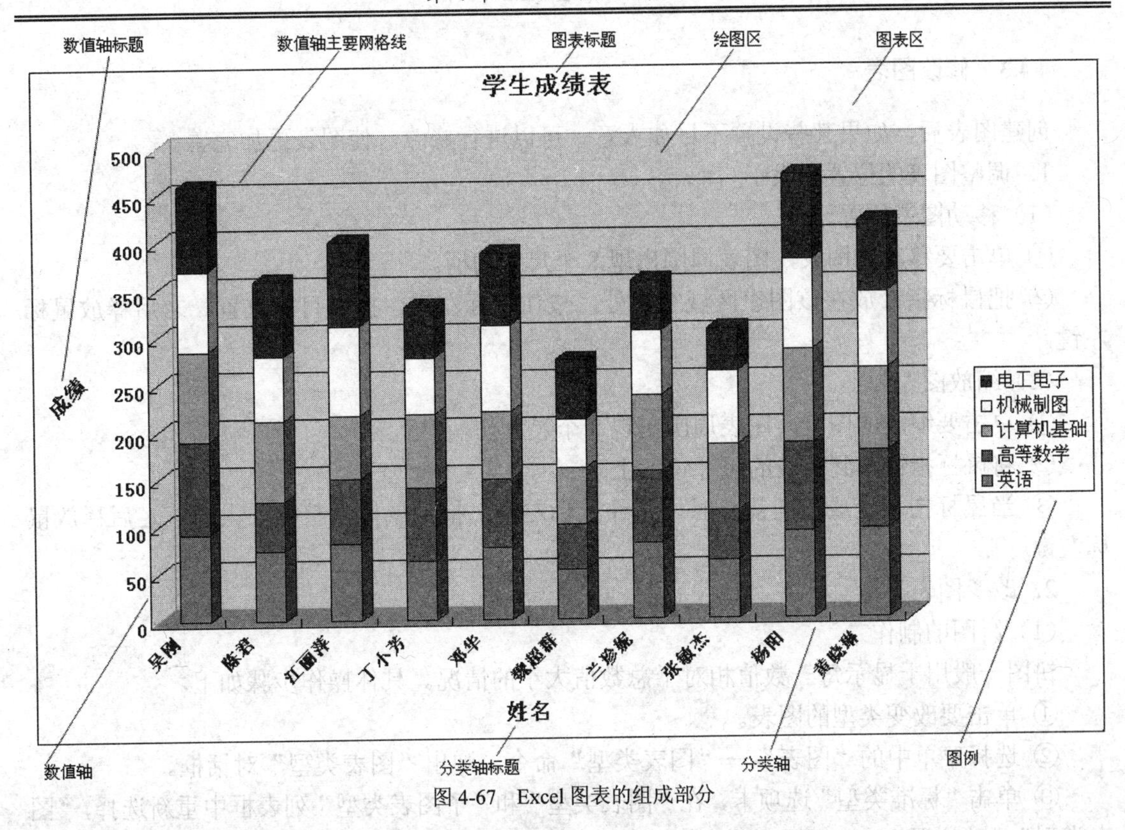

图 4-67　Excel 图表的组成部分

4.4.2　创建图表

以图表的形式显示数据，可以使数据的表达更清晰、直观和易于理解。Excel 2003 提供了大量图表类型，包括柱形图、条形图、折线图、饼图、XY（散点）图、面积图、圆环图、雷达图、曲面图、气泡图、圆柱图、圆锥图、棱锥图等。

创建图表有 2 种方法，一是利用图表工具栏创建图表，二是利用图表向导创建图表。

1．根据“图表”工具栏创建图表

在 Excel 2003 工作环境中，选择菜单中的“视图”→“工具栏”→“图表”命令，打开“图表”工具栏，如图 4-68 所示。

图 4-68 “图表”工具栏

具体操作步骤如下。

（1）选择待制作图表的数据区域。

（2）单击“图表”工具栏中的“图表类型”按钮旁边的下拉箭头，选择一种图表类型，即快速创建了一个图表。

2．使用图表向导创建图表

使用图表工具栏创建图表虽然快捷，但它能提供的图表很有限，而用图表向导则可以设置更多的图表选项，创建更为丰富的、满足不同需求的图表。具体操作步骤如下。

（1）选择待制作图表的数据区域。

（2）选择菜单中的“插入”→“图表”命令，或直接单击“常用”工具栏中的“图表向导”按钮，弹出“图表向导”对话框。在图表向导的引导下一步一步完成图表的创建。

4.4.3 修改图表

创建图表后，如果某些设置不尽如人意，可以进行修改，使图表更加完善。

1．调整图表的位置和大小

（1）移动图表位置

① 单击要移动的图表，图表周围出现 8 个尺寸句柄。

② 把鼠标指针放在该图表区域空白处，按住鼠标左键，拖到目标位置。之后释放鼠标左键。

（2）缩放图表

① 单击要缩放的图表，图表周围出现 8 个尺寸句柄。

② 将鼠标指针移到图表的尺寸句柄上。

③ 当鼠标指针变成双向箭头时，按住鼠标左键，拖动鼠标调整图表大小。之后释放鼠标左键。

2．改变图表类型

（1）饼图的制作

饼图一般用于显示每一数值相对于总数值大小的情况。具体操作步骤如下。

① 单击要改变类型的图表。

② 选择菜单中的“图表”→“图表类型”命令，弹出“图表类型”对话框。

③ 单击“标准类型”选项卡，在“图表类型”和“子图表类型”列表框中重新选择，“图表类型”选“饼图”，“子图表类型”选饼图中的一种，这里选“三维饼图”选项，如图 4-69 所示。

④ 单击“确定”按钮，即改变图表类型为三维饼图。

（2）折线图的制作

折线图一般用于显示随时间或类别而变化的趋势线。具体操作步骤如下。

① 单击要改变类型的图表。

② 选择菜单中的“图表”→“图表类型”命令，弹出“图表类型”对话框。

③ 单击“标准类型”选项卡，在“图表类型”列表框中选择“折线图”，并选择“子图表类型”为“数据点折线图”选项，如图 4-70 所示。

④ 单击“确定”按钮，即改变图表类型为折线图。

3．删除数据

如果图表中有某些数据系列不需要在图表中反映出来，可以删除图表中的数据系列。具体操作步骤如下。

（1）单击图表中要删除的数据系列。

（2）选择菜单中的“编辑”→“清除”→“系列”命令，即可实现数据系列的删除。

4．添加数据

如果用户向已经建立了图表的工作表中添加了数据系列，可以把添加的数据系列也在图表中显示出来，具体操作步骤如下。

（1）选中要添加数据系列的图表。

（2）选择菜单中的“图表”→“源数据”命令，弹出“源数据”对话框。

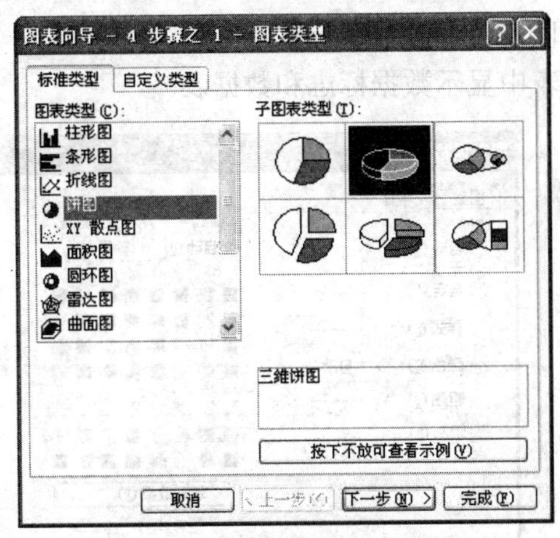

图 4-69　改变图表类型为饼图

图 4-70　折线图示例

（3）单击“数据区域”选项卡，在“数据区域”文本框中选择或输入新的数据范围。

（4）单击“确定”按钮。

还可以用复制的方法完成图表中数据的添加，具体操作步骤如下。

（1）选中要添加的数据区域。

（2）选择菜单中的“编辑”→“复制”命令。

（3）单击要添加数据系列的图表。

（4）选择菜单中的“编辑”→“粘贴”命令。

5．设置图表选项

如果用户要更改图表选项，可以按如下步骤操作。

（1）选中要操作的图表。

（2）选择菜单中的“图表”→“图表选项”命令，或单击鼠标右键，在快捷菜单中选择“图表选项”命令，弹出“图表选项”对话框，如图 4-71 所示。

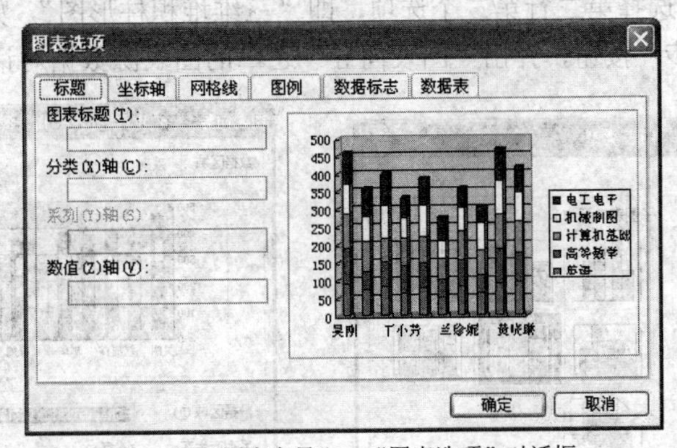

图 4-71　“图表向导”—“图表选项”对话框

在“图表选项”对话框中，可以设置标题、坐标轴、网格线、图例、数据标志、数据表等选项。下面介绍各选项卡的功能。

- 标题：可以设置图表的标题、分类轴标题和数值轴标题。
- 坐标轴、网格线：可以设置图表的坐标轴和网格线。

- 图例：可以设置是否在图表中显示图例以及图例的显示位置。
- 数据标志、数据表：可以设置是否在图表中显示数据标志和数据表。

6．设置图表格式

图表的格式化是指对图表的各个对象可以分别进行格式设置，包括有关文字和数值的格式、颜色、外观等设置。通过对图表背景颜色的设置，可以使图表更加赏心悦目，具体操作步骤如下。

（1）右键单击要进行格式设置的图表，弹出快捷菜单，然后选择“图表区格式”命令，弹出“图表区格式”对话框，如图 4-72 所示。

（2）分别对“图案”、“字体”选项卡进行设置。

（3）单击“确定”按钮。

同样的，选择其他某个图表对象，在右键菜单中选择“某某格式”，也可以打开相应对话框，进行该对象格式设置。

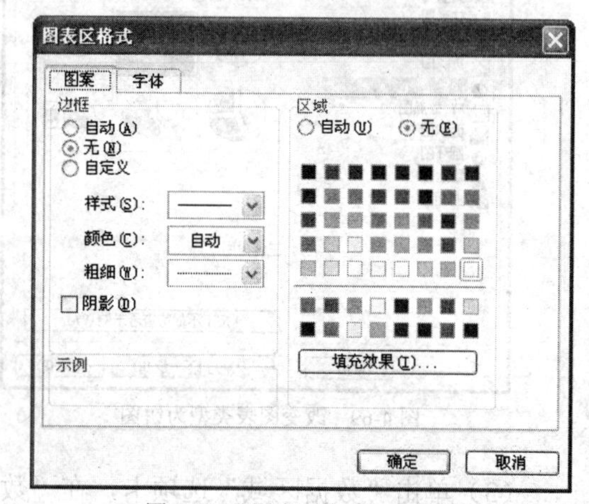

图 4-72 “图表区格式”对话框

任务实施

通过制作并完善学生成绩表图表，学习和掌握 Excel 图表功能的使用方法，案例效果如图 4-66 所示，操作步骤如下。

（1）创建图表。

① 选择学生成绩表工作表的 B2:G12 单元格区域。

② 选择菜单中的“插入”→“图表”命令，或直接单击“常用”工具栏中的“图表向导”按钮，弹出“图表向导”之一的“图表类型”列表框。

③ 单击“标准类型”选项卡，在“图表类型”列表框中选择“柱形图”选项，在“子图表类型”列表框中选择第二行第二个选项，即“三维堆积柱形图”，如图 4-73 所示。

④ 单击“下一步”按钮，弹出“图表向导”之二的图表源数据对话框，如图 4-74 所示。

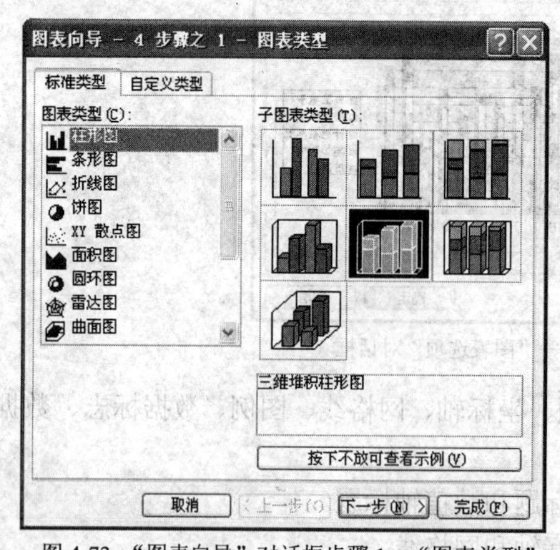

图 4-73 “图表向导”对话框步骤 1—“图表类型”

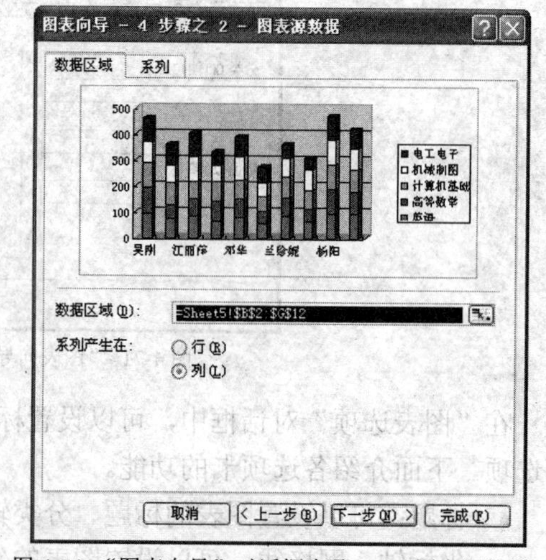

图 4-74 “图表向导”对话框步骤 2—“图表源数据”

⑤ 数据区域文本框中显示的是所选的数据区域地址，若未选择要包含在图表中的数据单元格区域，可以在“数据区域”文本框中设定单元格区域。选择“系列产生在：”行或列，此处选择“列”。

⑥ 然后单击“下一步”按钮，弹出“图表向导”之三的“图表选项”对话框，如图 4-71 所示。在“图表标题”文本框中输入标题“学生成绩表”，在“分类轴”文本框中输入“姓名”，在“数值轴”文本框中输入“成绩”。

⑦ 单击“下一步”按钮，弹出“图表向导”之四的“图表位置”对话框，选择“作为新工作表插入”选项，可修改图表的名称，如图 4-75 所示。

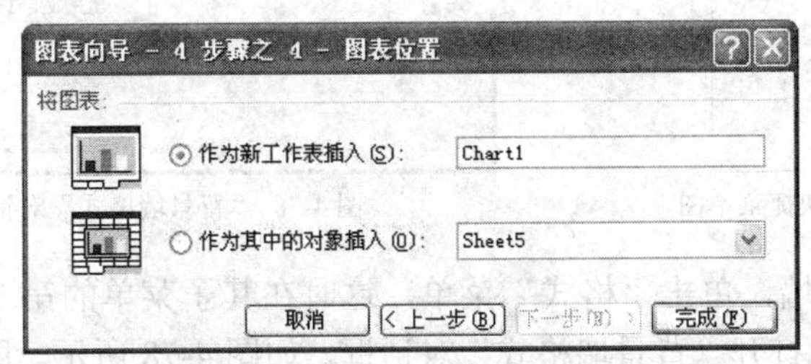

图 4-75 “图表向导”—“图表位置”对话框

⑧ 单击“完成”按钮，结果如图 4-76 所示。

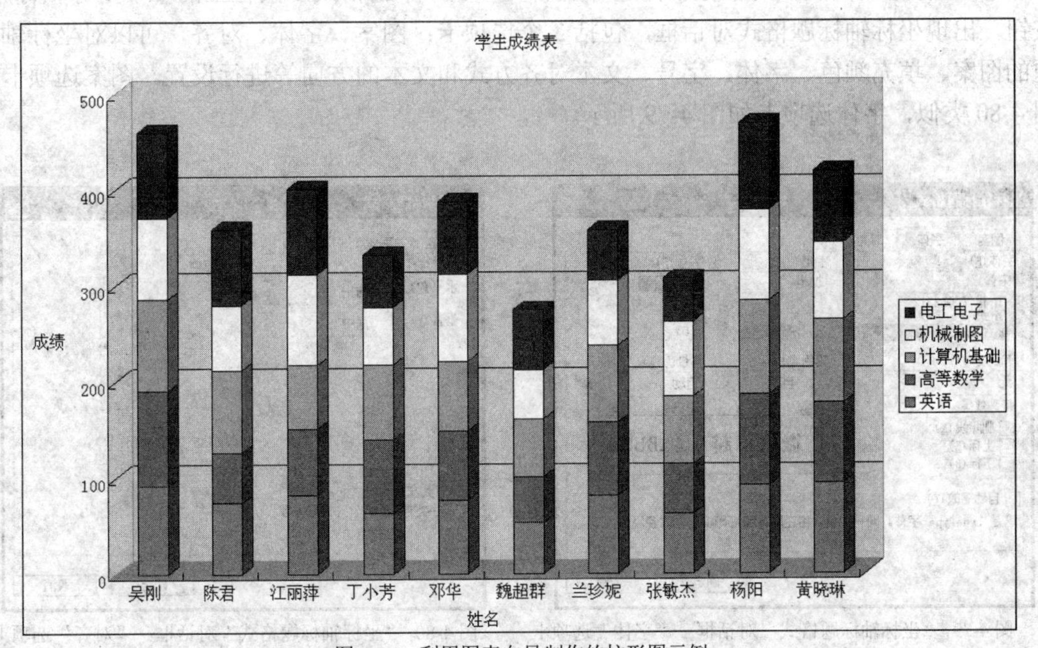

图 4-76 利用图表向导制作的柱形图示例

(2) 图表的格式设置。制作好学生成绩图表以后，为了使图表整体看过去令人赏心悦目，再对图表进行格式化设置。打开不同的图表对象的格式对话框有下列方法。

① 鼠标单击图表区，按下鼠标右键，出现快捷菜单，如图 4-77 所示。其中第一项就是“图表区格式…”，单击该项，出现图表区格式对话框，即可对图表区的图案和字体进行设置。修改字体为“16 号字”、“加粗”，将边框设为“自定义”，选“样式”为实线，选“粗细”为中等粗细。同理，其他图表对象也可以用此方法进行修改。

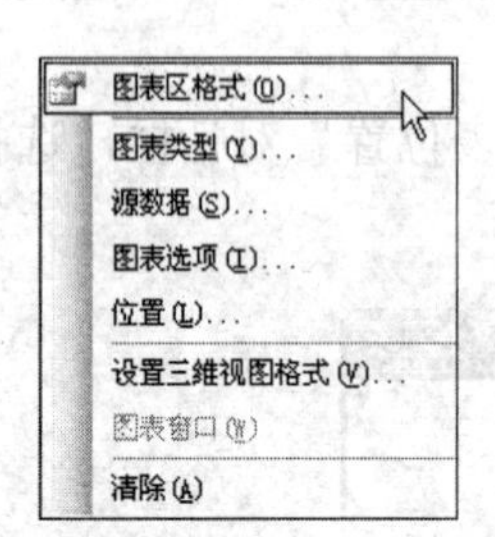

图 4-77　图表中的快捷菜单图

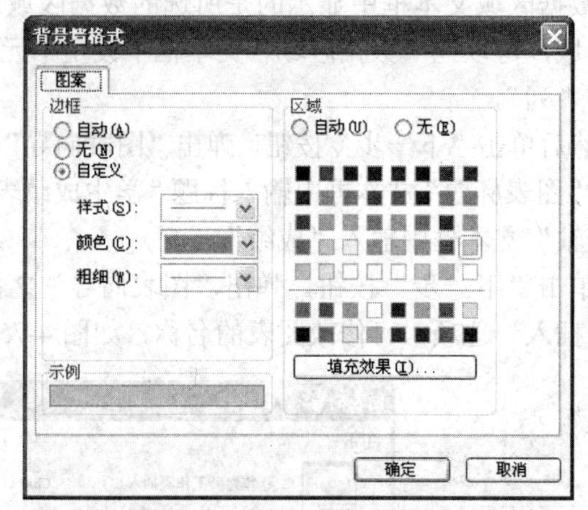

图 4-78　“背景墙格式”对话框

② 鼠标单击背景墙，单击“格式”菜单，这时在其子菜单的第一项即为“背景墙…”命令，执行该命令，即打开“背景墙格式”对话框，如图 4-78 所示。即可对背景墙的图案进行设置。

③ 鼠标单击图表上的坐标轴标题“姓名”二字，单击格式工具栏上的（坐标轴标题）按钮，出现坐标轴标题格式对话框，包括 3 个选项卡：图案、字体、对齐，可以对坐标轴标题的图案、填充颜色、字体、字号、文本对齐方式和文本的方向等进行设置。图案选项卡与图 4-80 类似，字体选项卡如图 4-79 所示。

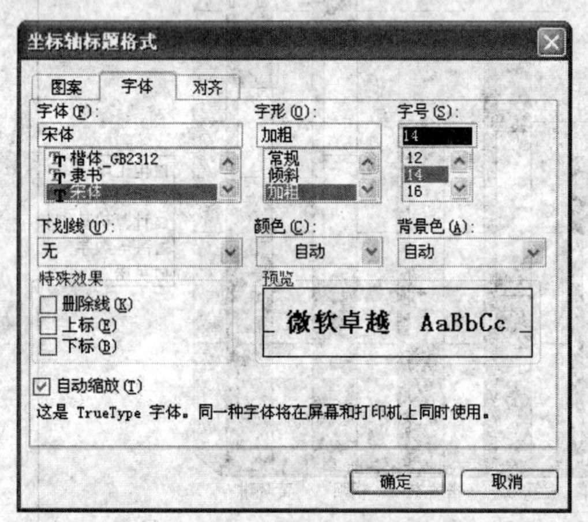

图 4-79 “坐标轴标题格式”对话框—“字体”选项卡

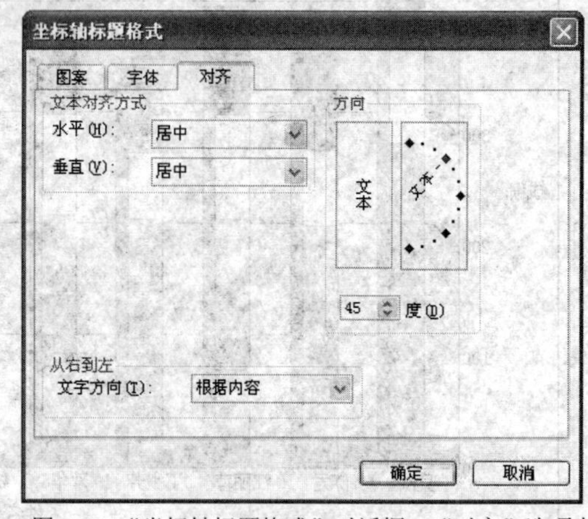

图 4-80 “坐标轴标题格式”对话框—“对齐”选项卡

④ 双击数值轴标题“成绩”二字，打开数值轴标题格式对话框，单击对齐选项卡，如图 4-80 所示，设置文本为 45 度角显示。

⑤ 双击数值轴，显示“坐标轴格式”对话框，选择“刻度”选项卡，如图 4-81 所示，在对话框中“主要刻度单位”由 100 改为 50。

⑥ 鼠标双击某个姓名，出现“坐标轴格式”对话框，选择“对齐”选项卡，设置文本为 45 度角显示。此对话框与“坐标轴标题格式”对话框类似。完成对话框格式设置后，见

图 4-82 所示，是图表格式化后的效果。

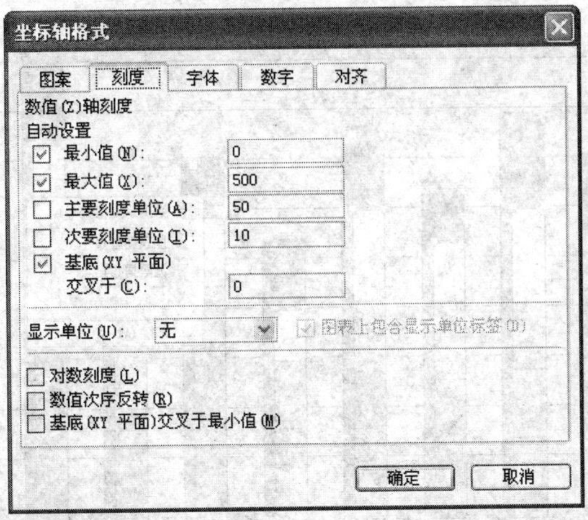

图 4-81 “坐标轴格式”对话框—“刻度”选项卡

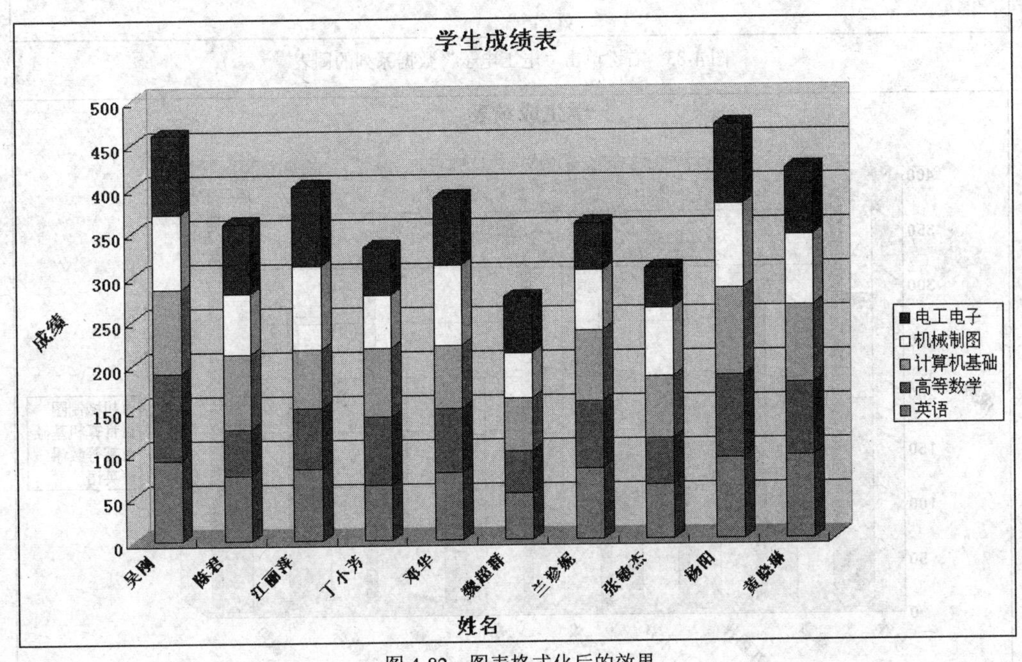

图 4-82　图表格式化后的效果

注意：所选对象不同，则格式对话框内容不同。

（3）图表的编辑。为了熟悉图表的编辑功能，我们对图表进行二次编辑。

① 删除数据。删除图表中的数据系列。以删除“电工电子”数据系列为例，具体操作步骤如下。

a. 单击学生成绩图表中的“电工电子”数据系列。

b. 选择菜单中的“编辑”→“清除”→“系列”命令，或执行右键菜单中的“清除”命令，如图 4-83 所示，即可删除“电工电子”数据系列。结果如图 4-84 所示。

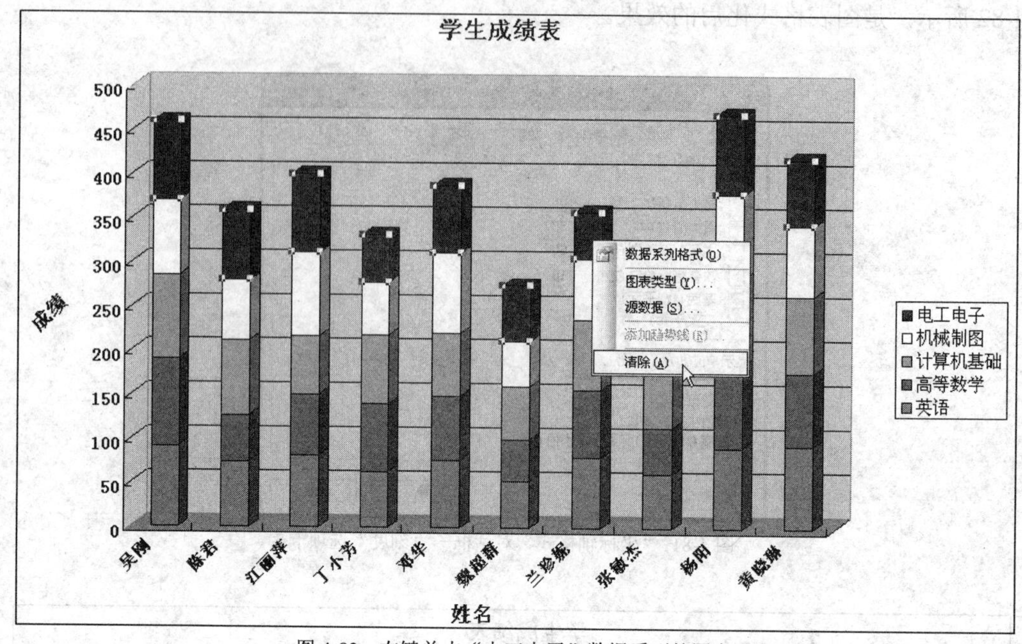

图 4-83　右键单击“电工电子”数据系列的图表

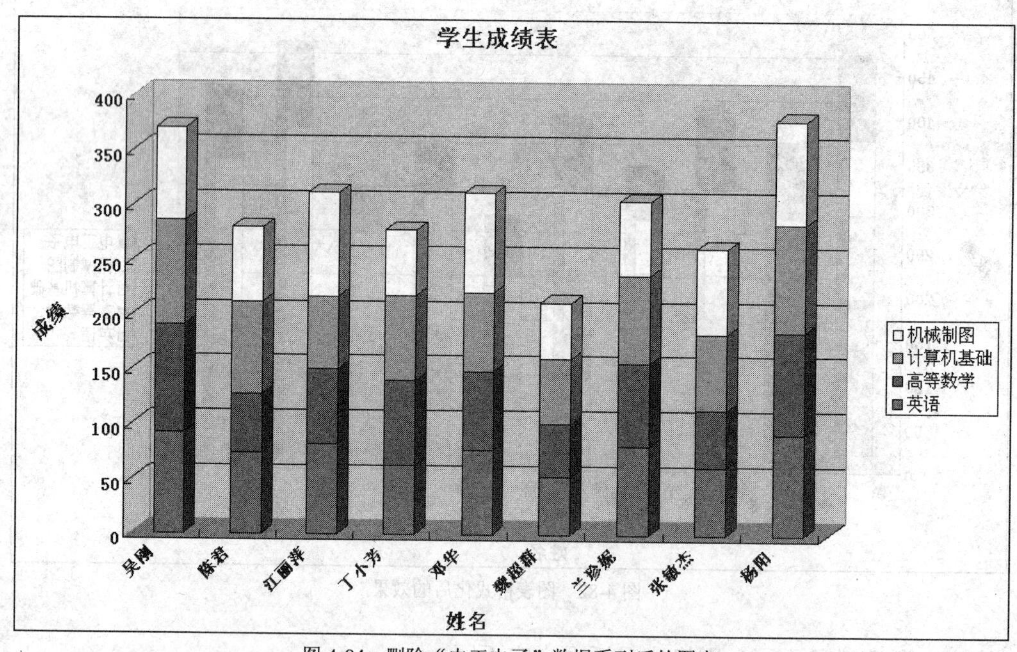

图 4-84　删除“电工电子”数据系列后的图表

② 添加数据。如果用户在已经建立了图表的工作表添加了数据系列，或者需要将“电工电子”重新加入图表中，在图表中显示出来，具体操作步骤如下。

a．选中要添加数据系列的图表。

b．选择菜单中的“图表”→“源数据”命令，弹出“源数据”对话框，如图 4-85 所示。

c．单击“数据区域”选项卡，在“数据区域”文本框中输入新的数据范围。即把新的数据系列包括到数据区域中去。

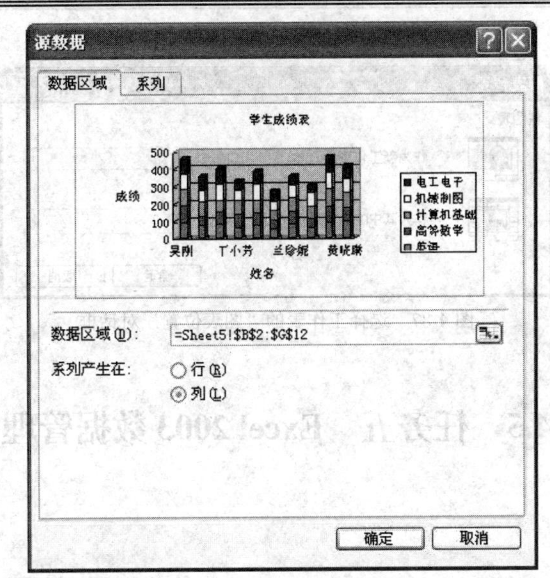

图 4-85 “源数据”对话框

d．单击“确定”按钮。

也可以用复制的方法添加数据系列到图表中，具体操作步骤如下。

a．选中要添加的数据。如图 4-86 所示。

	A	B	C	D	E	F	G
1				学生成绩表			
2	学号	姓名	英语	高等数学	计算机基础	机械制图	电工电子
3	2009021001	吴刚	92	99	95	85	89
4	2009021002	陈君	74	53	85	68	79
5	2009021003	江丽萍	82	69	66	95	89
6	2009021004	丁小芳	63	77	78	60	54
7	2009021005	邓华	77	72	72	91	76
8	2009021006	魏超群	53	48	60	51	63
9	2009021007	兰珍妮	81	76	80	68	53
10	2009021008	张敏杰	62	52	70	78	45
11	2009021009	杨阳	92	94	98	95	90
12	2009021010	黄晓琳	94	83	87	80	75

图 4-86　选中要添加的数据

b．选择菜单中的“编辑”→“复制”命令。

c．单击要添加数据系列的图表。

d．选择菜单中的“编辑”→“粘贴”命令。结果与前述方法一致。

③ 更改图表位置

具体操作步骤如下。

a．单击欲更改位置的图表，选择菜单中的“图表”→“位置”命令，或在图表区空白处单击鼠标右键，执行快捷菜单中的“位置”命令，弹出“图表位置”对话框，如图 4-87 所示。

b．选择“作为其中的对象插入”单选按钮，并选择“学生成绩表”工作表，单击“确定”按钮，即把图表作为对象插入到“学生成绩表”工作表中。

c．修改图表中所有文本的字号到原位置图表时的大小，则得到如图 4-66 所示图表的效果。

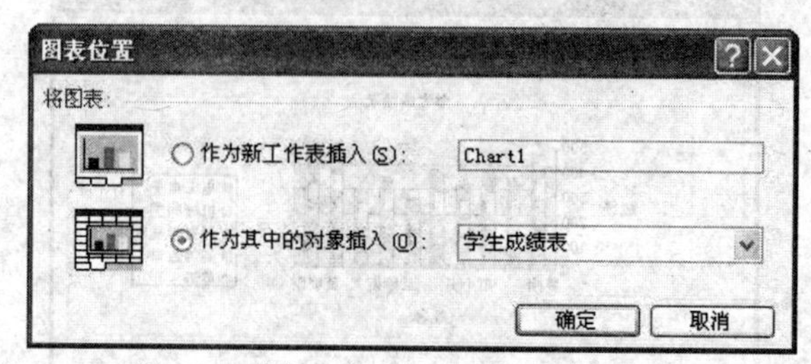

图 4-87 选择工作表的“图表位置”对话框

4.5 任务五 Excel 2003 数据管理

任务目标

如图 4-88 所示，这是一个增加了“性别”、“系部”和“年级”字段，移去了“学号”字段的“学生成绩表”数据清单。把该学生成绩表复制，粘贴到 Sheet2、Sheet3 和 Sheet4 工作表。在 Sheet2 工作表，按“计算机基础”、“机械制图”、“高等数学”3 个字段进行排序，如图 4-89 所示。在 Sheet3 工作表，设置自动筛选，如图 4-90 所示。在 Sheet4 工作表，按“性别”分类汇总英语平均成绩，如图 4-91 所示。再以“学生成绩表”工作表数据为基础，创建数据透视表，如图 4-92 所示。

	A	B	C	D	E	F	G	H	I
1	学生成绩表								
2	姓名	性别	系部	年级	英语	高等数学	计算机基础	机械制图	电工电子
3	吴刚	男	电子系	08级	92	99	95	85	89
4	陈君	女	电子系	09级	74	53	85	68	79
5	江丽萍	女	机电系	10级	82	69	66	95	89
6	丁小芳	女	机电系	08级	63	77	80	68	54
7	邓华	男	机械系	09级	77	72	72	91	76
8	魏超群	男	机械系	10级	53	48	60	51	63
9	兰珍妮	女	经管系	08级	81	76	80	68	53
10	张敏杰	男	经管系	09级	62	52	70	78	45
11	杨阳	女	计算机系	10级	92	94	98	95	90
12	黄晓琳	女	计算机系	08级	94	83	80	87	75

图 4-88 “学生成绩表”数据清单

	A	B	C	D	E	F	G	H	I
1	学生成绩表								
2	姓名	性别	系部	年级	英语	高等数学	计算机基础	机械制图	电工电子
3	杨阳	女	计算机系	10级	92	94	98	95	90
4	吴刚	男	电子系	08级	92	99	95	85	89
5	陈君	女	电子系	09级	74	53	85	68	79
6	黄晓琳	女	计算机系	08级	94	83	80	87	75
7	兰珍妮	女	经管系	08级	81	76	80	68	53
8	丁小芳	女	机电系	08级	63	77	80	68	54
9	邓华	男	机械系	09级	77	72	72	91	76
10	张敏杰	男	经管系	09级	62	52	70	78	45
11	江丽萍	女	机电系	10级	82	69	66	95	89
12	魏超群	男	机械系	10级	53	48	60	51	63

图 4-89 按“计算机基础”、“机械制图”、“高等数学”3 个字段进行排序

	A	B	C	D	E	F	G	H	I
1					学生成绩表				
2	姓名	性别	系部	年级	英语	高等数学	计算机基	机械制	电工电
3	吴刚	男	电子系	08级	92	99	95	85	89
4	陈君	女	电子系	09级	74	53	85	68	79
5	江丽萍	女	机电系	10级	82	69	66	95	89
6	丁小芳	女	机电系	08级	63	77	80	68	54
7	邓华	男	机械系	09级	77	72	72	91	76
8	魏超群	男	机械系	10级	53	48	60	51	63
9	兰珍妮	女	经管系	08级	81	76	80	68	53
10	张敏杰	男	经管系	09级	62	52	70	78	45
11	杨阳	女	计算机系	10级	92	94	98	95	90
12	黄晓琳	女	计算机系	08级	94	83	80	87	75

图 4-90　自动筛选示例

	A	B	C	D	E	F	G	H	I
1					学生成绩表				
2	姓名	性别	系部	年级	英语	高等数学	计算机基础	机械制图	电工电子
3	吴刚	男	电子系	08级	92	99	95	85	89
4	邓华	男	机械系	09级	77	72	72	91	76
5	魏超群	男	机械系	10级	53	48	60	51	63
6	张敏杰	男	经管系	09级	62	52	70	78	45
7		男 平均值			71				
8	陈君	女	电子系	09级	74	53	85	68	79
9	江丽萍	女	机电系	10级	82	69	66	95	89
10	丁小芳	女	机电系	08级	63	77	80	68	54
11	兰珍妮	女	经管系	08级	81	76	80	68	53
12	杨阳	女	计算机系	10级	92	94	98	95	90
13	黄晓琳	女	计算机系	08级	94	83	80	87	75
14		女 平均值			81				
15		总计平均值			77				

图 4-91　按“性别”字段分类汇总英语平均成绩

	A	B	C	D	E
1	请将页字段拖至此处				
2					
3	求和项:英语	性别			
4	系部	男	女	总计	
5	电子系	92	74	166	
6	机电系		145	145	
7	机械系	130		130	
8	计算机系		186	186	
9	经管系	62	81	143	
10	总计	284	486	770	
11					

图 4-92　制作数据透视表

任务知识点

- 数据清单的概念。
- 数据排序。
- 数据筛选：包括自动筛选和自定义筛选。
- 数据的分类汇总。
- 数据透视表的建立。

4.5.1　数据清单的概念

在 Excel 2003 中，数据清单是工作表中指定区域的所有数据。为了更为方便和有效地管理这些数据，通常一个数据清单占用一个工作表，如图 4-88 所示，我们输入的学生成绩表就可以当作一个数据清单。从表中可以看到：每一列单元格表达的数据属性是不同的，而每一行单元格所表达的数据内容与其他行是相似的。

数据清单有下列特性。

（1）数据清单中，一列是一个字段，每个字段表达独特的意义，字段之间各自独立。

（2）数据清单的一行是一个记录，每个记录都与其他记录相似，而数据内容各不相同。

（3）数据清单第一行中通常显示的是字段名，又称为“标题行”，文本格式。除标题行外，下面的每一行数据都是一个记录，可以包含不同数据格式的内容。

（4）数据清单是一种特殊的工作表，它必须有列名，且每一列必须是同一类型的数据。

（5）在同一个工作表中只建立一个数据清单。

（6）数据清单的每一列每一行都没有多余的空格，也不允许存在合并的单元格。

因此数据清单类似于数据库中的二维数据表，Excel 工作表的行和列就类似于二维数据表的行和列。数据清单的编辑与普通工作表一样操作，还可以通过“数据”菜单的“记录单”命令来查看、更改、添加及删除工作表数据库（数据清单）中的记录。具体操作步骤为：单击学生成绩表数据清单中任一单元格，选择菜单中的“数据”→“记录单”命令，出现如图 4-93 所示记录单编辑对话框。对话框最左列显示记录的各列名（字段名），其后显示各字段内容，右上角显示的分母为总记录数，分子表示当前显示记录内容为第几条记录。

记录单对话框中的按钮功能介绍如下。

- “新建”按钮：单击该按钮，输入各字段数据，可以添加一条记录；也可以直接在数据清单尾部空行处输入数据来添加记录，还可以在数据清单中间插入空行并填充数据来增加记录。前两种做法，新建的记录位于数据清单的最后，可以一次连续增加多条记录。
- “删除”按钮：用于选定的记录需要删除时，单击该按钮来执行删除。
- “上一条”、“下一条”按钮：可以翻页查看各条记录的内容，也可以拖动图中的滚动条来滚动查看记录内容。记录内容可以在文本框中直接修改，但不能修改相应的公式。
- “条件”按钮：用于在该对话框中设置条件，查询符合条件的记录。比如单击“条件”按钮，在出现的条件对话框的“系部”文本框中输入“计算机系”，如图 4-94 所示。单击“表单”按钮，就会显示满足条件“计算机系”的一条记录，单击“下一条”、“上一条”按钮即可以查看符合该条件的其他记录。

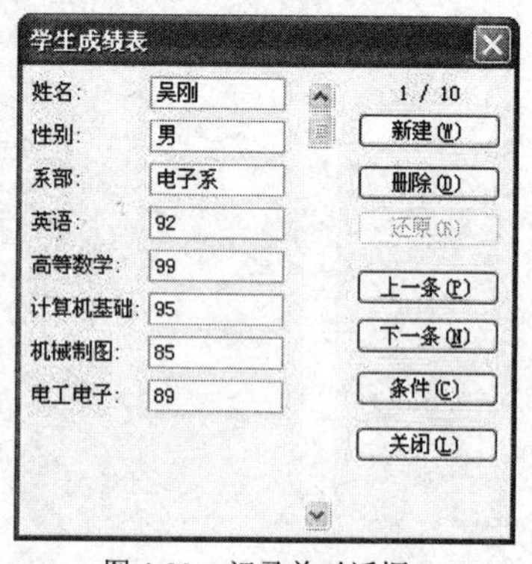

图 4-93　记录单对话框

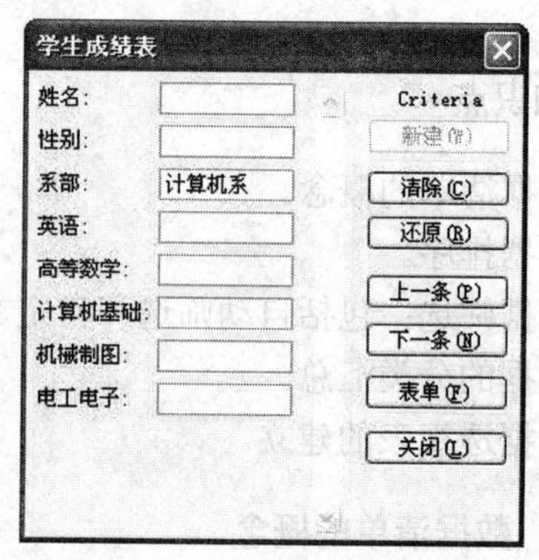

图 4-94　记录单之条件对话框

- 在条件对话框中，“清除”按钮用于清除当前的条件，以便输入其他条件。
- “还原”按钮：用于恢复上一次清除的条件。

- “关闭”按钮：用于关闭本窗口。

4.5.2　数据排序

排序是数据库的基本操作。排序通常是按照字母或者数值的升序或降序来重新组织数据。我们可以选择排序方式，或创建和使用一个自定义的数据排序方式。

1．默认的排序顺序

Excel 2003 根据数据的数值来排列数据，可以按字母顺序、数值顺序或日期顺序来排列数据。在递增排序时，Excel 2003 使用如下顺序。

- 数值从最小的负数到最大的正数排序。
- 数字按从 0～9、文本按 A～Z 的顺序排列，数字和文本同时出现时，数字在前，文本居后。
- 空格排列在最后。
- 逻辑值进行排序，False 在前，True 居后。
- 所有错误值的优先级相同。

在递减排序时，空格仍排在最后，其他字符或数值正好与递增排序时相反。

数据排序时，Excel 2003 遵循的原则如下。

- 按某一列来排序时，该列上有完全相同值的行将保持它们的原始次序。
- 按多列来排序时，第一关键字列中有完全相同值的行会根据指定的次关键字列来排序，次关键字列中有完全相同值的行会根据指定的第三关键字列来排序。
- 若选择自定义排序顺序，Excel 2003 将用所选顺序取代默认排序顺序。

2．简单数据排序

简单数据排序就是按照某一列数据升序或降序排列。如图 4-95 所示，教材统计表数据清单按价格从低到高升序排列数据。做法是：在教材统计表工作表中，首先选中“价格”数据列中任一单元格，单击“常用”工具栏的“升序”按钮，即可把教材统计表按价格从低到高升序排列。工具栏中的“降序”按钮作用正好相反。

	A	B	C	D	E	F	G
1	教材统计表						
2	教材名称	课程	年级	专业	出版社	价格	是否高职高专教材
3	基础会计学	会计学	09级	电子商务	东北财经大学出版社	21	是
4	西方经济学	西方经济学	10级	电子商务	上海财经大学出版社	22	否
5	财务管理学	财务管理	08级	电子商务	上海财经大学出版社	23	否
6	电工电子基础	电工电子	10级	计算机应用	电子工业出版社	27	否
7	电工电子基础	电工电子	10级	数控技术	电子工业出版社	27	否
8	机械制图基础	机械制图	09级	机电一体化	机械工业出版社	28	否
9	机械制图基础	机械制图	09级	数控技术	机械工业出版社	28	否
10	大学英语	英语	08级	电子商务	北京大学出版社	29	是
11	大学英语	英语	08级	机电一体化	北京大学出版社	29	是
12	C语言程序设计	C语言	09级	计算机应用	清华大学出版社	29	否
13	大学英语	英语	09级	计算机应用	北京大学出版社	29	是
14	大学英语	英语	10级	数控技术	北京大学出版社	29	是
15	高等数学	高等数学	08级	机电一体化	清华大学出版社	30	是
16	高等数学	高等数学	08级	数控技术	清华大学出版社	30	是
17	高等数学	高等数学	10级	计算机应用	清华大学出版社	30	是
18	机械设计原理	机械设计	09级	机电一体化	机械工业出版社	32	否
19	计算机应用基础案例教程	计算机应用基础	08级	计算机应用	北京邮电大学出版社	33	是
20	计算机应用基础案例教程	计算机应用基础	09级	电子商务	北京邮电大学出版社	33	是
21	计算机应用基础案例教程	计算机应用基础	09级	数控技术	北京邮电大学出版社	33	是
22	计算机应用基础案例教程	计算机应用基础	10级	机电一体化	北京邮电大学出版社	33	是

图 4-95　教材统计表数据清单按价格升序排列

3．复杂数据排序

复杂数据排序就是数据清单按照 2 个或 3 个字段进行排序。比如，对于教材统计表，要求先按专业升序，专业相同再按课程升序，课程相同再按价格降序排列。这就是复杂排序，必须选择菜单中的“数据”→“排序”命令来实现排序。

在执行排序命令前，要选取数据区域；执行排序命令后，在排序命令窗口，需要指定“主要关键字”、“次要关键字”和“第三关键字”，以及选择每个关键字的排序顺序，即升序还是降序。并且要选择是否有标题行，以避免标题行被误当成数据，造成排序的混乱。图 4-96 是教材统计表的“排序”命令窗口。

在排序命令窗口中，“选项”按钮用于设置排序有关的选项，如图 4-97 所示。可以按自定义次序排序数据：即点开自定义排序次序下面的下拉列表，可以选择排序次序；如果排列字母数据时想区分大小写，可以选中“区分大小写”复选框，大写字母与小写字母将区别开来，大写字母将位于小写字母前面。通常我们是按列排序，在排序选项对话框中，还可以选择按行排序。对于汉字，还可以选择按笔划排序。

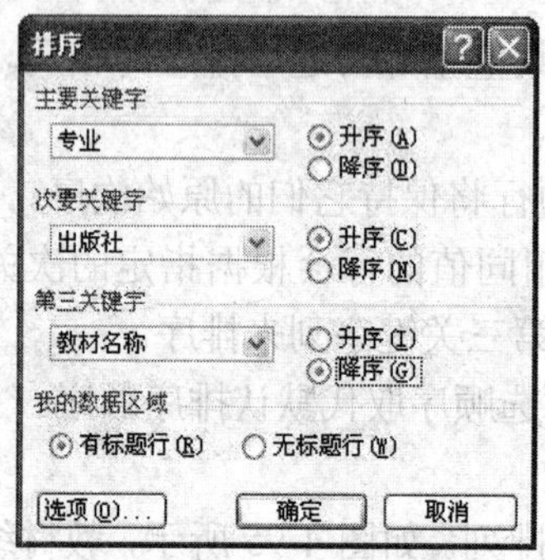

图 4-96 “排序”对话框

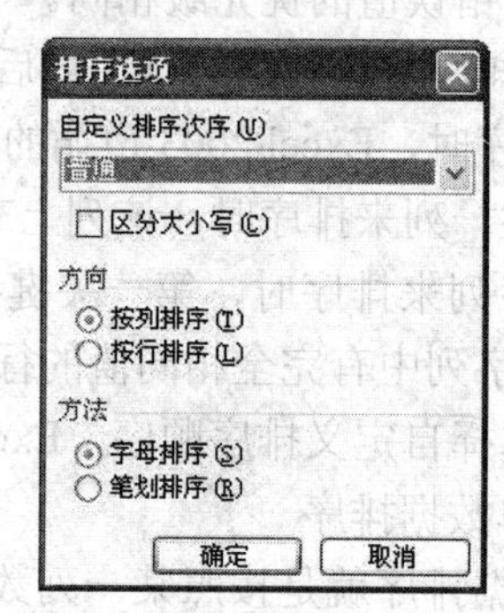

图 4-97 “排序选项”对话框

4.5.3 数据筛选

数据筛选功能可以实现从数据清单中筛选出满足指定条件的数据，通过筛选操作，可以只显示满足条件的数据行。

1．自动筛选

自动筛选的具体操作如下。

（1）单击数据清单中任意单元格。

（2）选择菜单中的“数据”→“筛选”→“自动筛选”命令，在每个字段名右端增加一个下拉列表按钮，在每一个下拉列表框中，均将字段名下的所有不重复数据显示出来，供用户选择。

（3）如果只想显示特定的某些记录，只需从相关字段的下拉列表框中选择需要的选项。筛选的结果是：当前仅显示满足筛选条件的数据，而其他数据暂时隐藏。

（4）单击筛选列的自动筛选箭头，选择“全部”，可以恢复全部数据的显示。

（5）单击筛选列的自动筛选箭头，选择“自定义…”，可以打开自定义自动筛选对话框，进行自定义筛选设置和操作。

（6）如果想取消自动筛选，可单击数据清单中的任意单元格，然后选择菜单中的“数据”→“筛选”→“自动筛选”命令，自动筛选即被取消。

2．自定义自动筛选

使用自定义自动筛选可以设置较为复杂的筛选条件，筛选出同时满足多个条件的记录。假如要找出教材统计表中价格在 25～30 元的教材，具体操作步骤如下。

（1）鼠标单击数据清单中的任一单元格。

（2）选择菜单中的“数据”→“筛选”→“自动筛选”命令，各字段名称右边出现▾自动筛选箭头按钮。

（3）单击“价格”列的筛选箭头，在下拉列表中选择“(自定义...)”，出现“自定义自动筛选方式”对话框，如图 4-98 所示，在左边操作符下拉列表框中选择“大于或等于”，在右边值列表框中输入 25。

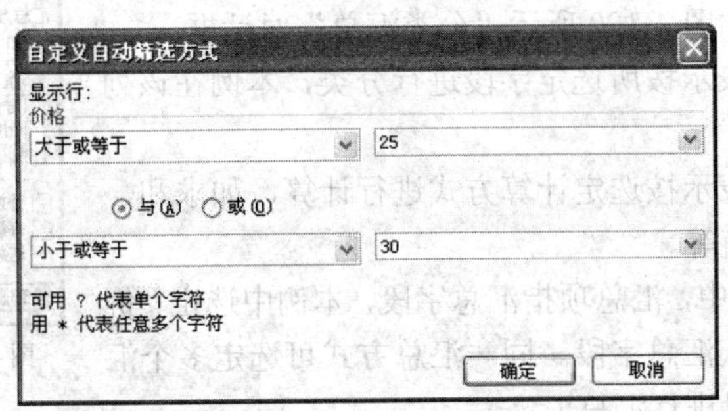

图 4-98 “自定义自动筛选方式”对话框

（4）选中“与”单选按钮，在下面的操作符列表框中选择“小于或等于”，在值列表框中输入 30，单击“确定”按钮，可筛选出符合条件的记录，结果如图 4-99 所示。

	A	B	C	D	E	F	G
1	教材统计表						
2	教材名称	课程	年级	专业	出版社	价格	是否高职高专教材
6	电工电子基础	电工电子	10级	计算机应用	电子工业出版社	27	否
7	电工电子基础	电工电子	10级	数控技术	电子工业出版社	27	否
8	机械制图基础	机械制图	09级	机电一体化	机械工业出版社	28	否
9	机械制图基础	机械制图	09级	数控技术	机械工业出版社	28	否
10	大学英语	英语	08级	电子商务	北京大学出版社	29	是
11	大学英语	英语	08级	机电一体化	北京大学出版社	29	是
12	C语言程序设计	C语言	09级	计算机应用	清华大学出版社	29	否
13	大学英语	英语	09级	计算机应用	北京大学出版社	29	是
14	大学英语	英语	10级	数控技术	北京大学出版社	29	是
15	高等数学	高等数学	08级	机电一体化	清华大学出版社	30	是
16	高等数学	高等数学	08级	数控技术	清华大学出版社	30	是
17	高等数学	高等数学	10级	计算机应用	清华大学出版社	30	是

图 4-99　自定义自动筛选结果

筛选条件如果要设置得更复杂一些，可以先设置一个列的筛选条件，然后再设置第二列的筛选条件，以此类推……例如，找出教材统计表中价格在 27～31 元之间、清华大学出版社、计算机应用专业的教材，就是先设置价格列筛选条件为大于或等于 27，并且小于或等于 31；再设置出版社列筛选条件为清华大学出版社；最后设置专业列筛选条件为计算机应用，即可得出需要的筛选结果。

如果要取消筛选结果，恢复全部数据显示状态，可选择菜单中的“数据”→“筛选”→“全部显示”命令，则全部数据恢复显示，但筛选箭头并不消失。而选择菜单中的“数据”→“筛选”→“自动筛选”命令，所有列标题旁的筛选箭头将消失，取消自动筛选状态，全部数据恢复显示。

4.5.4 分类汇总

所谓“分类汇总”是把数据清单里的数据按选定字段（即分类字段）进行分组排序，并选择计算方式（即汇总方式），如求和、求平均值、求个数、求最大值、求最小值等，再选定要计算的字段（即汇总项），之后执行汇总计算。我们以教材统计表数据清单为例介绍分类汇总的操作步骤，要求按专业汇总学生所用教材的价格。具体操作步骤如下。

（1）首先对教材统计表“专业”字段进行排序，实现数据分类，即同专业的教材数据放在一起。

（2）选择整个数据清单区域，选择菜单中的“数据”→“分类汇总”命令，出现如图 4-100 所示“分类汇总”对话框。

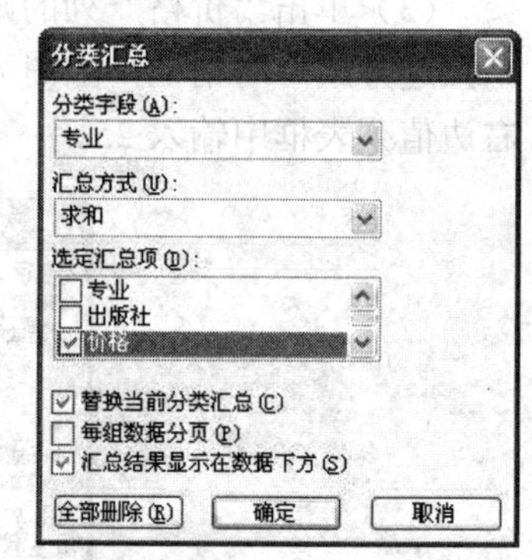

图 4-100 “分类汇总”对话框

- “分类字段”表示按所选定字段进行分类，本例在该列表框中选择“专业”。
- “汇总方式”表示按选定计算方式进行计算，如求和、计数、平均值、最大值等。
- “选定汇总项”中，汇总项指汇总字段，本例中选定“价格”字段，并清除默认汇总字段。同一汇总方式可选定多个汇总字段，以对多个字段进行汇总。
- “替换当前分类汇总”复选框被选中，则表示将本次分类汇总结果替换已有的分类汇总结果。
- “每组数据分页”复选框被选中，则每一组数据占据一页，便于打印后分发。
- “汇总结果显示在数据下方”复选框如果未被选中，汇总结果显示在数据上方。

（3）单击“确定”按钮，执行分类汇总计算，得到的结果如图 4-101 所示。

	A	B	C	D	E	F	G
1				教材统计表			
2	教材名称	课程	年级	专业	出版社	价格	是否高职高专教材
3	基础会计学	会计学	09级	电子商务	东北财经大学出版社	21	是
4	西方经济学	西方经济学	10级	电子商务	上海财经大学出版社	22	否
5	财务管理学	财务管理	08级	电子商务	上海财经大学出版社	23	否
6	大学英语	英语	08级	电子商务	北京大学出版社	29	是
7	计算机应用基础案例教程	计算机应用基础	09级	电子商务	北京邮电大学出版社	33	是
8				**电子商务 汇总**		128	
9	机械制图基础	机械制图	09级	机电一体化	机械工业出版社	28	否
10	大学英语	英语	08级	机电一体化	北京大学出版社	29	是
11	高等数学	高等数学	08级	机电一体化	清华大学出版社	30	是
12	机械设计原理	机械设计	09级	机电一体化	机械工业出版社	32	否
13	计算机应用基础案例教程	计算机应用基础	10级	机电一体化	北京邮电大学出版社	33	是
14				**机电一体化 汇总**		152	
15	电工电子基础	电工电子	10级	计算机应用	电子工业出版社	27	否
16	C语言程序设计	C语言	09级	计算机应用	清华大学出版社	29	否
17	大学英语	英语	09级	计算机应用	北京大学出版社	29	是
18	高等数学	高等数学	10级	计算机应用	清华大学出版社	30	是
19	计算机应用基础案例教程	计算机应用基础	08级	计算机应用	北京邮电大学出版社	33	是
20				**计算机应用 汇总**		148	
21	电工电子基础	电工电子	10级	数控技术	电子工业出版社	27	否
22	机械制图基础	机械制图	09级	数控技术	机械工业出版社	28	否
23	大学英语	英语	10级	数控技术	北京大学出版社	29	是
24	高等数学	高等数学	08级	数控技术	清华大学出版社	30	是
25	计算机应用基础案例教程	计算机应用基础	09级	数控技术	北京邮电大学出版社	33	是
26				**数控技术 汇总**		147	
27				**总计**		575	

图 4-101 “分类汇总”操作结果

如果对教材统计表数据清单需要做不同的汇总，既对教材价格求和，又统计教材册数，则可再次进行分类汇总，选择“计数”汇总方式，“教材名称”为汇总对象，清除其余汇总对象，并在“分类汇总”对话框中取消“替换当前分类汇总”复选框，即可叠加多种分类汇总，执行结果如图 4-102 所示。

	A	B	C	D	E	F	G
1	教材统计表						
2	教材名称	课程	年级	专业	出版社	价格	是否高职高专教材
3	基础会计学	会计学	09级	电子商务	东北财经大学出版社	21	是
4	西方经济学	西方经济学	10级	电子商务	上海财经大学出版社	22	否
5	财务管理学	财务管理	08级	电子商务	上海财经大学出版社	23	否
6	大学英语	英语	08级	电子商务	北京大学出版社	29	是
7	计算机应用基础案例教程	计算机应用基础	09级	电子商务	北京邮电大学出版社	33	是
8	5			电子商务 计数			
9				电子商务 汇总		128	
10	机械制图基础	机械制图	09级	机电一体化	机械工业出版社	28	否
11	大学英语	英语	08级	机电一体化	北京大学出版社	29	是
12	高等数学	高等数学	08级	机电一体化	清华大学出版社	30	是
13	机械设计原理	机械设计	09级	机电一体化	机械工业出版社	32	否
14	计算机应用基础案例教程	计算机应用基础	10级	机电一体化	北京邮电大学出版社	33	是
15	5			机电一体化 计数			
16				机电一体化 汇总		152	
17	电工电子基础	电工电子	10级	计算机应用	电子工业出版社	27	否
18	C语言程序设计	C语言	09级	计算机应用	清华大学出版社	29	否
19	大学英语	英语	09级	计算机应用	北京大学出版社	29	是
20	高等数学	高等数学	10级	计算机应用	清华大学出版社	30	是
21	计算机应用基础案例教程	计算机应用基础	08级	计算机应用	北京邮电大学出版社	33	是
22	5			计算机应用 计数			
23				计算机应用 汇总		148	
24	电工电子基础	电工电子	10级	数控技术	电子工业出版社	27	否
25	机械制图基础	机械制图	09级	数控技术	机械工业出版社	28	否
26	大学英语	英语	10级	数控技术	北京大学出版社	29	是
27	高等数学	高等数学	08级	数控技术	清华大学出版社	30	是
28	计算机应用基础案例教程	计算机应用基础	09级	数控技术	北京邮电大学出版社	33	是
29	5			数控技术 计数			
30				数控技术 汇总		147	
31	20			总计数			
32				总计		575	

图 4-102　分类汇总叠加的结果

从图 4-102 可以看出，在进行分类汇总后，Excel 2003 对列表中的数据进行了分级显示，在工作表窗口左边出现分级显示区，列出了一些分级显示符号，以便对数据的显示进行控制。

在按一项数据汇总的情况下，数据会默认分 3 级显示，可以通过单击分级显示区上方的“1”、“2”、“3” 3 个按钮进行控制。单击“1”按钮，只显示列表中的列标题和总计结果；“2”按钮显示各个分类汇总结果和总计结果；“3”按钮显示所有的详细数据。

“1”为最高级，“3”为最低级，分级显示区中有“+”、“－”等分级显示符号。“+”表示高一级向低一级展开数据，“－”表示低一级折叠为高一级数据。如“2”按钮下的“+”可展开该分类汇总结果所对应的各明细数据；“1”按钮下的“－”则将“2”按钮显示内容折叠为只显示总计结果。当分类汇总方式不只一种时，按钮会多于 3 个。图 4-102 就是按两项进行汇总，所以按钮有 4 个，“2”按钮显示按价格汇总的各个分类汇总结果和总计结果；“3”按钮显示所有的各个分类汇总结果和总计结果；按钮“4”为最低级，显示所有的详细数据。

数据分级显示可以通过菜单命令来设置，操作方法如下。

- 选择菜单中的“数据”→“组及分级显示”→“清除分级显示”命令，可以清除分级显示区域，如图 4-103 所示。

	A	B	C	D	E	F	G
1	教材统计表						
2	教材名称	课程	年级	专业	出版社	价格	是否高职高专教材
3	基础会计学	会计学	09级	电子商务	东北财经大学出版社	21	是
4	西方经济学	西方经济学	10级	电子商务	上海财经大学出版社	22	否
5	财务管理学	财务管理	08级	电子商务	上海财经大学出版社	23	否
6	大学英语	英语	08级	电子商务	北京大学出版社	29	是
7	计算机应用基础案例教程	计算机应用基础	09级	电子商务	北京邮电大学出版社	33	是
8	5			**电子商务 计数**			
9				**电子商务 汇总**		128	
10	机械制图基础	机械制图	09级	机电一体化	机械工业出版社	28	否
11	大学英语	英语	08级	机电一体化	北京大学出版社	29	是
12	高等数学	高等数学	08级	机电一体化	清华大学出版社	30	是
13	机械设计原理	机械设计	09级	机电一体化	机械工业出版社	32	否
14	计算机应用基础案例教程	计算机应用基础	10级	机电一体化	北京邮电大学出版社	33	是
15	5			**机电一体化 计数**			
16				**机电一体化 汇总**		152	
17	电工电子基础	电工电子	10级	计算机应用	电子工业出版社	27	否
18	C语言程序设计	C语言	09级	计算机应用	清华大学出版社	29	否
19	大学英语	英语	09级	计算机应用	北京大学出版社	29	是
20	高等数学	高等数学	10级	计算机应用	清华大学出版社	30	是
21	计算机应用基础案例教程	计算机应用基础	08级	计算机应用	北京邮电大学出版社	33	是
22	5			**计算机应用 计数**			
23				**计算机应用 汇总**		148	
24	电工电子基础	电工电子	10级	数控技术	电子工业出版社	27	否
25	机械制图基础	机械制图	09级	数控技术	机械工业出版社	28	否
26	大学英语	英语	10级	数控技术	北京大学出版社	29	是
27	高等数学	高等数学	08级	数控技术	清华大学出版社	30	是
28	计算机应用基础案例教程	计算机应用基础	09级	数控技术	北京邮电大学出版社	33	是
29	5			**数控技术 计数**			
30				**数控技术 汇总**		147	
31	20			**总计数**			
32				**总计**		575	

图 4-103　清除分级显示的结果

- 选择菜单中的“数据”→“组及分级显示”→“自动建立分级显示”命令则显示分级显示区域。

取消分类汇总的操作步骤如下。

（1）选择数据清单整个区域。

（2）选择菜单中的“数据”→“分类汇总”命令，在“分类汇总”对话框中单击“全部删除”按钮。

任务实施

把图 4-88 所示的学生成绩表复制，粘贴到 Sheet2、Sheet3 和 Sheet4 工作表。在 Sheet2 工作表，按“计算机基础”、“机械制图”、“高等数学”3 个字段进行排序，如图 4-89 所示。在 Sheet3 工作表，设置自动筛选，如图 4-90 所示。在 Sheet4 工作表，按“性别”分类汇总英语平均成绩，如图 4-91 所示。操作步骤如下。

（1）打开学生成绩表工作簿，在学生成绩表工作表中增加 “性别”、“系部”和“年级”字段，删除“学号”字段，如图 4-88 所示。选取学生成绩表工作表的所有数据区域，单击常用工具栏的复制按钮，在 Sheet2 工作表中，鼠标单击选中 A1 单元格，按键盘上的组合键【Ctrl +V】，粘贴学生成绩表数据。同样把学生成绩表数据粘贴到 Sheet3 和 Sheet4 工作表。

（2）选择 Sheet2 工作表，设置按“计算机基础”、“机械制图”、“高等数学”3 个字段进行排序。具体操作步骤如下。

① 选择 Sheet2 工作表数据清单中任一单元格。

② 选择菜单中的“数据”→“排序”命令，出现“排序”对话框。

③ 鼠标单击主要关键字的下拉箭头，选择“计算机基础”字段名，选中“降序”排序方式。

④ 选择次要关键字为“机械制图”，排序方式为“降序”。

⑤ 选择第三关键字为“高等数学”，排序方式为“升序”。

⑥ 选中“有标题行”单选按钮，以说明标题行文字不是具体的数据，不参与排序。再单击“确定”按钮完成排序设置。排序方式如图 4-104 所示。排序结果如图 4-89 所示。

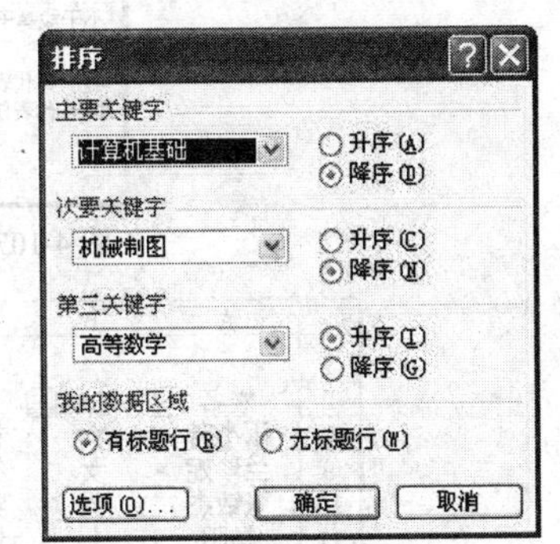

图 4-104　学生成绩表“排序”对话框

（3）在 Sheet3 工作表，设置自动筛选。操作步骤如下。

① 鼠标单击数据清单中任一单元格。

② 选择菜单中的“数据”→“筛选”→“自动筛选”命令；在每个列标题旁边将增加一个向下的筛选箭头，如图 4-90 所示。

③ 单击“年级”列的筛选箭头，如图 4-105 所示，选择下拉菜单中的“08 级”，即仅显示 08 级的学生信息，如图 4-106 所示。其中含筛选条件的列旁边的筛选箭头变为蓝色。

	A	B	C	D	E	F	G	H	I
1					学生成绩表				
2	姓名	性别	系部	年级	英语	高等数学	计算机基	机械制图	电工电
3	吴刚	男	电子系	升序排列 降序排列	92	99	95	85	89
4	陈君	女	电子系	(全部)	74	53	85	68	79
5	江丽萍	女	机电系	(前 10 个...	82	69	66	95	89
6	丁小芳	女	机电系	(自定义...)	63	77	80	68	54
7	邓华	男	机械系	08级 09级	77	72	72	91	76
8	魏超群	男	机械系	10级	53	48	60	51	63
9	兰珍妮	女	经管系	08级	81	76	80	68	53
10	张敏杰	男	经管系	09级	62	52	70	78	45
11	杨阳	女	计算机系	10级	92	94	98	95	90
12	黄晓琳	女	计算机系	08级	94	83	80	87	75

图 4-105　单击年级的自动筛选箭头选择“08 级”

	A	B	C	D	E	F	G	H	I
1					学生成绩表				
2	姓名	性别	系部	年级	英语	高等数学	计算机基	机械制图	电工电
3	吴刚	男	电子系	08级	92	99	95	85	89
6	丁小芳	女	机电系	08级	63	77	80	68	54
9	兰珍妮	女	经管系	08级	81	76	80	68	53
12	黄晓琳	女	计算机系	08级	94	83	80	87	75

图 4-106　筛选出 08 级的数据

④ 在图 4-105 中，单击“电工电子”筛选箭头，选择下拉菜单中的“自定义...”，弹出“自定义自动筛选方式”对话框，设置筛选条件为：“等于 90”或“小于或等于 60”，如图 4-107 所示。筛选结果如图 4-108 所示。

（4）在 Sheet4 工作表，制作分类汇总实例。具体操作步骤如下。

① 选取学生成绩表数据清单，按性别设置升序排列。

② 选择菜单中的“数据”→“分类汇总...”命令，在分类汇总对话框中，选择分类字段为“性别”，汇总方式为“平均值”，选定汇总项为“英语”，去掉其他选定汇总项，如

图 4-109 所示，单击“确定”按钮。分类汇总结果如图 4-91 所示。

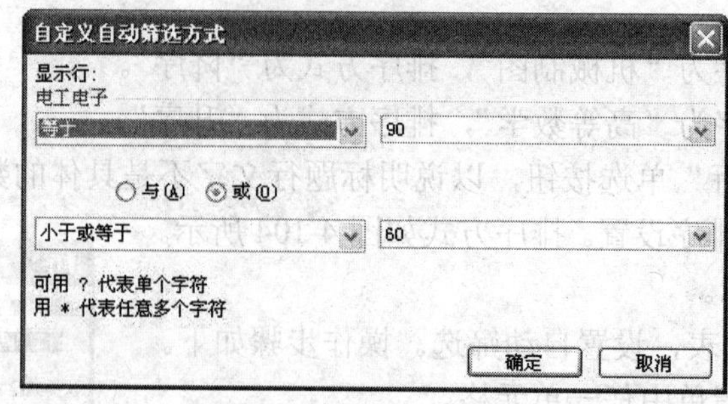

图 4-107　自定义自动筛选方式中的“或”条件设置示例

	A	B	C	D	E	F	G	H	I
1					学生成绩表				
2	姓名	性别	系部	年级	英语	高等数学	计算机基础	机械制图	电工电子
6	丁小芳	女	机电系	08级	63	77	80	68	54
9	兰珍妮	女	经管系	08级	81	76	80	68	53
10	张敏杰	男	经管系	09级	62	52	70	78	45
11	杨阳	女	计算机系	10级	92	94	98	95	90

图 4-108　自定义自动筛选方式中的“或”条件结果

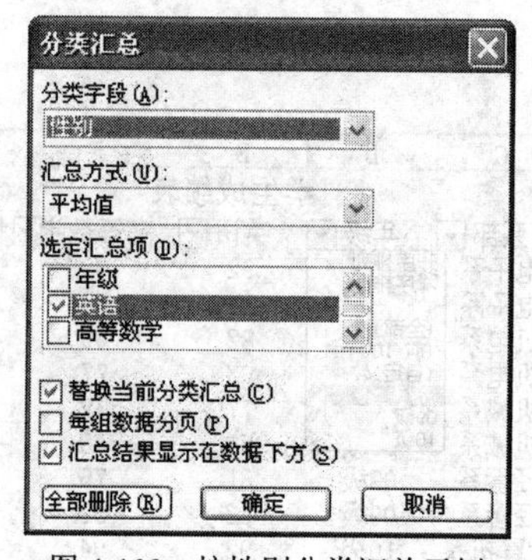

图 4-109　按性别分类汇总示例

4.5.5　数据透视表

数据透视表是一种交互式工作表，用于对现有数据清单进行汇总和分析，用户可以在透视表中指定要显示的字段和数据项，设定数据的布局。一个设置好的数据透视表能从不同的角度对大量数据进行分析、汇总，功能全面而灵活，是 Excel 2003 中一个非常有力的数据分析工具。用户可以在数据透视表中调整行或列以查看对源数据的不同汇总，也可以查看有关数据的数据明细，还可以通过分页显示以免数据过于庞大造成的查看不便，并且分页打印出来也便于分发数据。

1．建立数据透视表

创建数据透视表的方法如下。

（1）鼠标单击数据清单中任一单元格。

（2）选择菜单中的“数据”→“数据透视表和数据透视图”命令，弹出“数据透视表和数据透视图向导－3 步骤之 1”对话框。用于指定待分析数据的数据源类型和所需创建的报表类型。

（3）步骤 2 用于选定数据源区域。

（4）步骤 3 用于确定数据透视表的显示位置并设置数据透视表的布局。

任务实施

以“学生成绩表”工作表数据为基础，创建数据透视表，显示不同的系的男女生英语成绩和。操作步骤如下。

（1）鼠标单击“学生成绩表”数据清单中任一单元格。

（2）选择菜单中的“数据”→“数据透视表和数据透视图”命令，弹出如图 4-110 所示“数据透视表和数据透视图向导－3 步骤之 1”对话框。其中“请指定待分析数据的数据源类型”默认选项为“Microsoft Office Excel 数据列表或数据库”，“所需创建的报表类型”默认选项为“数据透视表”，采用默认选项，单击“下一步”按钮，出现如图 4-111 所示“数据透视表和数据透视图向导－3 步骤之 2”对话框。

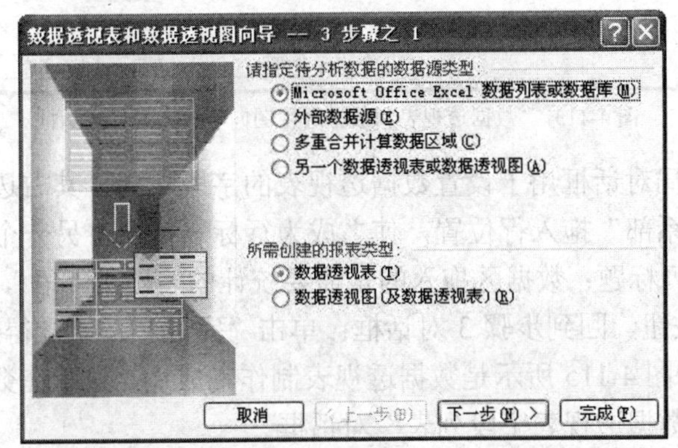

图 4-110 “数据透视表和数据透视图向导－3 步骤之 1”对话框

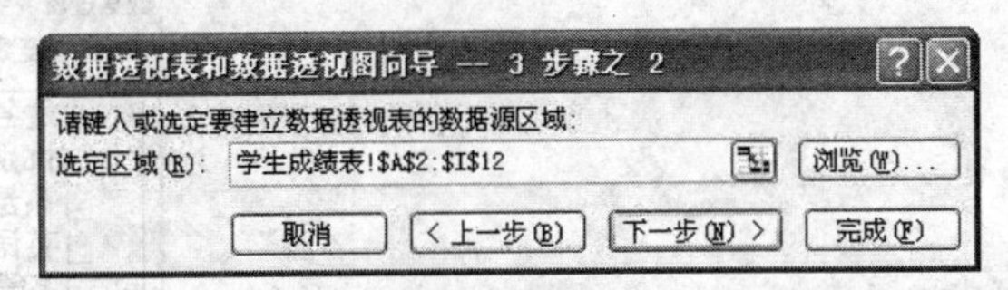

图 4-111 “数据透视表和数据透视图向导－3 步骤之 2”对话框

（3）在图 4-111 所示对话框中，用户用鼠标在数据清单中选定数据区域 A2:I12 或直接在选定区域文本框中输入数据区域地址，然后单击“下一步”按钮，出现如图 4-112 所示“数据透视表和数据透视图向导－3 步骤之 3”对话框。

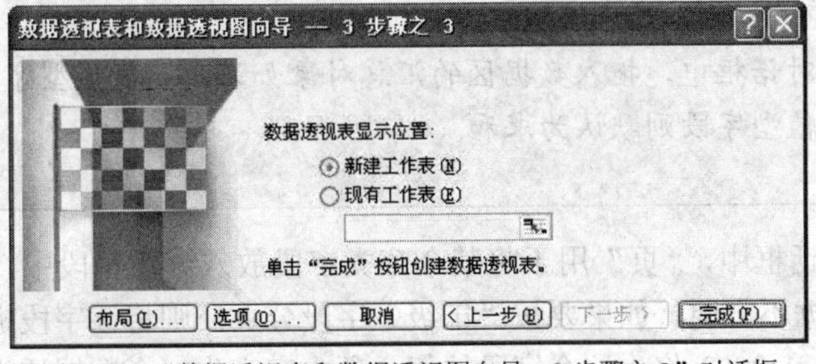

图 4-112 “数据透视表和数据透视图向导－3 步骤之 3”对话框

（4）这一步确定数据透视表的显示位置，选择“新建工作表”单选按钮将透视表放置在本工作簿新建的工作表中，并成为活动工作表。选择“现有工作表”则必须指定数据透视表在现有工作表放置的具体位置。我们选择“新建工作表”，单击“布局”按钮，打开如图 4-113 所示“数据透视表和数据透视图向导－布局”对话框。

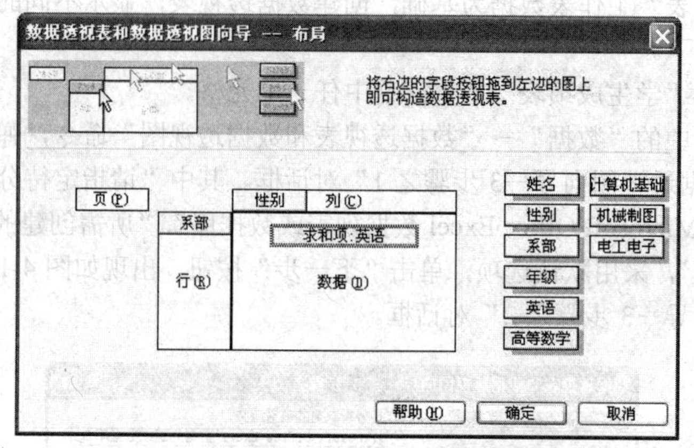

图 4-113 “数据透视表和数据透视图向导－布局”对话框

（5）图 4-113 布局对话框用于设置数据透视表的字段布局，其右边列出数据清单的所有字段，将所需字段“系部”拖入行位置，使之成为行标题；再将另一个分类字段“性别”拖到列位置，使之成为列标题；数据区拖入的是需要统计的字段“英语”，默认统计方式为“求和”，单击“确定”按钮，回到步骤 3 对话框；单击“完成”按钮，得到如图 4-92 所示的数据透视表。图 4-114、图 4-115 所示是数据透视表制作完成后，显示在数据透视表旁的“数据透视表”工具栏和“数据透视表字段列表”对话框。

图 4-114 “数据透视表”工具栏

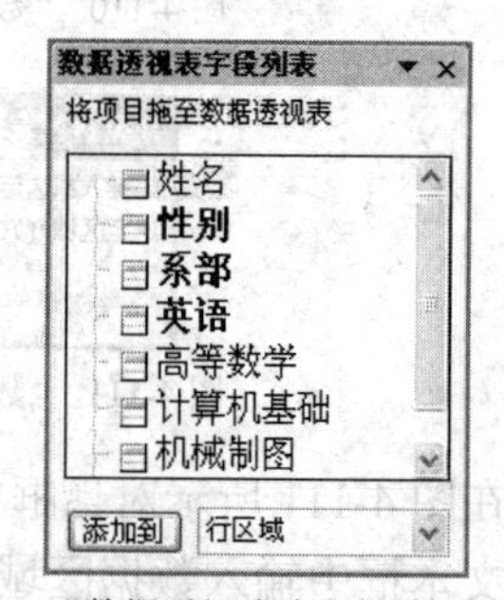

图 4-115 “数据透视表字段列表”对话框

操作提示：

在布局对话框中，拖入数据区的汇总对象如果是非数值型字段则默认为对其计数，如为数值型字段则默认为求和。

（6）在布局对话框中，“页”用于将某个分类字段放入分页字段中，以避免数据透视表过于庞大，查看数据不方便。如果要按“年级”字段分页，则将该字段拖入分页字段中，如图 4-116 所示。Excel 2003 将为这个字段的每一项内容产生一个数据透视页面，则每个年级会有一个页面，通过分页字段右边的向下箭头可选择显示不同年级的页面。图 4-117 所示为选择分页前的界面，单击全部旁边的向下箭头，可以选择具体年级；图 4-118 所示为选择“08 级”后的页面。

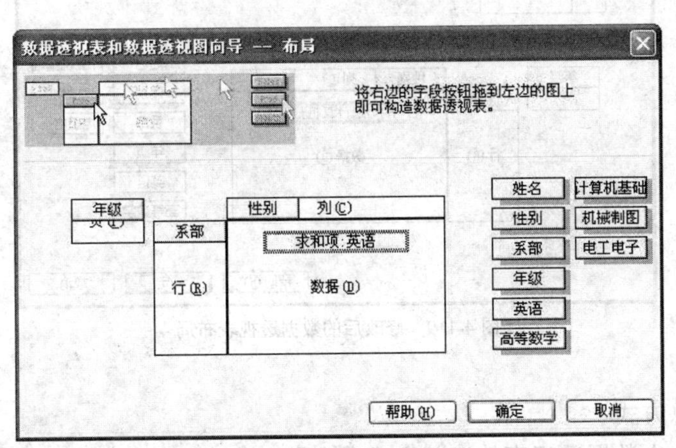

图 4-116　设置按年级分页

	A	B	C	D
1	年级	(全部)		
2				
3	求和项:英语	性别		
4	系部	男	女	总计
5	电子系	92	74	166
6	机电系		145	145
7	机械系	130		130
8	计算机系		186	186
9	经管系	62	81	143
10	总计	284	486	770

图 4-117　分页前的全部年级汇总的透视表界面图

	A	B	C	D
1	年级	08级		
2				
3	求和项:英语	性别		
4	系部	男	女	总计
5	电子系	92		92
6	机电系		63	63
7	计算机系		94	94
8	经管系		81	81
9	总计	92	238	330

图 4-118　选择年级为“08 级”后的透视表界面

2．编辑数据透视表

“数据透视表”工具栏可以用于对现有的数据透视表进行修改。“数据透视表”工具栏可以通过选择菜单中的“视图”→“工具栏”→“数据透视表”命令来打开。

（1）更改数据透视表的布局

数据透视表的布局，包括行、列、页和数据等 4 项字段都可以被修改、添加和删除。将行、列、页和数据这 4 项字段之一移出布局，表示删除该字段；移入布局，表示增加移入的字段。比如：对本例而言，需要更改数据区字段，将原数据区字段“英语”更改为“计算机基础”。操作步骤如下。

先选择透视表中任一单元格，单击“数据透视表”工具栏的“数据透视表向导”按钮，或选择菜单中的“数据”→“数据透视表和数据透视图向导”命令，或选择快捷菜单的“数据透视表向导”命令，即出现如图 4-112 所示“数据透视表和数据透视图向导－3 步骤之 3”对话框；选择“现有工作表”，单击“布局”按钮，出现如图 4-113 所示“数据透视表和数据透视图向导－布局”对话框；将“英语”字段拖出数据区，将“计算机基础”字段移入数据区；修改后的数据透视表布局如图 4-119 所示，修改结果如图 4-120 所示。

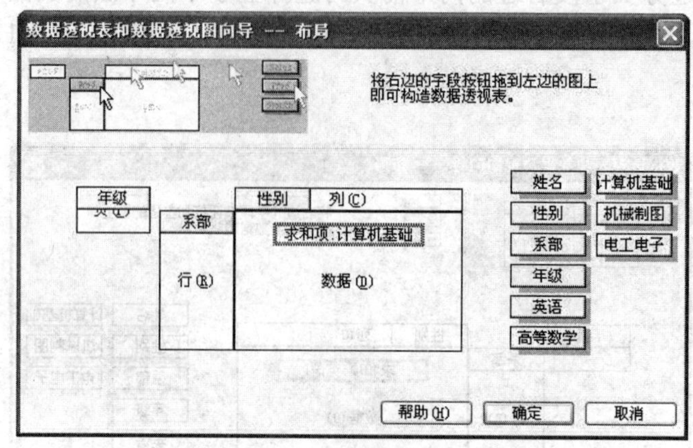

图 4-119　修改后的数据透视表布局

（2）改变汇总方式

在 Excel 2003 中数据透视表的汇总方式有多种，分别适合于不同的数据类型，用户可以根据需要改变现有的汇总方式。具体操作步骤如下。

单击选中数据透视表的数据区所属单元格，如“求和项：计算机基础”单元格；然后单击“数据透视表”工具栏的“字段设置”按钮，出现如图 4-121 所示“数据透视表字段”对话框；从“汇总方式”列表框中选择“最大值”，单击“确定”按钮即实现汇总方式的改变。

	A	B	C	D
1	年级	(全部)		
2				
3	求和项:计算机基础	性别		
4	系部	男	女	总计
5	电子系	95	85	180
6	机电系		146	146
7	机械系	132		132
8	计算机系		178	178
9	经管系	70	80	150
10	总计	297	489	786

图 4-120　修改汇总字段后的数据透视表

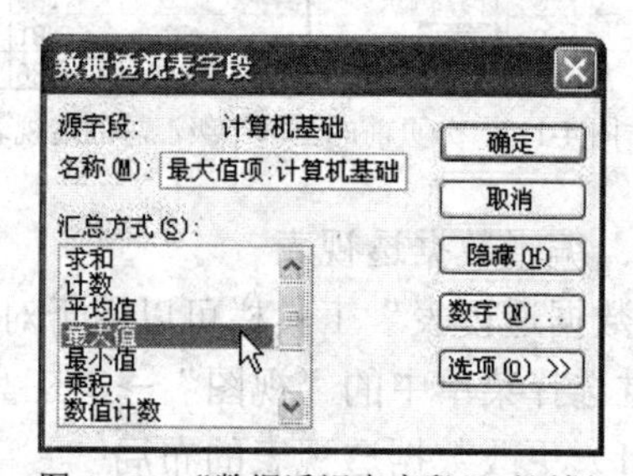

图 4-121　“数据透视表字段”对话框

4.6　任务六　工作簿的打印

任务目标

通过本任务的学习，掌握 Excel 工作簿的页面设置和打印方法。以“学生成绩表”工作簿为例，执行页面设置、打印预览和打印操作，打印效果如图 4-122 所示。

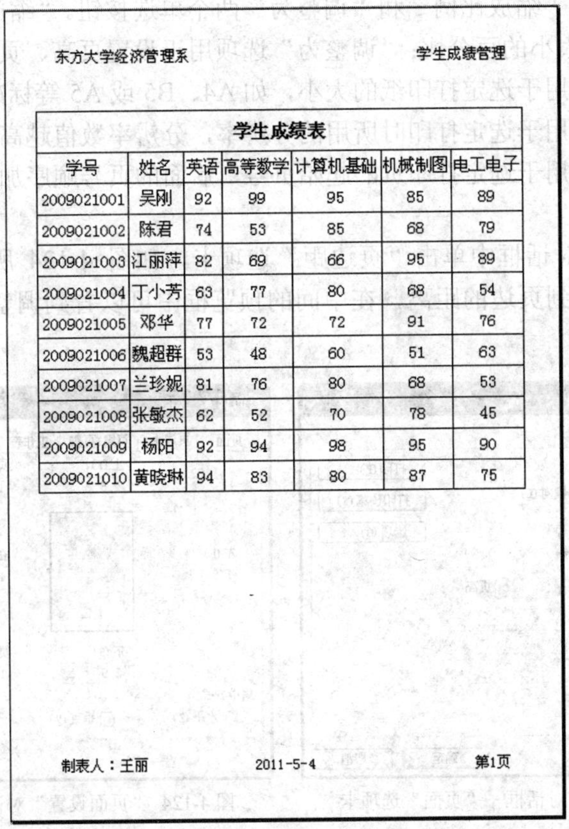

东方大学经济管理系　　　　学生成绩管理

学生成绩表						
学号	姓名	英语	高等数学	计算机基础	机械制图	电工电子
2009021001	吴刚	92	99	95	85	89
2009021002	陈君	74	53	85	68	79
2009021003	江丽萍	82	69	66	95	89
2009021004	丁小芳	63	77	80	68	54
2009021005	邓华	77	72	72	91	76
2009021006	魏超群	53	48	60	51	63
2009021007	兰珍妮	81	76	80	68	53
2009021008	张敏杰	62	52	70	78	45
2009021009	杨阳	92	94	98	95	90
2009021010	黄晓琳	94	83	80	87	75

制表人：王丽　　　　2011-5-4　　　　第1页

图 4-122　“学生成绩表”打印预览图

任务知识点

- 页面设置。
- 人工分页。
- 页面打印。

4.6.1　页面设置

制作好的工作簿需要打印时，可以先打印预览工作表，并对页面设置进行调整和修正，然后打印输出。页面设置可以在创建新工作表时、编辑工作表时或打印工作表前进行设置。具体操作方法如下。

选择菜单中的“文件”→“页面设置”命令，打开“页面设置”对话框。“页面设置”对话框中包括“页面”、“页边距”、“页眉 / 页脚”和“工作表”4 个选项卡，如图 4-123 所示。

1．设置页面

“页面设置”对话框默认显示“页面”选项卡，如图 4-123 所示。在该选项卡中可以设置纸张方向、缩放比例、纸张大小、打印质量和起始页码。各选项的含义如下。

- “方向”：用于选择纸张是纵向打印还是横向打印。

• “缩放”：包括“缩放比例”和“调整为”两个单选按钮。“缩放比例”选项用于确定打印的工作表为正常大小的百分比；“调整为”选项用于设置页高、页宽的比例。

• “纸张大小”：用于选定打印纸的大小，如 A4、B5 或 A5 等标准的纸张大小。

• “打印质量”：用于选定打印时所用的分辨率，分辨率数值越高，打印质量越好。

• “起始页码”：用于选定打印页的起始页号，后面的页号顺序加 1。

2．设置页边距

在“页面设置”对话框中单击“页边距”选项卡，如图 4-124 所示。在该选项卡中可以调整文档 4 个方向到页边的距离，在中间的预览框中可以看到调整的效果。各选项的含义如下。

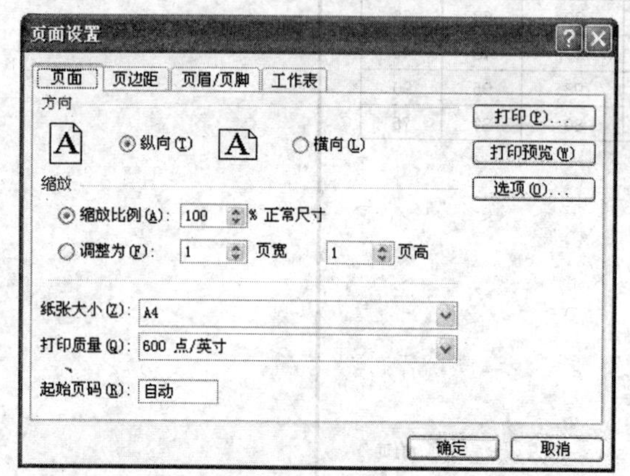

图 4-123 “页面设置”对话框—“页面”选项卡

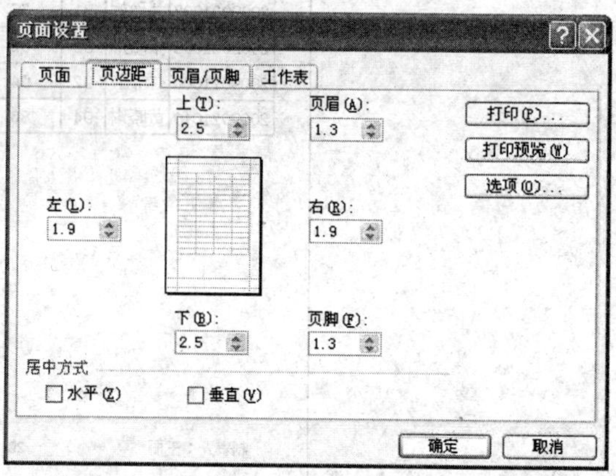

图 4-124 “页面设置”对话框—“页边距”选项卡

•“上”、“下”、“左”、“右”：分别用来设置打印时工作表边距。数值越大，页边距越大，打印的工作表范围越小。

• “页眉/页脚”：用于设置它们距页面上边缘和下边缘的距离，以厘米为单位。

• “居中方式”：有水平和垂直两种，用于选择工作表在页面中的居中效果。

3．设置页眉 / 页脚

在“页面设置”对话框中单击“页眉 / 页脚”选项卡，如图 4-125 所示。单击“页眉”下拉列表，有十几种页眉内容格式可供选择；同样，在“页脚”下拉列表中，也有十几种页脚内容格式可供选择。在该选项卡，还有“自定义页眉”和“自定义页脚”两个按钮，用于按需要定义自己的页眉和页脚内容格式。

4．设置工作表

在“页面设置”对话框中单击“工作表”选项卡，如图 4-126 所示。各选项的功能介绍如下。

• 打印区域：用于设定打印的区域。默认设置是打印整个工作表，也可以选择工作表的部分区域进行打印。可用下列方法之一设置打印区域。

① 单击该栏右边的按钮，返回到工作表，用鼠标拖曳选定区域。

② 直接在该栏内键入选定区域的引用范围。

③ 在工作表中选定需要打印的数据区域，选择菜单中的“文件”→“打印区域”→“设置打印区域”命令。

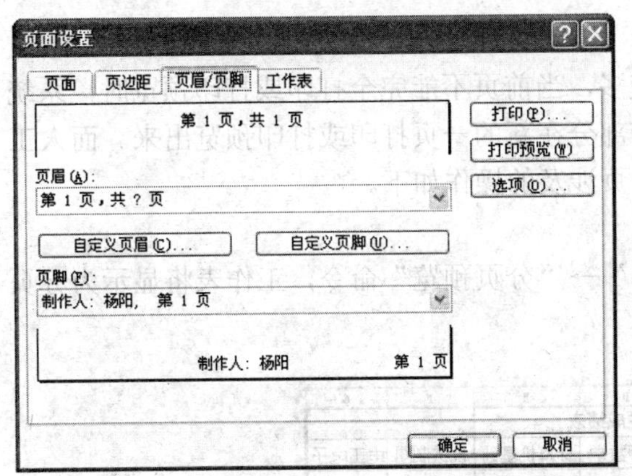

图 4-125　“页面设置”对话框—“页眉 / 页脚”选项卡

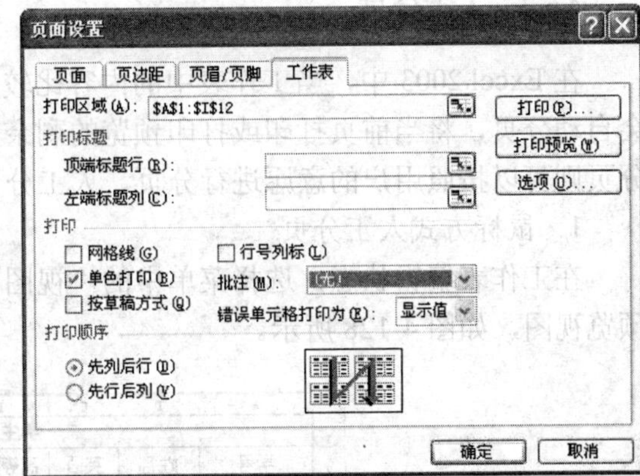

图 4-126　“页面设置”对话框—“工作表”选项卡

④ 在工作表编辑状态，选择菜单中的“视图”→“分页预览”命令，选定所需打印的工作表区域，单击鼠标右键，在弹出的快捷菜单中选择“设置打印区域”命令，如图 4-127 所示。也可用鼠标拖动上、下、左、右蓝色的分页符线条来设置打印区域。

	A	B	C	D	E	F	G
1	学生成绩表						
2	学号	姓名	英语	高等数学	计算机基础	机械制图	电工电子
3	2009021001	吴刚	92	99			89
4	2009021002	陈君	74	53			79
5	2009021003	江丽萍	82	69			89
6	2009021004	丁小芳	63	77			54
7	2009021005	邓华	77	72			76
8	2009021006	魏超群	53	48			63
9	2009021007	兰珍妮	81	76			53
10	2009021008	张敏杰	62	52			45
11	2009021009	杨阳	92	94			90
12	2009021010	黄晓琳	94	83			75

剪切(T)
复制(C)
粘贴(P)
选择性粘贴(S)...
插入(I)...
删除(D)...
清除内容(N)
插入批注(M)
设置单元格格式(F)...
插入分页符(B)
重置所有分页符(A)
设置打印区域(S)
重设打印区域(R)
页面设置(U)...

图 4-127　“分页预览”视图中的打印区域设置

⑤ 如果已选定的打印区域需要增加打印范围，可以选择菜单中的“视图”→“分页预览”命令，选定要添加到打印区域的单元格，单击鼠标右键，在弹出的快捷菜单中执行“添加到打印区域”命令。

⑥ 如果已选定的打印区域需要删除，选择菜单中的“文件”→“打印区域”→“取消打印区域”命令，可以取消已经设定的打印区域。

- 打印标题：“顶端标题行”是指打印在每一页顶端作为标题的行，内容一经设定，每一页顶端标题都一样。“顶端标题行”的内容可以是多行。“左端标题列”与其类似。
- 打印：用于设定一些与打印有关的选项。其中“批注”用于在下拉列表中选择打印单元格批注在什么位置或无批注。
- 打印顺序：为多页的工作表选择打印顺序，是“先列后行”还是“先行后列”。

4.6.2 人工分页

在 Excel 2003 中，当工作表中的内容比较多，当前页不能完全打印或打印预览时，系统会自动分页，将当前页打印或打印预览的剩余部分在新的一页打印或打印预览出来。而人工分页则可以按照用户的意愿进行分页。人工分页涉及的操作如下。

1．鼠标方式人工分页

在工作表编辑状态，选择菜单中的“视图”→“分页预览”命令，工作表将显示为分页预览视图，如图 4-128 所示。

	A	B	C	D	E	F	G
1	学生成绩表						
2	学号	姓名	英语	高等数学	计算机基础	机械制图	电工电子
3	2009021001	吴刚	92	99	95	85	89
4	2009021002	陈君	74	53	85	68	79
5	2009021003	江丽萍	82	69	66	95	89
6	2009021004	丁小芳	63	77	80	68	54
7	2009021005	邓华	77	72	72	91	76
8	2009021006	魏超群	53	48	60	51	63
9	2009021007	兰珍妮	81	76	80	68	53
10	2009021008	张敏杰	62	52	70	78	45
11	2009021009	杨阳	92	94	98	95	90
12	2009021010	黄晓琳	94	83	80	87	75

图 4-128 学生成绩表分页预览视图

当鼠标移到蓝色虚线位置呈双向箭头时，可以向左或向右拖动，改变分页的位置。如果虚线是水平线，鼠标移到蓝色虚线位置呈双向箭头时，可以向上或向下拖动，调整分页的位置。

2．插入分页符

根据需要选择工作表中的某个单元格，选择菜单中的“插入”→“分页符”命令，分页符（虚线）即插入到工作表中，把工作表分为左上、右上、左下和右下四部分，前面选中的单元格成为右下部分的左上角第一个单元格。

如果仅仅希望将工作表分为上下（或左右）两部分，可以通过选中行号（或列标），然后插入分页符来实现，结果分页符将出现在行号上面（或列标左边）。

3．删除分页符

如果现有的分页符需要删除，行分页符的删除可以选中分页符下面行的某个单元格，然后选择菜单中的“插入”→“删除分页符”命令，或者单击鼠标右键，在弹出的快捷菜单中选择“删除分页符”命令即可；列分页符的删除可以选中分页符右边列的某个单元格，然后利用插入菜单或快捷菜单，执行“删除分页符”命令；如果行和列分页符都要删除，可以选中行、列分页符相交处右下角单元格（在分页预览视图，该单元格与分页符重合的上边和左边以黄色显示），然后利用插入菜单或快捷菜单，执行“删除分页符”命令即可。

4.6.3 页面打印

1．打印预览

使用打印预览是为了查看打印效果，还可以在打印预览窗口中设置打印格式，以期达到理想的打印效果。单击“常用”工具栏中的“打印预览”按钮，打开打印预览窗口，如图 4-129 所示。

下一页(N)　上一页(P)　缩放(Z)　打印(T)...　设置(S)...　页边距(M)　分页预览(V)　关闭(C)　帮助(H)

学生成绩表						
学号	姓名	英语	高等数学	计算机基础	机械制图	电工电子
2009021001	吴刚	92	99	95	85	89
2009021002	陈君	74	53	85	68	79
2009021003	江丽萍	82	69	66	95	89
2009021004	丁小芳	63	77	80	68	54
2009021005	邓华	77	72	72	91	76
2009021006	魏超群	53	48	60	51	63
2009021007	兰珍妮	81	76	80	68	53
2009021008	张敏杰	62	52	70	78	45
2009021009	杨阳	92	94	98	95	90
2009021010	黄晓琳	94	83	80	87	75

图 4-129　打印预览窗口

在打印预览窗口，鼠标指针的形状是一个放大镜，单击工作表将工作表放大，鼠标指针的形状变为箭头，若再次单击鼠标又将工作表复原，鼠标指针的形状恢复为放大镜。单击“缩放”按钮，也可以实现工作表的放大，再次单击“缩放”按钮则使工作表复原。

如果在预览窗口单击“打印”按钮，可以打印工作表；单击“设置”按钮，则打开页面设置对话框；单击“页边距”按钮，打开如图 4-130 所示的页边距调整控制柄窗口，用鼠标拖动这些控制柄可以改变页边距、页眉/页脚宽度及列宽，再次单击该按钮，可隐藏控制柄；“分页预览”按钮用于切换到分页预览视图；单击“关闭”按钮，返回工作表编辑窗口。

2．打印输出

选择菜单中的“文件”→“打印…”命令，弹出“打印内容”对话框，如图 4-131 所示。

打印内容可以是选定区域、整个工作簿或选定工作表；打印范围可以是打印内容的全部，也可以是指定范围的页；还可以设定打印份数。

任务实施

打开“学生成绩表”工作簿，以 10 名学生数据的“学生成绩表”工作表为例，进行页面设置、打印预览和打印输出操作，操作步骤如下。

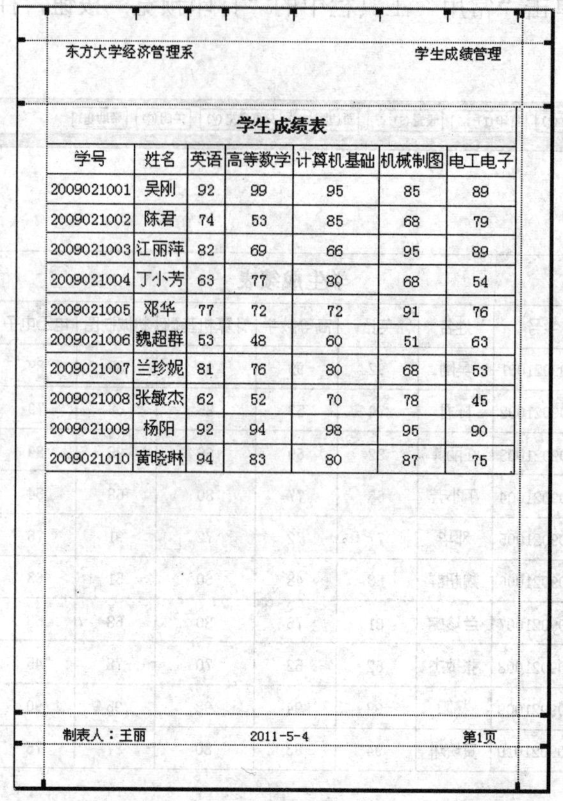

东方大学经济管理系　　学生成绩管理

学生成绩表

学号	姓名	英语	高等数学	计算机基础	机械制图	电工电子
2009021001	吴刚	92	99	95	85	89
2009021002	陈君	74	53	85	68	79
2009021003	江丽萍	82	69	66	95	89
2009021004	丁小芳	63	77	80	68	54
2009021005	邓华	77	72	72	91	76
2009021006	魏超群	53	48	60	51	63
2009021007	兰珍妮	81	76	80	68	53
2009021008	张敏杰	62	52	70	78	45
2009021009	杨阳	92	94	98	95	90
2009021010	黄晓琳	94	83	80	87	75

制表人：王丽　　2011-5-4　　第1页

图 4-130 “打印预览”视图中“页边距”调整控制柄窗口

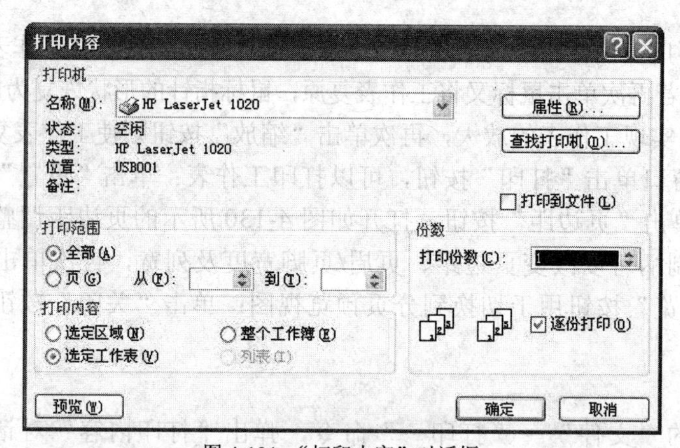

图 4-131 “打印内容”对话框

（1）打开工作簿

鼠标右键单击“我的电脑”，在弹出的快捷菜单中选择“资源管理器”命令。在资源管理器中单击 E 盘符前的“+”展开 E 盘，再双击 student 文件夹，从中选择“学生成绩表.xls”，双击打开“学生成绩表”工作簿。选中“学生成绩表”工作表的 A1:G12 单元格区域，单击格式工具栏的“边框”按钮旁的向下箭头，从中选择“所有框线”按钮，给选中的工作表数据区域加上框线。

（2）页面设置

选择菜单中的“文件”→“页面设置”命令，打开“页面设置”对话框。单击“页眉/页脚”选项卡，如图 4-125 所示。单击“自定义页眉”按钮，弹出“页眉”对话框，在“左”文本框中输入文字“东方大学经济管理系”，在“右”文本框中输入文字“学生成绩管理”；单击字体按钮A，弹出“字体”对话框，在“左”、“右”文本框中均设置相同字体、字号等。如图 4-132 所示。单击“确定”按钮，返回“页眉/页脚”选项卡。

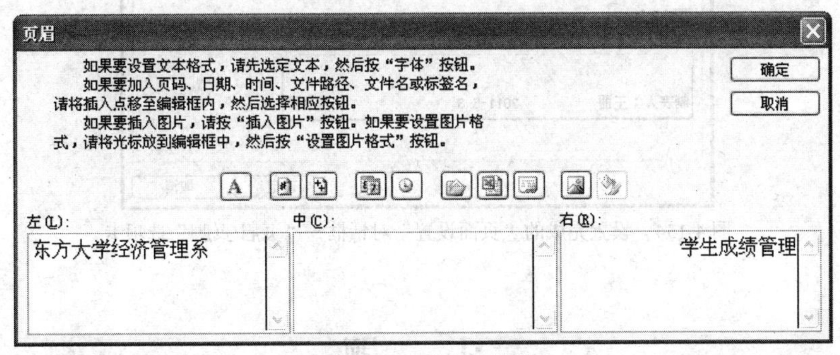

图 4-132 “页眉”对话框

单击“自定义页脚”按钮，弹出“页脚”对话框，在“左”文本框中输入文字“制表人：王丽”；在“中”文本框中插入当前日期（光标插入到“中”文本框中，然后单击日期按钮）；在“右”文本框中插入页码（光标插入到“右”文本框中，然后单击按钮），并在页码符号前后分别输入文字“第”和“页”。如图 4-133 所示。单击“确定”按钮，返回“页眉/页脚”选项卡。设置好的“页眉/页脚”选项卡如图 4-134 所示。

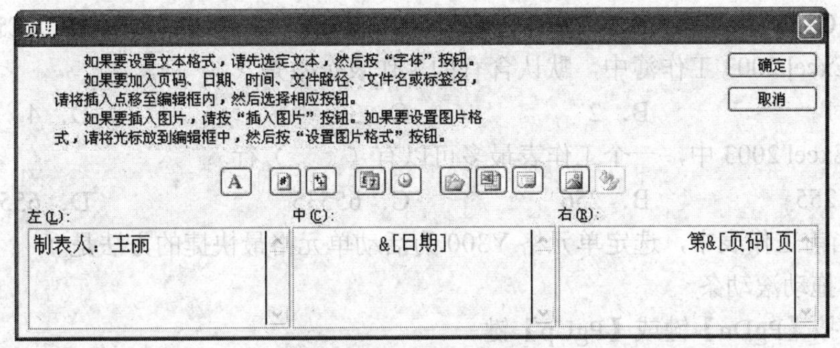

图 4-133 “页脚”对话框

（3）打印预览

选择菜单中的“文件”→“打印预览”命令，出现图 4-122 所示的打印预览窗口。

（4）打印输出

选择菜单中的“文件”→“打印...”命令，弹出“打印内容”对话框，如图 4-131 所示。根据实际需要设置打印内容、打印范围和打印份数等，然后单击“确定”按钮，即可执行打印输出。

如果当前计算机安装了打印机，但没有连接打印机，打印输出将不能完成，仅可执行页面设置和打印预览操作。

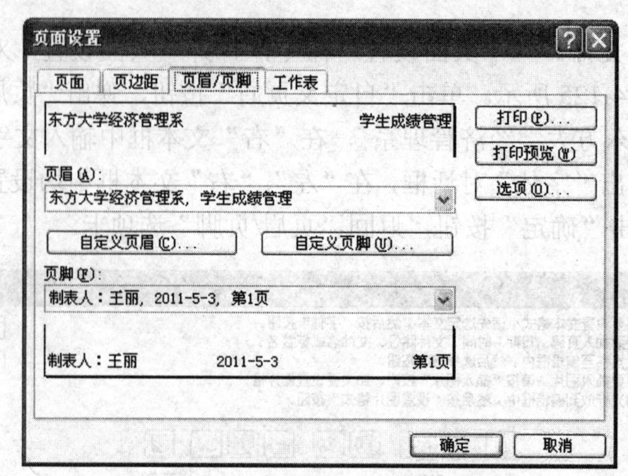

图 4-134 设置完成的“页面设置”对话框—“页眉/页脚”选项卡

习 题

一、选择题

1. 在 Excel 2003 工作表中左上角的按钮（即行号和列标交叉处的按钮）的作用是（ ）。

A．选中所有行号　　B．选中所有列标

C．选中整个工作表所有单元格　　D．无任何作用

2．在 Excel 2003 工作表中，不正确的单元格地址是（ ）。

A．C$66　　B．$C66　　C．C6$6　　D．$C$66

3．在 Excel 2003 工作簿中，默认含有的工作表个数是（ ）。

A．1　　B．2　　C．3　　D．4

4．在 Excel 2003 中，一个工作表最多可以有（ ）行。

A．255　　B．256　　C．65535　　D．65536

5．在当前工作表中，选定单元格 Y300 为活动单元格最快捷的方法是（ ）。

A．拖动滚动条

B．按【PgDn】键或【PgUp】键

C．在名称框中输入 Y300，并按【Enter】键

D．先按【Ctrl+→】组合键找到 Y 列，再按【Ctrl+↓】组合键找到 300 行

6．在 Excel2003 工作表中，在某单元格内输入数值 452，不正确的输入形式是（ ）。

A．452　　B．=452　　C．+452　　D．*452

7．在 Excel 2003 工作表中，进行自动填充时，鼠标的形状为（ ）。

A．空心粗十字　　B．向左上方箭头　　C．实心细十字　　D．向右上方箭头

8．在 Excel 2003 中，如果把一串阿拉伯数字作为字符串而不是数值输入到单元格中，应当先输入（ ）。

A．″（双引号）　　B．′（单引号）

C．" "（两个双引号）　　D．' '（两个单引号）

9．在 Excel 2003 工作表中，正确的 Excel 公式形式为（　　）。

A．=C4*Sheet2!A2　　B．=C4*Sheet3$A2

C．=C4*Sheet2:A2　　D．C4*Sheet3%A2

10．在 Excel 2003 工作表中，单元格 D5 中有公式"=$B$2+C4"，删除第 A 列后，C5 单元格中的公式为（　　）。

A．=$A$2+C4　　B．= $B$2+B4

C．=$A$2+B4　　D．= $B$2+C4

11.在 Excel 2003 工作表的 A2 单元格中输入数值 14.5，然后在 C2 单元格中输入"=A2*5"后按 Enter 键，C2 单元格将显示（　　）。

A．A25　　B．72.5　　C．5A2　　D．A2*5

12．以下对单元格的引用中，属于相对引用的是（　　）。

A．D8　　B．D$8　　C．$D8　　D．$D$8

13．在 E xcel 2003 电子表格中，在对数据清单分类汇总前，必须做到的操作是（　　）。

A．筛选　　B．排序　　C．合并计算　　D．指定单元格

14．在单元格中输入文本，默认的对齐方式是（　　）。

A．居中　　B．右对齐　　C．分散对齐　　D．左对齐

15．在 Excel 2003 的某个单元格中有公式"=$F$6"，它采用了单元格的（　　）方式。

A．相对引用　　B．混合引用　　C．绝对引用　　D．任意引用

16．Excel2003 中，选择整行的最简洁的操作是（　　）。

A．单击该行的第一单元格，然后拖动鼠标直至最后一个单元格。

B．单击全选按钮。

C．单击行号。

D．沿行号或列标拖动。

17. 要调整 Excel 2003 工作表某列单元格的列宽为最适合列宽，最简便的方法是（　　）。

A．拖动列名左边的边框线

B．拖动列名右边的边框线

C．双击列名右边的边框线

D．双击列名左边的边框线

18．Excel 2003 中，数值型数据的系统默认对齐方式是（　　）。

A．左对齐　　B．右对齐　　C．居中　　D．垂直居中

19．若在单元格中出现了一连串"###"符号，则（　　）。

A．需重新输入数据　　B．需调整单元格的宽度

C．需删去该单元格　　D．需删去这些符号

20．在 Excel2003 工作簿中，有关移动和复制工作表的说法正确的是（　　）。

A．工作表只能在所在工作簿内移动不能复制

B．工作表只能在所在工作簿内复制不能移动

C．工作表可以移动到其他工作簿内，不能复制到其他工作簿内

D．工作表可以移动到其他工作簿内，也可复制到其他工作簿内

二、填空题

1．Excel 工作簿扩展名为________。

2．新建的 Excel 工作簿默认的文件名为________。

3．在 Excel 2003 工作表的单元格中输入（256），此单元格默认格式会显示________。

4．在 Excel 2003 中，用黑色实线围住的单元格称为________。

5．在 Excel 2003 中，要输入数据 1/4，应先输入________。

6．在 Excel 中，要设置单元格中的数据格式，则应使用________菜单下的________命令。

7．在 Excel 2003 中，如果要在当前单元格上面插入一行单元格，则应使用________菜单的行命令。

8．在 Excel 2003 中，单元格 D2=$B$2+C1，将公式复制到 D3 后，D3 的公式是________。

9．在 Excel 2003 中，要进行单元格合并，应先选定要合并的单元格区域，再执行菜单的________命令。

10．在 Excel 2003 中，利用图表向导创建的图表，需要修改图表标题，可以利用图表菜单下的________命令进行。

三、简答题

1．如何插入、清除、删除单元格？如何插入、清除、删除行和列？

2．简述创建图表的 4 个步骤。

3．简述 Excel 中利用菜单命令进行多关键字排序的操作步骤。

4．什么是筛选？在 Excel 2003 中有几种筛选？如何取消自动筛选？

5．分类汇总有什么功能？如何分级显示和隐藏明细数据？

第5章

PowerPoint 2003 的应用

PowerPoint 2003 是 Microsoft 公司开发的办公软件套装 Office 2003 的组件之一，通过它可以制作和放映包含文字、图形、图像、声音、视频等多种媒体信息的演示文稿。常用于各种讲座、会议、产品展示和教学课件等专题演示文稿的制作和播放。

5.1 任务一 PowerPoint 2003 的基本操作

任务目标

通过本任务的学习，建立如图 5-1 所示的 PowerPoint 演示文稿“班级学年总结.ppt”。

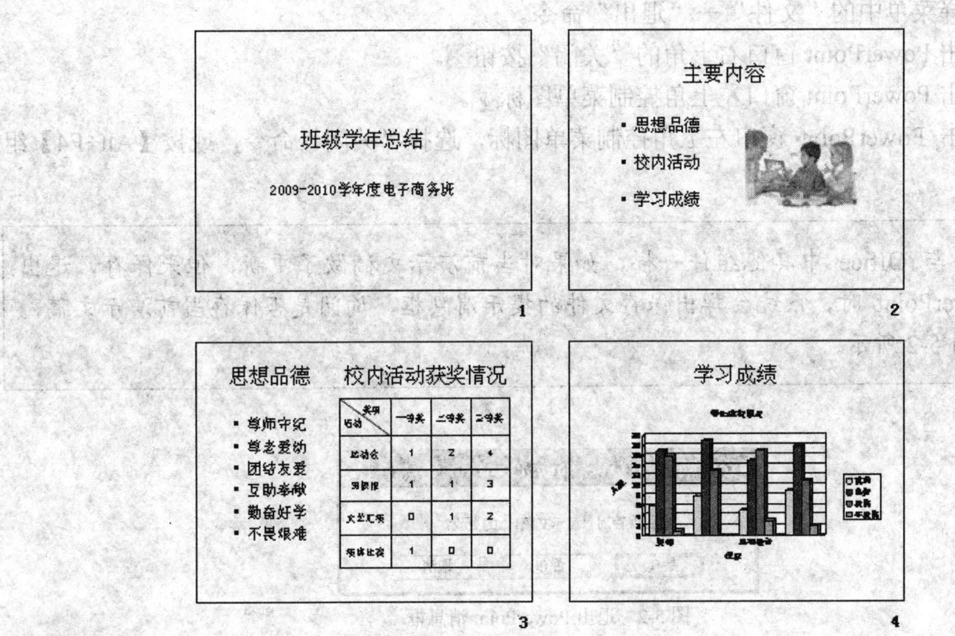

图 5-1 演示文稿“班级学年总结.ppt”

任务知识点

- PowerPoint 2003 的启动和退出。

- PowerPoint 2003 的工作环境。
- PowerPoint 2003 演示文稿的创建、打开、保存及关闭。
- 文本的录入、剪切、复制、粘贴、删除。
- 多媒体的插入与编辑。
- 文本的格式设置。
- 演示文稿的编辑。

5.1.1 PowerPoint 2003 的启动和退出

1．PowerPoint 2003 的启动

在 Windows XP 环境下，启动 PowerPoint 2003 有以下 5 种方法。

① 选择"开始"→"所有程序"→"Microsoft Office"→"Microsoft Office PowerPoint 2003"命令。

② 选择"开始"→"文档"→选择文档列表中的 PowerPoint 2003 演示文稿文件启动。

③ 双击桌面上 PowerPoint 的快捷方式图标。

④ 在"我的电脑"或"资源管理器"中双击已建立的一个 PowerPoint 演示文稿。

⑤ 选择"开始"→"运行"，输入命令"PowerPoint"，回车或单击确定按钮。

2．PowerPoint 2003 的退出

完成演示文稿的编辑后，可以通过下列 4 种方法之一来退出 PowerPoint 2003 工作环境。

① 选择菜单中的"文件"→"退出"命令。

② 单击 PowerPoint 窗口右上角的"关闭"按钮☒。

③ 双击 PowerPoint 窗口左上角控制菜单图标。

④ 单击 PowerPoint 窗口左上角控制菜单图标，选择"关闭"命令，或按【Alt+F4】组合键。

操作提示：	与 Office 中其他组件一样，如果对当前演示文稿做了更新，但未保存，退出 PowerPoint 时，系统会弹出保存文件的提示消息框，询问是否保存当前演示文稿，如图 5-2 所示。

图 5-2　退出 PowerPoint 消息框

5.1.2 PowerPoint 2003 的工作环境

1．PowerPoint 2003 的工作界面

启动 PowerPoint 2003 之后，将打开它的工作界面，如图 5-3 所示。PowerPoint 2003 的工

作界面主要包括：标题栏、菜单栏、工具栏、大纲/幻灯片浏览区、幻灯片编辑区、任务窗格、视图切换区、备注页窗口、状态栏等部分。

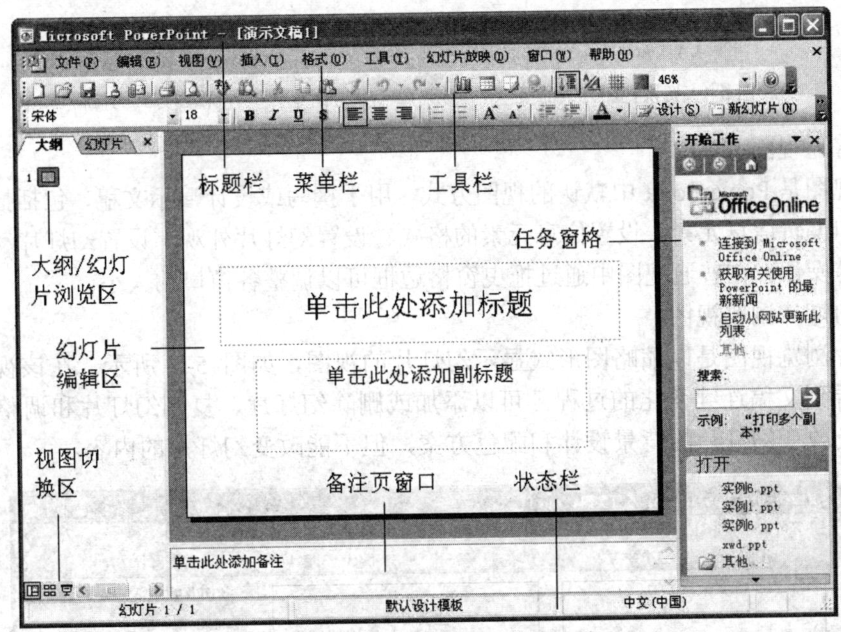

图 5-3　PowerPoint 2003 的工作界面

其中，标题栏、菜单栏和工具栏均与 Word、Excel 类似。

（1）大纲/幻灯片浏览区：位于工作界面的左侧，包括两个选项卡。“大纲”选项卡列出当前演示文稿的文本大纲。“幻灯片”选项卡列出当前演示文档的所有的幻灯片缩略图。

（2）幻灯片编辑区：位于窗口中央，可以对幻灯片进行编辑，如输入文本，插入图片、表格等，或者进行幻灯片版式、幻灯片设计或幻灯片切换等设置。

（3）任务窗格：位于编辑区右侧。单击任务窗格顶部右侧三角形按钮，会显示所有任务窗格名称列表，可从中选择打开某一任务窗格。选择菜单中的“视图”→“任务窗格”命令，可显示或隐藏任务窗格。

（4）视图切换区：包括 3 个视图按钮，即普通视图、幻灯片浏览视图和幻灯片放映视图按钮。单击按钮实现对不同视图方式的切换。

（5）备注页窗口：在这里实现对幻灯片备注信息的添加、修改及管理。

（6）状态栏：位于窗口底部，用于显示演示文稿的编辑状态和位置信息，如幻灯片总数、当前幻灯片号、哪种设计模板和语言等。

2．PowerPoint 2003 的视图方式

为了新建、编辑、浏览、放映幻灯片的需要，PowerPoint 2003 提供 4 种视图方式：普通视图、幻灯片浏览视图、幻灯片放映视图和备注页视图。选择视图菜单下的某个视图方式命令，如图 5-4 所示，或者单击视图切换区的不同视图按钮，如图 5-5 所示，都可以切换不同的视图，以方便浏览或编辑演示文稿。

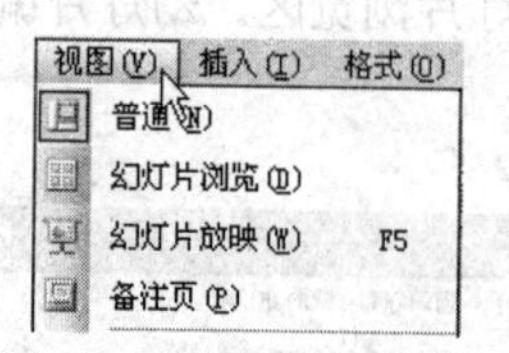

图 5-4 切换视图方式的菜单

图 5-5 切换视图方式的按钮

（1）普通视图

普通视图是 PowerPoint 中默认的视图方式，用于撰写或设计演示文稿，包括插入新幻灯片、插入和编辑信息元素、设置信息元素的格式、设置幻灯片外观、设置幻灯片动画、设置超级链接等操作。在普通视图中通过拖曳窗格边框可以调整各窗口的大小。

（2）幻灯片浏览视图

幻灯片浏览视图是以缩略图形式显示幻灯片的视图，如图 5-6 所示。在该视图中，可以清楚地看到文稿连续变化的过程，可以添加或删除幻灯片、复制幻灯片和调整各幻灯片的次序以及改变幻灯片的背景设计和配色方案，但不能改变幻灯片的内容。

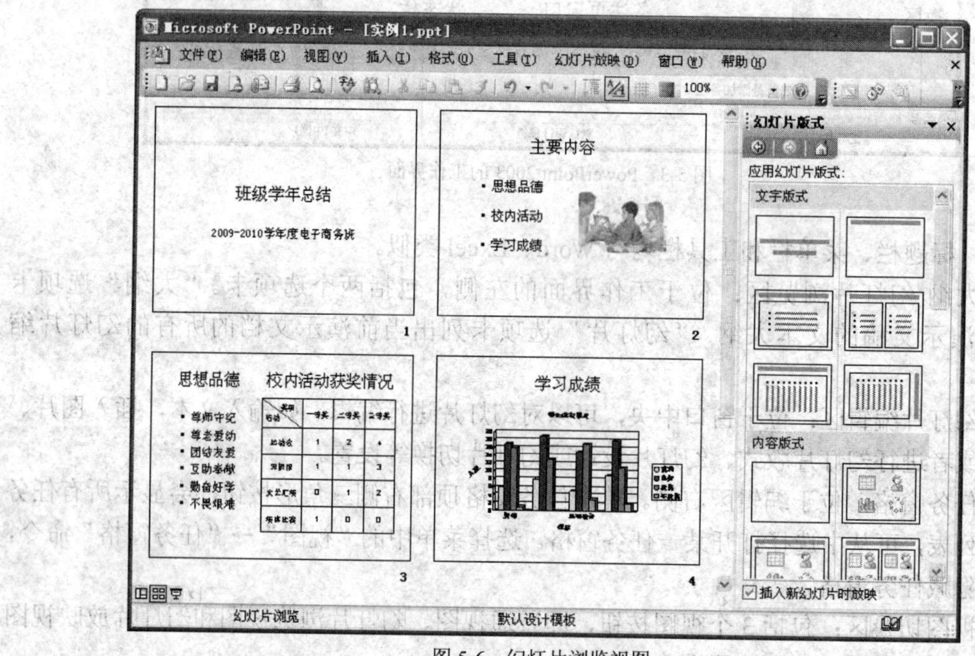

图 5-6 幻灯片浏览视图

（3）幻灯片放映视图

幻灯片放映视图占据整个计算机屏幕。从中，可以看到所有文字、图片、视频、动画等对象以及有关的切换效果。如图 5-7 所示。在幻灯片放映视图中放映演示文稿时，可以按照用户预定义方式一幅一幅连续播放。

（4）备注页视图

选择菜单中的“视图”→“备注页”命令，可以打开备注页视图，如图 5-8 所示，在备注页视图中可以看到幻灯片下方的备注页方框，在此方框中可以添加与当前幻灯片内容相关的备注文字。

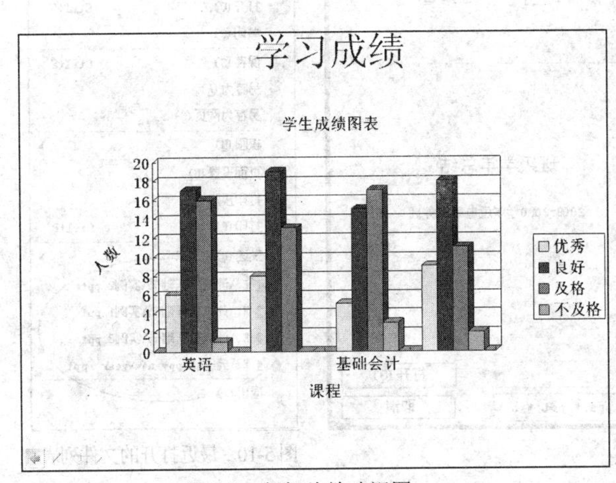

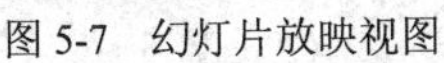
图 5-7　幻灯片放映视图

图 5-8　备注页视图

5.1.3　演示文稿文件的操作

1．新建演示文稿

启动 PowerPoint 2003 后，系统会自动新建一个空白演示文稿，文件名默认为“演示文稿 1.ppt”。此外，在 PowerPoint 2003 工作环境中，还可以采用下列 3 种方法来新建演示文稿：

① 选择菜单中的“文件”→“新建”命令，在任务窗格中选择“空白演示文稿”。

② 单击“常用”工具栏上的“新建”按钮。

③ 按【Ctrl+N】组合键。

2．打开演示文稿

对现有演示文稿进行编辑、修改前，需先将其打开，打开演示文稿的方法有以下 5 种。

① 选择菜单中的“文件”→“打开”命令，出现“打开”对话框，如图 5-9 所示。在“查找范围”下拉列表框中，选择演示文稿所在的文件位置，在“文件类型”下拉列表框中，选择“所有 PowerPoint 演示文稿”，再单击要打开的文件名或在“文件名”文本框中输入要打开文件的文件名，然后单击“打开”按钮。

② 单击“常用”工具栏上的“打开”按钮。

③ 选择“文件”菜单，在下拉菜单中列出的最近使用过的文件中，单击要打开的文件名，如图 5-10 所示。

④ 在“开始工作”任务窗格中，显示了最近使用过的文件，单击要打开的文件名，如图 5-11 所示。

⑤ 在 Windows 的“我的电脑”或“资源管理器”中双击要打开的演示文稿文件。

3．保存演示文稿

在演示文稿编辑过程中，为防止数据丢失，需经常执行保存操作。

(1) 保存未命名的新演示文稿

新演示文稿在首次保存时，需指定保存位置并命名。保存新文件有 4 种方法。

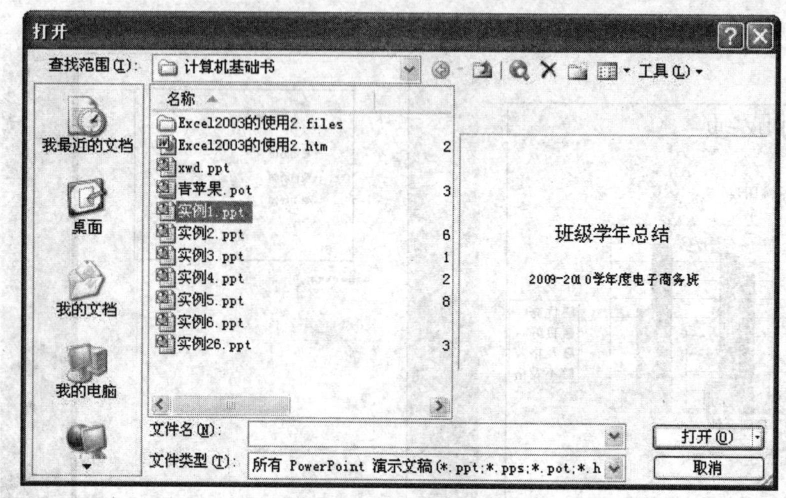

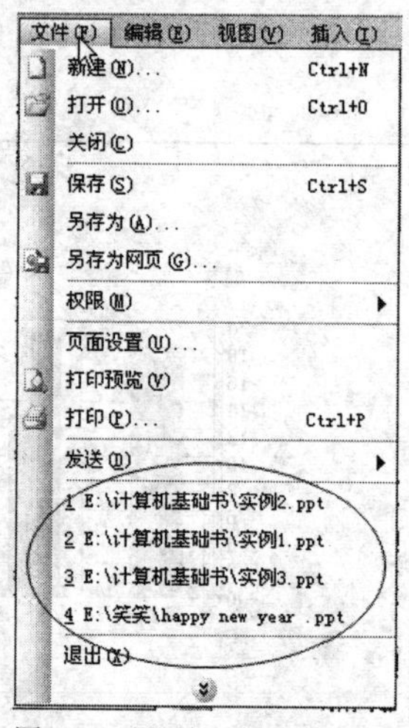

图 5-9 “打开”对话框

图 5-10 最近打开的文件列表

① 选择菜单中的“文件”→“保存”命令，弹出“另存为”对话框，如图 5-12 所示。在对话框的“保存位置”下拉列表框中，选择保存演示文稿的磁盘和文件夹，在“保存类型”下拉列表框中选择“PowerPoint 演示文稿”，在“文件名”文本框中，输入演示文稿的文件名，其扩展名为.ppt（可省略，系统会自动添加），最后单击“保存”按钮。

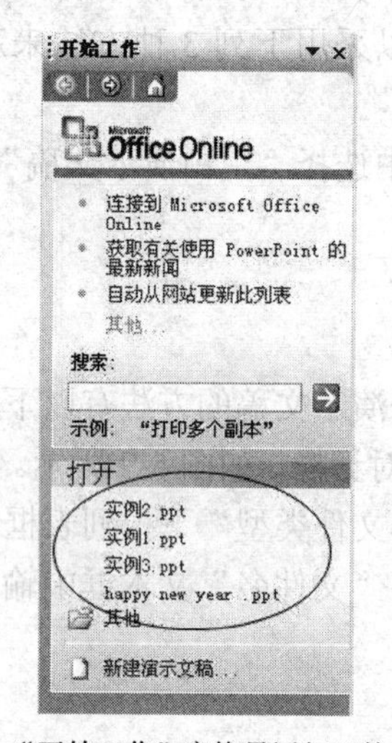

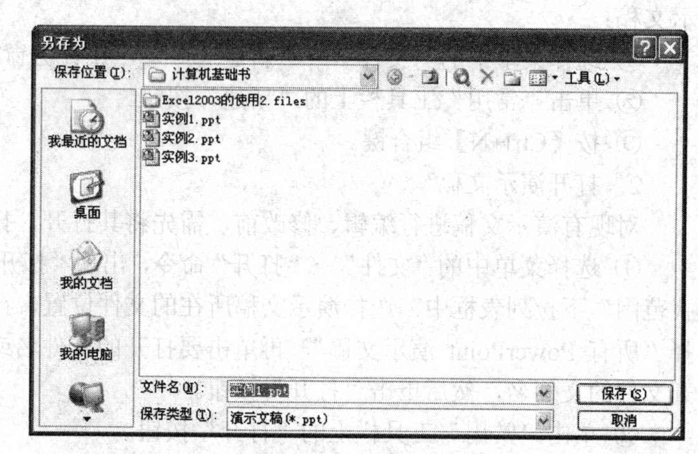

图 5-11 “开始工作”窗格最近打开的文件

图 5-12 “另存为”对话框

② 选择菜单中的“文件”→“另存为”命令。

③ 单击“常用”工具栏中的“保存”按钮。

④ 按【Ctrl+S】组合键。

后 3 种方法均会弹出“另存为”对话框，然后可以参照方法①，同样选择文件位置和输入文件名，以保存文件。

（2）保存已命名的演示文稿

选择菜单中的“文件”→“保存”命令或单击“常用”工具栏上的“保存”按钮，该演示文稿将在原位置、用原文件名以覆盖原文件的方式保存文件，此时不出现“另存为”对话框。

（3）保存演示文稿的副本

如果要保留原演示文稿，又需要用另一个名字或换一个位置再保存一份演示文稿，可选择菜单中的“文件”→“另存为”命令，弹出“另存为”对话框，另外指定保存位置，或输入不同的文件名，单击“保存”按钮，即可生成文件副本（注：新保存的演示文稿内容也可与原演示文稿内容不同）。

4．关闭演示文稿

若对演示文稿的相关操作已完成，则可关闭演示文稿。关闭演示文稿的方法如下。

① 关闭当前演示文稿，但不退出 PowerPoint 2003 工作环境：选择菜单中的“文件”→“关闭”命令，或单击演示文稿窗口右上角的“关闭窗口”按钮。

② 同时关闭多个已打开的演示文稿：先按住【Shift】键，再选择菜单中的“文件”→“全部关闭”命令。

③ 选择菜单中的“文件”→“退出”命令，或单击 PowerPoint 2003 窗口右上角的关闭按钮，或双击 PowerPoint 2003 窗口左上角的控制图标，均退出 PowerPoint 2003，并关闭当前所有打开的演示文稿。

5.1.4　演示文稿的内容编辑

利用 PowerPoint 创作的演示文稿不仅可以包含文字信息，还可以包含图形、图像、声音、动画和视频等多媒体信息。在演示文稿中插入多媒体信息，与在 Word 文档、Excel 工作表中插入多媒体信息类似。

1．文本的录入

在 PowerPoint 进行文字工作的第一步就是在新建的演示文稿中录入文字。

（1）输入文字

在普通视图中，选择菜单中的“格式”→“幻灯片版式”命令，在“幻灯片版式”任务窗格选择一种包含文字的版式，在文本占位符中输入文字，如图 5-13 所示。

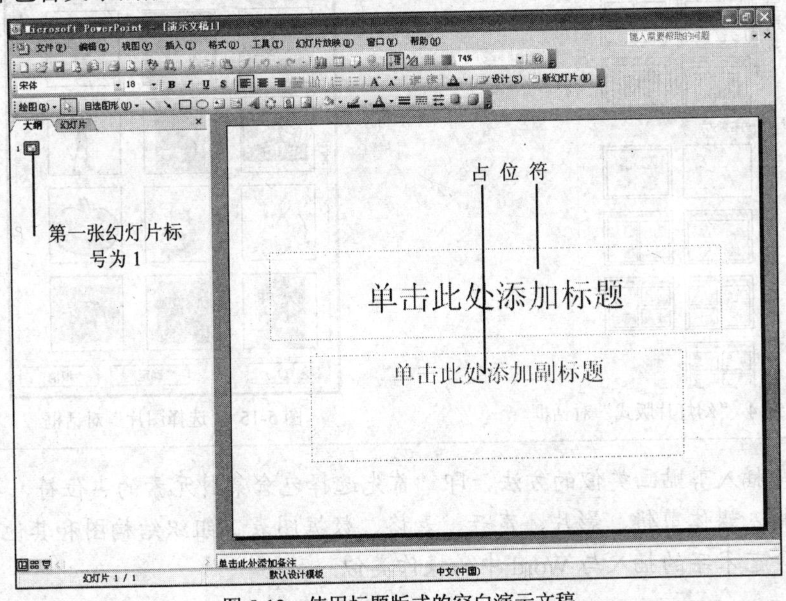

图 5-13　使用标题版式的空白演示文稿

（2）插入文本框

如果需要在文本占位符之外输入文本，可以插入文本框。操作步骤如下。

① 选择需要插入文本框的幻灯片，单击菜单中的“插入”→“文本框”→“水平”或“垂直”命令，或单击“绘图”工具栏上的“文本框”按钮或“竖排文本框”按钮。

② 将鼠标移到幻灯片窗口，此时鼠标指针变成十字，拖曳鼠标，在幻灯片上选定位置拉出一个矩形框，即插入了一个文本框，可以从中输入文本。

操作提示：	PowerPoint 中对文本的剪切、复制、粘贴、移动和删除，以及对文本添加项目符号和编号的操作都与 Word 中的操作类似。此处不重复叙述。

2．插入剪贴画

在一个演示文稿中插入剪贴画，和在 Word 中插入剪贴画有类似的方法。另外也可采用其他方法。

① 选择菜单中的“插入”→“新幻灯片…”命令，或者直接单击“常用”工具栏上的“新幻灯片”按钮。

② 打开“幻灯片版式”任务窗格，如图 5-14 所示，选定一种包含剪贴画占位符的幻灯片版式，例如，选择“其他版式”类中的第 3 个版式——“标题，文本与剪贴画”。

③ 双击“添加剪贴画”占位符，弹出“选择图片”对话框，如图 5-15 所示，在图片框中，根据需要选定欲插入的剪贴画后，单击“确定”按钮。

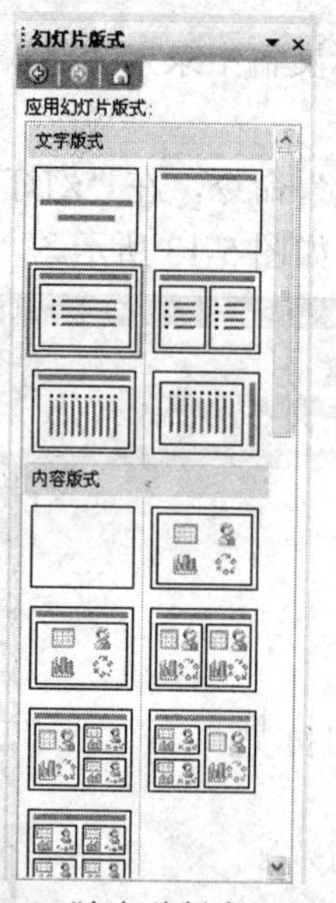

图 5-14 “幻灯片版式”对话框

图 5-15 “选择图片”对话框

操作提示：	与插入剪贴画类似的方法，即“首先选择包含某种元素的占位符，再行添加”，可以插入媒体剪辑、影片、声音、表格、数据图表、组织结构图和其他图示等。而图片、艺术字的插入与 Word 中的操作类似。

3．演示文稿的编辑

演示文稿的编辑是指对幻灯片进行插入、删除、移动、复制等操作，一般在“幻灯片浏览视图”中进行这些操作更为方便。

（1）选择幻灯片

在“幻灯片浏览视图”中，进行幻灯片的插入、删除、移动或复制等操作之前，首先要选择与操作相关的幻灯片。

① 选择单张幻灯片：用鼠标单击特定的幻灯片即可。被选中的幻灯片周围会有一个蓝色边框。

② 选择多张不连续的幻灯片：先按住【Ctrl】键，再逐个单击要选择的幻灯片。

③ 选择多张连续的幻灯片：先选中连续范围的第一张幻灯片，按住【Shift】键，再单击连续范围的最后一张幻灯片。

④ 选定所有的幻灯片：选择菜单中的“编辑”→“全选”命令，或按【Ctrl + A】组合键。

（2）幻灯片插入

根据不同的需要，插入新幻灯片的方法有以下 2 种。

新幻灯片的版式与当前幻灯片的版式不同。操作步骤如下所示。

① 选定准备插入新幻灯片的位置。

② 选择菜单中的“插入”→“新幻灯片”命令或单击“常用”工具栏上的“新幻灯片”按钮，在打开的“幻灯片版式”窗格（见图 5-14）中单击准备插入的幻灯片版式缩略图，此时，一张新的幻灯片便插入到选定位置，并确定了幻灯片版式。

新幻灯片的版式与当前幻灯片的版式相同。只需在当前幻灯片的后面按当前幻灯片的版式复制一张新的幻灯片。操作步骤如下所示。

① 选定准备插入新幻灯片的位置。

② 选择菜单中的“插入”→“幻灯片副本”命令，此时，一张新的幻灯片（其中的内容和版式与前一张幻灯片完全相同）便插入到选定位置，对文字和其他元素加以修改即可。

（3）幻灯片删除

具体操作方法是：在“幻灯片浏览视图”或“普通视图”的“大纲/幻灯片浏览区”中，先选定要删除的幻灯片，再按【Delete】键或单击“编辑”→“删除幻灯片”命令，即可删除选定的幻灯片，后面的幻灯片会自动向前排列。

（4）幻灯片复制

具体操作方法是：在“幻灯片浏览视图”或“普通视图”的“大纲/幻灯片浏览区”中选定要复制的幻灯片后，单击“复制”按钮，鼠标指针定位到要粘贴的目标位置，再单击“粘贴”按钮。

（5）幻灯片移动

可以利用“剪切”和“粘贴”命令来改变幻灯片的排列顺序，其方法和幻灯片复制操作相似。也可以用鼠标拖曳的方法进行，具体操作方法是：在“幻灯片浏览视图”或“普通视图”的“大纲/幻灯片浏览”区中选定要移动的幻灯片，按住鼠标左键拖曳幻灯片到目标位置，拖曳时有一个长条的竖线就是插入点。

（6）调整幻灯片的顺序

在制作演示文稿过程中，如果出现幻灯片顺序不理想的情况，就要加以调整。调整的操作方法有多种。

① 在普通视图方式，用鼠标在左侧的“幻灯片”列表（或者“大纲”列表）中拖曳某张幻灯片向上或向下移动，到达目标位置时松开鼠标即可。

② 在幻灯片浏览视图中，直接拖曳幻灯片到目标位置，即可完成幻灯片顺序的调整。

（7）隐藏幻灯片

对于一些在幻灯片放映时不需播放的幻灯片，可将其隐藏。具体操作方法是：选定要隐藏的幻灯片，选择菜单中的“幻灯片放映”→“隐藏幻灯片”命令，则在幻灯片编号上加上斜线，表示该幻灯片已被隐藏。而对于已隐藏的幻灯片，需要显示时，可以再次选择菜单中的“幻灯片放映”→“隐藏幻灯片”命令，将其恢复为显示状态。

4．文本的格式设置

演示文稿的内容充实后，为了使文字更加整齐、美观，需要设置字符格式和段落格式。其操作方法与 Word 类似。

（1）字符格式

首先选中需要设置格式的文本，然后执行下列任意一种操作方法。

- 单击“格式”工具栏上的格式按钮可以改变文字的格式，例如字体、字号、加粗、倾斜、下划线、阴影、字体颜色等。
- 选择菜单中的“格式”→“字体”命令或在快捷菜单中选择“字体”命令，弹出“字体”对话框，同样可以对选中文本进行字体、字号等格式设置。

如果选中的是文本框，则设置的字体格式对文本框内的所有文字有效；如果选中的是文本框内部分文字，则只影响选择的文字。

（2）段落格式

① 段落对齐设置

在 PowerPoint 中，段落的对齐方式包括：左对齐、右对齐、居中对齐、两端对齐和分散对齐，主要用于调整文本段落在文本框中的排列形式。主要有以下 2 种设置方法。

- 先选中段落文本，然后利用格式工具栏上的对齐方式按钮来操作。
- 先选中段落文本，再选择菜单中的“格式”→“对齐方式”命令，在弹出的子菜单中选择所需的对齐方式。

② 段落缩进设置

PowerPoint 的段落缩进设置方法是，先选中要设置缩进的文本，或者单击该段落任意位置，再用以下 2 种方法之一进行操作。

- 选择菜单中的“视图”→“标尺”命令，在显示出的水平标尺上拖曳相关段落缩进标记。
- 利用格式工具栏上的缩进按钮来操作。

③ 行距和段落间距的设置

选中文本，选择菜单中的“格式”→“行距”命令，弹出“行距”对话框，如图 5-16 所示，按需要设置行距和段前、段后间距的数值，并单击“确定”按钮。

图 5-16 “行距”对话框

任务实施

按图 5-1 所示创建 PowerPoint 演示文稿“班级学年总结.ppt”。操作步骤如下所示。

（1）在 Windows XP 中，选择“开始”→“所有程序”→“Microsoft Office”→“Microsoft Office PowerPoint 2003”命令，启动 PowerPoint 2003，自动新建一个空白演示文稿，并且“幻灯片版式”为“标题幻灯片”版式。

（2）鼠标单击标题占位符，输入标题文字：“班级学年总结”，在副标题占位符，输入副标题文字：“2009-2010 学年度电子商务班”，如图 5-17 所示。

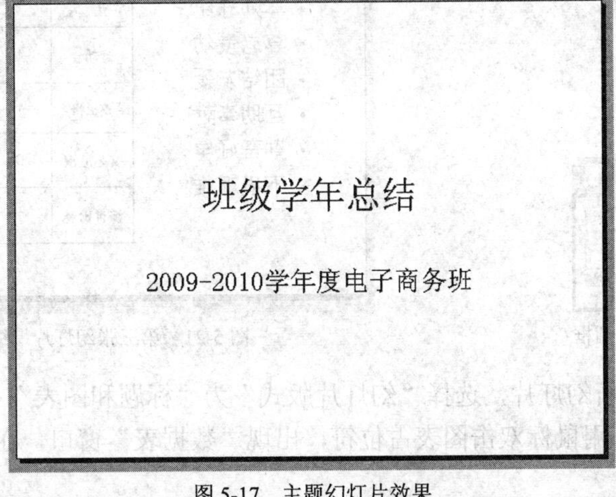

图 5-17　主题幻灯片效果

（3）在菜单中选择菜单中的“插入”→“新幻灯片”命令，插入一个新的幻灯片，并在右侧的“幻灯片版式”任务窗格中选择一个新的版式“标题、文本和剪贴画”。如图 5-18 所示，在标题占位符中，输入文字：“主要内容”，在左侧文本占位符中输入图示的 3 行文字，在右侧剪贴画占位符中插入一副剪贴画。插入剪贴画的方法可参照 Word 中剪贴画的插入法。

（4）用同样的方法，再插入一张新幻灯片，并在右侧的“幻灯片版式”任务窗格中选择版式“标题、文本和内容”。

在标题占位符中，输入文字：“思想品德　　校内活动获奖情况”。

在文本框中输入思想品德的有关文字，并将文本框略微收窄，使文本框中的文字与标题文字中的“思想品德”适当对齐，如图 5-19 所示。

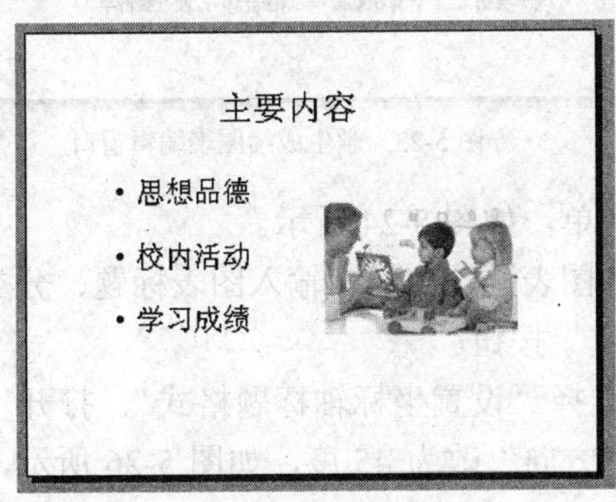

图 5-18　第二张幻灯片显示效果

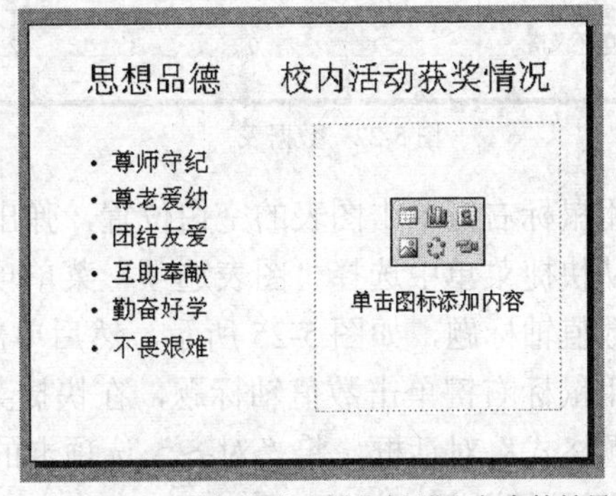

图 5-19　在幻灯片中输入标题和文本的效果

在内容占位符中双击表格，弹出“插入表格”对话框，如图 5-20 所示，输入列数为 4、行数为 5，单击“确定”按钮，幻灯片中即出现 5 行 4 列的表格。

在表格中输入文字和数字，调整表格的宽度，使表格与标题文字中的“校内活动获奖情况”适当对齐，可根据需要适当调整标题文字的位置。

最终效果如图 5-21 所示。

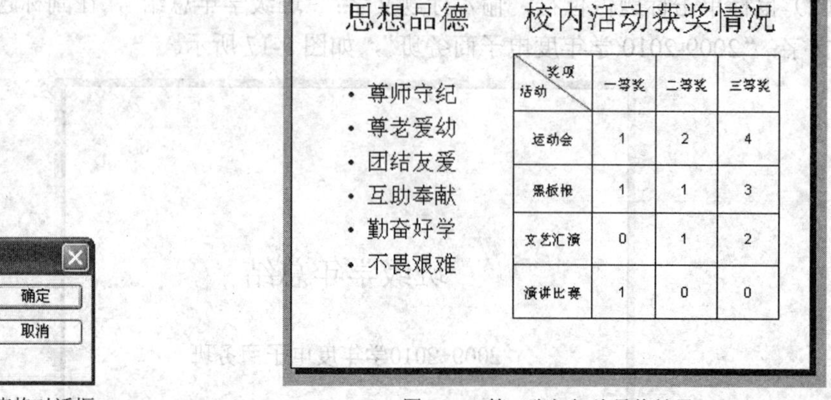

奖项 / 活动	一等奖	二等奖	三等奖
运动会	1	2	4
黑板报	1	1	3
文艺汇演	0	1	2
演讲比赛	1	0	0

图 5-20　插入表格对话框　　图 5-21　第三张幻灯片最终效果

（5）再插入一张新幻灯片，选择“幻灯片版式”为“标题和图表”。在标题占位符中，输入文字“学习成绩”；用鼠标双击图表占位符，出现“数据表”窗口，在其中输入成绩数据，如图 5-22 所示。

单击数据表右上角关闭按钮，回到图表编辑状态，如图 5-23 所示。

		A	B	C	D
		英语	计算机基础	基础会计	西方经济学
1	优秀	6	8	5	9
2	良好	17	19	15	18
3	及格	16	13	17	11
4	不及格	1	0	3	2

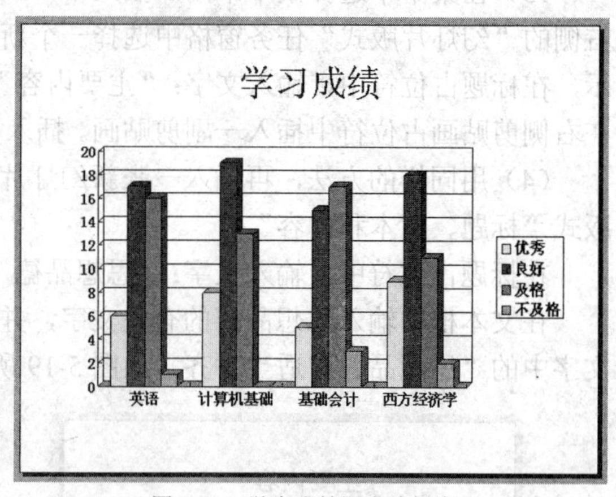

图 5-22　数据表　　图 5-23　学生成绩图表编辑窗口

用鼠标右键单击图表的空白位置，弹出快捷菜单，如图 5-24 所示。

从快捷菜单中选择“图表选项”菜单项，打开图表选项窗口，输入图表标题、分类轴标题和数值轴标题，如图 5-25 所示，然后单击“确定”按钮。

用鼠标右键单击数值轴标题，在快捷菜单中选择“设置坐标轴标题格式”，打开“坐标轴标题格式”对话框，将“对齐”选项卡的文本“方向”改为 45 度，如图 5-26 所示，单击“确定”按钮关闭对话框。

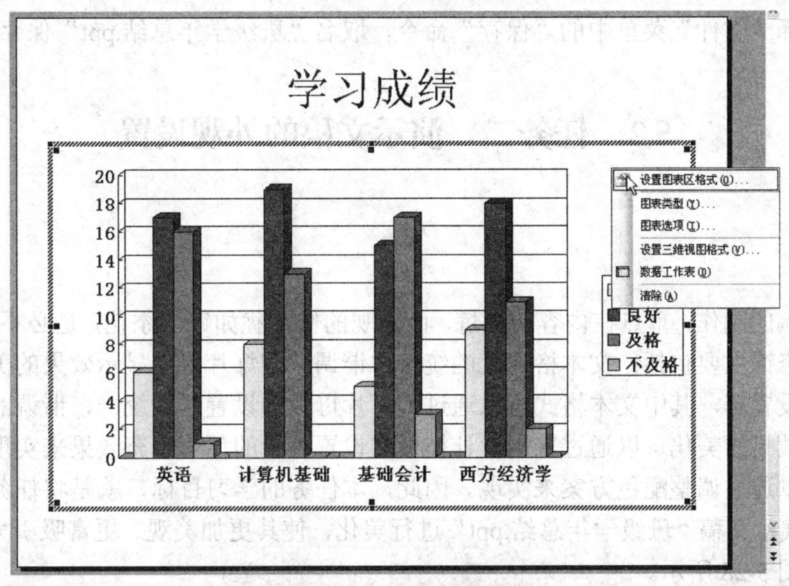

图 5-24　学生成绩图表及快捷菜单

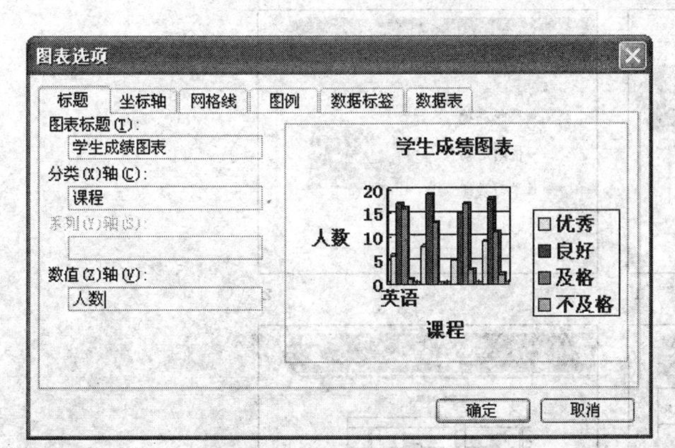

图 5-25　图表选项窗口

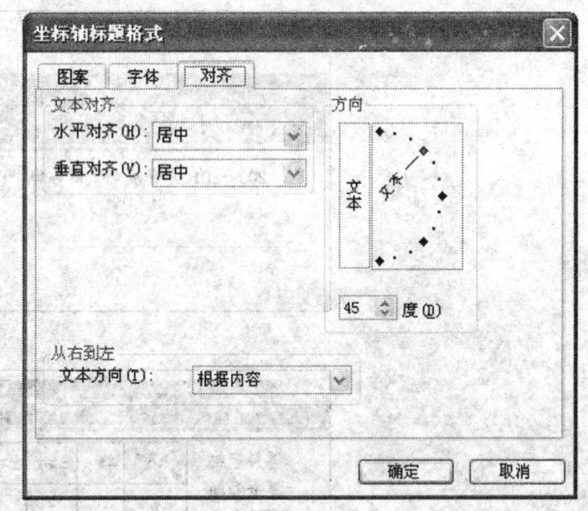

图 5-26　“坐标轴标题格式”对话框

在幻灯片上图表外单击，返回幻灯片编辑窗口，得到本幻灯片最终效果，如图 5-27 所示。

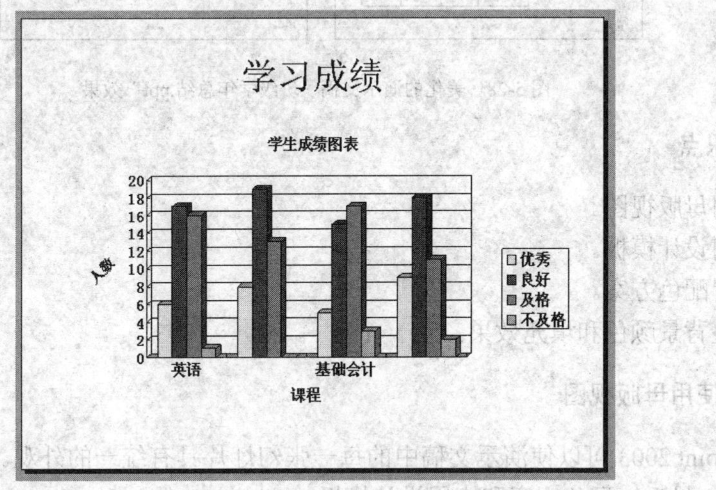

图 5-27　图表幻灯片最终效果

（6）选择“文件”菜单中的“保存”命令，取名“班级学年总结.ppt”保存演示文稿。

5.2 任务二 演示文稿的外观设置

任务目标

演示文稿的制作，重点在内容的提炼，而外观的修饰犹如锦上添花，是必不可少的步骤。演示文稿的修饰主要包括：文本格式上的统一、谐调，幻灯片背景显示效果的美化，幻灯片色彩的和谐设置等，其中文本格式可以通过幻灯片母版的设置达到统一、谐调的目的，幻灯片背景显示效果的美化可以通过应用设计模板和设置背景的色彩填充效果来实现，幻灯片色彩的和谐可以通过调整配色方案来实现。因此，本任务的学习目标，就是将任务一所完成的PowerPoint演示文稿“班级学年总结.ppt”进行美化，使其更加美观、更富吸引力，美化处理后的效果如图5-28所示。

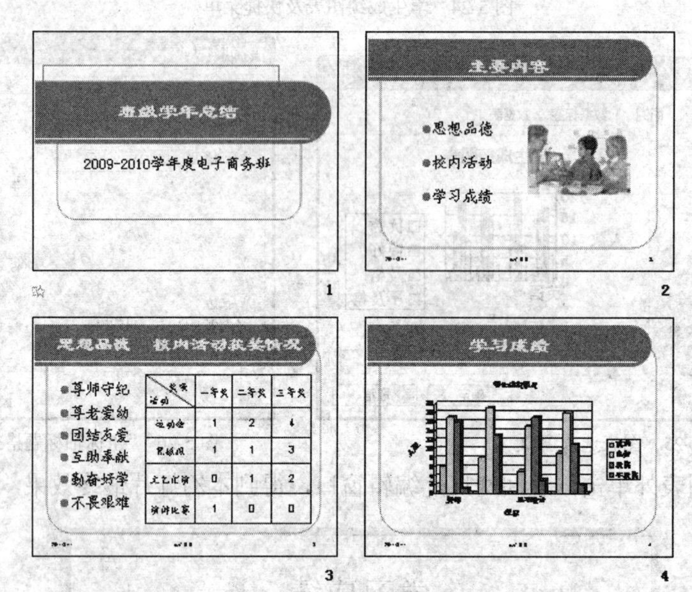

图5-28 美化的演示文稿“班级学年总结.ppt”效果

任务知识点

- 使用母版视图。
- 应用设计模板。
- 设置配色方案。
- 调整背景颜色和填充效果。

5.2.1 使用母版视图

PowerPoint 2003可以使演示文稿中的每一张幻灯片具有统一的外观。修饰幻灯片外观的方法有3种：母版、配色方案和应用设计模板。

母版用于设置幻灯片的标题、文本的格式和位置，其作用是统一所要创建的幻灯片的版式。因此，对母版的修改会影响到所有基于该母版的幻灯片。此外，如果需要在演示文稿的每一张幻灯片中显示固定的图片、文本和特殊的格式，也可以向该母版中添加相应的内容。PowerPoint 母版分为 3 种：幻灯片母版、讲义母版和备注母版。

1．幻灯片母版

幻灯片母版是最常用的母版，存储所有使用该母版的幻灯片的格式，包括字符格式、占位符大小或位置、背景设计和配色方案。在幻灯片母版中，共有 5 个占位符，用来确定幻灯片上标题样式、文本样式、页脚格式；标题、文本和页脚在幻灯片上的位置；配色方案和背景设计等。修改母版中某一对象格式，就同时修改了当前演示文稿中所有幻灯片相应对象的格式。

（1）打开幻灯片母版视图

打开幻灯片母版视图的方法有 2 种，操作方法如下所示。

- 选择菜单中的“视图”→“母版”→“幻灯片母版”命令，打开幻灯片母版视图，如图 5-29 所示。
- 在“普通视图”状态，按住【Shift】键不放，“普通视图”按钮变为“幻灯片母版视图”按钮，单击此按钮，即打开幻灯片母版视图，并弹出幻灯片母版视图工具栏，如图 5-30 所示。在幻灯片母版视图中，包含 5 个占位符，分别是“标题区”、“文本区”、“日期区”、“页脚区”和“数字区”。

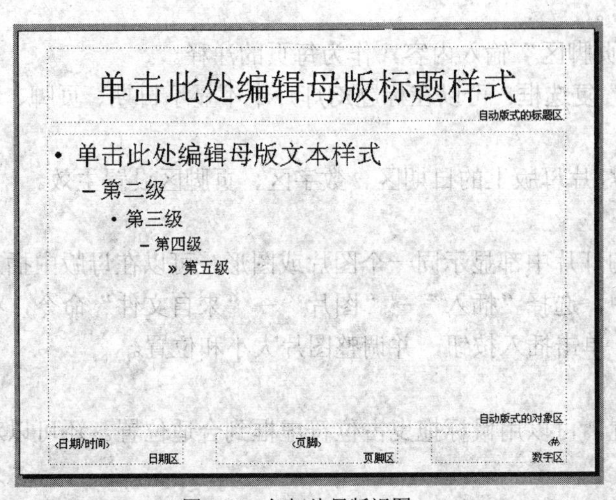

图 5-29 幻灯片母版视图

图 5-30 “幻灯片母版视图”工具栏

（2）设置幻灯片母版视图

① 更改标题文本格式

在幻灯片母版中，单击选中标题区文字，修改标题的字体、字号等字符格式等。

② 更改文本区文本格式

在幻灯片母版中，单击选中文本区任一层次的文字，修改文本的字体、字号等字符格式和段落格式等；选择菜单中的“格式”→“项目符号和编号”命令，可修改该层次文本的项目符号和编号。

③ 设置日期区、页脚区和数字区

在幻灯片母版中，选择菜单中的“视图”→“页眉和页脚”命令，弹出“页眉和页脚”

对话框，单击“幻灯片”选项卡，如图5-31所示。

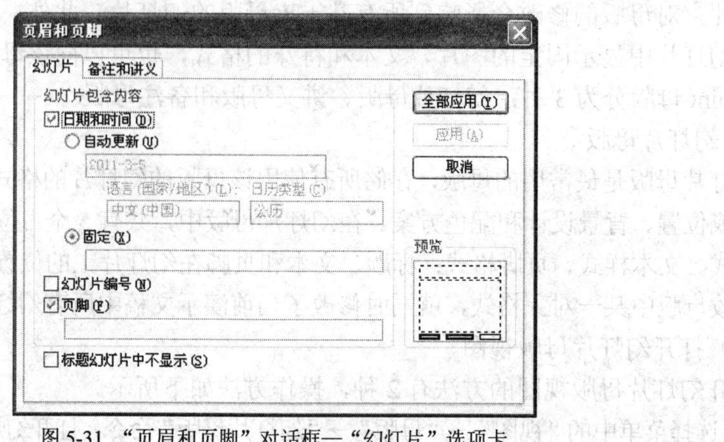

图5-31 “页眉和页脚”对话框—“幻灯片”选项卡

- 选中“日期和时间”复选框：将在母版的“日期区”显示日期和时间。如果选定单选按钮“自动更新”，则日期和时间将是变化的，日期格式以下拉列表框中选中的为准；如果选定单选按钮“固定”，则用户可以自己输入一个固定的日期和时间。
- 选中“幻灯片编号”复选框：将在“数字区”自动加入一个幻灯片的数字编码，实际应用中将对每一张幻灯片顺序加编号。
- 选中“页脚”复选框：在“页脚区”输入内容，作为每页的注释。
- 选中“标题幻灯片中不显示”复选框：可以在标题幻灯片中不显示日期、页脚、编号等内容。
- 单击“全部应用”按钮，幻灯片母版上的日期区、数字区、页脚区设置生效。

④ 在幻灯片母版中插入对象

如果需要在演示文稿的每一张幻灯片中都显示同一个图片或图形，可以在母版中插入该对象。操作方法为：在幻灯片母版中，选择“插入”→“图片”→“来自文件”命令，在插入图片对话框中选择需要的文件名，单击插入按钮，并调整图片大小和位置。

⑤ 改变占位符位置

如果需要调整各个占位符的位置，可以用鼠标拖曳占位符虚框到合适位置。还可以对它们进行格式化。

单击“幻灯片母版视图”工具栏的“关闭母版视图”按钮，退出母版视图，返回普通视图。

2．讲义母版

用于设置幻灯片讲义的打印格式，可包含页眉、页脚、日期与时间、讲义的页码等。

3．备注母版

用于设置备注区备注文本、页眉、页脚、日期与时间及编号等格式。

5.2.2 使用设计模板

使用设计模板可以使演示文稿有一个整齐划一的外观，增加演示文稿的美观效果。使用设计模板的操作步骤如下所示。

（1）在幻灯片编辑状态，选择菜单中的“格式”→“幻灯片设计”命令，打开“幻灯片设计”任务窗格，如图 5-32 所示。在应用设计模板中列出了很多可供使用的设计模板。

（2）从“应用设计模板”列表框中，选择合适的设计模板。默认为应用于所有幻灯片；也可以单击这种设计模板右边的箭头，选择菜单项“应用于选定幻灯片”，这样仅对当前幻灯片改变设计模板。

（3）如果要使用列表框之外的设计模板，可以单击任务窗格下方的“浏览...”选项，弹出“应用设计模板”对话框，如图 5-33 所示。从中选择需要的应用设计模板，然后单击“确定”按钮。

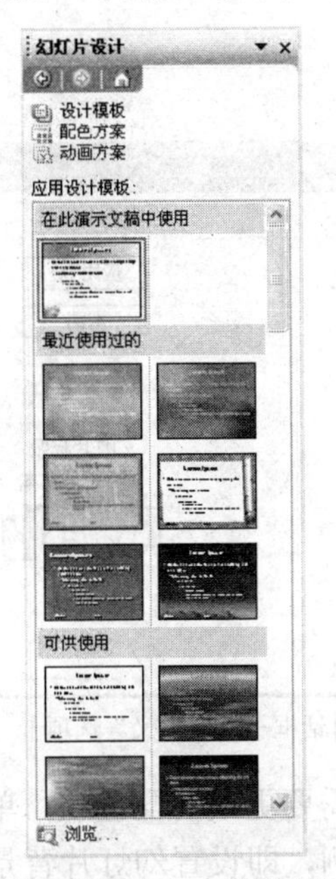

图 5-32 “幻灯片设计”—“设计模板”窗格

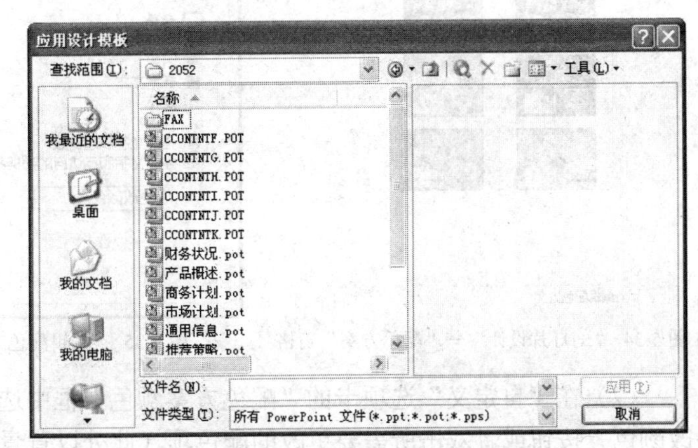

图 5-33 “应用设计模板”对话框

5.2.3　更改配色方案

配色方案是包含背景颜色、文本和线条颜色、阴影颜色、标题文本颜色、填充颜色、强调颜色、强调文字和超链接文本颜色，以及强调文字和已访问的超链接文本颜色等的设置组合。PowerPoint 2003 包含 12 种标准配色方案，用户可以选用或更改配色方案，使用某种配色方案的范围可以是演示文稿中的某一张幻灯片或所有幻灯片。

1．选用配色方案

（1）选择菜单中的“格式”→“幻灯片设计”命令，打开“幻灯片设计”任务窗格。

（2）单击“配色方案”选项，打开“配色方案”窗格，在“应用配色方案”列表框中列出了多组配色方案，如图 5-34 所示。

（3）单击某一配色方案的缩略图，则所有幻灯片都使用这一配色方案设置颜色。

（4）如果仅需改变当前幻灯片的配色方案，则应将鼠标单击该缩略图的下拉箭头，从快捷菜单中选择“应用于所选幻灯片”命令。

2．更改配色方案

如果用户希望使用有独特个性的配色方案，可以更改标准配色方案，应用到演示文稿中的幻灯片上，或将新的配色方案添加到应用配色方案中。更改配色方案操作步骤如下所示。

（1）单击“配色方案”窗格底部的“编辑配色方案”选项，弹出“编辑配色方案”对话框，如图 5-35 所示。

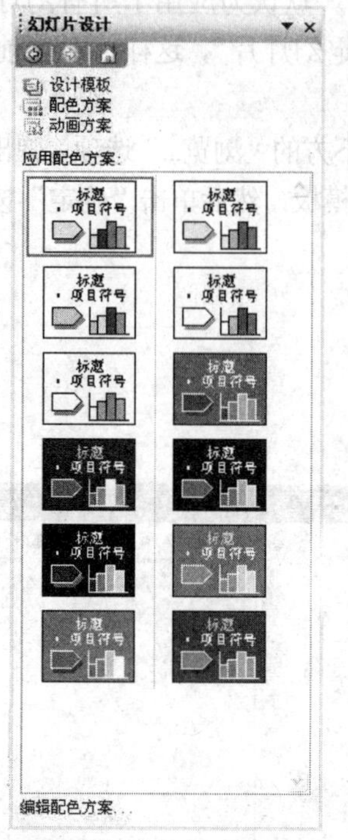

图 5-34 “幻灯片设计”—“配色方案”窗格

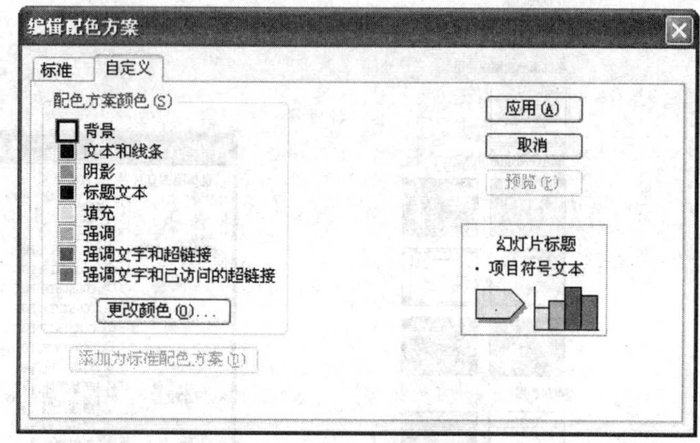

图 5-35 “编辑配色方案”对话框—“自定义”选项卡

（2）在“自定义”选项卡的“配色方案颜色”框中选定所需要更改的配色项，单击“更改颜色”按钮或者双击所需要更改的配色项（此处以背景色为例，即设置幻灯片背景颜色），则弹出背景色对话框，如图 5-36 所示。

（3）在“背景色”对话框中选定所需颜色后，单击“确定”按钮，返回到如图 5-35 所示的“编辑配色方案”对话框，再用类似方法对其他配色项的颜色进行更改。

（4）完成全部配色项的颜色设置后，单击“应用”按钮，新的配色方案应用到演示文稿中的所有幻灯片中。

（5）如果要将自定义的配色方案保存为“标准”配色方案，则在完成全部配色项的颜色设置后，先单击“添加为标准配色方案”按钮，再单击“应用”按钮，如图 5-37 所示。

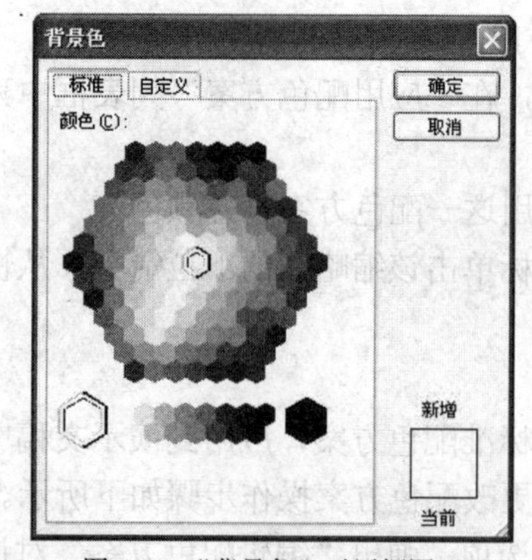

图 5-36 “背景色”对话框图

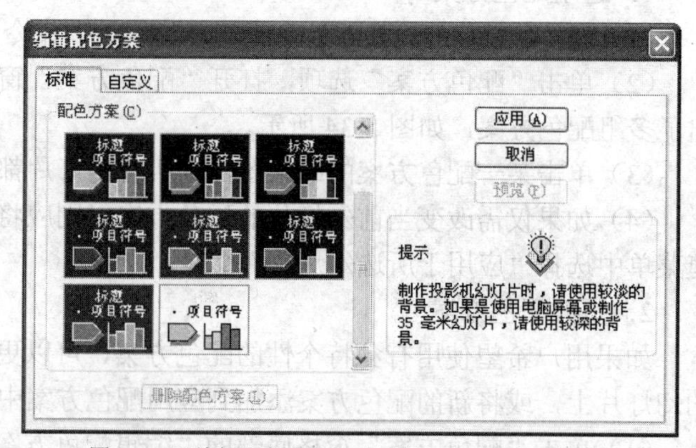

图 5-37 “编辑配色方案”对话框—“标准”选项卡

5.2.4　调整幻灯片背景颜色和填充效果

1．调整幻灯片的背景颜色

（1）选择菜单中的“格式”→“背景”命令，弹出“背景”对话框，单击“背景填充”的下拉箭头，如图 5-38 所示。

（2）从给定颜色中选择所需颜色，或者选择“其他颜色...”选项，弹出“颜色”对话框。

（3）选择所需要的颜色后返回“背景”对话框，然后根据需要单击“应用”按钮或“全部应用”按钮。

2．设置幻灯片的背景填充效果

利用前面的方法所设置的背景是单种颜色。PowerPoint 2003 还提供了背景填充效果的功能，允许使用双色、预设色、颜色渐变、纹理、图案、图片等作为背景。

（1）在“背景”对话框中，单击“背景填充”的下拉箭头，选择“填充效果”选项，弹出“填充效果”对话框，如图 5-39 所示。

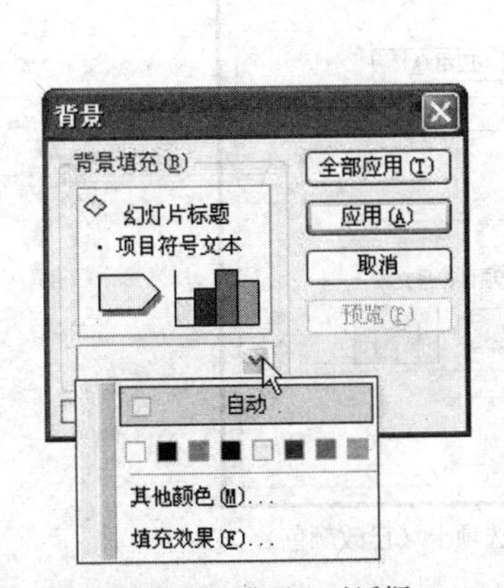

图 5-38 “背景”对话框

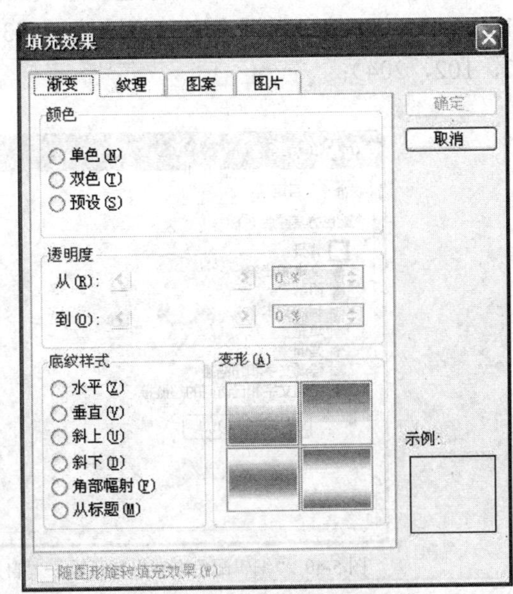

图 5-39 “填充效果”对话框

其中包含“渐变”、“纹理”、“图案”、“图片”等 4 个选项卡。在“渐变”选项卡的“颜色”组框中可以从“单色”、“双色”或“预设”3 种中选择一种颜色填充方式。选择“单色”后可以选择一种颜色及其深浅度，并选择底纹样式进行背景填充；选择“双色”后可以选择两种颜色，并选择底纹样式进行背景填充；选择“预设”后可以从“预设颜色”中选择一种包含特定主题的颜色组合，并选择底纹样式进行背景填充。填充的色彩效果均可以从“示例”缩略图中看到，便于选择最合适的填充效果。

（2）在“填充效果”对话框中，“纹理”选项卡给出了多种丰富、典雅的纹理效果，选用方便；“图案”选项卡包含多种图案，并且可以任意设置前景色和背景色的颜色组合，便于组成丰富多样的颜色图案；通过“图片”选项卡可以任意选择图片进行填充。

（3）设置好“填充效果”对话框后，单击“确定”按钮，返回到“背景”对话框，再根据需要单击“应用”按钮或“全部应用”按钮。

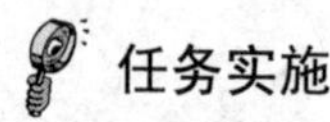

任务实施

本节内容的任务目标是在任务一的基础上，设置演示文稿“班级学年总结.ppt”的外观，对其进行美化。操作步骤如下所示。

（1）打开演示文稿“班级学年总结.ppt”，选择菜单中的“格式”→“幻灯片设计”命令，在“幻灯片设计”任务窗格选择“Radial”设计模板；

单击“配色方案”选项，在“应用配色方案”列表中选择配色方案，观察选用不同配色方案时幻灯片的效果，从而选择最合适的配色方案；

如果均不满意，可单击“配色方案”窗格下方的“编辑配色方案”，在弹出的“编辑配色方案”对话框中，依次选择配色项，单击“更改颜色”按钮，为每一项选择不同颜色，如图 5-40 所示，各选定颜色的 RGB 参数分别为：背景（255，255，255），文本和线条（0，0，153），阴影（102，153，153），标题文本（255，204，255），填充（153，204，255），强调（102，255，255），强调文字和超链接（153，102，102），强调文字和已访问的超链接（102，102，204）；

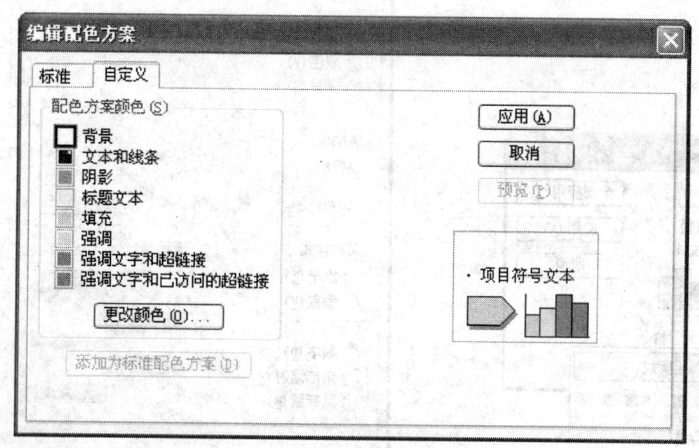

图 5-40 “编辑配色方案”对话框—“自定义”选项卡（已改颜色）

完成后，单击“添加为标准配色方案”按钮，以便下次选用；

最后单击“应用”按钮，这种自定义的配色方案就显示在“配色方案”窗格的末尾，如图 5-41 所示。设置配色方案后的主题幻灯片效果如图 5-42 所示。

（2）选择菜单中的“视图”→“母版”→“幻灯片母版”命令，进入到幻灯片母版视图，如图 5-43 所示。

① 在演示文稿的母版格式中，单击幻灯片母版，选中标题占位符，选择菜单中的“格式”→“字体”命令，在弹出的“字体”对话框中设置“中文隶书、西文 Times New Roman、加粗、48 号”，并设置正文为楷体，字号逐级递减，分别为“36 号、32 号、28 号、24 号、20 号”等，并设置各级文本的项目符号。

设置项目符号的方法是：单击内容行，选择菜单中的“格式”→“项目符号与编号”命令，在“项目符号与编号”对话框中选择需要的符号。

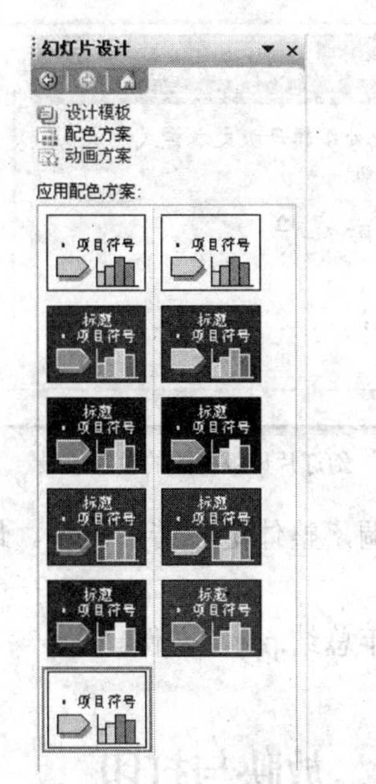

图 5-41　自定义的配色方案添加到窗格

图 5-42　标题幻灯片应用设计模板并更改配色方案后的效果

② 修改日期与时间、页脚、幻灯片编号等的位置与格式：选择菜单中的“视图”→“页眉和页脚”命令，打开“页眉和页脚”对话框，如图 5-44 所示。

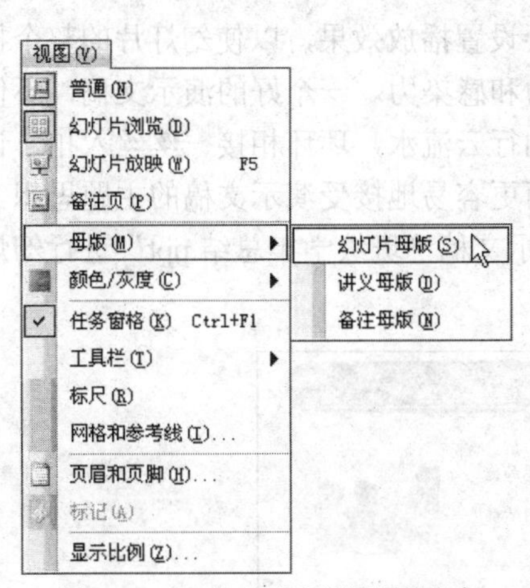

图 5-43　打开幻灯片母版视图的命令

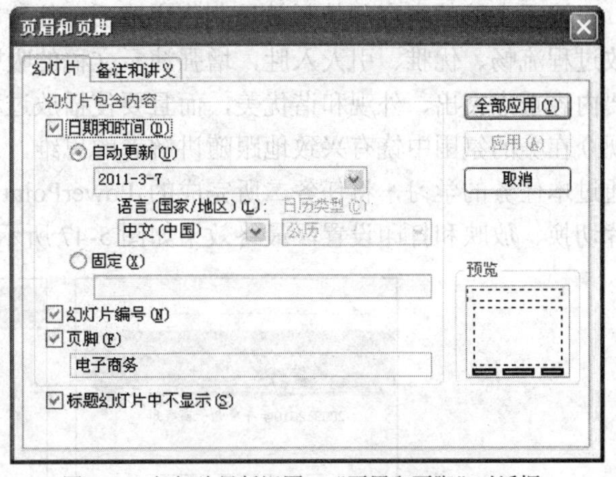

图 5-44　幻灯片母版视图—“页眉和页脚”对话框

选中“日期与时间”复选框，选择“自动更新”单选按钮，日期格式选定为“年-月-日”格式；选中“幻灯片编号”复选框，以便显示幻灯片编号；选中“页脚”复选框，在“页脚”下的文本框中输入文字“电子商务”；选中“标题幻灯片中不显示”复选框。

修改完成后，单击“关闭母版视图”按钮，返回幻灯片编辑状态。标题母版的文本格式设置自动跟随幻灯片母版，修改后的标题母版和幻灯片母版格式效果分别如图 5-45 和图 5-46 所示。

（3）在应用母版的基础上，略微修改内容幻灯片的文本格式，调整各对象的位置，以使整体效果更为和谐。

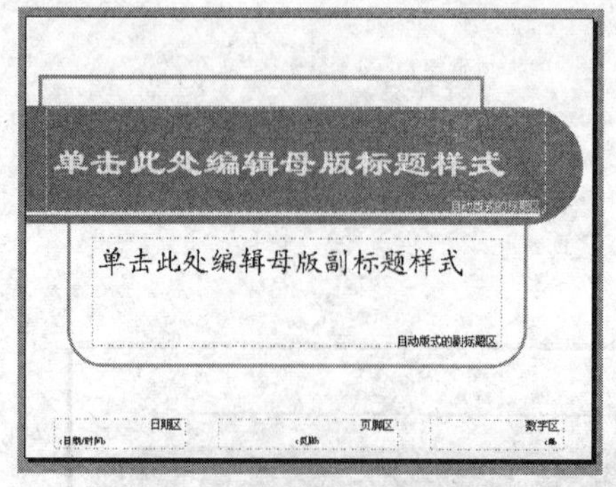

图 5-45　标题母版视图的设置效果

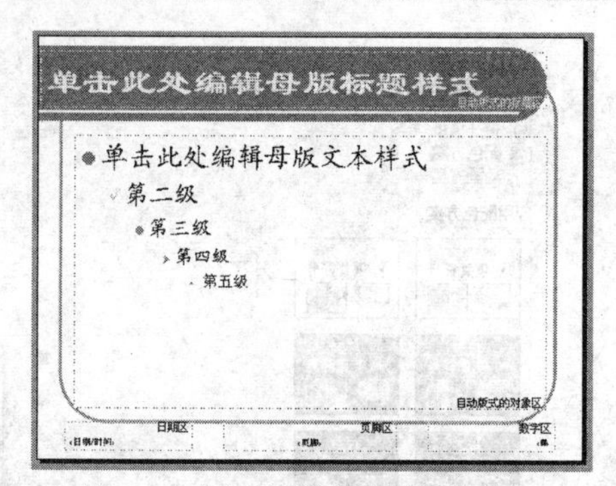

图 5-46　幻灯片母版视图的设置效果

经过美化处理后的演示文稿，格式更统一，风格更协调，整体更和谐、美观。最终效果如图 5-28 所示。

（4）单击常用工具栏的“保存”按钮，保存“班级学年总结.ppt”文件。

5.3　任务三　幻灯片的动画设置、放映与打印

任务目标

演示文稿的内容和外观效果制作完成后，往往需要设置播放效果，以使幻灯片的整个播放过程流畅、优雅、引人入胜，增强演示文稿的吸引力和感染力。一个好的演示文稿，不仅要内容重点突出、外观和谐优美，而且要使播放过程如行云流水，环环相接、丝丝入扣，让观众在美的氛围中饶有兴致地跟随讲解者的思维，从而更容易地接受演示文稿的主题思想。通过本任务的学习，将任务二所完成的 PowerPoint 演示文稿“班级学年总结.ppt”进行幻灯片切换、放映和打印设置，最终效果如图 5-47 所示。

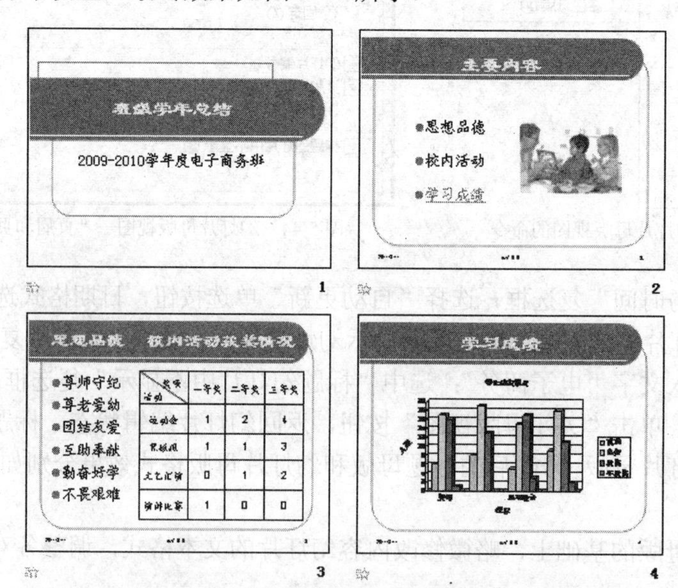

图 5-47　设置了动画和超链接的演示文稿“班级学年总结.ppt”

任务知识点

- 设置幻灯片切换效果。
- 设置放映方式。
- 设置超链接。
- 演示文稿的打印、打包。

5.3.1　设置幻灯片切换效果

演示文稿的放映方式包括单张放映和切换式放映。前者一次放映一张幻灯片，之后停顿一段时间，当用户需要继续放映时，按键盘上的【PgDn】键或单击鼠标左键可以放映下一张幻灯片，这种放映方式比较呆板，缺乏美感，但教学过程中经常用到。

PowerPoint 2003 提供了多种切换方式，用户可以设置一张幻灯片或所有幻灯片的切换效果、切换速度、声音、换片方式等，也可以针对其中一张幻灯片设置动画方案，还可以为幻灯片上的多个元素（文本、图片、声音、表格和图像等）分别设置自定义动画以及调整各元素放映的先后次序，从而使幻灯片的放映更加流畅、更具趣味性。

1．幻灯片的切换

设置幻灯片切换的操作步骤如下。

（1）在打开的演示文稿中选定要设置切换效果的幻灯片。

（2）选择菜单中的“幻灯片放映”→“幻灯片切换...”命令，打开“幻灯片切换”任务窗格，如图 5-48 所示。在“应用于所选幻灯片”列表框中，列出了多种幻灯片切换效果。可以从中选择一种切换效果。

（3）在“修改切换效果”的“速度”下拉列表框中可以选择幻灯片以慢速、中速还是快速进行切换。在“声音”下拉列表框中可以选择幻灯片切换时听到的音效。

（4）在“换片方式”中，“单击鼠标时”是默认的换片方式，即单击鼠标左键会切换到下一张幻灯片。而选择“每隔”设定时间换片，可以实现幻灯片的自动切换。在“每隔”复选框后的微调器中，时间以“分：秒”为单位。

（5）单击“应用于所有幻灯片”按钮，上述幻灯片切换设置应用于本演示文稿的所有幻灯片。如图 5-49 所示，是已选定切换效果的“幻灯片切换”任务窗格。

2．幻灯片的动画方案

设置幻灯片动画方案的操作步骤如下。

（1）在打开的演示文稿中，选择菜单中的“幻灯片放映”→“动画方案...”命令，打开“幻灯片设计”的“动画方案”任务窗格，如图 5-50 所示。

（2）在“应用于所选幻灯片”列表框中，可选的动画方案分为 4 类：无动画、细微型、温和型和华丽型，将鼠标指针指向某一动画方案时，鼠标指针下方会显示它所包含的幻灯片切换效果和动画效果。

（3）单击某一动画方案，即为当前幻灯片选定该方案。默认情况下，“自动预览”复选框被选定，因此，在选定动画方案时，幻灯片窗口会立刻演示当前幻灯片的切换和动画效果。如果单击“应用于所有幻灯片”按钮，所选定的动画方案应用于当前演示文稿的所有幻灯片。

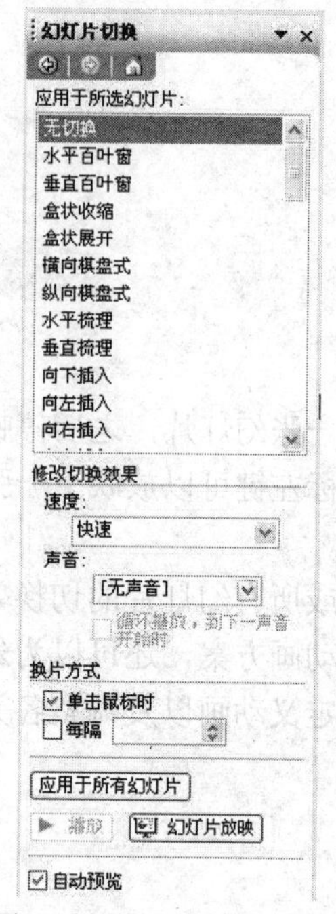

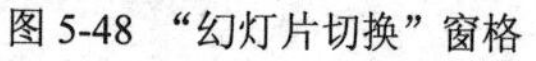

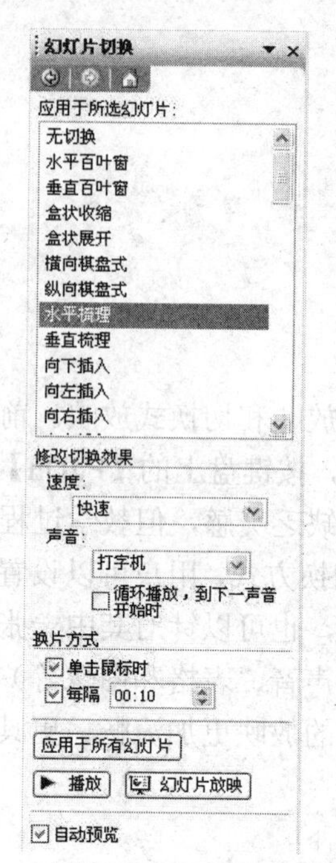

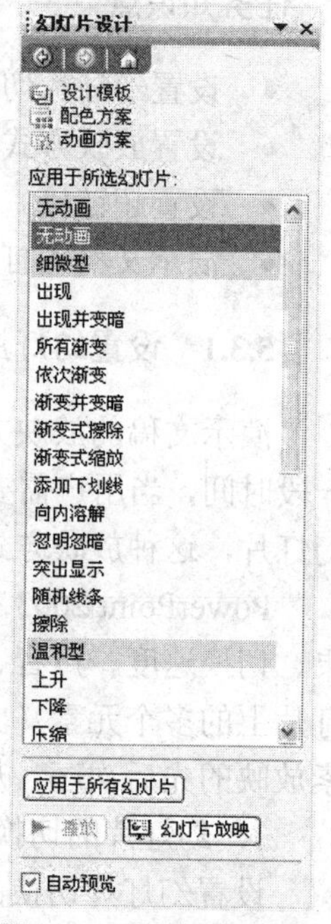

图 5-48 “幻灯片切换”窗格　　图 5-49 已设效果的“幻灯片切换”窗格　　图 5-50 “动画方案”窗格

3．自定义动画

“自定义动画”用于设定幻灯片上的元素各自的动画效果、各元素分别出现的次序，并可设置动画的速度、时间等参数。设置“自定义动画”的操作步骤如下。

（1）在打开的演示文稿中，单击当前幻灯片中的某个元素（标题、文本、图片、表格、图表等），例如选中标题“主要内容”，选择菜单中的“幻灯片放映”→“自定义动画”命令，打开“幻灯片设计”的“自定义动画”任务窗格，如图 5-51 所示。

（2）单击“添加效果”按钮，弹出与该元素相关的动画效果下拉菜单，在该下拉菜单中包含 4 个菜单项，分别是“进入、强调、退出和动作路径”，每个菜单项均分别包含相关的动画效果，供用户选用。例如，选择“进入”→“菱形”效果，如图 5-52 所示，“自定义动画”列表中就会显示已添加的动画效果，如图 5-53 所示，并且在该窗格还可以修改“开始”、“方向”和“速度”等几个参数。其中在“开始”下拉列表框中可以选择“单击时”、“之前”或“之后”作为动画效果播放的开始时间。在“方向”下拉列表框中选择“内”或“外”作为动画效果播放的方向（此下拉列表框的内容因效果而异，有些效果此处为“水平”或“垂直”选项，有些效果又是其他选项）。在“速度”下拉列表框中选择“非常慢”、“慢速”、“中速”、“快速”或“非常快”作为动画效果播放的速度。

（3）在“自定义动画”窗格的列表框中按序号列出了当前幻灯片上所有已设置了动画效果的元素，幻灯片放映时是按序号从小到大的次序播放的。如果需要改变各元素的播放次序，可以先选定需调整次序的某元素，再单击“重新排序”的⬆按钮或⬇按钮加以调整。

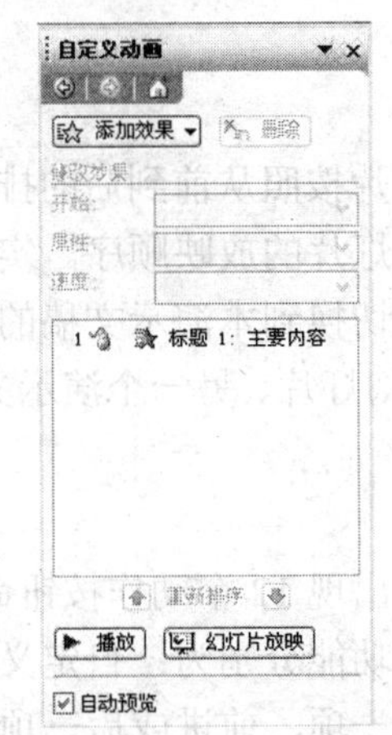

图 5-51 “自定义动画”窗格

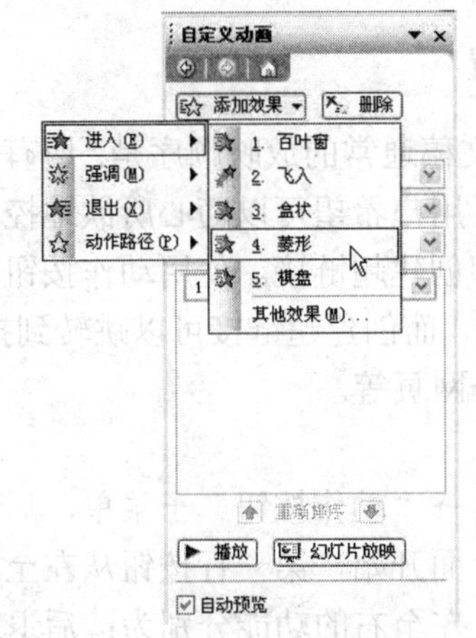

图 5-52 “自定义动画”添加效果菜单

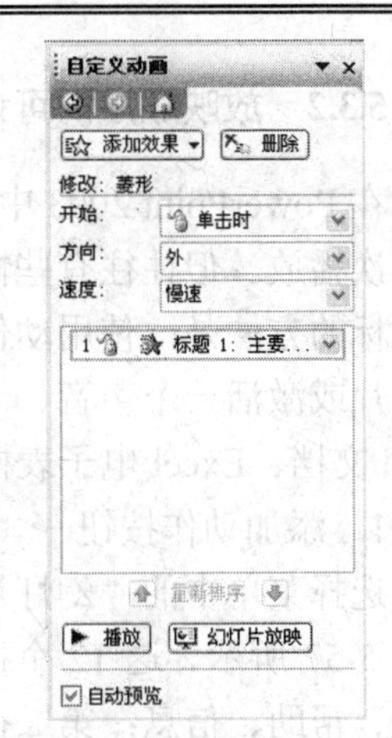

图 5-53 “自定义动画”参数设置

（4）在“自定义动画”窗格的列表框中单击某元素右边的下拉按钮，弹出一个下拉菜单，如图 5-54 所示，可以用于设置幻灯片上该元素动画的开始时间、效果选项、计时等；还可以执行菜单中的删除命令，删除该动画效果。在该菜单中单击“效果选项...”命令，弹出该元素的动画效果对话框，在“效果”选项卡可以设置该元素的方向、播放声音，在“计时”选项卡可以设置元素的开始播放时间、延迟时间、速度、重复次数等，如图 5-55 所示。如果对正文内容设置动画效果，假设为“棋盘”效果，则在“棋盘”效果对话框的“正文文本动画”选项卡可以设置组合文本、间隔时间、相反顺序等设置，如图 5-56 所示，其中组合文本是指文本作为一个对象或者以段落方式执行动画；“每隔”时间指段落间的间隔时间；选择“相反顺序”，则以动画顺序的相反顺序进行播放。

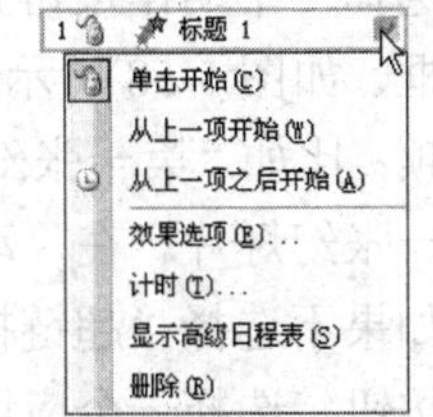

图 5-54 已设动画的列表项下拉菜单

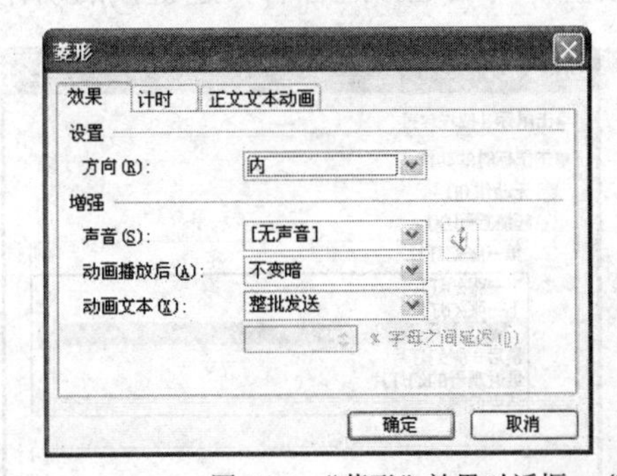

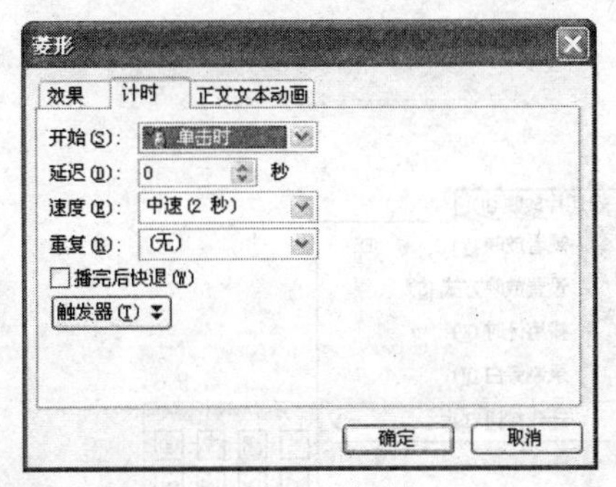

图 5-55 “菱形”效果对话框—“效果”选项卡和“计时”选项卡

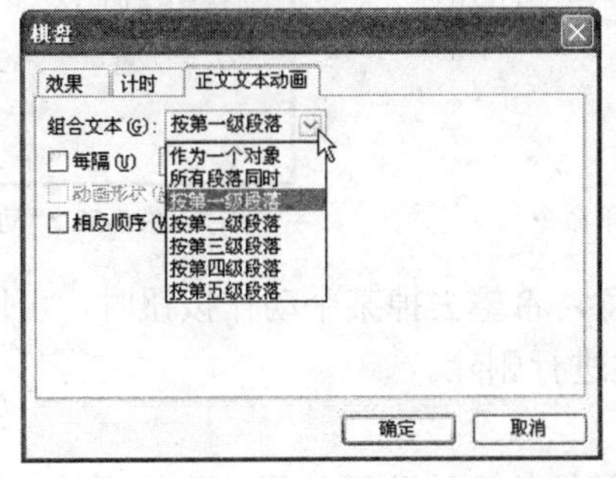

图 5-56 “棋盘”效果对话框—“正文文本动画”选项卡

5.3.2 放映顺序的可调节设置

在 PowerPoint 2003 中，演示文稿通常的放映顺序是：所有幻灯片按照从前到后的排列顺序依次播放。但往往有些情况下，用户希望可以随心所欲地控制幻灯片的放映顺序。实现这一目标的方法是：使用动作按钮和创建超链接。使用动作按钮可以切换到本演示文稿的任一幻灯片或激活一个声音、一段影片，而创建超链接可以跳转到指定幻灯片、另一个演示文稿、Word 文档、Excel 电子表格或一个网页等。

1. 添加动作按钮

选择菜单中的“幻灯片放映”→“动作按钮”子菜单，后面将出现 12 个动作按钮命令，如图 5-57 所示。这 12 个按钮从上面开始，第一行按钮从左至右的功能分别为：自定义、第一张、帮助、信息；第二行按钮从左至右的功能分别为：后退或前一项、前进或后一项、开始、结束；第三行按钮从左至右的功能分别为：上一张、文档、声音、影片。

选择一个动作按钮到当前编辑的幻灯片上拉出一个矩形框，同时会弹出一个“动作设置”对话框，如图 5-58 所示，在“单击鼠标”选项卡，可以从“超链接到”下拉列表框中选择一个选项：比如“第一张幻灯片”，则用户在浏览这张幻灯片时可以鼠标单击该动作按钮，切换到第一张幻灯片。在“动作设置”对话框中，还可以设置鼠标单击动作按钮时播放的声音。

如果不选择“超链接到”单选按钮，而是选择“运行程序”单选按钮，则可以单击“浏览”按钮，选择一个应用程序，以便用户单击该动作按钮时执行选定的应用程序。

在 PowerPoint 2003 中，使用动作按钮来进行动作设置只是超链接设置的一种方式，还可以对幻灯片上的其他元素设置超链接，如对文本、图片或表格等元素，都可以进行动作设置。具体方法是：选定要设置超链接的元素，再选择菜单中的“幻灯片放映”→“动作设置...”命令，同样可以打开如图 5-58 所示的“动作设置”对话框，进行有关超链接的动作设置。

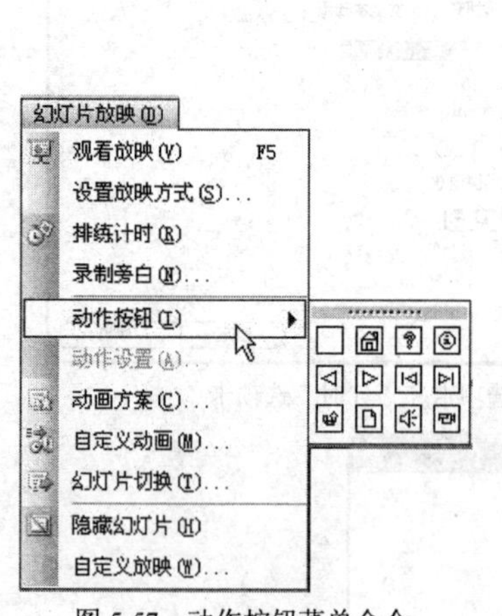

图 5-57 动作按钮菜单命令

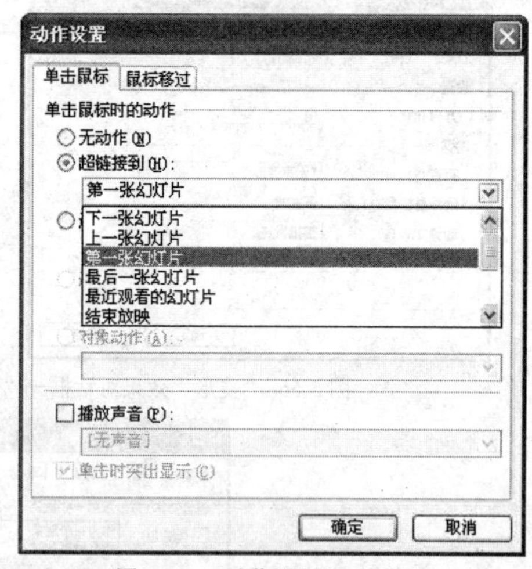

图 5-58 “动作设置”对话框

当用户对动作按钮不满意，希望去掉某个动作按钮时，可以在幻灯片编辑窗口单击该按钮，按键盘上的【Delete】键进行删除。

2. 创建超链接

在 PowerPoint 中创建超链接的方法除了使用动作按钮的动作设置外，还可以在幻灯片上插入超链接。操作步骤如下所示。

（1）打开欲编辑的演示文稿，选定要创建超链接的幻灯片。

（2）从中选择要用作超链接的文本或其他元素，选择菜单中的“插入”→“超链接”命令，弹出“插入超链接”对话框，如图 5-59 所示。

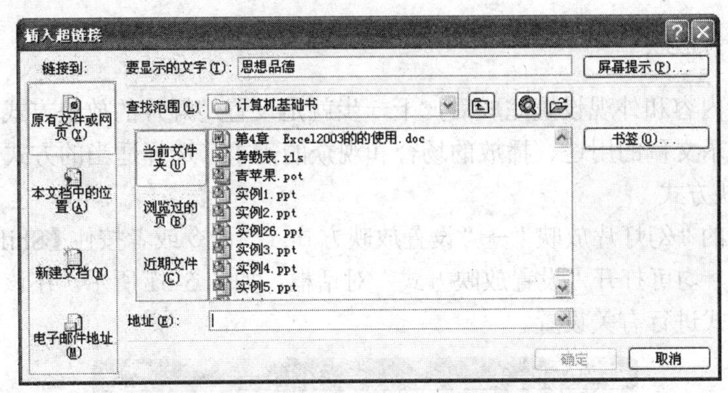

图 5-59 “插入超链接”对话框—“原有文件或网页”

（3）其中“链接到”选项框包括 4 种不同位置的链接方式。

① 原有文件或网页：表示可以链接到本计算机中当前演示文稿以及其他文件或网页文件。

② 本文档中的位置：可以链接到当前演示文稿中的其他任意一张幻灯片中，由演示文稿的作者选定。

③ 新建文档：如图 5-60 所示，选择此选项，需要输入新建文档名，并选择单选按钮“以后再编辑新文档”或者“开始编辑新文档”。假如选择后者，则会打开一个新演示文稿编辑环境。

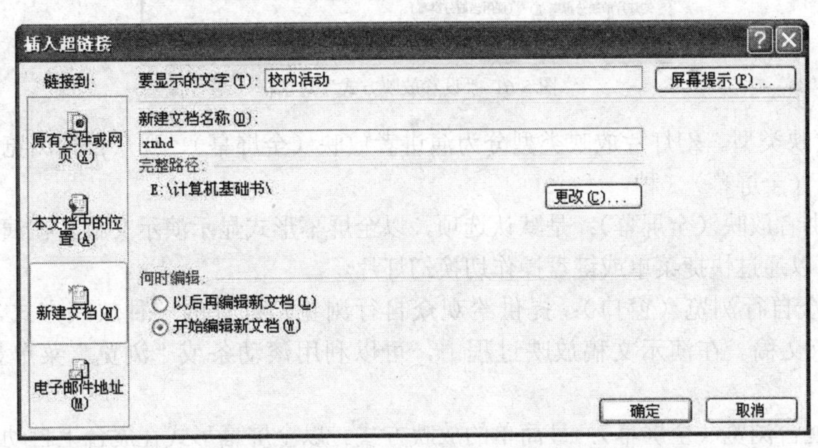

图 5-60 “插入超链接”对话框—“新建文档”

④ 电子邮件地址：可以链接到一个指定的电子邮件地址。

创建超链接后，用作超链接的文本会自动添加下划线，并且按配色方案指定的“强调文字或超链接文本”颜色显示。激活超链接后，文本颜色同样会按配色方案指定的“强调文字或已访问的超链接文本”颜色而改变。

3．编辑超链接

在需要修改的超链接上单击鼠标右键，从快捷菜单中选择“编辑超链接...”命令，弹出

“编辑超链接”对话框，根据需要进行修改，然后单击“确定”按钮。

4．删除超链接

对于不需要的超链接，可以进行删除，方法是：在需要删除的超链接上单击鼠标右键，从快捷菜单中选择“删除超链接”命令即可。

5.3.3　幻灯片放映

演示文稿的内容和外观设置完成后，下一步就是设置幻灯片的放映方式。放映方式有多种，可以根据演示文稿的用途、播放的场合和观众的需求，选择适当的方式。

1．设置放映方式

选择菜单中的“幻灯片放映”→“设置放映方式...”命令或者按住【Shift】键，单击“幻灯片放映”按钮，均可打开“设置放映方式”对话框，如图 5-61 所示。在该对话框中可以对幻灯片的放映方式进行有关设置。

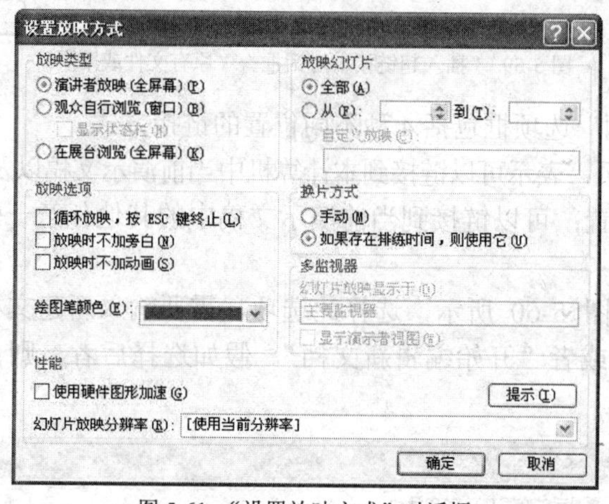

图 5-61　“设置放映方式”对话框

（1）放映类型。幻灯片放映类型分为演讲者放映（全屏幕）、观众自行浏览（窗口）和在展台浏览（全屏幕）3 种。

- 演讲者放映（全屏幕）：是默认选项，以全屏幕形式显示演示文稿。在演示文稿放映过程中，可以通过快捷菜单或键盘操作切换幻灯片。
- 观众自行浏览（窗口）：提供给观众自行浏览幻灯片的一种放映方式，以窗口形式显示演示文稿。在演示文稿放映过程中，可以利用滚动条或“浏览”菜单显示不同的幻灯片。
- 在展台浏览（全屏幕）：最简单的放映方式。以全屏幕形式在展台上自动放映演示文稿。当演示文稿放映结束，将自动重新开始放映。按【Esc】键可以终止放映。

（2）放映选项。幻灯片放映包括如下 3 种放映选项：循环放映，按【Esc】键终止；放映时不加旁白；放映时不加动画。

（3）“放映幻灯片”框用于设定幻灯片放映的范围：全部、从开始编号到结束编号。

（4）“换片方式”框用于设定幻灯片的换片方式：是手动，还是使用排练计时。

2．自定义放映的设置

自定义放映，顾名思义，就是选择演示文稿中的部分幻灯片按照设定的顺序单独放映。

设置方法具体如下。

（1）选择菜单中的“幻灯片放映”→“自定义放映...”命令，弹出“自定义放映”对话框，如图 5-62 所示。单击“新建”按钮，弹出“定义自定义放映”对话框。

（2）在“幻灯片放映名称”文本框中输入放映名称，在“在演示文稿中的幻灯片”列表框中选定需放映的一张幻灯片，单击“添加”按钮，将其添加到“在自定义放映中的幻灯片”列表框中；依此类推，将需要放映的幻灯片依次添加到右边列表框中，如图 5-63 所示。可以使用或按钮调整幻灯片的放映顺序，最后单击“确定”按钮，返回“自定义放映”对话框。

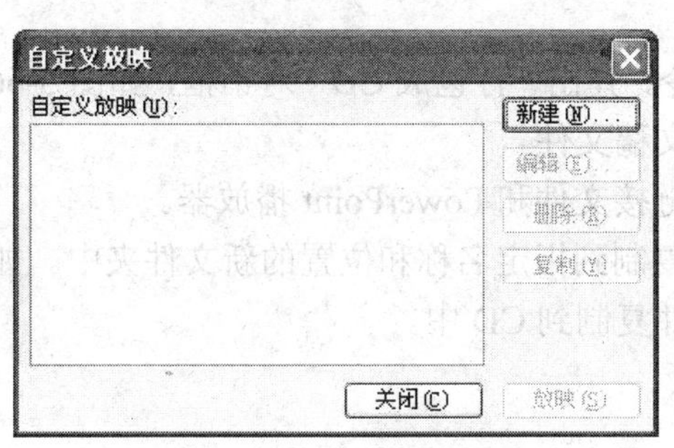

图 5-62 “自定义放映”对话框

图 5-63 “定义自定义放映”对话框

（3）在“自定义放映”对话框中，“编辑”、“删除”和“复制”按钮用于对已创建的自定义放映进行编辑、删除或复制等操作。

3．排练计时

利用排练计时功能可以设置演示文稿中每一张幻灯片、幻灯片中每个动画元素的播放时间，从而实现演示文稿的自动播放。

（1）选择菜单中的“幻灯片放映”→“排练计时”命令，开始放映演示文稿并计时，同时在屏幕的左上角出现一个“预演”工具栏，如图 5-64 所示。单击“预演”工具栏上的“下一项”按钮，或者单击幻灯片，可以保存当前幻灯片或动画对象的放映时间，并进入下一张幻灯片或动画对象。

（2）单击“暂停”按钮，暂停幻灯片放映并停止计时。单击“重复”按钮，对当前放映的幻灯片重新计时。

（3）放映完所有幻灯片后，或者按【Esc】键中途结束幻灯片放映后，会弹出消息框，提示幻灯片放映共耗多少时间，以及是否保留幻灯片排练时间，如图 5-65 所示。如果单击“是”按钮，保存排练计时，再次放映该演示文稿时就可以使用排练计时来自动放映。

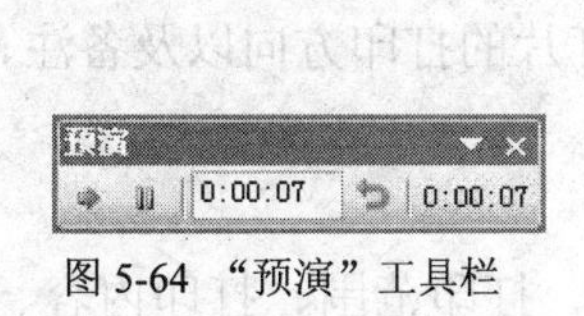

图 5-64 “预演”工具栏

图 5-65 排练计时消息框

4．执行放映

在 PowerPoint 2003 中，幻灯片的放映方法有以下 4 种。

（1）单击演示文稿窗口左下角“视图切换区”的“幻灯片放映”按钮，从当前幻灯片开始放映。

（2）选择菜单中的“幻灯片放映”→“观看放映”命令，从第一张幻灯片开始放映。

（3）选择菜单中的“视图”→“幻灯片放映”命令，从第一张幻灯片开始放映。

（4）按【F5】键，从当前演示文稿第一张幻灯片开始放映。

默认情况下，在放映过程中单击鼠标左键或按键盘上的【PgDn】键切换到下一张幻灯片。

5.3.4 演示文稿的打包

使用“打包”功能将演示文稿和播放器压缩存放后，便于直接在其他没有安装 PowerPoint 的计算机上放映幻灯片。打包操作步骤如下所示。

（1）选择菜单中的“文件”→“打包成 CD”命令，弹出“打包成 CD”对话框，如图 5-66 所示。单击“添加文件”按钮，选定需打包的演示文稿文件。

（2）单击“选项”按钮，设置打包时是否包含链接文件和 PowerPoint 播放器。

（3）单击“复制到文件夹”按钮，将打包文件复制到指定名称和位置的新文件夹中。如图 5-67 所示。单击“复制到 CD”按钮，将打包文件复制到 CD 中。

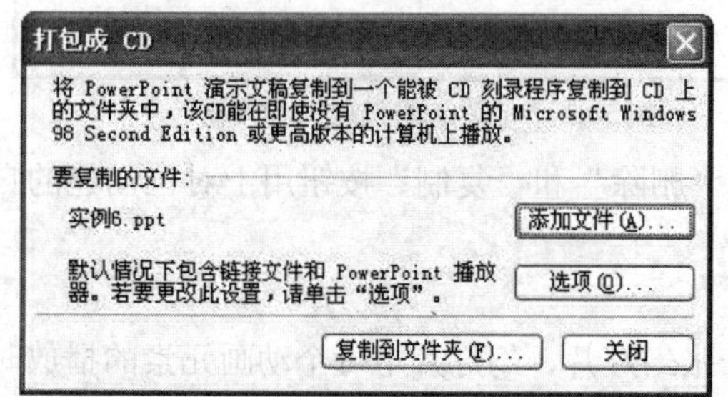

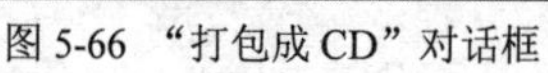
图 5-66 “打包成 CD”对话框

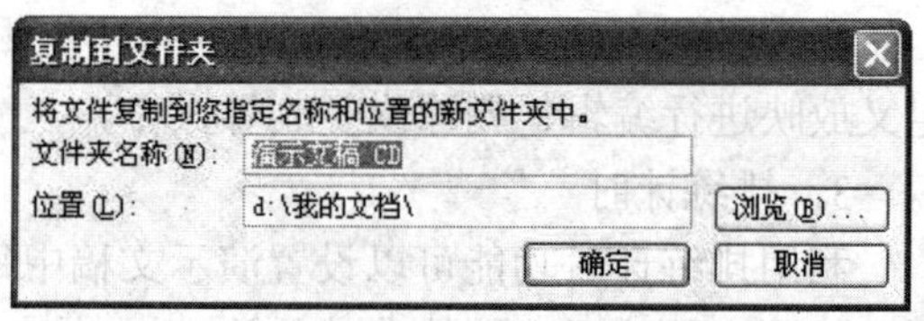

图 5-67 “复制到文件夹”对话框

将打包后的演示文稿存放在计算机中，运行 PowerPoint 播放器 pptview，就可以选择演示文稿进行放映。

5.3.5 演示文稿的打印

演示文稿的打印包括打印幻灯片、打印讲义、打印备注页和打印大纲视图。打印前要进行页面设置。

1．页面设置

选择菜单中的“文件”→“页面设置”命令，弹出“页面设置”对话框，如图 5-68 所示。

在“页面设置”对话框中，“幻灯片大小”包括多种规格：在屏幕上显示、35 毫米幻灯片、投影机、横幅、A4、B5、自定义等，可根据需要选择使用；在“页面设置”对话框中还可以设置幻灯片具体的宽度和高度、幻灯片编号起始值、幻灯片的打印方向以及备注、讲义和大纲的打印方向。

2．打印

打印演示文稿前，要进行相关的打印设置，包括打印机、打印范围、打印内容、颜色/灰度、打印份数等。这些设置，需要在打印对话框中进行，操作如下所示。

选择菜单中的“文件”→“打印...”命令，弹出“打印”对话框，如图 5-69 所示。

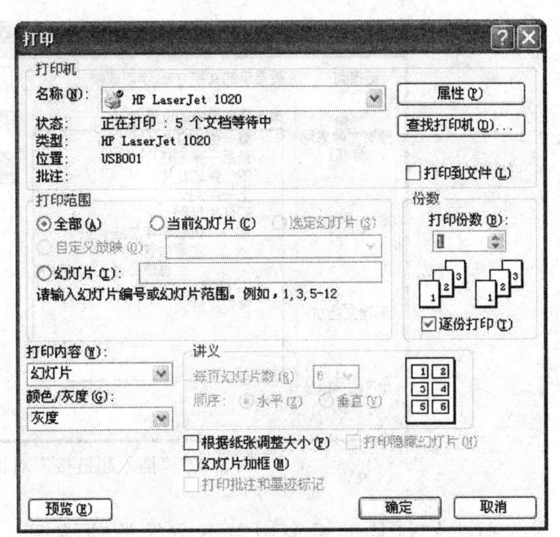

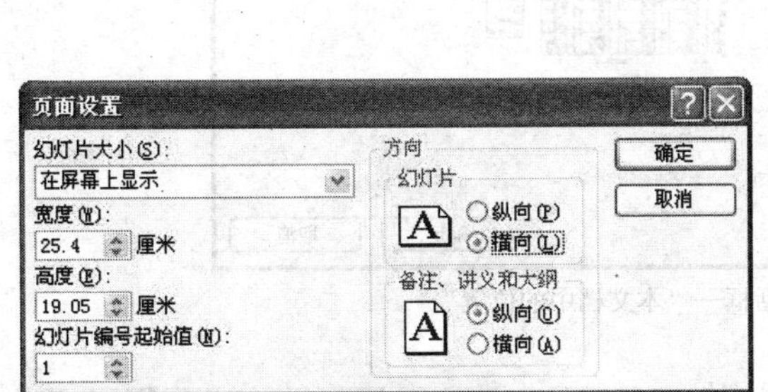

图 5-68 “页面设置”对话框

图 5-69 “打印”对话框

- 打印机：从当前连接的打印设备中选择使用。
- 打印内容：幻灯片、讲义、备注页或大纲视图，4 选 1。
- 颜色/灰度：选择打印的色度，从颜色、灰度、纯黑白中 3 选 1。
- 打印范围：可以是全部、当前幻灯片或指定幻灯片编号的部分幻灯片。
- 打印份数：根据需要输入。
- 每页幻灯片数：如果选择打印内容为“讲义”，可以更改“每页幻灯片数”，默认为每页讲义打印 6 张幻灯片。可选择幻灯片在讲义中的“顺序”是“水平”或“垂直”。
- 根据纸张调整大小：可以根据纸张调整幻灯片大小。
- “幻灯片加框”复选框：仅在打印幻灯片、讲义或备注页时可供选择。

设置完成后，单击“确定”按钮，打印任务就送去执行。

对于已经设置好了打印选项的演示文稿，可以直接单击“常用”工具栏上的“打印”按钮，执行打印。如果演示文稿制作完成后，单击“常用”工具栏上的“打印”按钮，将按系统默认设置执行打印。

任务实施

本案例将在任务二的基础上对演示文稿“班级学年总结.ppt”中的部分文本添加超链接，为其中的文本和其他元素设置自定义动画，并设置幻灯片切换方式和动画方案，然后设置幻灯片放映方式并进行播放。操作步骤如下。

（1）打开演示文稿“班级学年总结.ppt”，选择标题为“主要内容”的幻灯片，选中文字“学习成绩”，单击鼠标右键，在弹出的快捷菜单中选择“超链接...”命令，打开“插入超链接”对话框，在“链接到”选项中单击“本文档中的位置”，然后在“请选择文档中的位置”列表中鼠标单击“学习成绩”幻灯片，如图 5-70 所示。

单击“确定”按钮，即实现超链接设置。在“主要内容”幻灯片，可看到文字“学习成绩”已改变颜色，并加了下划线，如图 5-71 所示。

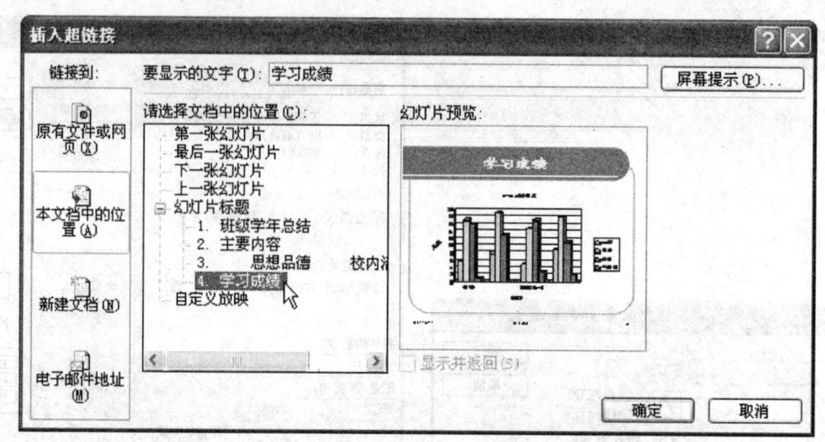

图 5-70 “插入超链接”对话框—“本文档中的位置”

单击幻灯片编辑窗口左下方的放映按钮，放映“主要内容”幻灯片，单击超链接文字“学习成绩”，即切换到“学习成绩”幻灯片。按【Esc】键退出放映。

图 5-71 超链接文字“学习成绩”

（2）选择主题幻灯片，选择菜单中的“幻灯片放映”→“动画方案”命令，在右侧的“动画方案”任务窗格，从“应用于所选幻灯片”列表框中选择“细微型”的“渐变式缩放”效果，如图 5-72 所示。

标题文本将执行“渐变式缩放”效果，而副标题将执行“渐变效果”。

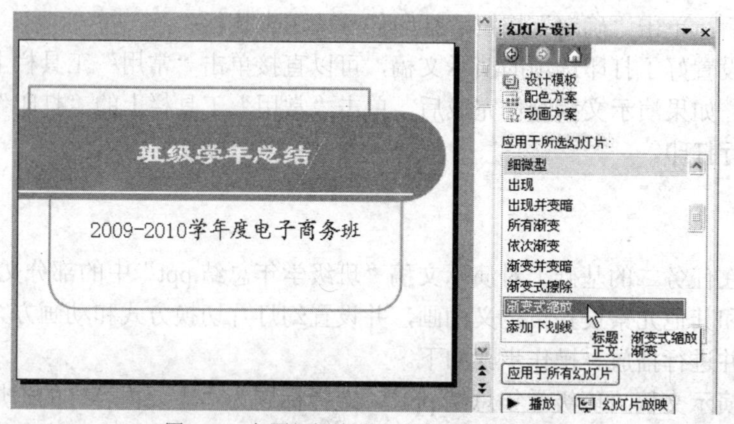

图 5-72 主题幻灯片设置“动画方案”界面

（3）选择“主要内容”幻灯片，选择菜单中的“幻灯片放映”→“自定义动画”命令，在右侧显示“自定义动画”任务窗格。选中标题文本，单击“自定义动画”窗格的“添加效果”按钮，选择“进入”→“飞入”命令，并修改“方向”为“自左侧”，“速度”为“慢速”，如图 5-73 所示。

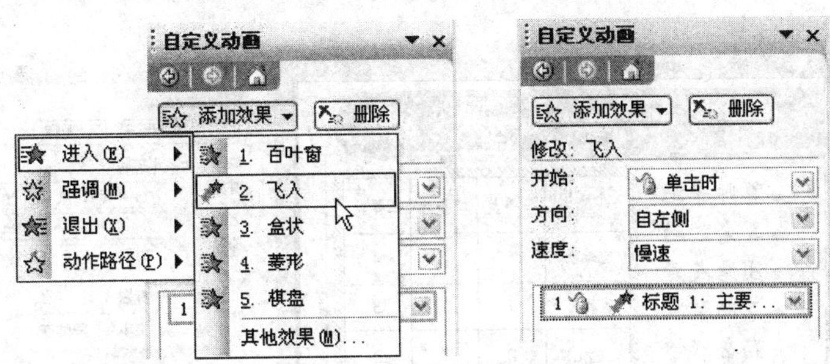

图 5-73　为标题文本“主要内容”添加效果“进入”→“飞入”

选中内容文本，单击“添加效果”按钮，选择“进入”→“盒状”命令，修改“方向”为“外”，“速度”修改为“中速”；选中图片，单击“添加效果”按钮，选择“进入”→“其他效果”命令，打开“添加进入效果”对话框，如图 5-74 所示，从中选择“扇形展开”命令，修改“速度”为“慢速”。设置了自定义动画的“主要内容”幻灯片如图 5-75 所示。

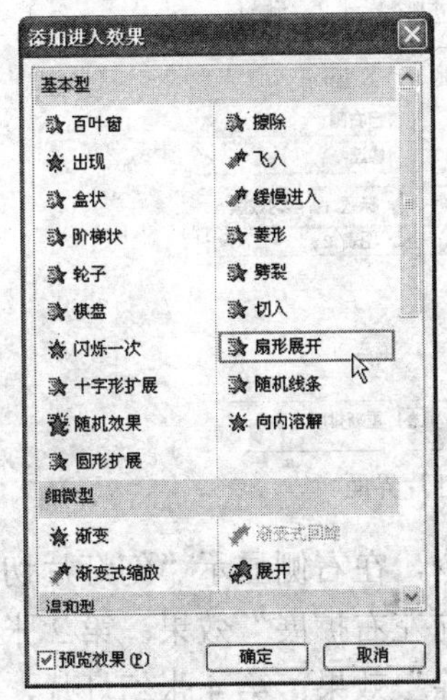

图 5-74　“添加进入效果”对话框

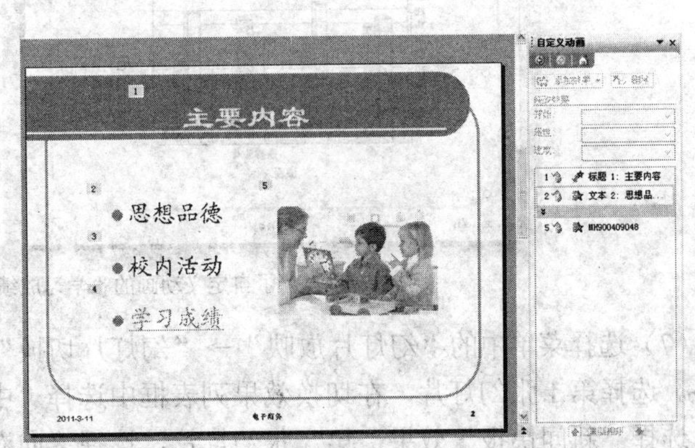

图 5-75　“主要内容”幻灯片设置自定义动画后的界面

（4）选择第 3 张幻灯片，选中标题文本，单击“自定义动画”窗格的“添加效果”按钮，选择菜单中的“进入”→“其他效果”命令，设置“添加进入效果”为“轮子”，修改“辐射状”为 3，“速度”修改为“慢速”；选中内容文本，设置“添加进入效果”为“阶梯状”，修改“方向”为“右下”，“速度”修改为“快速”；选中表格，设置“添加进入效果”为“十字形扩展”，修改“方向”为“外”，“速度”修改为“中速”。设置了自定义动画的第 3 张幻灯片如图 5-76 所示。

（5）选择“学习成绩”幻灯片，选中标题文本，单击“自定义动画”窗格的“添加效果”按钮，设置“添加进入效果”为“旋转”，“方向”为“水平”，“速度”修改为“中速”；选中图表，设置“添加进入效果”为“伸展”，修改“方向”为“自右侧”，“速度”修改为“快速”。设置了自定义动画的“学习成绩”幻灯片如图 5-77 所示。

（6）在“学习成绩”幻灯片中，在右侧“自定义动画”窗格中选择第 2 个动画效果，即图表的动画效果，将“开始”项中的“单击时”改为“之后”。以便该幻灯片播放时，标题文本动画播放后，此动画接着播放，不必按键。

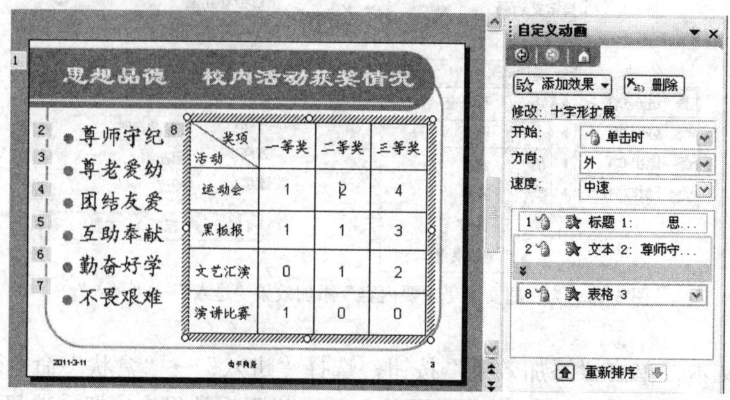

图 5-76 设置了自定义动画的第 3 张幻灯片界面

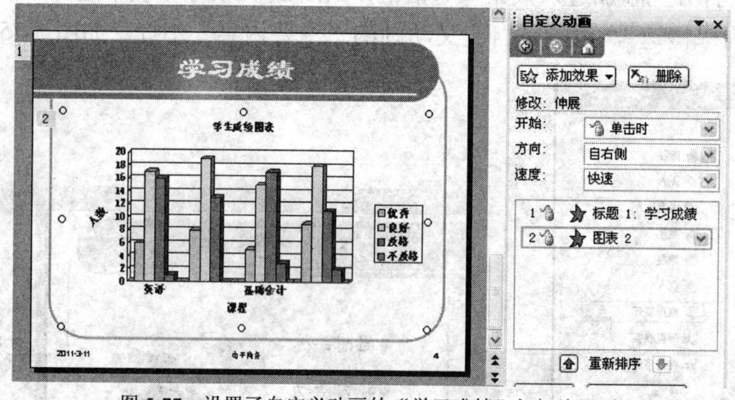

图 5-77 设置了自定义动画的“学习成绩”幻灯片界面

（7）选择菜单中的“幻灯片放映”→“幻灯片切换”命令，在右侧显示“幻灯片切换”窗格。选择第 1 张幻灯片，在切换效果列表框中选择“中央向左右扩展”效果；第 2 张幻灯片，选择“新闻快报”效果；第 3 张幻灯片，选择“向右擦除”效果；第 4 张幻灯片，选择“随机”效果。也可以所有幻灯片用同一种切换效果，如设为“向右上插入”效果，然后单击“应用于所有幻灯片”按钮，则所有幻灯片的切换效果均为“向右上插入”。

（8）选择菜单中的“幻灯片放映”→“观看放映”命令，播放演示文稿，观察幻灯片的切换效果、自定义动画效果和动画方案的效果，播放完成后，单击鼠标返回编辑状态。

（9）选择菜单中的“文件”→“页面设置”命令，打开“页面设置”对话框，设置幻灯片大小、宽度、高度和方向。

（10）选择菜单中的“文件”→“打印预览”命令，打开打印预览对话框。将“打印内容”改为“讲义（每页 6 张幻灯片）”，即可看到幻灯片以讲义形式打印的效果。如图 5-78 所示。

（11）单击常用工具栏的“保存”按钮，保存“班级学年总结.ppt”文件。

操作提示：	如果计算机上没有安装打印机，打印设置将不能进行。

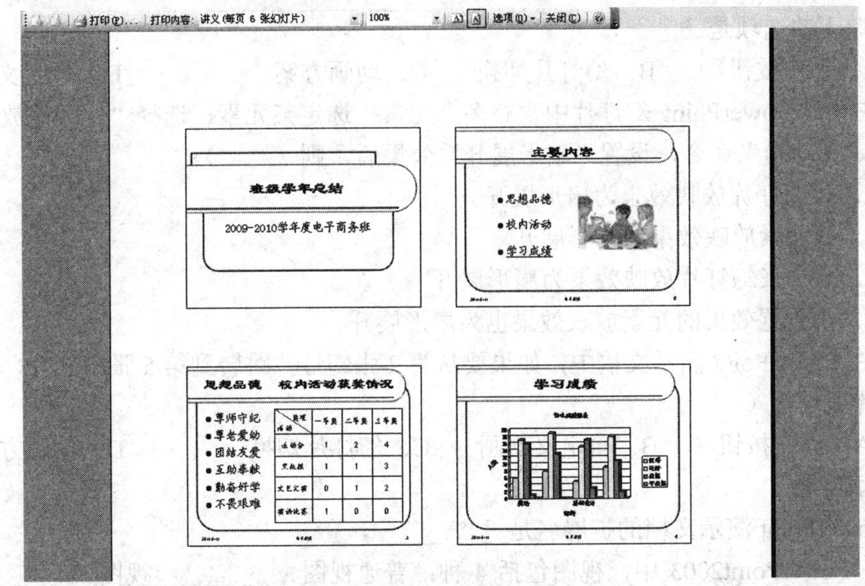

图 5-78　讲义的打印预览效果

习　　题

一、选择填空题

1．在 PowerPoint 中，不能调整幻灯片排列顺序的视图方式是（　　）。

A．大纲视图　　B．幻灯片浏览视图 C．普通视图　　D．以上 3 项均不是

2．在 PowerPoint 的幻灯片浏览视图下，不能完成的操作是（　　）。

A．调整个别幻灯片位置　　B．删除个别幻灯片

C．编辑个别幻灯片内容　　D．复制个别幻灯片

3．在 PowerPoint 中，不属于文本占位符的是（　　）。

A．标题　　B．副标题　　C．普通文本　　D．组织结构图

4．演示文稿中的每张幻灯片都是基于某种（　　）创建的，它预定义了新建幻灯片的各种占位符布局情况。

A．版式　　B．模板　　C．母版　　D．幻灯片

5．在 PowerPoint 中，“格式”下拉菜单中的（　　）命令可以用来改变某一幻灯片的布局。

A．背景　　B．幻灯片版式

C．幻灯片配色方案　　D．字体

6．在 PowerPoint 演示文稿中，将某张幻灯片版式更改为“垂直排列标题与文本”，应选择的菜单是（　　）。

A．视图　　B．插入　　C．格式　　D．幻灯片放映

7．PowerPoint 提供了多种（　　），它包含了相应的配色方案、母版和字体样式等，可供用户快速生成风格统一的演示文稿。

A．幻灯片　　B．母版　　C．模板　　D．版式

8．在 PowerPoint 中，设置幻灯片放映时的换页效果为“垂直百叶窗”，应使用“幻灯片

放映”菜单下的选项是（　　）。

A．动作按钮　　B．幻灯片切换　　C．动画方案　　D．自定义动画

9．在一张 PowerPoint 幻灯片中含有多个元素，选定某元素，选择“幻灯片放映”菜单下的“自定义动画”命令，设置“扇形展开”效果后，则（　　）。

A．该幻灯片放映效果为扇形展开

B．该元素放映效果为扇形展开

C．下一张幻灯片放映效果为扇形展开

D．未设置效果的元素放映效果也为扇形展开

10．在 PowerPoint 演示文稿中，如果要从第 2 张幻灯片跳转到第 5 张幻灯片，需要在第 2 张幻灯片上设置（　　）。

A．动作按钮　　B．自定义动画　　C．幻灯片切换　　D．动画方案

二、填空题

1．PowerPoint 演示文档的扩展名是__________。

2．在 PowerPoint2003 中，视图包括 4 种：普通视图、__________视图、__________视图和__________视图。

3．在 PowerPoint 中，__________下拉菜单中的幻灯片设计命令可以用来改变某一幻灯片的应用设计模板。

4．在 PowerPoint 中，“格式”下拉菜单中的__________命令可以用来改变某一幻灯片的背景填充效果。

5．在 PowerPoint 中，母版包括 3 种：__________、__________和__________。

6．在 PowerPoint 中，要修改已创建超链接的文本颜色，可以在__________窗格中选择配色方案选项，打开配色方案对话框进行修改。

7．在 PowerPoint 中，为每张幻灯片设置放映时的切换方式，应使用“幻灯片放映”菜单下的__________命令。

8．在 PowerPoint 中，要设置幻灯片中某个图片的动画效果，应使用“幻灯片放映”菜单下的__________命令。

9．在 PowerPoint 演示文稿放映过程中，切换到下一张幻灯片可按__________键或单击鼠标左键，要终止放映则按__________键。

10．在 PowerPoint 中，进行幻灯片的打印设置，打印内容包括__________、__________、备注页或__________。

三、问答题

1．简述 PowerPoint2003 中版式的作用及使用方法，并上机实践。

2．简述 PowerPoint2003 中母版的作用及使用方法，并上机设置幻灯片母版，应用于演示文稿中。

3．简述 PowerPoint2003 中模板的作用及使用方法，并上机操作。

4．制作一个完整的演示文稿，介绍自己的家乡，其中使用版式、母版、设置配色方案、背景填充效果，并应用设计模板。

5．在上题的基础上设置幻灯片切换方式、自定义动画和超链接，最后设置放映方式，观察放映效果。

第6章 计算机网络及应用

随着人类社会信息化进程的加快以及信息种类和信息量的急剧增加，要求更有效地、正确地和大量地传输信息，这促使人们将简单的通信形式发展成网络形式。计算机网络的建立和使用是计算机与通信技术结合的产物，它是信息高速公路的重要组成部分。计算机网络使人们不受时间和地域的限制，实现资源的共享。计算机网络是一种涉及多门学科和技术领域的综合性技术。

6.1 任务一 计算机网络概述

任务目标

通过本任务的学习，了解什么是计算机网络、网络有哪些功能、类型以及结构。

任务知识点

- 计算机网络的概念、发展。
- 计算机网络的功能、分类。
- 计算机网络拓扑结构。

6.1.1 计算机网络的发展过程

1. 计算机网络的定义

计算机网络是利用通信设备及传输媒体将地理位置分散、具有独立功能的许多计算机系统连接起来，在网络管理软件及网络通信协议的管理和协调下，实现资源共享、信息交换的计算机系统。

2. 计算机网络的发展

以单个主机为中心、面向终端设备的网络结构称为第一代计算机网络。由于终端设备不能为中心计算机提供服务，因此终端设备与中心计算机之间不提供相互的资源共享，网络功能以数据通信为主。

第二代计算机网络是以分组交换网（又称通信子网）为中心的计算机网络。在网络内，各用户之间的连接必须经过交换机（也叫通信控制处理机）。分组交换是一种存储-转发交换方式，它将到达交换机的数据先送到交换机存储器内暂时存储和处理，等到相应的输出电路空闲时再送出。

国际标准化组织（International Standard Organization，ISO）于 1983 年提出了著名的开放系统互连 OSI 参考模型（Open System Interconnection Reference Model），给网络的发展提供了一个可以遵循的规则，从此，计算机网络走上了标准化的轨道。我们把体系结构标准化的计算机网络称为第三代计算机网络。

Internet 已成为人类最重要、最大的知识宝库。网络互连和高速计算机网络的发展，使计算机网络进入到第四代。

6.1.2 计算机网络的功能

1．信息交换

信息交换功能是计算机网络最基本的功能，主要完成网络中各个节点之间的通信。任何人都需要与他人交换信息，计算机网络提供了最方便快捷的途径。人们可以在网上传送电子邮件、发布新闻消息、进行电子商务、远程教育、远程医疗等活动。

2．资源共享

资源共享包括硬件、软件和数据资源的共享。在网络范围内的各种输入/输出设备、大容量的存储设备、高性能的计算机等都是可以共享的网络资源。对一些价格昂贵又不经常使用的设备，可通过网络共享来提高设备的利用率和节省重复投资。

网络上的数据库和各种信息资源是共享的主要内容。全世界的信息资源可通过 Internet 实现共享。例如，美国一个名为 Dialog 的大型信息服务机构，有 300 多个数据库，这些数据库中的数据涉及科学、技术、商业、医学、社会科学、人文科学和时事等各个领域，存储了 1 亿多条信息，包括参考书、专利、目录索引、杂志和新闻文章等。人们可以通过网络将个人的 PC 连接到该服务机构的主机上使用这些信息。

3．分布式处理

所谓分布式处理是指网络系统中若干台计算机可以互相协作共同完成一个任务，或者说，一个程序可以分布在几台计算机上并行处理。这样，就可将一项复杂的任务划分成许多部分，由网络内各计算机分别完成有关的部分，使整个系统的性能大为增强。

4．集中管理

计算机网络技术的发展和应用，使现代的办公手段、经营管理等发生了变化。目前，已经有许多 MIS 系统、OA 系统等，通过这些系统可以实现日常工作的集中管理，提高工作效率，增加经济效益。

6.1.3 计算机网络的分类

计算机网络从网络覆盖的地理范围进行分类，可以分为 3 大类。

1．局域网（LAN）

局域网（Local Area Network）覆盖范围为几百米到几公里，一般连接一幢或几幢大楼。信道传输速率可达 1～20Mbit/s，结构简单，布线容易。局域网是一种在小范围内实现的计算机网络，一般在一幢建筑物内，或一个工厂、一个单位内部，为单位独有。

2．城域网（MAN）

城域网（Metropolitan Area Network）是由不同的局域网通过网间连接构成的一个覆盖整

个城市范围的网络。它是比局域网规模大一些的中型网络，提供全市的信息服务。

3．广域网（WAN）

广域网（Wide Area Network）其作用范围通常为几十到几千公里，可以分布在一个省内、一个国家或几个国家之间。广域网的数据传输速率比局域网低，结构比较复杂。它的通信传输装置和媒体一般由电信部门提供。

6.1.4　计算机网络的拓扑结构

计算机网络拓扑是通过网络节点与通信线路之间的几何关系表示网络结构的。计算机网络拓扑结构通常有星型结构、总线型结构、环型结构、树型结构和网状结构。常用的网络拓扑结构图如图 6-1 所示，在组建局域网时，常采用星型、总线型、环型和树型结构。树型和网状结构在广域网中比较常见。但是在一个实际的网络中，可能是上述几种网络结构的混合。

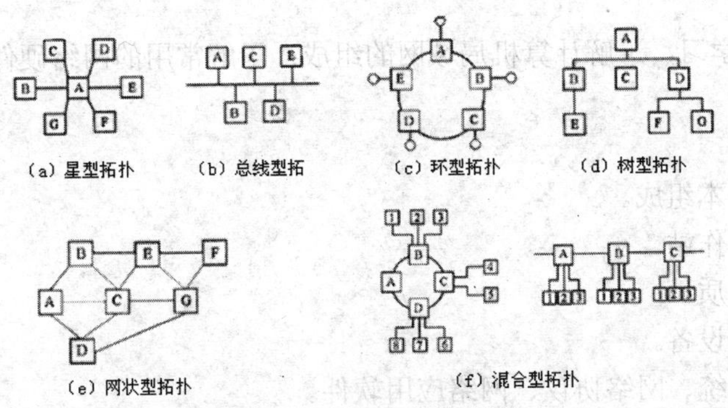

图 6-1　常用的网络拓扑结构图

1．星型拓扑结构

星型布局是以中央结点为中心与各结点连接而组成的，各结点与中央结点通过点与点方式进行连接，中央结点执行集中式通信控制策略，各节点间不能直接通信，需要通过该中心处理机转发，因此中央结点相当复杂，负担也重，必须有较强的功能和较高的可靠性。星型结构的优点是结构简单、建网容易、控制相对简单。其缺点是属集中控制，主机负载过重，可靠性较低，通信线路利用率较低。星型网络结构是目前使用最广泛的结构，适用于信息管理系统、办公自动化系统领域。目前在局域网中多采用此种结构。

2．总线型拓扑结构

用一条称为总线的中央主电缆，将相互之间以线性方式连接的工作站连接起来的布局方式，称为总线拓扑。其优点是：结构简单灵活，便于扩充；设备量少、价格低、安装使用方便。缺点是：线路故障排查麻烦可靠性较差，增加或移除节点需要断开整个网络，网络传输速度不高。早期局域网多采用此种结构。

3．环型拓扑结构

环型结构是将各个连网的计算机由通信线路连接形成一个首尾相连的闭合的环。在环型结构的网络中，信息按固定方向流动，或顺时针方向，或逆时针方向。其传输控制机制较为简单，实时性强，但可靠性较差，网络扩充复杂。最著名的环型拓扑结构网络是令牌环网（Token Ring）。

4．树型拓扑结构

树型结构实际上是星型结构的一种变形，它将原来用单独链路直接连接的节点通过多级处理主机进行分级连接。这种结构与星型结构相比降低了通信线路的成本，但增加了网络复杂性。网络中除最底层节点及其连线外，任何一个节点连线的故障均会影响其所在支路网络的正常工作。

5．网状型拓扑结构

网状结构的优点是节点间路径多，碰撞和阻塞可大大减少，局部的故障不会影响整个网络的正常工作，可靠性高；网络扩充和主机入网比较灵活、简单。但这种网络关系复杂，建网不易，网络控制机制复杂。广域网中一般采用网状结构。

6.2 任务二 计算机局域网的组成

任务目标

通过本任务的学习，了解计算机局域网的组成；了解常用的网络硬件、软件的作用。

任务知识点

- 局域网的基本组成。
- 服务器、工作站。
- 网络传输介质。
- 网络的连接设备。
- 网络操作系统、网络协议、网络应用软件。

6.2.1 局域网的基本组成

局域网由网络硬件和网络软件两部分组成。网络硬件主要有服务器、工作站、传输介质和网络连接设备等；网络软件包括网络操作系统、控制信息传输的网络协议及网络应用软件等。图 6-2 所示为一个简单的局域网。

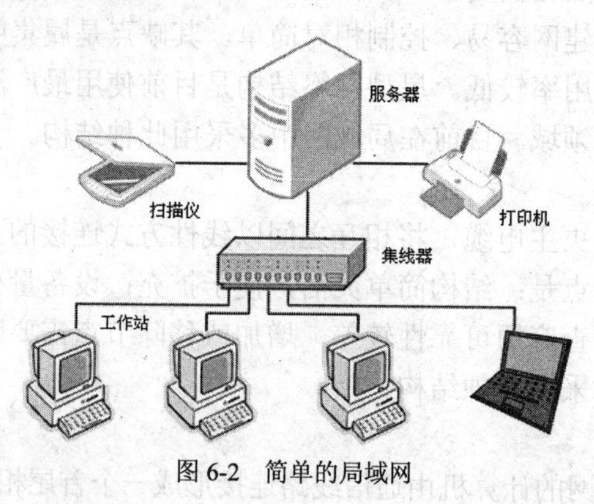

图 6-2 简单的局域网

6.2.2 网络硬件

1．服务器

我们把一台能够提供共享资源并能对共享资源进行管理的计算机称为服务器（Server），

它是网络系统的核心设备。远方的计算机不但可以通过网络访问服务器上的扫描仪和打印机，还可以进行数据交换，如发送邮件、传送文件、语音聊天等。

2．工作站

我们把使用服务器上的可共享资源的计算机称为客户机（Client）或工作站（Workstation），它可以是一般的个人计算机，也可以是专用电脑，如图形工作站等。工作站可以有自己的操作系统，独立工作。工作站和服务器之间的连接通过传输介质和网络连接设备来实现。

3．网络传输介质

传输介质用于连接网络中的各种设备，是数据在网络上传输的通路。我们通常用带宽来描述传输介质的传输容量，单位为 bit/s（每秒传输的二进制位数）或 Mbit/s（每秒传输二进制兆位数）。常用的网络传输媒介可分为两类：一类是有线的，另一类是无线的。

（1）有线介质。有线介质包括双绞线电缆、同轴电缆和光缆等，目前常用双绞线电缆和光缆。

① 双绞线电缆。双绞线是综合布线工程中最常用的一种传输介质。双绞线一般由两根绝缘铜导线相互缠绕而成。如果把一对或多对双绞线放在一个绝缘套管中便成了双绞线电缆。每根导线加绝缘层并用颜色来标记，如图 6-3 所示。成对线的扭绞目的是使电磁辐射和外部电磁干扰减到最小。组建局域网所用的双绞线是由 4 对线（即 8 根线）组成的，双绞线按其电气特性分级或分类。目前，常用的双绞线电缆有两类：五类和超五类双绞线。

② 同轴电缆。同轴电缆是指有两个同心导体，而导体和屏蔽层又共用同一轴心的电缆。最常见的同轴电缆由绝缘材料隔离的铜线导体组成，在里层绝缘材料的外部是另一层环形导体及其绝缘体，然后整个电缆由塑料护套包住，如图 6-4 所示。目前，常用的同轴电缆有 50Ω和 75Ω两类。

③ 光缆。光缆是由许多细如发丝的塑胶或玻璃纤维外加绝缘护套组成，如图 6-5 所示。光束在玻璃纤维内传输。根据光在光纤中的传播方式，光纤有两种类型：多模光纤和单模光纤。在多模光纤中，芯的直径是 15～50m，大致与人的头发的粗细相当。而单模光纤芯的直径为 8～10m。光缆防磁防电，传输稳定，质量高，适用于高速网络和骨干网。利用光缆连接网络，每端必须连接光/电转换器，另外还需要一些其他辅助设备。

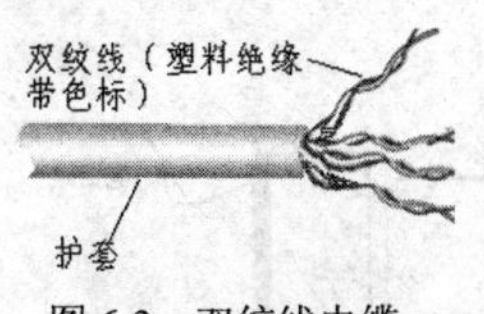

图 6-3　双绞线电缆

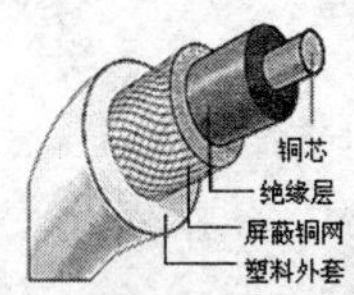

图 6-4　同轴电缆

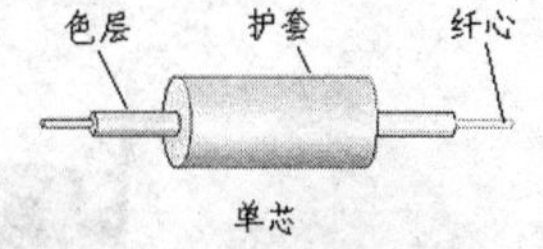

图 6-5　光缆

（2）无线介质。无线介质不使用电子或光学导体，地球的大气是数据的物理性通路。从理论上讲，无线媒体最适合于难以布线的场合或远程通信。无线介质有 3 种主要类型：无线电、微波及红外线。

4．网络连接设备

网络的连接设备主要有网络适配器、集线器、路由器、调制解调器和网桥等。

（1）网络适配器。网络适配器也就是俗称的网卡，如图 6-6 所示。网卡是构成计算机局域网络系统中最基本的、最重要的和必不可少的连接设备，计算机必须通过网卡接入局域网络。

（2）集线器（Hub）。集线器就是俗称的 Hub，如图 6-7 所示。集线器是一种特殊的中继器，而中继的主要作用是对接收到的信号进行再生放大，以扩大网络的传输距离。集线器是把来自不同计算机网络设备的电缆集中配置于一体，它是多个网络电缆的中间转接设备。Hub

在网络间的连接如图 6-8 所示。

图 6-6　网络适配器与 RJ45 接口　　图 6-7　集线器　　图 6-8　集线器连接服务器、工作站示意图

（3）路由器（Router）。路由器（见图 6-9）是一种连接多个网络的设备，用于对数据包进行转发，并负责数据包的寻址。它会根据信道的情况自动选择和设定路由，以最佳路径，按前后顺序发送信号。路由器是互联网络的枢纽、“交通警察”，是在网络层实现互连的关键设备，它通常有两大典型功能，即数据通道功能和控制功能。路由器在网络间的连接如图 6-10 所示。

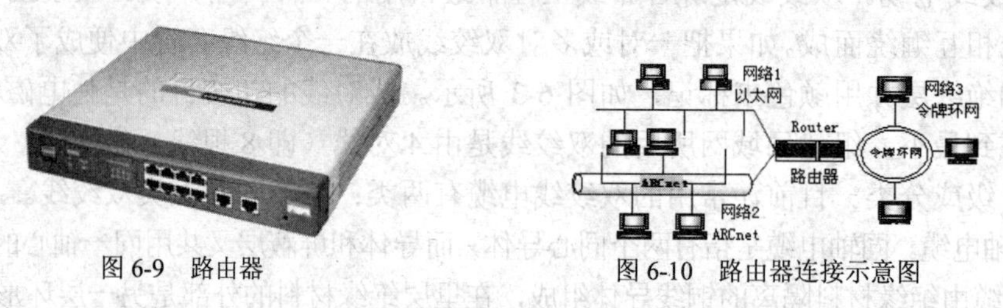

图 6-9　路由器　　图 6-10　路由器连接示意图

（4）调制解调器（Modem）。调制解调器是计算机与电话线之间进行信号转换的装置，它的作用是实现模拟信号和数字信号的相互转换。由于目前在电话线路上传输的是模拟信号，而计算机只识别数字信号，所以当你想通过电话线把自己的电脑连入 Internet 时，就必须使用调制解调器来“翻译”两种不同的信号。调制解调器由调制器和解调器两部分组成，调制器可把计算机的数字信号调制成可在电话线上传输的声音信号，解调器则把声音信号转换成计算机能接收的数字信号。调制解调器分为外置式和内置式，如图 6-11 所示。Modem 在网络中的连接如图 6-12 所示。

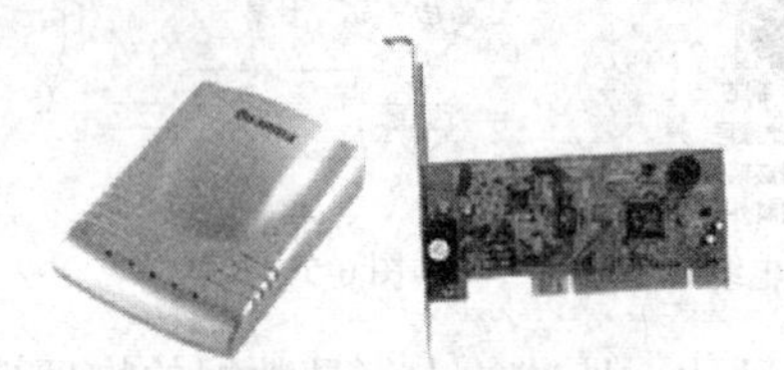

图 6-11　外置式和内置式调制解调器

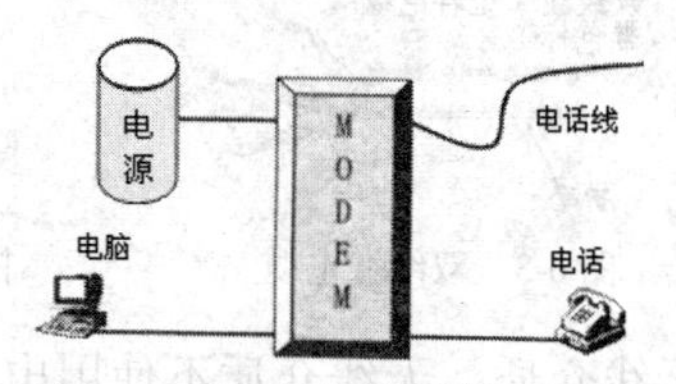

图 6-12　调制解调器连接示意图

（5）网桥（Bridge）。网桥也称桥接器，是一个局域网与另一个局域网之间建立连接的桥梁。它的作用是扩展网络和通信手段，在各种传输介质中转发数据信号，扩展网络的距离，同时又有选择地将有地址的信号从一个传输介质发送到另一个传输介质，并能有效地限制两个介质系统中无关紧要的通信。

6.2.3　网络软件

1．网络操作系统

网络操作系统指的是能控制和管理网络资源的软件，它除了具有通常操作系统应有的功能外，还具有提供高效、可靠的网络通信能力及提供多种网络服务的功能。目前常用的有 Windows Sever、UNIX、Linux 等。

2．网络应用软件

网络应用软件是指能为用户提供各种网络服务和资源共享的软件，如 QQ、IE 浏览器等。

3．网络协议

协议是网络设备之间进行互相通信的语言规范。常用的网络协议有 TCP/IP、NetBEUI、NWLink。TCP/IP 是 Internet 使用的协议。

6.3　任务三　Internet 基础知识

任务目标

通过本任务的学习，了解 Internet 是什么，它有什么作用，如何接入及相关概念。

任务知识点

- Internet 的概念、接入方式。
- Internet 提供的服务。
- Internet 常用术语。

6.3.1　Internet 概述

1．什么是 Internet

Internet 也称为因特网，或国际互联网，是世界上规模最大的最具影响力的计算机网络，它是由遍及世界各地大大小小各种网络按照统一的通信协议组成的一个全球信息传输网，也是世界范围的信息资源库。它应国防、科研的需要起源于美国，并以惊人的速度在全球范围得以推广和发展。Internet 对社会的发展产生了巨大的影响，它已深入社会、生产、生活的各个领域，如电子商务、远程教学、远程医疗、网上银行、家庭娱乐等。

2．Internet 的接入方式

互联网接入是通过特定的信息采集与共享的传输通道，利用以下传输技术完成用户与 IP 广域网的高带宽、高速度的物理连接。

（1）PSTN 拨号接入。PSTN 拨号接入是一种普遍的窄带接入方式，即通过电话线，利用当地运营商提供的接入号码，拨号接入互联网。特点是使用方便，只需有效的电话线及自带 Modem 的 PC 就可完成接入，但速度慢、费用较高，适合临时性接入或无其他宽带接入的场所。

（2）ISDN 专线接入。俗称“一线通”、综合业务数字网。它采用数字传输和数字交换技术，将电话、传真、数据、图像等多种业务综合在一个统一的数字网络中进行传输和处理。利用一条 ISDN 用户线路，可以在上网的同时拨打电话、收发传真，就像两条电话线一样。适合于普通家庭使用。缺点是速率仍然较低，无法实现一些高速率要求的网络服务；其次是费用同样较高。

（3）ADSL 宽带接入。ADSL 宽带接入是目前运用最广泛的接入方式。ADSL 可直接利用现有的电话线路，通过 ADSL Modem 后进行数字信息传输。特点是速率稳定、带宽独享、语音数据不干扰、不需另交电话费等。适用于家庭，个人等用户，满足的宽带业务包括视频点播（VOD），远程教学，可视电话，多媒体检索，LAN 互连，Internet 接入等。ADSL 接入如图 6-13 所示。

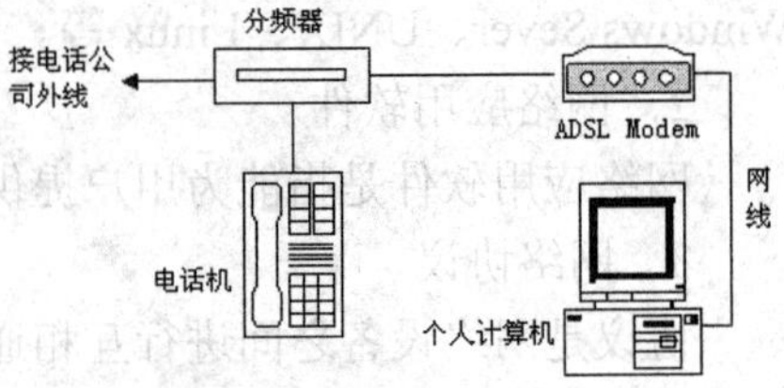

图 6-13　ADSL 接入示意图

（4）Cable Modem 接入。Cable Modem 接入是一种基于有线电视网络铜线资源的接入方式。具有专线上网的连接特点，允许用户通过有线电视网实现高速接入互联网。适用于拥有有线电视网的家庭、个人或中小团体。特点是速率较高，接入方式方便（通过有线电缆传输数据，不需要布线），可实现各类视频服务、高速下载等。缺点是基于有线电视网络的架构是属于网络资源分享型的，当用户激增时，速率就会下降且不稳定，扩展性不够。

（5）光纤宽带接入。光纤宽带接入通过光纤接入到小区节点或楼道，再由网线连接到各个共享点上（一般不超过 100 米），提供一定区域的高速接入。特点是速率高，抗干扰能力强，适用于家庭，个人或各类企事业团体，可以实现各类高速率的互联网应用（视频服务、高速数据传输、远程交互等），缺点是一次性布线成本较高。

（6）无线网络。无线网络是一种有线接入的延伸技术，使用无线射频（RF）技术越空收发数据，减少使用电线连接，因此无线网络系统既可达到建设计算机网络系统的目的，又可让设备自由安排和搬动。在公共开放的场所或者企业内部，无线网络一般会作为已存在有线网络的一个补充方式，装有无线网卡的计算机通过无线网方便接入互联网。

3．Internet 提供的服务

（1）WWW 服务。WWW 是 World Wide Web 的简称，译为万维网或全球网，它不是传统意义上的物理网络，而是在互联网上以超文本为基础的信息网。WWW 为用户提供了一个可以轻松驾驭的图形化界面，用户可以查阅 Internet 上的信息资源。Web 页可以包含新闻、图像、动画、声音、3D 世界等多种信息，可存放在全球任何地方的计算机上。通过与 Web 连接，我们可以访问全球任何地方的信息。我们常用的网页浏览服务就是 WWW 服务。

（2）电子邮件服务（E-mail）。电子邮件是一种通过计算机网络实现相互传送信息的一种快速、简便、高效、价廉的现代化通信方式。一份电子邮件一般涉及两个服务器，发送服务器（SMTP）和接收服务器（POP3）。电子邮箱是在发送服务器或接受服务器上的用来存放电子邮件的磁盘存储区。当需要给某一用户发送信件时，发信人只要写上要发送的内容与收信人的电子邮箱地址即可。当信件送到目的地后，便存放在收信人的电子邮箱内，用户打开自己的电子邮箱，便可以读取自己的邮件。每一个电子邮箱都有一个唯一的 E-mail 地址，格式如下：

用户名@主机域名

该地址由 3 部分组成。第 1 部分“用户名”代表用户信箱的账号；第 2 部分“@”是分隔符；第 3 部分是用户信箱的邮件接收服务器域名，用以标识其所在的位置。例如，邮件地址 abc123@sohu.com 中，abc123 是用户标识符，而 sohu.com 是一台主机的域名，该地址标识了搜狐网的域内一个用户的 Internet 邮箱地址。

（3）文件传输服务（FTP）。文件传输协议（File Transfer Protocol，FTP）是 Internet 上使用非常广泛的一种通信协议，用于实现 Internet 上的计算机之间的文件传送。用户可登录到远程计算机上，搜索需要的文件或程序，然后下载（Download）到本地计算机中，也可以将本地计算机上的文件上传（Upload）到远程计算机上。

（4）远程登录服务（Telnet）。远程登录是在网络通信协议 Telnet 的支持下，使本地计算机暂时成为远程计算机仿真终端的过程，目的是实现资源共享。远程登录的使用主要有两种情况，第一种是用户在远程主机上有自己的帐号和口令，登录后，用户便可以实时地使用远程计算机上对外开放的资源；第二种是许多 Internet 主机为用户对外提供联机检索或资源开放，例如，世界上许多大学的图书馆通过 Telnet 对外提供联机检索，也有一些政府部门、科研机构将它们的数据库对外开放，使用户可通过 Telnet 进行查询。

（5）其他服务。除了上述服务外，Internet 还提供了如 BBS 论坛、网络电话 VoIP、网上聊天、电子商务、网上娱乐、RSS 订阅、博客、微博等服务。

6.3.2 Internet 常用术语

1．TCP/IP

协议是计算机通过网络彼此交流的一种“语言”。不同计算机之间必须使用相同的网络协议才能进行通信。目前局域网中常用的网络协议为 TCP/IP。

TCP/IP 是“传输控制协议/网际协议”的简称，在当今的 Internet，TCP/IP 已经得到了广泛的应用，如果计算机要上互连网或局域网，要使用 Internet 技术就必须安装 TCP/IP。TCP/IP 已经成为目前网络协议的代名词。

2．超文本传输协议

超文本传输协议（HyperText Transfer Protocol，HTTP）是 WWW 浏览器和 WWW 服务器之间的应用层通信协议，用于传输用超文本标记语言（HTML）编写的文件，也就是通常说的网页，通过这个协议可以浏览网络上的各种信息。该协议是基于 TCP/IP 之上的协议，它不仅保证正确传输超文本文档，还确定传输文档中的哪一部分，以及哪部分内容首先显示等。

3．IP 地址

Internet 是由不同物理网络互联而成的，不同网络之间要实现计算机的相互通信，每一台计算机都必须有一个唯一的地址标识，这个地址叫 IP 地址。IP 地址就是主机系统在网络中的位置，是一个逻辑地址。

（1）IP 地址的格式。IP 地址通过数字来表示一台计算机在 Internet 中的位置，即用 32 位二进制表示。例如，Internet 上的某台计算机的 IP 地址为

11010010 01001001 10001100 00000010

显然，这么一长串数字不太好记忆。为了简化起见，就将 IP 地址分成 4 段，每段 8 位，中间用小数点隔开，转换成十进制数，这样上述计算机的 IP 地址就变成了 210.73.140.2，这是 IP 地址的一种规范的表示方法。

（2）IP 地址的分类。IP 地址分成两部分，分别为网络标识和主机标识。同一个物理网络上的所有主机都用同一个网络标识，网络上的每一个主机（包括网络上工作站、服务器和路由器等）都有一个主机标识与其对应。按照网络规模的大小， IP 地址可分为 5 类：A 类、B 类、C 类、D 类和 E 类。其中 A 类、B 类和 C 类地址是主类地址，如图 6-14 所示，D 类地址为组播地址，E 类地址保留给将来使用。

A类

0	网络地址（7位）	主机地址（24位）

B类

10	网络地址（14位）	主机地址（16位）

C类

110	网络地址（21位）	主机地址（8位）

图6-14　IP地址的分类

① A类：如果用二进制表示的话，则用第1个字节表示网络地址，用第2、3、4字节表示主机地址，最高位必须是“0”。可用的A类网络只有126个，可容纳的主机数最多为16777214台，因此，A类地址适用于网络数较少，但每个网络规模较大的网络。地址范围从1.0.0.1到126.255.255.254。

② B类：用第1、2字节表示网络号，第3、4字节表示主机号，最高位必须是“10”。可用的B类网络有16384个，每个网络能容纳65534台主机，因此，B类地址适用于中等规模的网络。地址范围从128.0.0.1到191.255.255.254。

③ C类：用第1、2、3字节表示网络号，第4字节表示主机号。最高位必须是“110”。可用的C类网络有2097152个，每个网络能容纳254台主机，因此，C类地址适用于网络数量多而每个网络主机数较少的网络。地址范围从192.0.0.1到223.255.255.254。

4．域名系统（Domain Name System，DNS）

由于IP地址是一串抽象的数字，难以记忆，于是就引入了域名，以替代IP地址，即用有一定含义又便于记忆的字符来标识网络上的计算机。每个主机的域名与IP地址是一一对应的，也具有唯一性。在网络通信过程中，主机的域名最终要转换成IP地址，这个过程是由域名系统完成的。为了使域名能够反映出网络层次及网络管理机构的性质，Internet采用分层结构来表示域名，每一层都有一定的含义，一般顶级域名代表国家或地区；二级域名代表行业或组织；三级域名代表部门或单位。入网的计算机应具有类似于下列结构的域名：

主机名.第三级域名. 第二级域名. 顶级域名

例如，清华大学www.tsinghua.edu.cn、中华人民共和国国务院新闻办公室www.scio.gov.cn等。

顶级域名一般分两类：地理性域名和组织机构性域名，如cn—中国，edu—教育机构。国家和地区的域名常使用两个字母表示，如表6-1所示。常见领域的域名如表6-2所示。

表6-1　　部分国家和地区的域名

域　名	国家或地区	域　名	国家或地区	域　名	国家或地区
cn	中国	ru	俄罗斯	in	印度
us	美国	fr	法国	jp	日本
ca	加拿大	uk	英国	hk	中国香港
de	德国	kp	韩国	tw	中国台湾

表 6-2　　　　常见组织或机构的域名

域　名	用　途	域　名	用　途
com	商业组织	mil	军事部门
edu	教育机构	org	非营利组织
gov	政府部门	net	主要网络支持中心

5．统一资源定位器（URL）

在 Internet 上，要查找到所需要的信息就必须有一种确定信息资源位置的方法。统一资源定位器（URL）就是用来确定各种信息资源位置的，俗称"网址"。通过 URL 可以访问 Internet 上任何一台主机或主机上的文件夹或文件。

URL 是一个简单的格式化字符串，它包含被访问资源的类型、服务器的地址以及文件的位置等，由 4 部分组成，格式如下：

访问方式：//主机名/路径/文件名

- 访问方式：指数据的访问方式（传输协议），如通过 http 访问，格式为 http://；通过 FTP 访问资源，格式为 ftp://；资源是本地计算机上的文件，格式为 file:// ；通过 Telnet 访问，格式为 telnet://。
- 主机名：是指存放资源的服务器的域名。
- 路径：一般用来表示信息资源在服务器上的目录。
- 文件名：要访问的资源文件的名称，在缺省的情况下，首先会调出称为"主页"的文件。

例如，常见的网址：

http://www.163.com　　网易

http://www.yahoo.com.cn　　雅虎中国

6．子网及子网掩码

从属于某一网络的相对独立的小网络就称为"子网"。随着局域网数目和机器数的增加，经常会碰到用 32 位 IP 地址表示的网络地址不够的问题，解决的办法之一是将主机地址空间划出一定的位数分配给本网的各个子网。这样一个网络就被分为多个子网，但对外这些子网则呈现为一个统一的单独网络。在组建计算机网络时，通过子网技术将单个大网划分为多个小的网络，并由路由器等网络互联设备连接，可以减轻网络拥挤，提高网络性能，减少广播影响。

子网掩码是一个 32 位二进制数地址，用圆点分隔成 4 段。在 TCP/IP 中是通过子网掩码来表明本网是如何划分子网的。根据子网掩码可以从主机的 IP 地址中提取其网络地址，所用到的方法是将子网掩码和 IP 地址按位做逻辑与运算，其结果就是网络地址。采用这种方法，就可以判断一台计算机是在本地网络还是远程网络上。如果两台计算机 IP 地址和子网掩码逻辑与运算后结果相同，则表示这两台计算机处于同一网络内。

6.4　任务四　Internet 应用

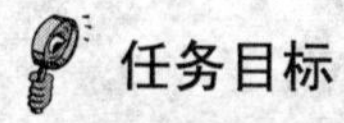

任务目标

通过本节的学习，完成以下任务。

（1）使用 IE 浏览器浏览信息。

（2）搜索清华大学的有关信息。

（3）搜索并下载歌曲“好日子”。

（4）利用百度地图搜索从“中关村大街”到“王府井大饭店”的路线信息。

（5）注册一个免费的电子邮箱；发送一份电子邮件；查收一下自己的邮件。

任务知识点

- 互联网信息浏览。
- 文件搜索与下载。
- 发送电子邮件。

6.4.1 IE 浏览器的使用

Internet Explorer（简称 IE），是目前使用最广泛的网页浏览器。

下面通过任务案例来介绍浏览器的使用。

任务实施

根据任务目标的要求，完成以下操作。

（1）使用 IE 浏览器登入搜狐网站 www.sohu.com，浏览网页信息。

（2）将搜狐的首页添加到收藏夹。

（3）保存网页 www.sohu.com，并保存网页中的某幅图片。

（4）将搜狐的首页设为主页。

操作步骤如下。

1．使用 IE 浏览器浏览网页

（1）启动 IE 浏览器。双击桌面上的 IE 图标，或单击任务栏上的 IE 图标，或选择“开始”→“Internet Explorer”命令，打开 IE 浏览器窗口，在地址栏输入网址 http://www.sohu.com，按【Enter】键，打开搜狐首页，如图 6-15 所示。

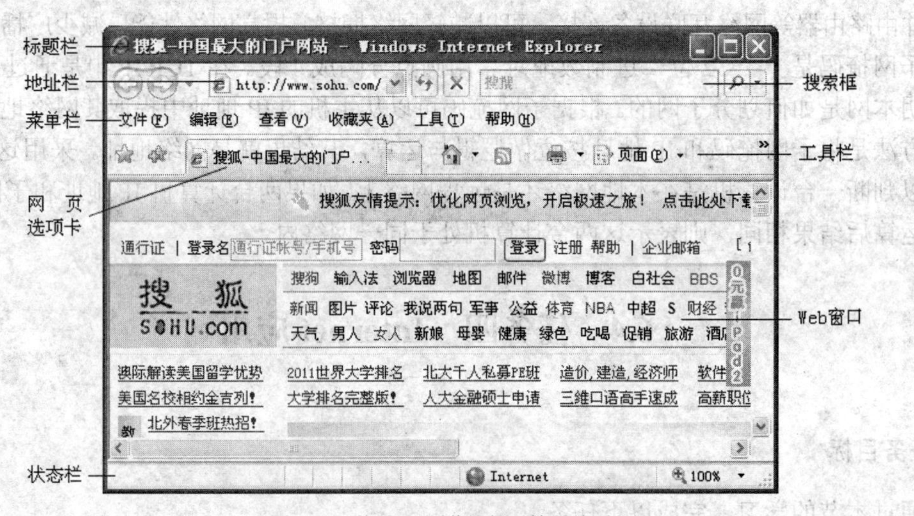

图 6-15　使用 IE 浏览器打开搜狐首页

（2）把鼠标指向带有超级链接的文本或图片，当鼠标指针变成手形时，单击可进入相关页面进行浏览。

2．收藏网页

（1）在 IE 窗口，选择菜单中的“收藏夹”→“添加到收藏夹”命令，或单击工具栏中的“添加到收藏夹”按钮，在打开的级联菜单中选择“添加到收藏夹”命令，也可以右键单击网页，在弹出的快捷菜单中选择“添加到收藏夹”命令，打开“添加收藏”对话框，如图 6-16 所示。

（2）在对话框的“名称”框内输入收藏网页的名称，再单击“添加”按钮。

（3）添加完成后，单击“收藏中心”按钮，可看到该网页已添加至收藏夹中，如图 6-17 所示，以后便可在收藏夹中直接打开该网页。

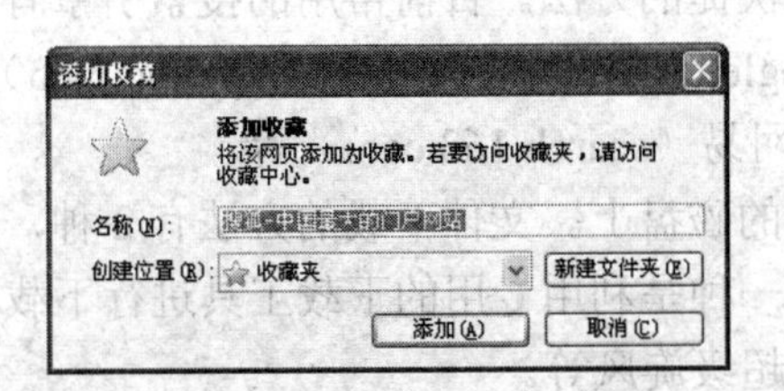

图 6-16 “添加收藏”对话框

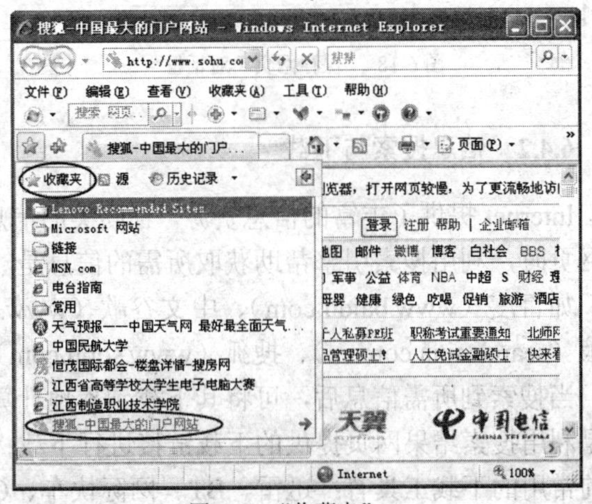

图 6-17 “收藏夹”

3．保存网页与图片

（1）保存网页。在 IE 窗口，选择菜单中的“文件”→“另存为”命令，或单击工具栏中的“页面”按钮，在打开的级联菜单中选择“另存为”命令，弹出“保存网页”对话框，如图 6-18 所示，在对话框中选择保存位置、类型并给文件取名，单击“保存”按钮即可。

（2）保存网页中的图片。右键单击要保存的图片，在快捷菜单中选择“图片另存为”命令。

4．设置主页

主页就是启动 IE 时出现的网页。用户可将自己经常访问的网页设为主页。设置方法如下。

（1）在搜狐的首页窗口，选择菜单中的“工具”→“Internet 选项”命令，或单击工具栏中的“工具”按钮，在打开的级联菜单中选择“Internet 选项”命令，弹出“Internet 选项”对话框，如图 6-19 所示。

（2）选择对话框的“常规”选项卡，在“主页”栏下的文本框内输入要设为主页的网址，即 http://www.sohu.com/，再单击“使用当前页”按钮，然后单击“应用”按钮，最后单击“确定”按钮。

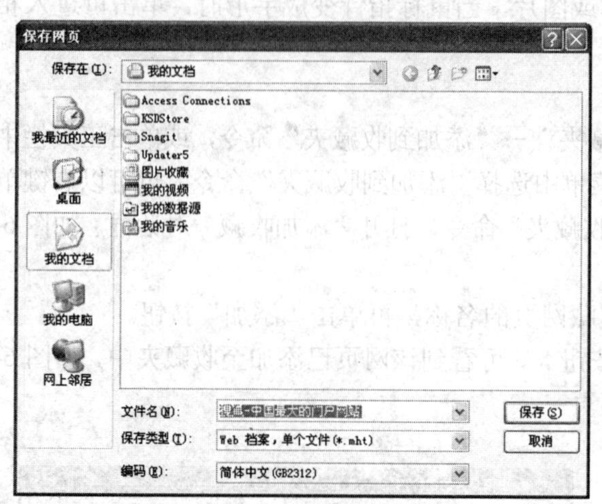

图 6-18 “保存网页”对话框

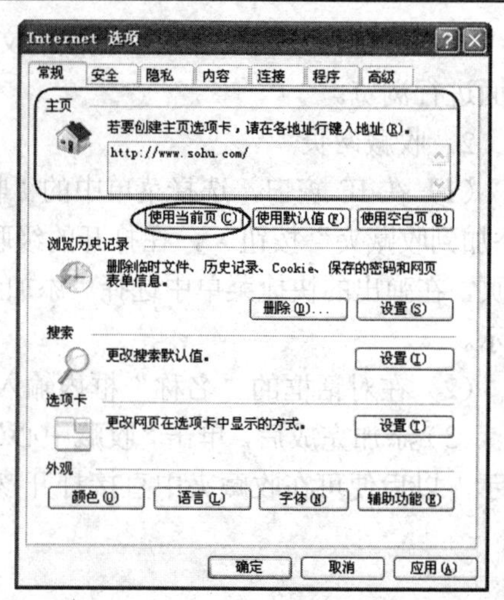

图 6-19 “Internet 选项”对话框

6.4.2 信息搜索与下载

Internet 提供了丰富的信息资源，且同类的信息很多，当不知道要了解的信息在什么网站或网页时，利用搜索引擎帮助获取所需的信息是一种快捷的方法。目前常用的搜索引擎有很多，如百度（www.baidu.com）、中文谷歌（www.google.com）、中国雅虎（cn.yahoo.com）、新浪（search.sina.com.cn）、搜狐（www.sohu.com）、网易（search.163.com）等。

当搜索到所需信息后，可将其下载到本地计算机的磁盘上。文件下载的方法有 2 种，一种是利用搜索结果网页提供的下载链接进行下载；另一种是利用专用的下载工具进行下载。目前常用的下载工具有：迅雷、BT、网际快车、QQ 超级旋风等。

下面通过任务案例来介绍信息的搜索与下载方法。

任务实施

根据任务目标的要求，完成以下操作。

（1）搜索页面信息，如“清华大学”的相关信息。

（2）搜索指定类型信息，如歌曲“好日子”，并下载该歌曲。

（3）利用百度地图查找线路信息，如通过网络地图找到驾车从“中关村大街”到“王府井大饭店”的路线。

操作步骤如下。

（1）搜索页面信息。在 IE 浏览器的地址栏中，输入所用搜索引擎的地址 www.baidu.com，打开百度主页。在搜索框内输入搜索信息的关键字“清华大学”，如图 6-20 所示，单击“百度一下”按钮，就能搜索到有关该校的许多站点，如图 6-21 所示，可单击其中某链接，打开网页进行浏览。

（2）搜索指定类型的信息。在百度主页中选择“MP3”项，进入“百度 MP3”搜索窗口。在搜索框内键入需要搜索的歌名，如“好日子”，如图 6-22 所示，再选择歌曲的格式选项，如“MP3”，单击旁边的按钮“百度一下”，可以搜索到该歌曲的相关信息，如图 6-23 所示。在百度的主页选择“贴吧”、“图片”、“视频”等，可以类似地搜索到相关信息。

图 6-20　百度搜索页面

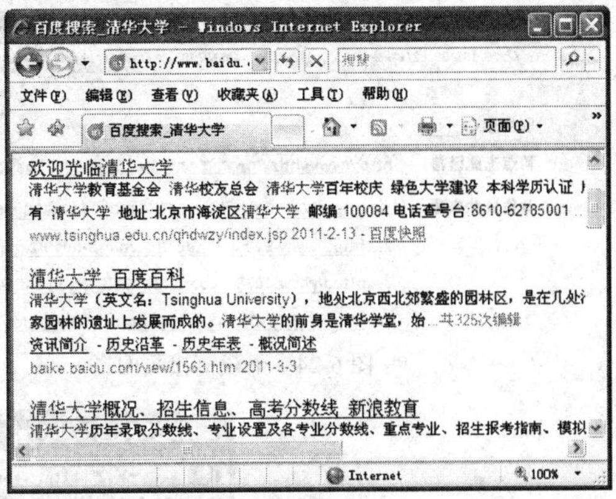

图 6-21　搜索结果页面

图 6-22　百度 MP3 窗口

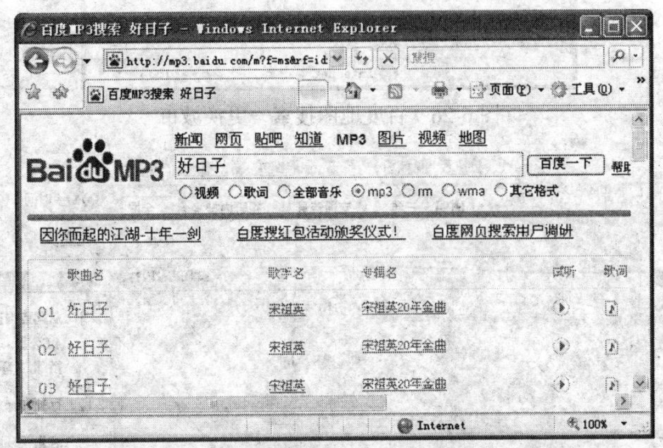

图 6-23　歌曲“好日子”搜索结果页面

（3）下载文件。在搜索结果页面（见图 6-23）选择一条搜索结果，会出现下载链接页面，如图 6-24 所示。单击下载链接后，系统会弹出下载对话框，如图 6-25 所示，按“立即下载”即可开始下载。

（4）利用百度地图查找线路信息的操作如下。

① 首先，在百度主页中选择“地图”项，或在地址栏中输入 http://map.baidu.com，打开百度地图，选择“更换城市”，将当前城市改为“北京”，如图 6-26 所示。

② 在百度地图窗口，单击“驾车”选项，然后输入出发地“中关村大街”、目的地 “王府井大饭店”，单击“百度一下”按钮，窗口下方就会显示搜索到的行车路径，如图 6-27 所示。

类似的地图搜索网页还有 http://mas.google.com 和 http://map.sogou.com 等，可以配合搜索使路线更精确。

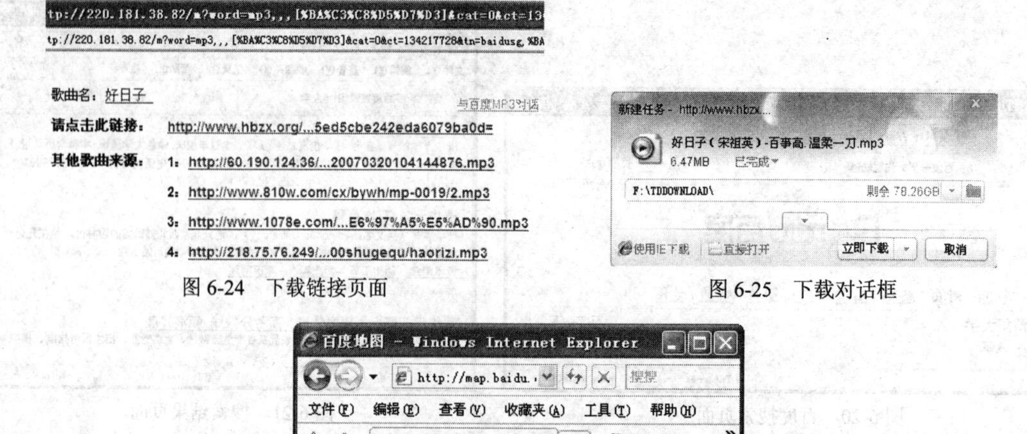

图 6-24　下载链接页面

图 6-25　下载对话框

图 6-26　百度地图搜索—更换城市

图 6-27　利用百度地图搜索路线信息

6.4.3　收发电子邮件

Internet 上有许多免费邮件服务提供商，如新浪、网易、搜狐、雅虎等，用户可在其站点上申请免费电子邮箱，之后就可通过电子邮箱发送和接收电子邮件了。

下面通过任务案例来介绍收发电子邮件的方法。

任务实施

根据任务目标的要求，完成以下操作。

（1）在 www.163.com 上注册一个免费的邮箱。

（2）发送一封邮件到 lisi@sohu.com，并将 6.4.2 小节中保存的歌曲“好日子”及一份“年度总结”报告以附件的形式发送给 lisi@sohu.com。

（3）查收一下邮箱中的邮件。

操作步骤如下。

1．申请邮箱

（1）在 IE 窗口的地址栏中输入 http://www.163.com，打开网易首页，在选项卡窗口顶部单击“免费邮箱”链接，弹出邮箱登录页面（mail.163.com），如图 6-28 所示。也可在地址栏中输入“mail.163.com”，直接进入登录页面。

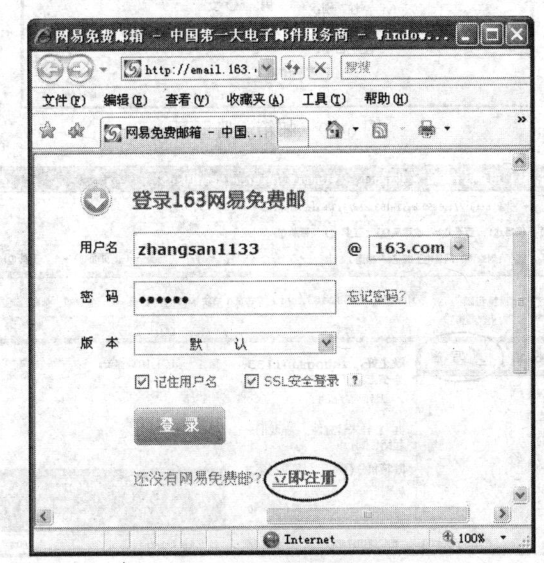

图 6-28 邮箱登录页面

（2）在登录页面输入用户名称，以“zhangsan1133”为例，再输入密码，最后单击“立即注册”，进入注册页面，如图 6-29 所示。

（3）在注册页面中，根据提示输入相关个人信息，并通过系统确认，最后单击“创建账号”按钮即可。此时，用户注册的 E-mail 地址为 zhangsan1133@163.com

2．发送电子邮件

（1）打开网易首页，单击“免费邮箱”链接，弹出如图 6-28 所示的邮箱登录页面，输入用户名和密码，单击“登录”按钮，进入邮箱，如图 6-30 所示。

（2）单击“写信”按钮，弹出如图 6-31 所示的“写信”页面。在“收件人”框内输入收信人的电子邮箱地址 lisi@sohu.com；在“主题”框输入“会议文件”；在“内容”框输入信函的内容。

（3）插入附件。单击“添加附件”标签，打开“选择要上载的文件”对话框，如图 6-32 所示，在对话框中选择要添加的文件——歌曲：好日子.mp3，单击“打开”按钮，开始添加。用同样的方法添加电子文档——年度总结.doc。

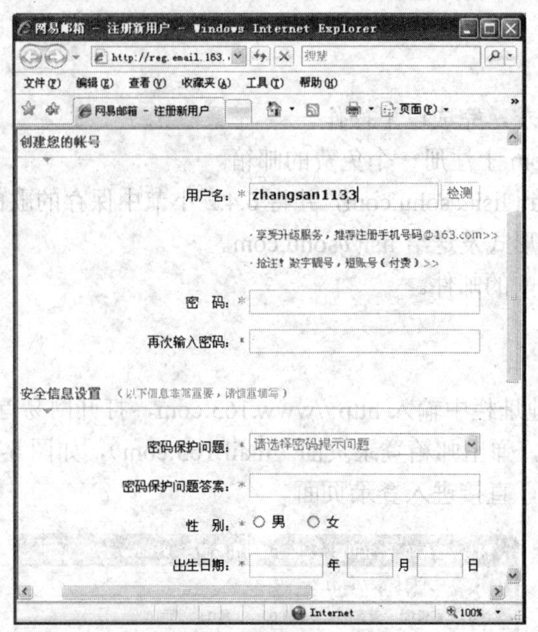

图 6-29 邮箱注册页面

图 6-30 电子邮箱首页

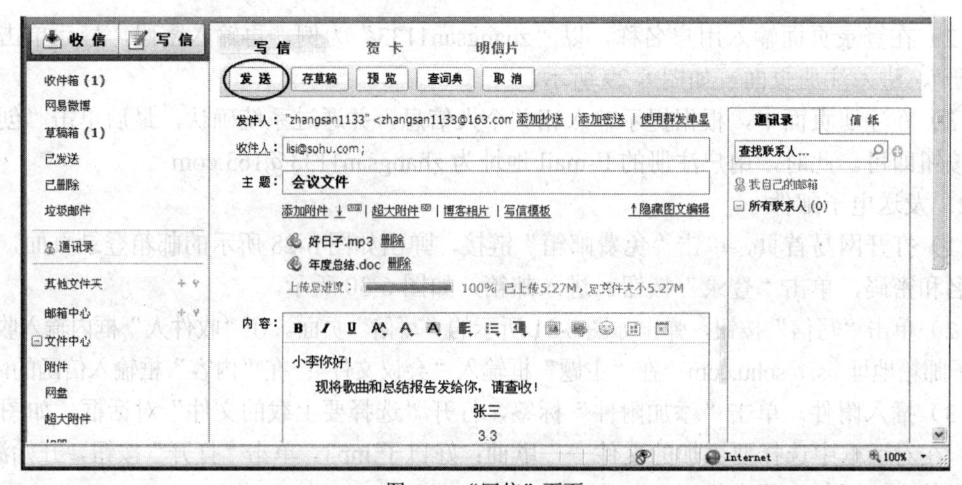

图 6-31 “写信”页面

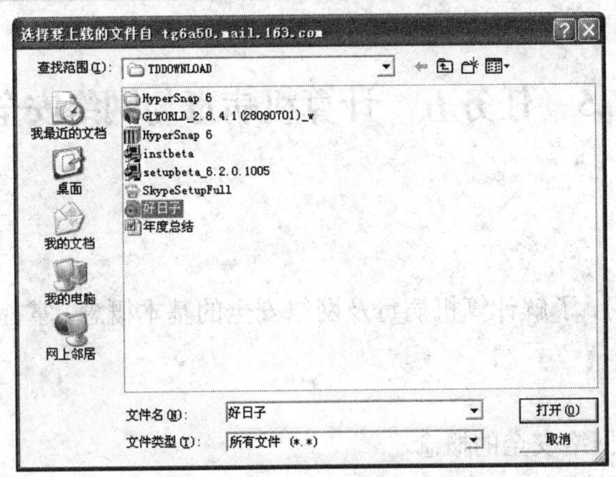

图 6-32　“选择要上载的文件”对话框

（4）单击“发送”按钮，开始发送邮件。

3．查收电子邮件

（1）在邮箱页面的左边，单击“收件箱”或单击“收信”按钮，则在右边的窗口会以列表的形式显示收到的所有邮件的标题，如图 6-33 所示。单击任一邮件标题，即可显示该邮件的内容，如图 6-34 所示。

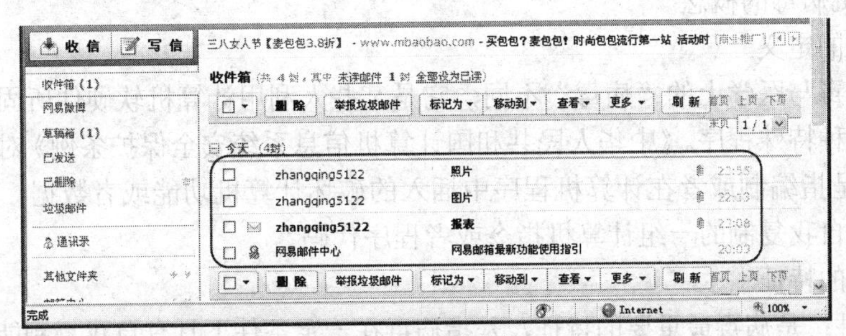

图 6-33　查看邮件

（2）在如图 6-34 所示的窗口中，单击“下载”按钮，可下载附件；单击“回复”按钮，可给发件人“回信”；单击“转发”按钮，还可将邮件发送给其他人。

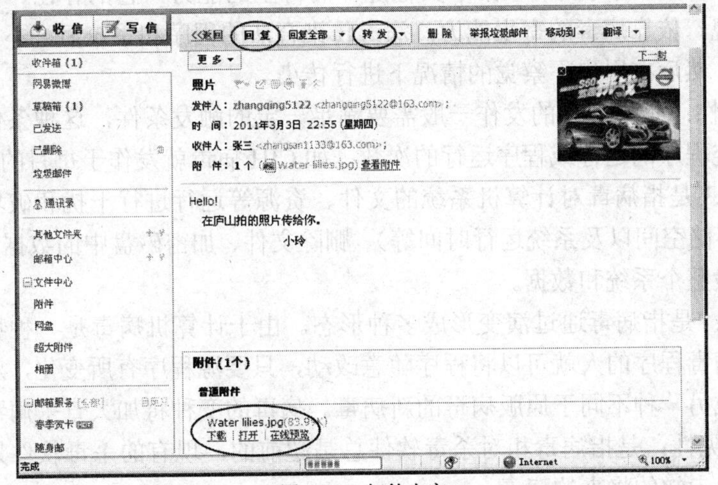

图 6-34　邮件内容

6.5　任务五　计算机病毒与网络安全

任务目标

通过本任务的学习，了解计算机病毒及网络安全的基本概念，掌握防治病毒的基本方法。

任务知识点

- 计算机病毒及网络安全的概念。
- 计算机病毒的防治。

6.5.1　计算机病毒及网络安全概述

随着 Internet/Intranet 网络的日益普及，网络安全面临着重大的挑战，计算机病毒通过网络不断地传播，随之而来的信息安全问题也日益突出。一般认为，计算机网络系统的安全威胁主要来自计算机病毒和黑客攻击两个方面。

1．计算机病毒的概念

（1）病毒的定义

计算机病毒与医学上的“病毒”不同，它是某些人利用计算机软硬件所固有的脆弱性，人为编制的一种特殊程序。《中华人民共和国计算机信息系统安全保护条例》对病毒的定义为“计算机病毒是指编制或者在计算机程序中插入的破坏计算机功能或者数据，影响计算机使用，并且能够自我复制的一组计算机指令或者程序代码”。

（2）病毒的特征

① 传染性：是病毒最重要的特征，是指病毒在一定条件下具有自我复制能力。病毒程序一旦侵入计算机系统就开始搜索可以传染的程序或者磁介质，然后通过自我复制迅速传播。随着计算机网络的日益发达，病毒可在极短的时间内，通过像 Internet 这样的网络传遍世界。

② 隐蔽性：是指病毒具有依附于其他媒体而寄生的能力，它的存在、传染和对数据的破坏不易被发现。依靠病毒的寄生能力，病毒传染合法的程序和系统后，不立即发作，而是悄悄隐藏起来，然后在用户不察觉的情况下进行传染。

③ 可触发性：是指病毒的发作一般需要满足一定的触发条件，这种条件可以是某个日期、时间或特定程序的运行或程序运行的次数，如 CIH 病毒就发作于每月的 26 日。

④ 破坏性：是指病毒对计算机系统的文件、资源等运行进行干扰和破坏，如占用系统资源（如占用存储空间以及系统运行时间等）、删除文件、加密磁盘中的数据、影响系统的正常运行甚至摧毁整个系统和数据。

⑤ 演变性：是指病毒通过演变形成多种形态。由于计算机病毒是一种特殊的程序或代码，只要了解病毒程序的人就可以将程序随意改动，只要源程序有所变化，就会表现出不同的症状，演变成另一种不同于原版病毒的新病毒。病毒的变种将加大查杀病毒的难度。

⑥ 不可预见性：是指病毒相对杀毒软件总是超前的。现有的杀毒软件只能查杀已知的病毒，很难发现未知的将来的病毒。

2．网络安全的概念

（1）网络安全的含义

网络安全从本质上来讲就是网络上的信息安全，具体是指通过采用各种技术和管理措施，使网络系统正常运行，从而确保网络数据的可用性、完整性和保密性。网络安全涉及的领域相当广泛，这是因为在目前的公用通信网络中存在着各种各样的安全漏洞和威胁。

（2）网络安全的威胁

随着计算机技术的飞速发展，信息网络已经成为社会发展的重要保证。网络上有很多敏感信息，甚至是国家机密，难免引来各种人为攻击（如信息泄露或窃取、数据篡改或删添、计算机病毒等）。据美国联邦调查局公布的统计数据，美国每年因网络安全问题所造成的经济损失高达75亿美元，而全球平均每20秒就发生一起Internet计算机黑客侵入事件。网络安全除了受到自然灾害的威胁外，与网络连通性相关的威胁形式主要有以下几种。

① 非授权访问：是指没有预先经过同意，就使用网络，以获取系统资源、对数据进行修改或伪造等。主要形式有假冒、身份攻击、非法用户进入网络系统进行违法操作、合法用户以未授权方式进行操作等。

② 信息泄露：攻击者通过监视网络数据获得有价值的和高度机密的信息，将其传送给无权访问该信息的人，从而导致信息泄密。

③ 拒绝服务：是指攻击者通过某种方法使系统响应减慢甚至瘫痪，阻止合法用户获得服务。

（3）网络安全技术

在网络安全领域，攻击随时可能发生，系统随时可能崩溃，必须借助先进的技术和工具以保证计算机网络的安全。主要的网络安全技术有身份认证、访问控制技术、密码技术、防火墙技术、软件杀毒技术、主机安全技术、安全管理技术、安全审计技术等。

6.5.2 计算机病毒的防治

1．常见的计算机病毒

（1）系统病毒，前缀为Win32、PE、Win95、W32、W95等。其特性是可以感染Windows操作系统的*.exe和*.dll文件，并通过这些文件进行传播，如CIH病毒。

（2）蠕虫病毒，前缀是Worm。其特性是通过网络或者系统漏洞进行传播，大部分的蠕虫病毒都有向外发送带毒邮件，阻塞网络的特性，如冲击波、小邮差等。

（3）木马病毒、黑客病毒。木马病毒的前缀是Trojan；黑客病毒前缀名一般为Hack。木马（Trojan）其名来源于古希腊神话特洛伊木马记，此种病毒的特性是通过网络或者系统漏洞进入用户的系统并隐藏，然后向外界泄露用户的信息。而黑客病毒则能对用户的电脑进行远程控制。木马、黑客病毒往往是成对出现的，即木马病毒负责侵入用户的电脑，而黑客病毒则会通过该木马病毒来进行控制。

（4）后门病毒，前缀是Backdoor。其特性是通过网络传播，给系统开后门，给用户电脑带来安全隐患。例如，IRC后门病毒一方面有潜在的泄漏本地信息的危险，另一方面病毒出现在局域网中使网络阻塞，影响正常工作，从而造成损失。

（5）脚本病毒，前缀是Script。其特性是使用脚本语言编写，通过网页进行传播，会修改用户的 IE 首页、注册表等信息，造成用户使用计算机不方便，此种病毒如红色代码等。

（6）宏病毒，是一种寄存在文档或模板的宏中的病毒。该类病毒的共有特性是能感染 Office 系列文档，然后通过 Office 通用模板进行传播，如著名的美丽莎病毒。

此外，目前还有一种被称为“流氓软件”的软件，它是介于病毒和正常软件之间的一种软件，它同时具有正常功能（下载、媒体播放等）和恶意行为（弹广告、开后门），给用户带来实质性的危害。“流氓软件”主要有：广告软件、间谍软件、浏览器劫持软件、行为记录软件、恶意共享软件等。

2．计算机病毒的症状

用户如何知道自己的计算机系统已经感染了病毒呢？计算机中病毒后主要有以下症状。

（1）系统运行异常。例如，系统不能启动、异常死机、系统意外重新启动、速度特别慢等。

（2）磁盘存取异常。例如，磁盘空间异常减少、读写异常、磁盘驱动器“丢失”等。

（3）文件异常。例如，文件无故加长或丢失。

（4）桌面上或文件夹中出现与安装程序无关的新图标。

（5）防病毒程序被无端禁用，并且无法重新启动或安装。

（6）屏幕出现异常。例如，出现异常图形、异常提示、异常滚动等。

（7）扬声器发出异常声响。

3．计算机病毒的防治

鉴于计算机病毒日益猖獗，要有效防御计算机病毒，首先要树立良好的防毒意识，并做到以下几点。

（1）安装杀毒软件。安装合适的杀毒软件，定期扫描计算机，进行查毒、杀毒，并对杀毒软件及时更新和升级。

（2）定期对系统进行升级、维护，以免攻击者利用系统安全漏洞威胁和破坏系统。

（3）对插入你计算机的 U 盘、光盘或其他可插拔介质进行扫描，以防带入病毒。另一方面，不在带有病毒的计算机上使用 U 盘等移动磁盘，以防病毒的传播。

（4）不打开来历不明的邮件，目前系统对电子邮件和互联网文件都会做自动的病毒检查。

（5）不要从不可靠的渠道下载软件。对安全下载的软件在安装前先做病毒扫描。

（6）使用防火墙。防火墙可方便地监视网络的安全性，并在病毒入侵时发出报警。防火墙对来往的信息进行检查，只允许授权的数据通过，并且防火墙本身也必须能够免于渗透。

（7）禁用 Windows Scripting Host。许多病毒，如蠕虫病毒，使用 Windows Scripting Host，无需用户单击附件，就可自动打开一个被感染的附件。

（8）使用正版软件。

4．常用的杀毒软件

计算机查杀软件很多，其主要作用是：查毒、杀毒、防毒和数据恢复。目前国内用户常用的杀毒软件有：瑞星、360 杀毒、卡巴斯基、诺顿、江民、金山毒霸等。各种查杀软件各有自己的特点和优势，理论上讲，没有哪一种杀毒软件可以杀除所有病毒，用户应根据具体情况选择杀毒软件，也可以几种杀毒软件配合使用。

习 题

一、选择题

1. 计算机网络是计算机与（ ）相结合的产物。
   A. 通信技术 B. GPS C. 电话 D. 存储技术
2. 计算机网络的目标是（ ）。
   A. 数据处理 B. 文献检索 C. 资源共享和信息传输 D. 信息传输
3. 网络中各个节点相互连接的方法和形式，叫做网络的（ ）。
   A. 拓扑结构 B. 协议 C. 分层结构 D. 分组结构
4. 属于局域网拓扑结构的是（ ）。
   A. 环型 B. 星型 C. 总线型 D. 以上都是
5. 在传输介质中，（ ）的带宽最宽，信号传输衰减最小，抗干扰能力最强。
   A. 微波 B. 双绞线 C. 光纤 D. 同轴电缆
6. 在局域网中以集中方式提供共享资源，并对这些资源进行管理的计算机称为（ ）。
   A. 工作站 B. 终端 C. 服务器 D. 主机
7. 网卡的主要功能不包括（ ）。
   A. 网络互连 B. 将计算机连接到通信介质上
   C. 实现数据传输 D. 进行电信号匹配
8. Hub 是（ ）的俗称。
   A. 路由器 B. 集线器 C. 网桥 D. 交换机
9. 调制解调器（Modem）的功能是实现（ ）。
   A. 数字信号的编码 B. 数字信号的整形
   C. 模拟信号的放大 D. 模拟信号与数字信号的转换
10. 校园网属于（ ）。
    A. LAN B. WAN C. MAN D. GAN
11. BBS 是（ ）。
    A. 电子邮件 B. 远程登录 C. 文件传输 D. 电子公告板
12. 局域网的网络软件主要包括（ ）。
    A. 工作站软件和网络应用软件
    B. 网络传输协议、网络数据库管理系统和网络应用软件
    C. 网络操作系统、网络数据库管理系统和网络应用软件
    D. 服务器操作系统、网络数据库管理系统和网络应用软件
13. 以下哪个 IP 地址是非法的（ ）。
    A. 131.107.258.20 B. 222.222.255.222
    C. 121.1.3.8 D. 198.121.254.68
14. Internet 的基础和核心协议是（ ）。

A．TCP/IP　　B．FPT　　C．E-mail　　D．WWW

15．用浏览器访问 Internet 上的 Web 站点时，看到的第一个页面叫（　　）。

A．主页　　B．文件　　C．图像　　D．Web 页

16．IE 多级命令菜单包括（　　）。

A．文件、编辑、视图、收藏、工具、帮助

B．文件、编辑、格式、收藏、工具、帮助

C．文件、编辑、查看、收藏、工具、帮助

D．文件、编辑、窗口、收藏、工具、帮助

17．统一资源定位器 URL 由 3 部分组成：协议、（　　）和文件名。

A．匿名　　B．文件属性　　C．设备名　　D．域名

18．电子邮件（E-mail）地址的正确格式是（　　）。

A．用户名#域名　B．用户名@域名　C．用户名/域名　D．用户名．域名

19．发送电子邮件时，如果接收方未开机，那么邮件将（　　）。

A．丢失　　B．退回发件人

C．开机时重新发送　　D．保存在邮件服务器上

20．预防硬盘感染病毒的有效方法是（　　）。

A．对硬盘上的文件要经常重新拷贝

B．定期对硬盘进行格式化

C．尽量不使用未经病毒检测的软件

D．不把有病毒的和无病毒的硬盘放在一起

二、填空题

1．按覆盖范围，计算机网络可分为________、________和________。

2．网络的传输介质可分为________和________两大类。

3．计算机网络是按照________相互通信的。

4．DNS 就是________系统。

5．一个 IP 地址包含________位二进制数，分为________段，每段________位，用________分隔。

6．用户的 E-mail 地址：YGYANG@JXMTC.EDU.CN 中，YGYANG 是用户的________。

7．在域名中，com 表示________，edu 表示________，gov 表示________，net 表示________。

8．一份电子邮件一般涉及两个服务器，________和________。

9．FTP 用来在计算机之间传输文件，从远程计算机上将所需文件传送到本地计算机称为__________，将文件从本地计算机传送到远程计算机称为________。

10．计算机病毒的主要特征有：________、________、________、________和________。

三、简答题

1．什么是计算机网络？其主要功能有哪些？

2．目前流行使用哪些有线传输介质？简述它们各自的实际应用。

3．网络的几何拓扑结构有哪几种？其特点是什么？

4．简述局域网的基本组成。

5．什么是计算机病毒？如何防治计算机病毒？

第7章 计算机应用实训

实训一　计算机基础

一、实训目的

1．了解PC的硬件组成；掌握计算机的启动方法。

2．掌握键盘的使用。

3．正确掌握指法输入；熟练掌握一种汉字输入法。

二、实训内容

1．认识主机、显示器、键盘、鼠标、打印机。

2．开机，启动Windows XP；退出系统并关机。

3．练习键盘的使用，键盘的布局如图7-1所示。

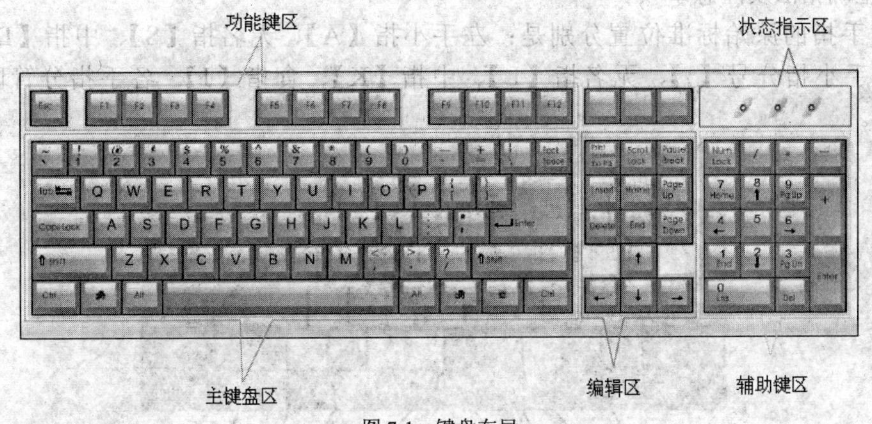

图7-1　键盘布局

键盘（Keyboard）的按键按区域可分为4部分：主键盘区、数字辅助键盘区、F功能键盘区和编辑控制键区，如图7-1所示。按键按功能可分2类：字符键和功能键。

- 字符键：包括数字键（0～9）、英文字母键（A～Z）、标点符号键（;，.等）、运算符键（+－*/<=等）、特殊符号（@#$%&等）、括号（({　[等）以及空格键。
- 功能键：指执行某一命令时使用的键。部分功能键的功能如下。

（1）【Esc】键：取消键。取消执行的操作或退出当前状态。

（2）【Tab】键：制表位键。按一次跳到下一个制表位。

（3）【Caps Lock】键：英文字母大写转换。

（4）【Shift】键：上档字符有效；同时按下字母，可输入大写字母。

（5）【Ctrl】键：控制键。可与其他键组合使用。

（6）【Alt】键：控制键。可与其他键组合使用。

（7）【Space】键：空格键。

（8）【Enter】键：回车键。按一次换一行或确认操作。

（9）【Backspace】键：退格键。删除光标前的字符。

（10）【Delete】键：删除键。删除光标后的字符。

（11）【Pause/Break】键：暂时中止当前正在执行的命令/操作。

（12）【Insert】键：插入/改写转换键。

（13）【Home】键：使光标跳到本行行首。

（14）【End】键：使光标跳到本行行尾。

（15）【Page Up】键：整个屏幕向上翻一屏。

（16）【Page Down】键：整个屏幕向下翻一屏。

（17）【Print Screen】键：屏幕打印/系统快照。可抓取当前屏幕画面。

（18）【Scroll Lock】键：屏幕滚动锁定键。

（19）【Num Lock】键：数字键盘/方向键切换键。

（20）【F1】键～【F12】键：功能与软件有关。在 Windows 操作系统中【F1】键是帮助功能键，【F2】键是文件/文件夹重命名功能键，【F3】键是查找功能键。

4．正确指法及注意事项

（1）手指的原始标准位置分别是：左手小指【A】、无名指【S】、中指【D】、食指【F】；右手小指分号【;】、无名指【L】、中指【K】、食指【J】。各手指分管区域如图 7-2 所示。

图 7-2　打字指法位置示范

（2）键盘上的【F】键和【J】键都有凸起标记，便于初学者确定位置。

（3）敲击键盘要有节奏，击上排键时手指伸出，击下排键时手指缩回，击打完后手指立即返回原始标准位置。

（4）各个手指分工明确，各守岗位，绝不能越权到别的区域敲键。

（5）座椅高度适合，身体坐直，手腕平直，敲键力度适中。

5．输入以下文字，进行指法练习

2011年1月19日，中国互联网络信息中心（CNNIC）在京发布了《第27次中国互联网络发展状况统计报告》（以下简称《报告》）。

《报告》显示，截至2010年12月底，我国网民规模达到4.57亿，较2009年底增加7330万人；我国手机网民规模达3.03亿，依然是拉动中国总体网民规模攀升的主要动力，但用户手机网民增幅较2009年趋缓；最引人注目的是，网络购物用户年增长48.6%，是用户增长最快的应用，预示着更多的经济活动步入互联网时代。

《报告》显示，截至2010年12月底，我国互联网普及率攀升至34.3%，较2009年提高5.4个百分点。我国手机网民规模达3.03亿，较2009年底增加6930万人。手机网民在总体网民中的比例进一步提高，从2009年末的60.8%提升至66.2%。

我国网民上网设备多样化发展，笔记本电脑上网使用率增速最大。《报告》显示，2010年，网民使用台式电脑、手机和笔记本电脑上网的占比分别为78.4%、66.2%和45.7%，与2009年相比，笔记本电脑上网使用率上升最快，增加了15个百分点，手机和台式电脑上网使用率分别增加5.4%和5%。

实训二　Windows XP的基本操作及文件管理

一、实训目的

1．熟悉Windows XP的启动和关闭方法。

2．熟悉Windows XP桌面的组成及相关图标的作用。

3．熟悉窗口、对话框、菜单、工具栏的基本操作。

4．熟悉用资源管理器浏览系统资源。

5．掌握文件的基本操作。

二、实训内容

1．Windows XP的启动。

2．设置任务栏为自动隐藏。

3．启动资源管理器查看系统资源。

4．用5种不同的方式显示窗口中的文件。

5．设置窗口图标的排列顺序。

6．选中单个文件、多个连续文件、多个不连续文件及全部文件。

7．按下图新建文件夹。

8．打开“记事本”，输入个人简历，并保存到“基本情况”文件夹中，命名为 myfile.txt。

9．将 myfile.txt 文件复制到“附件”文件夹中，并将文件改名为“个人简历.txt”。

10．将“基本情况”文件夹中的 myfile.txt 文件删除（放入回收站）。

11．打开回收站，恢复刚才删除的文件 myfile.txt。

12．再次删除“基本情况”文件夹中的 myfile.txt 文件，并从回收站中彻底删除。

13．将“附件”文件夹中的文件“个人简历.txt”移动到“基本情况”文件夹中。

14．将“个人简历.txt”的文件属性设置为隐藏，并使它在窗口中消失，再显示出来。

15．搜索 C 盘上所有 JPG 类型的文件；再查找近 1 个月创建的 Word 文档（.doc）。

16．在桌面上为“画图”程序创建快捷方式。用不同的方法启动“画图”程序。

实训三　Windows XP 的系统设置

一、实训目的

1．掌握 Windows XP 显示效果的设置方法。

2．掌握应用程序及 Windows 组件的安装和删除方法。

3．掌握磁盘管理的基本方法。

二、实训内容

1．显示主题、背景、分辨率、色彩、屏保和外观设置。

（1）设置桌面显示主题为“Windows XP”。

（2）为桌面设置一副背景图片。

（3）设置分辨率为 1024*768，32 位色。

（4）设置屏保时间为 1 分钟，添加屏保密码。

（5）尝试不同的外观设置。

2．设置鼠标属性。改变鼠标指针形状；将鼠标改为“左手习惯”。

3．修改系统时间。

4．尝试在教师的指导下使用控制面板中的“添加/删除程序”删除已安装的应用程序。

5．尝试在计算机上安装 IIS（Internet Information Server）服务组件，并删除。

6．查看 C 盘的属性，并对该盘做清理、碎片整理和备份操作。

实训四　Word 2003 的基本操作

一、实训目的

1．熟悉 Word 2003 的启动和退出。

2．熟悉 Word 2003 工作界面的组成及各部分的作用。

3．掌握 Word 2003 文档的创建、打开、保存与关闭的方法。

4．掌握 Word 2003 文档的录入、编辑方法。

二、实训内容

1．Word 2003 的启动和退出。操作要求如下。

（1）用 3 种不同的方法进入 Word 2003。

（2）用 4 种不同的方式退出 Word 2003。

2．Word 2003 工作界面的组成、工具栏的显示和隐藏。操作要求如下。

（1）了解“常用”工具栏、“格式”工具栏，将“常用”工具栏移动至垂直位置。

（2）用 2 种不同的方法打开“图片”工具栏，然后再关闭它。

（3）分别关闭标尺、窗格，然后再分别打开它们。

3．文档的建立、录入、选取、编辑、查找、替换、打开和保存。操作要求如下。

（1）新建一个空白文档（练习用多种方法建立），并按“样文 4-1”录入文字，录入完成后将其保存在自己的文件夹下，取名为 A4_1.doc，然后将其关闭。

（2）按“样文 4-2”新建文档，并保存为 A4_2.doc。

（3）在 A4_2.doc 中，选取一个词、一句、一行、一个段落、多个段落、一个矩形块、整个文档。

（4）打开 A4_1.doc（练习用多种方法打开），将其中所有文本复制到 A4_2.doc 的尾部。

（5）在 A4_2.doc 中，将刚从 A4_1.doc 中复制来的内容移到原 A4_2.doc 文本的前面进行文本位置的调整，对修改后的 A4_2.doc 文档进行保存。

（6）在 A4_2.doc 中，将文中所有“OSCAR”替换为“奥斯卡”，再将修改后的文档保存为 A4_3.doc。

（7）在 3 个文档间切换，最后关闭所有文档并退出 Word 2003。

【样文 4-1】

⌘“奥斯卡奖”【This award is well known all of word】，又名美国电影艺术与科学学院奖或奥斯卡金像奖。对电影界人士来说，谁获得“奥斯卡奖”，谁就获得了电影艺术的最高荣誉。奥斯卡奖问世以来，一直是众多电影界人士梦寐以求的目标，成为美国电影艺术与技术水平的象征，是世界著名的电影奖。“奥斯卡奖”的奖品是“奥斯卡金像”。☺

【样文 4-2】

“OSCAR 金像”每年颁发给 OSCAR 最佳影片、OSCAR 最佳导演、OSCAR 最佳男演员、OSCAR 最佳女演员、OSCAR 最佳摄影、OSCAR 最佳美术等获奖者。第二次世界大战期间，金属物资供应有限，自 1943 年开始连续 4 年，塑像改由石膏制成。战后，这些石膏塑像的拥有者都可换回“OSCAR 金像”。

早期的“OSCAR 金像”，授奖范围仅限于美国电影。自第 21 届“OSCAR 奖”开始，增设了“OSCAR 最佳外国影片”这一项目，许多优秀的外国影片都曾获得过“OSCAR 金像”的奖誉。

实训五　Word 2003 文档的格式设置

一、实训目的

1．掌握文档的字符格式、段落格式、页面格式的基本设置方法。

2．掌握边框和底纹的设置方法。

3．掌握项目符号和编号的设置方法。

4．掌握插入页眉和页脚的方法。

5．掌握分栏的方法。

6．掌握脚注和尾注的设置方法。

二、实训内容

1．文档的字符格式化、段落格式化。操作要求如下。

（1）建立新文档，按“样文 5-1”录入文本，并保存为“A5_1.doc”。

（2）设置字体。第 1 行：黑体；正文第 1 段：隶书；正文第 2 段：楷体；最后一行：宋体。

（3）设置字号。第 1 行：四号；正文第 1 段：小四；正文第 2 段：五号；最后一行：小四。

（4）设置字形。第 1 行：加下画线（波浪线）；最后一行：粗体、斜体。

（5）设置字符颜色。正文第 1 段：蓝色。

（6）设置字符间距。正文第 1 段：字符间距加宽 1 磅。

（7）设置对齐方式。第 1 行：居中；最后一行：右对齐。

（8）设置段落缩进。正文第 1 段：左右各缩进 1 厘米；第 2 段：首行缩进 2 字符。

（9）设置行（段）间距。第 1 行：段前、段后各 6 磅；正文第 1 段：行距为固定值 18 磅。正文第 2 段：段前 12 磅、单倍行距；最后一行：段前 1 行。

（10）保存设置好的文档，并将其关闭。

【样文 5-1】

定风波

莫听穿林打叶声，何妨吟啸且徐行。竹杖芒鞋轻胜马，谁怕？一蓑烟雨任平生。料峭春风吹酒醒，微冷，山头斜照却相迎。回首向来萧瑟处，归去，也无风雨也无晴。

这首词作于元丰五年（1082），此时苏轼被贬黄州，处境险恶，生活穷困，但他仍很坦然乐观，不为外界的风云变幻所干扰，总以“一蓑烟雨任平生”的态度来对待坎坷不平的遭遇。不管是风吹雨打，还是阳光普照，一旦过去，都成了虚无。这首词表现了他旷达的胸怀、开朗的性格以及超脱的人生观。

苏轼

2．设置项目符号与编号。操作要求如下。

（1）新建文档，按“样文5-2”录入文本（不包括项目符号与编号），并保存为“A5_2.doc”。

（2）按“样文5-2”所示给段落加上编号“[A]、[B]”。

（3）再将编号“[A]、[B]”改为项目符号“❖”。

【样文5-2】

[A] There was great excitemet on the planet of venus this week. For the first time scientists managd to land a satellite on the planet erth, and it has been sending back signls feel as photographs ever since.

[B] The satellite was direced into an area knows as Manhattan (named after the great astronomer Prof. Manhattan),who first dscover it with his teescope 20,000 light year age.

3．设置页面格式、边框和底纹、首字下沉、页眉和页脚、分栏、脚注和尾注。操作要求如下。

（1）打开已按“样文5-1”建立的文档“A5_1.doc”。

（2）进行页面设置。页边距为：上、下各2.5厘米；左、右各3厘米。

（3）添加边框与底纹。正文第1段带边框，并添加底纹为：灰色-10%。

（4）设置首字下沉。将正文第1段第一个字“莫”设置为下沉2行。

（5）插入页眉和页脚。页眉为当前时间，页脚为页码。

（6）设置分栏。将正文第2段分为2栏，并加分隔线。

（7）设置脚注。给最后一行“苏轼”加上脚注，注释内容为“苏轼（1037～1101）字子瞻，又名苏东坡，北宋著名文学家、书画家、诗人、词人，豪放派词人代表。”

（8）分别用5种视图方式查看文档，注意它们的区别。

（9）用“打印预览”方式查看文档。

实训六 Word 2003表格制作

一、实训目的

1．掌握插入表格的方法。

2．掌握表格的编辑方法。

3．掌握插入、删除行、列、单元格的方法。

4．掌握单元格的拆分与合并的方法。

5．掌握表格的边框与底纹的设置方法。

6．掌握表格的排序与计算方法。

二、实训内容

1．规则的表格的创建、编辑、插入（删除）行（列）、调整行高（列宽）和计算。操作要求如下。

（1）新建 Word 文档，按“样文 6-1”创建一个规则的表格，并保存为“A6_1.doc”。

（2）插入（删除）行（列）。在尾部增加 1 行、在第 2 列的右侧增加 1 列；再删除刚才插入的行和列。

（3）设置行高（列宽）。粗略调整行高、列宽及整个表格的宽度；也可给每行（列）指定高度（宽度）值。

（4）设置对齐方式。设置整个表格的位置为居中；表格中的文本在水平和垂直方向均居中。

（5）设置文本字体、字号。所有文本为楷体，小四号；表头文字设为粗体。

（6）行（列）交换。将第 2 列与第 3 列交换。

（7）计算表格中“合计”部分的数据。

【样文 6-1】

公司	**营业收入（百万美元）**	**市场份额（%）**
INT	13828	10.2
NEC	11360	8.3
TCB	10185	7.5
其他公司	100716	74.0
合计		

2．创建不规则表格，设置斜线表头，练习单元格拆分与合并，设置边框和底纹。操作要求如下。

（1）新建 Word 文档，按“样文 6-2”创建一个不规则表格，并保存为“A6_2.doc”。

【样文 6-2】

星期 节次		星期一	星期二	星期三	星期四	星期五
上午	1,2 节					
	3,4 节					
下午	5,6 节					
	7,8 节					

（2）新建 Word 文档，按“样文 6-3”创建一个不规则表格，并保存为“A6_3.doc”。

【样文 6-3】

<u>借　款　单</u>

借款部门		借款时间	年　　月　　日
借款理由			
借款数额	人民币（大写）　　　　　　　　￥：		
部门经理签字：		借款人签字：	
财务主管经理批示：		出纳签字：	
付款记录：	年　　月　　日以现金/支票（号码：　　　　　　　）给付		

3．输入公式。利用公式编辑器建立如“样文 6-4”所示的公式，保存为 A6_4.doc。

【样文 6-4】

$$f(x)=\int_{0}^{+\infty}\frac{(\alpha+\beta+1)x+1}{\sqrt[\alpha]{\sin(x)+\cos(x)}}\mathrm{d}x+\sum_{n=0}^{+\infty}\frac{(-1)^{n}}{n+1}$$

实训七　Word 2003 图文混排

一、实训目的

1．掌握插入图片、艺术字的方法。

2．掌握图片、艺术字的编辑方法。

二、实训内容

1．完成“样文 7-1”。插入图片、艺术字、页眉页脚、尾注等。操作要求如下。

（1）新建文档，并按“样文 7-1”录入文字，保存为“A7_1.doc”。

（2）设置页面。纸张大小：自定义大小，宽度：22 厘米，高度：29 厘米；页边距：上 2.6 厘米，下 8 厘米，左、右各 3.2 厘米，应用于：整篇文档。

（3）设置艺术字。标题设为艺术字，艺术字样式：第 1 行第 5 列；字体：楷体；艺术字形状：右牛角形；阴影：阴影样式 4；按样文适当调整艺术字的大小和位置。

（4）设置字体。全文：楷体。

（5）设置底纹。正文第 2 段加底纹，图案样式：10%。

（6）设置分栏。将第 3、第 4 段设置为 3 栏格式。

（7）插入图片。在样文所示位置插入指定图片，图片宽 5 厘米、高 6.2 厘米。

（8）插入页眉。按样文所示插入页眉文字，插入页码。

（9）设置尾注。给正文第 1 段第 1 行“徐悲鸿”三字添加下画线和尾注。

【样文 7-1】

风驰电掣顾盼有神

徐悲鸿是中国现代著名画家、美术教育家。在他炉火纯青的画笔下，一匹匹飞奔的骏马，或腾空而起，或蹄下生烟，或回首顾盼，或一往直前。即使是低头饮水的，也显示出马的悍气。

难能可贵的是：他没有被马的表面膘肥体胖的气势所迷惑，而是抓了马的一个最基本、最有艺术魅力的特征—健，不仅画出了马的骨，而且画出了马的神。

在画马的运笔用墨上，徐悲鸿发挥了中国画的传统，以线造型，常用饱酣的重墨、奔放的笔势加以表现；同时又吸收了西方的画法，局部用体面造型并注意物象的光影明暗。正是这种把中西画法结合得天衣无缝的表现手法，使他的马栩栩如生，充满笔墨情趣，与他画的风前小鸟、枝上喜鹊、小憩花猫，风格迥异，达到了新的境界，取得了前所未有的效果，令人爱不释手。

二十年代，徐悲鸿去法国巴黎高等美术学校学习油画。他在勤奋掌握人体素描技巧的同时，即开始研究马的骨骼、经络等生理结构，并对活马写生，速写稿达一千多幅，不但掌握了马的各种造型，而且对马的坚毅、敏捷、驯良，以及驰骋时的矫健和休憩时的安静等性格特征，都了解得十分细腻、透彻，达到了成马在胸的境地。但他画马真正有成就，还是在1940年访问印度之后。这年，徐悲鸿应印度国际大学邀请前往讲学，游历了大吉岭等地，看到了许多罕见的高头、长腿、宽胸、皮毛像缎子一样闪光的骏马，深为着迷。他还经常骑着这样的骏马远游，更逐渐了解了马的剽悍、勇猛、驯良、耐劳、忠实的性格，终于成了马的知己。这期间，他又对着骏马大量写生，进一步地塑造出千姿百态的奔马，至今为世人所称道和珍爱。

徐悲鸿：（1895-1953）江苏宜兴人，曾任中央美院院长，全国美院主席。

2．选做题。按“样文 7-2”制作一份班级简报。

【样文 7-2】

❖ 朱自清 ❖

盼望着，盼望着，东风来了，春天的脚步近了。

一切都像刚睡醒的样子，欣欣然张开了眼。山朗润起来了，水长起来了，太阳的脸红起来了。

小草偷偷地从土里钻出来，嫩嫩的，绿绿的。园子里，田野里，瞧去，一大片一大片满是的。坐着，躺着，打两个滚，踢几脚球，赛几趟跑，捉几回迷藏。风轻悄悄的，草绵软软的。

桃树、杏树、梨树，你不让我，我不让你，都开满了花赶趟儿。红的像火，粉的像霞，白得像雪。花里带着甜味，闭了眼，树上仿佛已经满是桃儿、杏儿、梨儿！花下成千成百的蜜蜂嗡嗡地闹着，大小的蝴蝶飞来飞去。野花遍地是：杂样儿，有名字的，没名字的，散在草丛里，像眼睛，像星星，还眨呀眨的。

"吹面不寒杨柳风"，不错的，像母亲的手抚摸着你。风里带来些新翻的泥土的气息，混着青草味，还有各种花的香，都在微微湿润的空气里酝酿。鸟儿将窠巢安在繁花嫩叶当中，高兴起来了，呼朋引

伴地卖弄清脆的喉咙，唱出宛转的曲子，与轻风流水应和着。牛背上牧童的短笛，这时候也成天在嘹亮地响。

雨是最寻常的，一下就是三两天。可别恼，看，像牛毛，像花针，像细丝，密密地斜织着，人家屋顶上全笼着一层薄烟。树叶子却绿得发亮，小草也青得逼你的眼。傍晚时候，上灯了，一点点黄晕的光，烘托出一片安静而和平的夜。乡下去，小路上，石桥边，撑起伞慢慢走着的人；还有地里工作的农夫，披着蓑，戴着笠的。他们的草屋，稀稀疏疏的在雨里静默着。

天上风筝渐渐多了，地上孩子也多了。城里乡下，家家户户，老老小小，他们也赶趟儿似的，一个个都出来了。舒活舒活筋骨，抖擞抖擞精神，各做各的一份事去。"一年之计在于春"；刚起头，有的是功夫，有的是希望。

春天像刚落地的娃娃，从头到脚都是新的，它生长着。

春天像小姑娘，花枝招展的，笑着，走着。

春天像健壮的青年，有铁一般的胳膊和腰脚，他领着我们上前去。

感悟心灵

海纳百川　有容乃大　壁立千仞　无欲则刚

2010南非世界杯射手榜			
排名	姓名	国家	进球数
1	托马斯-穆勒	德国	5
1	迭戈-弗兰	乌拉圭	5
1	韦斯利-斯内德	荷兰	5
1	大卫-比利亚	西班牙	5

动脑筋

关于函数 $f(x)=\lg\frac{x^2+1}{|x|}(x\neq 0, x\in R)$，有下列命题：

① 函数 y=f(x)的图象关于 y 轴对称；

② 当 x>0 时，f(x)是增函数；当 x<0 时，f(x)是减函数；

③ 函数 f(x)的最小值是 lg2；

④ 当-1<x<0 或 x>1 时，f(x)是增函数。

其中正确命题的序号是＿＿＿＿＿＿＿＿。

实训八　工作表的建立与格式化

一、实训目的

1．学会 Excel 的启动和退出，工作簿的建立、保存和关闭。

2．学会工作表的重命名、复制与移动。

3．学会工作表数据的输入及自动填充。

4．学会单元格数据的修改及批注的输入、修改和删除。

5．学会数据的移动、复制和选择性粘贴。

6．学会单元格及单元格区域的选中、插入和删除。

7．学会工作表数据的格式化操作。

二、实训内容

1．启动 Excel 2003，将 sheet1 重命名为"出勤统计表"。

2．保存工作表为"F:\student\出勤统计表.xls"，设置自动保存时间间隔为 10 分钟。

3．输入"出勤统计表"数据，序号以自动填充方式输入，如图 7-3 所示。

4．在单元格 G1 中插入批注，内容为"班级出勤率排名"。

	A	B	C	D	E	F	G
1	序号	班级	实有人数	出勤人数	出勤率	是否90%以上出勤	排名
2	1	10电会一班	48	45			
3	2	10电会二班	48	47			
4	3	10电会三班	48	43			
5	4	10电商一班	45	45			
6	5	10电商二班	45	43			
7	6	10计应一班	50	43			
8	7	10计应二班	45	42			
9	8	10计网一班	48	44			
10	9	10计网二班	43	39			
11	10	10数控一班	53	48			
12	11	10数控二班	50	47			
13	12	10数控三班	48	43			
14	13	10汽运一班	51	47			
15	14	10汽运二班	48	46			
16	15	10模具一班	52	49			
17	16	10模具二班	51	46			
18	17	10模具三班	50	44			
19	18	10模具四班	45	40			
20	19	10机电一班	50	46			
21	20	10机电二班	48	40			

图 7-3　出勤统计表原始数据

5．在工作表第一行上面插入标题行，设置字体为楷体，字号为 18 号，加粗。其他行字体为宋体，12 号字，行高为 15，列宽为最合适的列宽。

6．工作表的内边框为细实线，外边框为粗实线。

7．按条件格式添加底纹，条件是实有人数大于或等于 48，加深蓝色底纹，白色字显示。如图 7-4 所示。

	A	B	C	D	E	F	G
1	**10级学生出勤统计表**						
2	序号	班级	实有人数	出勤人数	出勤率	是否90%以上出勤	排名
3	1	10电会一班	48	45			
4	2	10电会二班	48	47			
5	3	10电会三班	48	43			
6	4	10电商一班	45	45			
7	5	10电商二班	45	43			
8	6	10计应一班	50	43			
9	7	10计应二班	45	42			
10	8	10计网一班	48	44			
11	9	10计网二班	43	39			
12	10	10数控一班	53	48			
13	11	10数控二班	50	47			
14	12	10数控三班	48	43			
15	13	10汽运一班	51	47			
16	14	10汽运二班	48	46			
17	15	10模具一班	52	49			
18	16	10模具二班	51	46			
19	17	10模具三班	50	44			
20	18	10模具四班	45	40			
21	19	10机电一班	50	46			
22	20	10机电二班	48	40			

图 7-4　出勤统计表设置条件格式后的效果

8．完成上述操作后，保存工作簿，退出 Excel。

实训九　函数和公式的使用

一、实训目的

1．学会公式的输入方法。

2．学会插入函数和设置函数参数的方法。

二、实训内容

1．在上个实训的基础上，利用自动求和功能计算总人数和出勤总人数。

2．计算出勤率。设置出勤率用百分比格式显示。

3．利用函数计算班级实有人数平均值、最大值和最小值，出勤人数的平均值、最大值和最小值，以及出勤率的平均值、最大值和最小值。

4．计算出勤率是否在 90%以上。

5．计算班级出勤率排名，如图 7-5 所示。

	A	B	C	D	E	F	G
1	10级学生出勤统计表						
2	序号	班级	实有人数	出勤人数	出勤率	是否90%以上出勤	排名
3	1	10电会一班	48	45	93.75%	是	7
4	2	10电会二班	48	47	97.92%	是	2
5	3	10电会三班	48	43	89.58%	否	15
6	4	10电商一班	45	45	100.00%	是	1
7	5	10电商二班	45	43	95.56%	是	4
8	6	10计应一班	50	43	86.00%	否	19
9	7	10计应二班	45	42	93.33%	是	8
10	8	10计网一班	48	44	91.67%	是	11
11	9	10计网二班	43	39	90.70%	是	12
12	10	10数控一班	53	48	90.57%	是	13
13	11	10数控二班	50	47	94.00%	是	6
14	12	10数控三班	48	43	89.58%	否	15
15	13	10汽运一班	51	47	92.16%	是	9
16	14	10汽运二班	48	46	95.83%	是	3
17	15	10模具一班	52	49	94.23%	是	5
18	16	10模具二班	51	46	90.20%	是	14
19	17	10模具三班	50	44	88.00%	否	18
20	18	10模具四班	45	40	88.89%	否	17
21	19	10机电一班	50	46	92.00%	是	10
22	20	10机电二班	48	40	83.33%	否	20
23	总人数		966	887			
24	平均值		48.3	44.35	91.86%		
25	最大值		53	49	100.00%		
26	最小值		43	39	83.33%		

图 7-5　出勤统计表

实训十　图表的建立与编辑

一、实训目的

1．学会图表的创建。

2．学会图表的编辑，包括图表类型、图表选项、源数据、图表位置的更改等。

3．学会图表中各对象的格式设置。

二、实训内容

1．以图 7-5 所示的数据为源数据，选择 B2:D22 单元格区域，利用图表向导创建柱形图表，如图 7-6 所示。

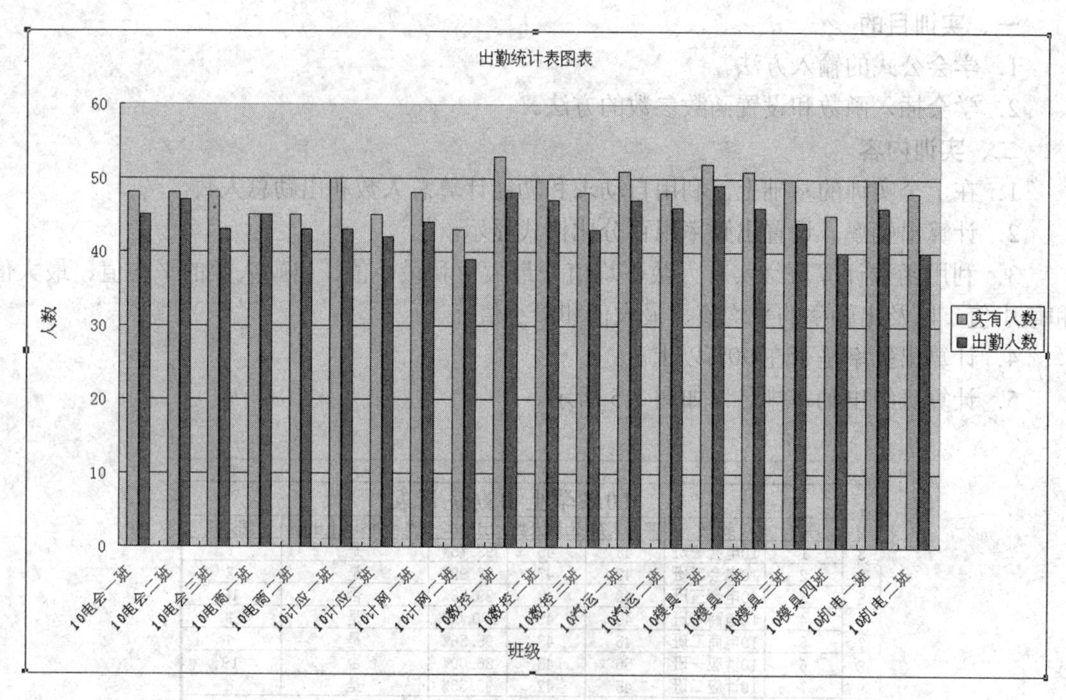

图 7-6　出勤统计表图表

2．修改图表类型、图表选项（包括图表标题、坐标轴标题、图例等）、数据区域和图表位置。

3．修改图表中各对象的格式，包括坐标轴标题的字体、字号、显示角度等，其中“人数”改为 45° 角显示。

实训十一　数据管理、页面设置及打印

一、实训目的

1．学会对数据清单按关键字值排序。

2．学会对数据清单进行自动筛选和自定义筛选。

3．学会对数据清单进行分类汇总。

4．学会数据透视表的有关操作。

5．学会对工作表进行页面设置及打印。

二、实训内容

1．“教材统计表”数据清单如图 7-7 所示，把该教材统计表复制，粘贴到 sheet2、sheet3 和 sheet4 工作表。

	A	B	C	D	E	F	G
1	教材统计表						
2	教材名称	课程	年级	专业	出版社	价格	是否高职高专教材
3	计算机应用基础案例教程	计算机应用基础	09级	计算机应用	北京邮电大学出版社	33	是
4	C语言程序设计	C语言	09级	计算机应用	清华大学出版社	29	否
5	高等数学	高等数学	09级	计算机应用	清华大学出版社	30	是
6	大学英语	英语	09级	计算机应用	北京大学出版社	29	是
7	电工电子基础	电工电子	09级	计算机应用	电子工业出版社	27	否
8	机械制图基础	机械制图	09级	机电一体化	机械工业出版社	28	否
9	机械设计原理	机械设计	09级	机电一体化	机械工业出版社	32	否
10	计算机应用基础案例教程	计算机应用基础	09级	机电一体化	北京邮电大学出版社	33	是
11	高等数学	高等数学	09级	机电一体化	清华大学出版社	30	是
12	大学英语	英语	09级	机电一体化	北京大学出版社	29	是
13	计算机应用基础案例教程	计算机应用基础	09级	电子商务	北京邮电大学出版社	33	是
14	财务管理学	财务管理	09级	电子商务	上海财经大学出版社	23	否
15	大学英语	英语	09级	电子商务	北京大学出版社	29	是
16	基础会计学	会计学	09级	电子商务	东北财经大学出版社	21	是
17	西方经济学	西方经济学	09级	电子商务	上海财经大学出版社	22	否
18	机械制图基础	机械制图	09级	数控技术	机械工业出版社	28	否
19	电工电子基础	电工电子	09级	数控技术	电子工业出版社	27	否
20	计算机应用基础案例教程	计算机应用基础	09级	数控技术	北京邮电大学出版社	33	是
21	高等数学	高等数学	09级	数控技术	清华大学出版社	30	是
22	大学英语	英语	09级	数控技术	北京大学出版社	29	是

图 7-7 “教材统计表”数据清单

2．在 sheet2 工作表中，按照“专业”升序、“出版社”升序、“教材名称”降序排序，如图 7-8、图 7-9 所示。

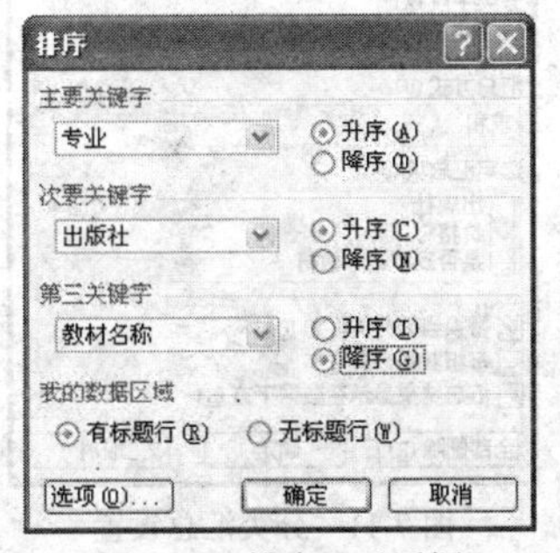

图 7-8 “排序”对话框

	A	B	C	D	E	F	G
1	教材统计表						
2	教材名称	课程	年级	专业	出版社	价格	是否高职高专教材
3	大学英语	英语	09级	电子商务	北京大学出版社	29	是
4	计算机应用基础案例教程	计算机应用基础	09级	电子商务	北京邮电大学出版社	33	是
5	基础会计学	会计学	09级	电子商务	东北财经大学出版社	21	是
6	西方经济学	西方经济学	09级	电子商务	上海财经大学出版社	22	否
7	财务管理学	财务管理	09级	电子商务	上海财经大学出版社	23	否
8	大学英语	英语	09级	机电一体化	北京大学出版社	29	是
9	计算机应用基础案例教程	计算机应用基础	09级	机电一体化	北京邮电大学出版社	33	是
10	机械制图基础	机械制图	09级	机电一体化	机械工业出版社	28	否
11	机械设计原理	机械设计	09级	机电一体化	机械工业出版社	32	否
12	高等数学	高等数学	09级	机电一体化	清华大学出版社	30	是
13	大学英语	英语	09级	计算机应用	北京大学出版社	29	是
14	计算机应用基础案例教程	计算机应用基础	09级	计算机应用	北京邮电大学出版社	33	是
15	电工电子基础	电工电子	09级	计算机应用	电子工业出版社	27	否
16	高等数学	高等数学	09级	计算机应用	清华大学出版社	30	是
17	C语言程序设计	C语言	09级	计算机应用	清华大学出版社	29	否
18	大学英语	英语	09级	数控技术	北京大学出版社	29	是
19	计算机应用基础案例教程	计算机应用基础	09级	数控技术	北京邮电大学出版社	33	是
20	电工电子基础	电工电子	09级	数控技术	电子工业出版社	27	否
21	机械制图基础	机械制图	09级	数控技术	机械工业出版社	28	否
22	高等数学	高等数学	09级	数控技术	清华大学出版社	30	是

图 7-9　排序结果

3．在 sheet3 工作表中，设置自动筛选，如图 7-10 所示。

	A	B	C	D	E	F	G
1	教材统计表						
2	教材名称	课程	年级	专业	出版社	价格	是否高职高专教材
3	计算机应用基础案例教程	计算机应用基础	09级	计算机应用	北京邮电大学出版社	33	是
4	C语言程序设计	C语言	09级	计算机应用	清华大学出版社	29	否
5	高等数学	高等数学	09级	计算机应用	清华大学出版社	30	是
6	大学英语	英语	09级	计算机应用	北京大学出版社	29	是
7	电工电子基础	电工电子	09级	计算机应用	电子工业出版社	27	否
8	机械制图基础	机械制图	09级	机电一体化	机械工业出版社	28	否
9	机械设计原理	机械设计	09级	机电一体化	机械工业出版社	32	否
10	计算机应用基础案例教程	计算机应用基础	09级	机电一体化	北京邮电大学出版社	33	是
11	高等数学	高等数学	09级	机电一体化	清华大学出版社	30	是
12	大学英语	英语	09级	机电一体化	北京大学出版社	29	是
13	计算机应用基础案例教程	计算机应用基础	09级	电子商务	北京邮电大学出版社	33	是
14	财务管理学	财务管理	09级	电子商务	上海财经大学出版社	23	否
15	大学英语	英语	09级	电子商务	北京大学出版社	29	是
16	基础会计学	会计学	09级	电子商务	东北财经大学出版社	21	是
17	西方经济学	西方经济学	09级	电子商务	上海财经大学出版社	22	否
18	机械制图基础	机械制图	09级	数控技术	机械工业出版社	28	否
19	电工电子基础	电工电子	09级	数控技术	电子工业出版社	27	否
20	计算机应用基础案例教程	计算机应用基础	09级	数控技术	北京邮电大学出版社	33	是
21	高等数学	高等数学	09级	数控技术	清华大学出版社	30	是
22	大学英语	英语	09级	数控技术	北京大学出版社	29	是

图 7-10　自动筛选

4．在 sheet4 工作表中，按“专业”分类汇总教材价格，如图 7-11、图 7-12 所示。

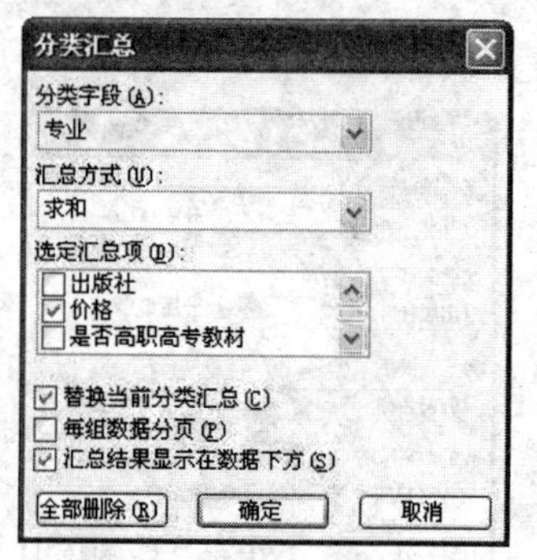

图 7-11　分类汇总设置

	A	B	C	D	E	F	G
1	教材统计表						
2	教材名称	课程	年级	专业	出版社	价格	是否高职高专教材
3	计算机应用基础案例教程	计算机应用基础	09级	电子商务	北京邮电大学出版社	33	是
4	财务管理学	财务管理	09级	电子商务	上海财经大学出版社	23	否
5	大学英语	英语	09级	电子商务	北京大学出版社	29	是
6	基础会计学	会计学	09级	电子商务	东北财经大学出版社	21	是
7	西方经济学	西方经济学	09级	电子商务	上海财经大学出版社	22	否
8				电子商务 汇总		128	
9	机械制图基础	机械制图	09级	机电一体化	机械工业出版社	28	否
10	机械设计原理	机械设计	09级	机电一体化	机械工业出版社	32	否
11	计算机应用基础案例教程	计算机应用基础	09级	机电一体化	北京邮电大学出版社	33	是
12	高等数学	高等数学	09级	机电一体化	清华大学出版社	30	是
13	大学英语	英语	09级	机电一体化	北京大学出版社	29	是
14				机电一体化 汇总		152	
15	计算机应用基础案例教程	计算机应用基础	09级	计算机应用	北京邮电大学出版社	33	是
16	C语言程序设计	C语言	09级	计算机应用	清华大学出版社	29	否
17	高等数学	高等数学	09级	计算机应用	清华大学出版社	30	是
18	大学英语	英语	09级	计算机应用	北京大学出版社	29	是
19	电工电子基础	电工电子	09级	计算机应用	电子工业出版社	27	否
20				计算机应用 汇总		148	
21	机械制图基础	机械制图	09级	数控技术	机械工业出版社	28	否
22	电工电子基础	电工电子	09级	数控技术	电子工业出版社	27	否
23	计算机应用基础案例教程	计算机应用基础	09级	数控技术	北京邮电大学出版社	33	是
24	高等数学	高等数学	09级	数控技术	清华大学出版社	30	是
25	大学英语	英语	09级	数控技术	北京大学出版社	29	是
26				数控技术 汇总		147	
27				总计		575	

图 7-12　按专业分类汇总教材价格的结果

5．以图 7-7 所示的“教材统计表”工作表数据为基础，创建数据透视表，布局如图 7-13 所示，结果如图 7-14 所示。

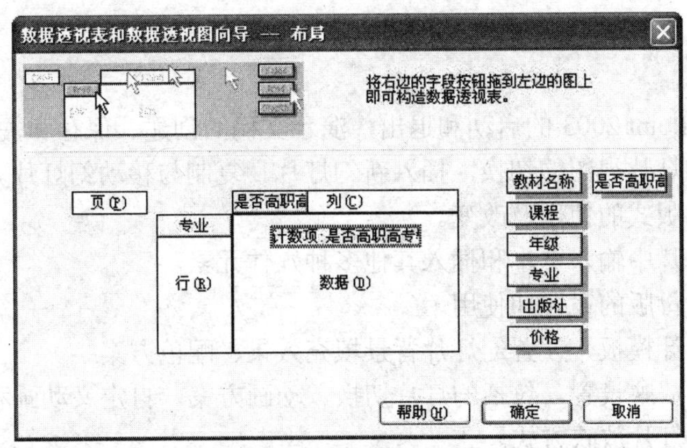

图 7-13　数据透视表布局

	A	B	C	D
1	请将页字段拖至此处			
2				
3	计数项:是否高职高专教材	是否高职高专教材		
4	专业	否	是	总计
5	电子商务	2	3	5
6	机电一体化	2	3	5
7	计算机应用	2	3	5
8	数控技术	2	3	5
9	总计	8	12	20

图 7-14　数据透视表结果

6．以图 7-7 所示的“教材统计表”工作表数据为基础，对工作表进行页面设置。打印预览效果如图 7-15 所示。

教材统计表

教材名称	课程	年级	专业	出版社	价格	是否高职高专教材
计算机应用基础案例教程	计算机应用基础	09级	计算机应用	北京邮电大学出版社	33	是
C语言程序设计	C语言	09级	计算机应用	清华大学出版社	29	否
高等数学	高等数学	09级	计算机应用	清华大学出版社	30	是
大学英语	英语	09级	计算机应用	北京大学出版社	29	是
电工电子基础	电工电子	09级	计算机应用	电子工业出版社	27	否
机械制图基础	机械制图	09级	机电一体化	机械工业出版社	28	否
机械设计原理	机械设计	09级	机电一体化	机械工业出版社	32	否
计算机应用基础案例教程	计算机应用基础	09级	机电一体化	北京邮电大学出版社	33	是
高等数学	高等数学	09级	机电一体化	清华大学出版社	30	是
大学英语	英语	09级	机电一体化	北京大学出版社	29	是
计算机应用基础案例教程	计算机应用基础	09级	电子商务	北京邮电大学出版社	33	是
财务管理学	财务管理	09级	电子商务	上海财经大学出版社	23	否
大学英语	英语	09级	电子商务	北京大学出版社	29	是
基础会计学	会计学	09级	电子商务	东北财经大学出版社	21	是
西方经济学	西方经济学	09级	电子商务	上海财经大学出版社	22	否
机械制图基础	机械制图	09级	数控技术	机械工业出版社	28	否
电工电子基础	电工电子	09级	数控技术	电子工业出版社	27	否
计算机应用基础案例教程	计算机应用基础	09级	数控技术	北京邮电大学出版社	33	是
高等数学	高等数学	09级	数控技术	清华大学出版社	30	是
大学英语	英语	09级	数控技术	北京大学出版社	29	是

图 7-15　教材统计表打印预览效果

实训十二　PowerPoint 2003 演示文稿的制作

一、实训目的

1．学会 PowerPoint 2003 的启动和退出，演示文稿的创建、保存和关闭。

2．学会不同幻灯片视图的切换，插入新幻灯片、复制与移动幻灯片。

3．学会幻灯片版式的使用及改变。

4．学会在幻灯片中输入文本和插入其他多种媒体元素。

5．学会幻灯片母版的设置和使用。

6．学会使用设计模板，设置幻灯片背景填充效果、配色方案。

7．学会幻灯片放映设置，包括幻灯片切换、动画方案、自定义动画和超链接的设置。

8．学会设置幻灯片放映方式。

二、实训内容

1．制作一个“学院介绍”演示文稿，操作要求如下。

（1）启动 PowerPoint 2003，将演示文稿保存为“学院介绍.ppt”。

（2）按照图 7-16 所示制作幻灯片。其中第 1 张幻灯片上的文字为艺术字，第 2 张幻灯片主要包含文本，第 3 张幻灯片包含表格，第 4 张幻灯片包含组织结构图，第 5、第 6 张幻灯片上的图片由同学们自行选择合适的图片添加上去。

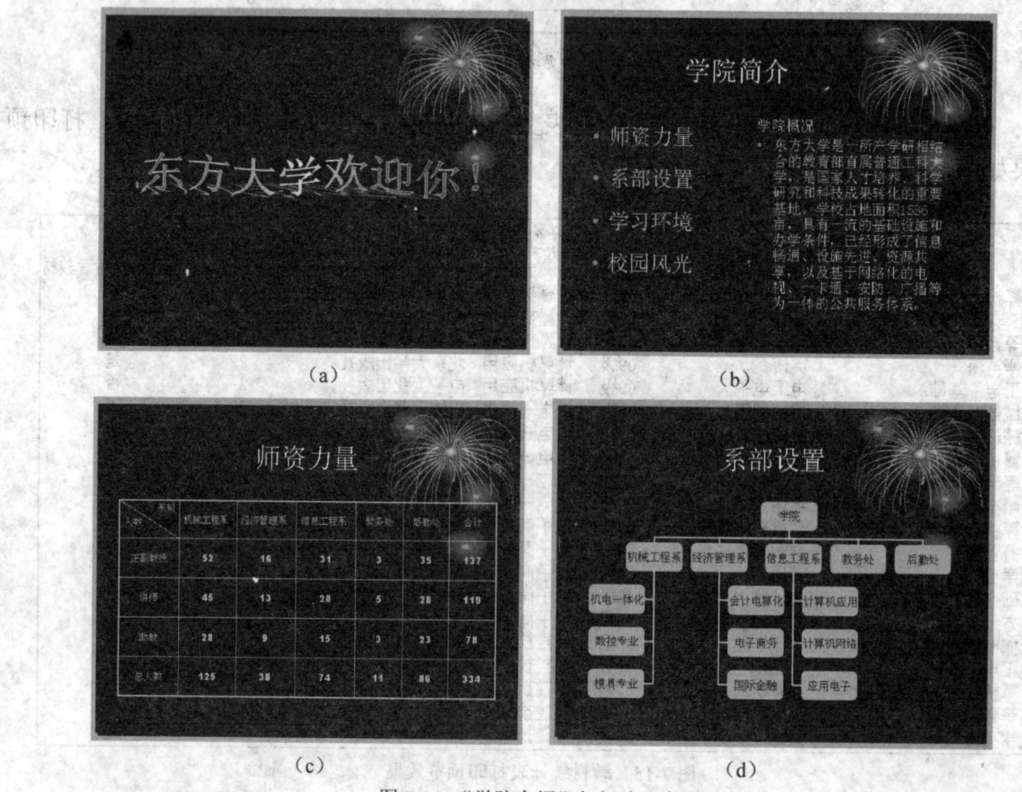

（a）　（b）　（c）　（d）

图 7-16 “学院介绍”幻灯片示意图

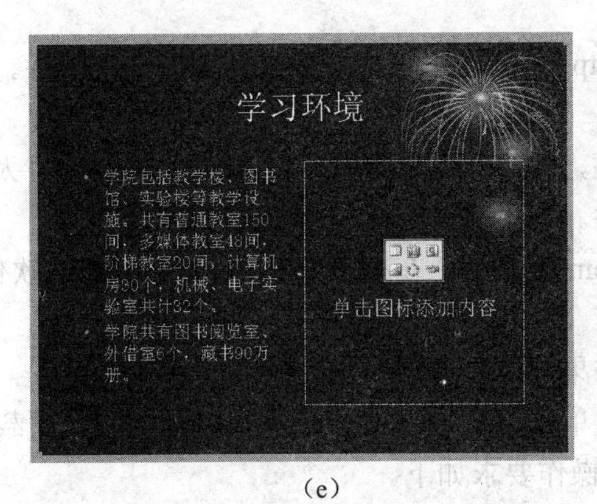

（e）

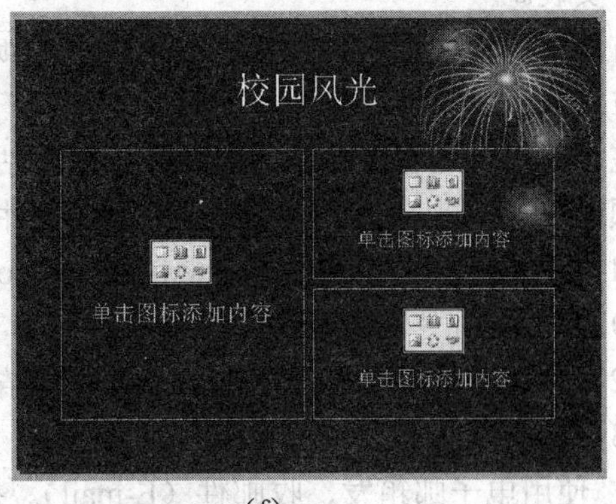

（f）

图 7-16 “学院介绍”幻灯片示意图（续）

（3）要求使用合适的幻灯片版式，设置幻灯片母版（包括各级文本字符样式和项目符号等，页脚包括日期、幻灯片编号和页脚内容），应用合适的设计模板，并设置幻灯片的切换方式和自定义动画，最后观察放映效果。

2．制作一张新年贺卡（或生日贺卡），要求如下。

（1）幻灯片中包含文字、图片等元素，为每个元素设计动画效果。

（2）给幻灯片配上音乐，观察播放效果。

实训十三　Internet 应用

一、实训目的

1．掌握使用 IE 浏览器访问网站，浏览信息的方法。

2．掌握搜索信息的方法。

3．掌握下载软件的方法。

4．掌握电子邮箱的使用方法。

二、实训内容

1．使用 IE 浏览器浏览网页，操作要求如下。

（1）打开 IE 浏览器，进入网易的首页（www.163.com），浏览当天的新闻，查看自己感兴趣的内容；下载一副图片到本地计算机中；将网页保存到本地计算机中。

（2）将网页添加至收藏夹；关闭 IE 后再次打开，通过收藏夹收藏的网页直接打开网易。

（3）将网易的首页设为主页。

2．通过搜索引擎搜索信息，操作要求如下。

通过百度（www.baidu.com），查找“兰花的养殖方法”，如果需要可下载该文。

3．下载软件。搜索并下载安装软件“QQ2010”，操作要求如下。

方法一：用百度搜索并下载。

（1）打开百度首页，在搜索框内输入“QQ2010 下载”，单击“百度一下”按钮。

（2）在搜索结果页面，单击一个合适的结果项，如单击“官方下载”按钮，会弹出文件下载对话框，单击“保存”按钮，选择好保存路径即开始下载。

（3）下载完成后，如果需要安装该软件，则可在保存位置下找到下载好的 QQ 软件，双击进行安装。

方法二：直接到腾讯的官方下载网站（http://pc.qq.com），下载最新版的QQ软件。

方法三：到软件下载网站下载。

在Internet上有许多专门的软件下载网站，如“天空软件站”、“华军软件园”、“太平洋下载频道”等，进入这些站点，也可下载软件。这里从“天空软件站”下载：

（1）进入“天空软件站”（www.skycn.com）主页，在搜索框内输入要搜索的软件名：“QQ2010”，单击“软件搜索”按钮。

（2）在搜索结果页面，单击一个合适的结果项，打开新页面。

（3）在新页面找到用于下载的最佳链接，单击该链接，选择好保存路径即开始下载。

4．使用电子邮箱发、收邮件（E-mail）。操作要求如下。

（1）申请一个免费的“163邮箱”。

（2）登录刚注册的邮箱，给同学发一封E-mail，信的内容包括一些文字、图片和附加文件。

（3）给自己发一封E-mail，然后进行查收，并下载其中的附件；再将该邮件转发给其他同学（可以是几个同学）。

*5．使用QQ聊天。操作要求如下。

（1）安装刚才下载的QQ软件，并注册一个QQ号。

（2）登入QQ，与其他人聊天；将其他同学添加为好友；利用QQ邮箱发收邮件。

*6．注册和登录搜狐网的BBS，访问并在一个专题栏中发表一个讨论话题。